PAVIMENTOS RODOVIÁRIOS

FERNANDO BRANCO
PAULO PEREIRA
LUÍS PICADO SANTOS

PAVIMENTOS RODOVIÁRIOS

5.ª REIMPRESSÃO

ALMEDINA

PAVIMENTOS RODOVIÁRIOS

AUTORES
FERNANDO BRANCO
PAULO PEREIRA
LUÍS PICADO SANTOS

EDITOR
EDIÇÕES ALMEDINA, S.A.
Rua Fernandes Tomás, n.ᵒˢ 76, 78, 80
3000-167 Coimbra
Tel.: 239 851 904 · Fax: 239 851 901
www.almedina.net · editora@almedina.net

PRÉ-IMPRESSÃO
G.C. – GRÁFICA DE COIMBRA, LDA.

IMPRESSÃO | ACABAMENTO
ARTIPOL

Abril, 2016

DEPÓSITO LEGAL
233081/05

Biblioteca Nacional de Portugal - Catalogação na Publicação

BRANCO, Fernando

Pavimentos rodoviários. - Reimp
ISBN 978-972-40-2648-0

I - PEREIRA, Paulo
II - SANTOS, Luís Picado

CDU 625

ÍNDICE

Fernando Branco · Paulo Pereira · Luís Picado Santos

Fernando Branco   Paulo Pereira   Luís Picado Santos

Fernando Branco   Paulo Pereira   Luís Picado Santos

Fernando Branco   Paulo Pereira   Luís Picado Santos

ÍNDICE DE FIGURAS

Fernando Branco   Paulo Pereira   Luís Picado Santos

Fernando Branco   Paulo Pereira   Luís Picado Santos

ÍNDICE DE QUADROS

Fernando Branco   Paulo Pereira   Luís Picado Santos

ÍNDICE DE FOTOS

SIMBOLOGIA

Aa – Altura de areia (ensaio da "mancha de areia")

CBR – Californian Bearing Ratio

Cc – Coeficiente de curvatura

Cu – Coeficiente de uniformidade

D_{10} – Diâmetro do agregado correspondente a 10% de passados

D_{30} – Diâmetro do agregado correspondente a 30% de passados

D_{60} – Diâmetro do agregado correspondente a 60% de passados

deq – Diâmetro equivalente (comprimento do lado da malha quadrada de menores dimensões através do qual passa a partícula)

E – Módulo de elasticidade, que traduz a proporcionalidade entre a tensão e a extensão. Pode também ter a designação de módulo de deformabilidade quando aplicado a uma camada de pavimento

EA – Equivalente de areia

f – Coeficiente de equivalência entre o dano no pavimento provocado pela passagem de um eixo-padrão e o dano provocado por um eixo de peso P

h – Espessura duma camada de pavimento

IPen – Índice de penetração dum betume

IRI – International Roughness Index

k – Coeficiente de variação do tráfego suportado por um pavimento

K – Módulo de riqueza em betume

Ma – Massa de material agregado

Mb – Massa de betume

Mt – Massa total

Mv – Massa dos vazios

N – Tráfego acumulado ao longo do período de vida dum pavimento

n – Porosidade

N_{80} – Número de eixos-padrão de 80 kN

np – Número de eixos de peso P

N_{pes} – Número de veículos pesados

P – Carga do rodado dum veículo

p – Pressão de um pneu dum veículo

p_a – Percentagem de agregado (em relação à massa total) duma mistura betuminosa

p_b – Percentagem de betume (em relação à massa total) duma mistura betuminosa

pen25 – Penetração a 25 ^{o}C dum betume asfáltico

Fernando Branco   Paulo Pereira   Luís Picado Santos

PSI – Pavement Serviceability Index

q – Tensão deviatória

Sb – Rigidez do betume

S_{bt} – Grau de saturação em betume

t – Variável genérica tempo

TAB – Temperatura de amolecimento dum betume asfáltico determinada pelo método do anel e bola

t_b – Teor em betume (cociente entre a massa de betume (M_b) com a massa de agregado seco (M_a))

tc – Tempo de carregamento

T – Temperatura dum material

T_{ar} – Temperatura do ar

T_K – Tempo de atraso no modelo de Kelvin

T_M – Tempo de relaxação no modelo de Maxwell

TMD1 – Tráfego médio diário anual de pesados no ano de abertura ao tráfego (ano 1)

TMD_{vp} – Tráfego de pesados na via de projecto

v_a – Percentagem volumétrica de betume (em relação ao volume total) duma mistura betuminosa

Va – Volume de material agregado

VAS – Valor de azul de metileno de um agregado ou de um solo

VASc – Valor de azul de metileno corrigido

v_b – Percentagem volumétrica de betume (em relação ao volume total) duma mistura betuminosa

Vb – Volume de betume

VMA – Volume de vazios no esqueleto de agregado

vt – Velocidade média da corrente de veículos pesados numa estrada

Vt – Volume total

Vv – Volume de vazios

w – Água nas camadas granulares e fundação dum pavimento

α – Coeficiente de agressividade, factor de equivalência de danos entre veículo pesado e eixo-padrão

ΔT – Variação de temperatura

δ – Assentamento reversível ou deflexão

ε – Extensão

ε_t – Extensão radial (horizontal) em camadas estabilizadas com ligantes

ϕ – Ângulo de fase

η – Viscosidade ou o módulo de viscosidade

ρ – Massa volúmica

ρ_b – Massa volúmica do betume componente duma mistura betuminosa

ρ_{max} – Massa volúmica "máxima" (ou teórica) duma mistura betuminosa

ρ_s – Massa volúmica das partículas secas dos agregados

ρ_t – Massa volúmica duma mistura betuminosa

σ – Tensão

σ_t – Tensão radial (horizontal) em camadas estabilizadas com ligantes

σ_z – Tensão vertical de compressão em camadas de pavimento e fundação

τ_t – Tensão tangencial na superfície do pavimento

υ – Coeficiente de Poisson

Fernando Branco   Paulo Pereira   Luís Picado Santos

ABREVIATURAS

A1 – Auto-estrada A1, pertencente à rede de auto-estradas Portuguesa
AASHO – American Association of State Highways Officials
ABR – Argamassa betuminosa em camada de regularização
AGEC – Agregado de Granulometria Extensa Estabilizado com Cimento
AIPCR/PIARC – Association Mondiale de la Route/World Road Association
Ala – Revestimento simples com aplicação prévia de agregado ou "Sandwich"
ALALa – Revestimento duplo com aplicação prévia de agregado
ALT – Accelerated Loading Test
AM – Mistura betuminosa de alto módulo de deformabilidade
AMB – Mistura betuminosa de alto módulo de deformabilidade em base
APL – Analiseur du Profil en Long
ARTC – Association des Routes et Transport du Canadá
ASTM – American Society of Testing Materials
BBDD – Betão betuminoso drenante em camada de desgaste
BBMD – Betão Betuminoso Muito Delgado
BBUD – Betão Betuminoso Ultra Delgado
BC – Betão de Cimento
BD – Betão betuminoso em camada de desgaste
BDR – Base de Dados Rodoviários
BG – Base Granular
BGE – Base de Granulometria Extensa
BP – Betão Pobre
BTDC – "Bitumen Test Data Chart"
BTE – Base Tratada com Emulsão
CAL – Coeficiente de Atrito Longitudinal
CAT – Coeficiente de Atrito Transversal
CEIEP – Caderno de encargos do IEP
CETUR – Centre d'Etudes des Transports Urbains
EAPA – European Asphalt Pavement Association
ECR-1 – Emulsão betuminosa de rotura rápida
EN's – Estradas Nacionais
EP – Estradas de Portugal, EPE
ER's – Estradas Regionais

EVA – Acetato de vinilo de etileno

FWD – Falling Weight Deflectometer (Deflectómetro de Impacto)

GERPHO – Groupe d'Examen Routier par PHOtographie

Gi - Geometria da estrutura dum pavimento

GPS – Global Positioning System

HDM – Highway Development and Management

IC's – Itinerários Complementares

ICERR – Instituto para a Conservação e Exploração da Rede Rodoviária

IEP – Instituto de Estradas de Portugal

IP's – Itinerários Principais

IP1– Itinerário Principal 1 da rede rodoviária fundamental portuguesa

IPQ – Instituto Português da Qualidade

IQRN – Image Qualité du Réseau Routier National

JAE – Junta Autónoma de Estradas

LA – Revestimento simples

LAa – Revestimento simples com dupla aplicação de agregado

LALa – Revestimento duplo

LALALa – Revestimento triplo

LCA – Life-cycle Costs Analysis

LCPC – Laboratoire Central des Ponts et Chaussées

LNEC – Laboratório Nacional de Engenharia Civil

LTPP – Long Term Pavement Performance

MACOPAV – Manual de Concepção de Pavimentos para a Rede Rodoviária Nacional

MB – Macadame Betuminoso em camada de base

MBBRD – Micro-betão betuminoso rugoso em camada de desgaste

MBD – Mistura betuminosa densa em camada de regularização

MBD – Mistura Betuminosa Densa em camada de regularização

MBFB – Mistura betuminosa a frio em camada de base

MBR – Macadame betuminoso em camada de regularização

MF – Microbetão a Frio com emulsão

NBO – Notation par Bandes d'Ondes

OC – Outras camadas betuminosas

OCDE – Organisation de Coopération et de Developpement Économiques

OE's – Outras Estradas

OPAC – Ontario Pavement Analysis of Costs

PATED – "Processo de Distribuição de Temperatura Equivalente"

PETE – "Processo de Temperatura Equivalente"

Pi – Propriedades dos materiais constituintes dum pavimento

PIARC/AIPCR – World Road Association/Association Mondiale de la Route

PRN 2000 – Plano Rodoviário Nacional 2000

PRN 85 – Plano Rodoviário Nacional 1985

RLT – Real Loading Time

RTFOT – "Rolling Thin-Film Oven Test" (processo de endurecimento/envelhecimento do betume asfáltico)

RTRRMS – Response-Type Road Roughness Measuring Systems

SAMI – Stress Absorving Membrane Interlayer

SbG – Sub-base Granular em material britado sem recomposição ("tout-venant")

SBS – Estireno-butadieno-estireno

Sc – Solo-cimento

SCI – Índice de curvatura da superfície

SCRIM – Sideway Force Coefficient Routine Investigation Machine

SGC – Sistema de Gestão da Conservação

SHRP – Strategic Highway Research Program

Si – Solicitações nos materiais

SPB – Macadame por semi-penetração em camada de base a frio

TEV – Temperatura de equi-viscosidade

TFOT – "Thin-Film Oven Test" (processo de endurecimento/envelhecimento do betume asfáltico)

TMADAVP – Tráfego Médio Diário Anual de veículos pesados

TMDA – Tráfego Médio Diário Anual

TRB – Transportation Research Board (EUA)

TRRL – Transportation and Road Research Laboratory (RU)

TUM – Transversoperfilógrafo da Universidade do Minho

WASHO – Western Association of State Highways Officials

Capítulo 1
INTRODUÇÃO

1.1. Objectivos

A rede rodoviária constitui sem dúvida a infraestrutura de transportes mais importante para o desenvolvimento global de qualquer país. De facto, ela pode estruturar-se e desenvolver-se num conjunto de grandes eixos e vias de importância progressivamente menor, de modo a assegurar as adequadas acessibilidades a qualquer ponto do território. E mesmo quando existem outras redes de transporte (vias férreas, ligações aéreas e ligações fluviais ou marítimas) é ainda a rede rodoviária que, fazendo interface com elas, permite completar a cobertura do território.

Até meados do século XX, a rede rodoviária do nosso país não satisfez adequadamente a sua função, mesmo para o tráfego existente na altura, quer devido às modestas características das vias, quer devido à qualidade frequentemente precária dos pavimentos.

Os primeiros passos para promover a necessária reestruturação da rede foram as publicações do Plano Rodoviário (Maio 1945), aplicável às estradas nacionais e municipais, do Regulamento das Estradas Nacionais (Abril 1948) e dos Planos Gerais de Estradas da Madeira e dos Açores, documentos que iriam orientar a construção rodoviária nos 40 anos seguintes.

Com o apoio de normas de projecto e especificações de construção entretanto elaboradas, assistiu-se nesse período a um grande desenvolvimento da rede, com a construção de algumas obras marcantes, entre as quais o lançamento da rede de auto-estradas.

A evolução do desenvolvimento do país e alguns compromissos internacionais determinaram ajustamentos ao Plano Rodoviário de 1945, o primeiro dos quais foi feito pelo Plano Rodoviário de 1985 (PRN 85) (JAE, 1985), que reformulou profundamente a estrutura da rede rodoviária e a jurisdição sobre as vias, e alguns anos depois pelo Plano Rodoviário de 2000 (PRN 2000) (JAE, 1998), que introduziu novas modificações e é o actual plano orientador das obras em curso. A ele se fará, adiante, referência mais detalhada.

Associadas a esta evolução da estrutura da rede, foram ocorrendo alterações nas características exigidas aos diferentes tipos de vias consideradas nos Planos, em especial no respeitante aos traçados, para que as estradas propiciassem maiores velocidades e

Fernando Branco   Paulo Pereira   Luís Picado Santos

segurança da circulação. Daqui resultou também uma importância acrescida das várias componentes da obra rodoviária (terraplenagens, drenagem, pavimentação, sinalização e segurança) que passaram a ser objecto de especificações mais exigentes. Entre estas tem sido dada uma atenção especial à pavimentação, devido ao grande peso desta componente no custo da construção rodoviária, ao facto de a comodidade e segurança da circulação ser em grande parte associada pelos utentes da estrada à qualidade da superfície de rolamento, ou seja do pavimento, e ainda devido ao facto de o tráfego no nosso país, tal como em muitos outros, ter vindo sempre a aumentar em volume e nas cargas transportadas, exigindo por isso pavimentos mais resistentes.

Daí a profunda evolução que nas últimas dezenas de anos se tem verificado tanto na concepção dos pavimentos como nos materiais utilizados, nos métodos de dimensionamento e nas práticas construtivas.

Estes conhecimentos têm sido utilizados, em boa parte, nos programas de construção rodoviária em curso e terão que ser postos à disposição não só dos novos profissionais a trabalhar nesta área como dos técnicos mais experientes que necessitem de actualizar a sua formação. Eles encontram-se, porém, dispersos por documentação diversa, nacional e estrangeira, nem sempre facilmente acessível a quem dela necessita.

Por isso um dos objectivos do presente livro é o de reunir, de uma maneira ordenada, os conhecimentos necessários para a correcta concepção, dimensionamento e construção dos pavimentos rodoviários, à luz da experiência portuguesa actual e das orientações adoptadas nos países estrangeiros de mais aperfeiçoada tecnologia de pavimentação.

Sendo o pavimento uma das partes da obra rodoviária mais sujeitas a acções agressivas (as acções climáticas e as do tráfego) é também aquela mais sujeita a sofrer degradações, as quais devem, no entanto, ser, quanto possível, evitadas ou rapidamente reparadas, pelas apontadas razões de comodidade e segurança dos utentes, e também para melhor gestão dos investimentos feitos ou a fazer.

Após a abertura ao tráfego o comportamento dos pavimentos deve ser acompanhado a fim de, atempadamente, serem promovidas as acções de conservação necessárias para manter a sua qualidade ao longo do tempo.

Muitas das estradas da nossa rede, tanto nacional como municipal, já têm sido objecto destes tratamentos, dispondo-se actualmente de metodologias para observar o comportamento dos pavimentos, para executar operações de conservação adequadas às várias situações, e para decidir a data e o tipo de operações a promover, face ao estado do pavimento e aos investimentos disponíveis.

Esta actividade de conservação dos pavimentos é já hoje bastante importante no nosso país, e sê-lo-á cada vez mais, à medida que os programas de construção nova forem sendo completados, o que implica a necessidade de dispor de técnicos especializados na área da conservação e reabilitação de pavimentos. É com vista à formação desses profissionais que neste livro se dá também uma atenção especial aos assuntos relacionados com a conservação de pavimentos, tanto no que respeita às técnicas de intervenção como ao modo de gerir esta actividade.

Fernando Branco   Paulo Pereira   Luís Picado Santos

1.2. Rede Rodoviária Nacional

A rede rodoviária em Portugal representa a principal infraestrutura de transporte de pessoas e mercadorias sendo, por essa razão, um elemento essencial para o desenvolvimento sócio-económico do país.

Em 1978 a rede rodoviária era constituída por cerca de 22000 quilómetros de estradas nacionais e 27000 quilómetros de vias municipais, estas subdivididas em 15000 quilómetros de estradas municipais e cerca de 12300 quilómetros de caminhos municipais.

Comparativamente a outros países europeus, a rede rodoviária nacional tinha uma elevada extensão, com uma reduzida percentagem a ser utilizada por um grande volume de tráfego, de elevada agressividade para os pavimentos. Esta situação conduzia à dificuldade de manter a sua qualidade e, ao mesmo tempo, proceder à ampliação da rede que se revelava necessária.

Este conjunto de factores conduziu ao desenvolvimento do Plano Rodoviário Nacional (PRN 85), aprovado em Setembro de 1985, tendo-se iniciado então um grande esforço com o objectivo de modernizar a rede rodoviária nacional, em particular no respeitante à parte nele considerada como Rede Fundamental (Itinerários Principais e Complementares), promovendo-se, em simultâneo, uma redução da rede considerada como nacional.

Tendo em conta a experiência com a implementação deste Plano Rodoviário, foi aprovado em 1998 o actual Plano Rodoviário 2000 (PRN 2000) (JAE, 1998), o qual introduz alguns ajustamentos na estrutura do anterior plano. Este plano teve em atenção a necessidade de promover o desenvolvimento de zonas fronteiriças ainda com carências ao nível da acessibilidade, procurando também estabelecer alternativas às estradas com portagem, para além de melhorar a acessibilidade às zonas urbanas.

Com a execução deste novo plano a Rede Rodoviária Nacional passará a possuir uma extensão relativa e uma qualidade comparável aos padrões das redes rodoviárias dos países europeus mais desenvolvidos. Ela inclui uma Rede Fundamental, integrando os Itinerários Principais (IP), e uma Rede Complementar, integrando os Itinerários Complementares (IC), e um conjunto de outras vias designadas por Estradas Nacionais.

O Plano inclui e classifica também uma nova categoria de estradas, as Estradas Regionais, de nível intermédio entre a rede nacional e a rede municipal, e provisoriamente sob responsabilidade da administração central.

A Rede Fundamental tem um papel estratégico dentro da rede nacional. Essa rede, apesar de representar apenas 22% da extensão total da Rede Rodoviária Nacional, suporta cerca de 60% do total do volume do tráfego. Por outro lado, cerca de 8% da Rede Fundamental está integrada nas "Grandes Estradas de Tráfego Internacional".

O Quadro 1.1 apresenta as diferentes componentes da rede classificada resultantes do novo plano rodoviário, incluindo também a nova categoria de Estradas Regionais.

Fernando Branco   Paulo Pereira   Luís Picado Santos

A Figura 1.1 representa a Rede Rodoviária Nacional de acordo com o Plano Rodoviário Nacional 2000.

A Rede Fundamental, constituída pelos Itinerários Principais (IP's), com uma extensão total de 2545 km, tem uma execução de cerca de 75% dessa extensão, faltando apenas construir cerca de 600 km.

Por sua vez, os Itinerários Complementares, com uma extensão total prevista de 3389 km, apresentam um nível de execução bastante inferior, de 38% dessa extensão, restando ainda por construir cerca de 2100 km.

Quadro 1.1 – Rede rodoviária classificada – PRN 2000 (EP, 2005)

Designação		Em serviço [1]		A construir		Total	
		Valor	%	Valor	%	Valor	% [2]
IP	EP	569	29	289	48	858	5
	Concessionada	1377	71	310	52	1687	10
	Sub-total	1946		599		2545	15
IC	EP	811	63	1576	75	2387	15
	Concessionada	483	37	519	25	1002	6
	Sub-total	1294		2095		3389	21
IP+IC	EP	1380	43	1865	69	3245	20
	Concessionada	1860	57	829	31	2689	16
	Total	3240		2694		5934	36
Estradas Nacionais						5472	33
Total da Rede Nacional						11406	69

Estradas Regionais			5029	31
Total da Rede Classificada			16435	100

(1) Esta rede não inclui o IP5.Albergaria-Vilar Formoso (163 km) já construído em perfil simples e o IP4.Amarante – Vila Real (39 km)
(2) Percentagens em relação à extensão da rede classificada

A rede de Estradas Nacionais apresenta a extensão muito significativa de 5472 km, representando cerca de 48% da Rede Rodoviária Nacional, e resulta da anterior rede de "Outras Estradas" do PRN 85 e de cerca de 2000 km de estradas anteriormente desclassificadas ou pertencentes à rede de Estradas Municipais.

A rede de Estradas Regionais tem a extensão de 5029 quilómetros.

Este redimensionamento e reclassificação da rede rodoviária permitirá nos próximos anos a conclusão de um ambicioso programa de melhoria da rede rodoviária do país, quer em extensão, quer em qualidade.

Quanto à rede desclassificada como nacional pelo PRN 85 e revista pelo PRN 2000, uma reduzida parte da sua extensão já foi transferida para as autarquias através da celebração de protocolos entre estas e o ex-Instituto das Estradas de Portugal (IEP).

Mesmo que a maior parte desta rede, transferida e a transferir num futuro próximo, esteja em boas condições de conservação, as autarquias passam a dispor de uma nova infraestrutura candidata aos respectivos recursos financeiros, podendo não haver nem suficiente capacidade técnica instalada nem recursos financeiros disponíveis para manter a rede em adequadas condições.

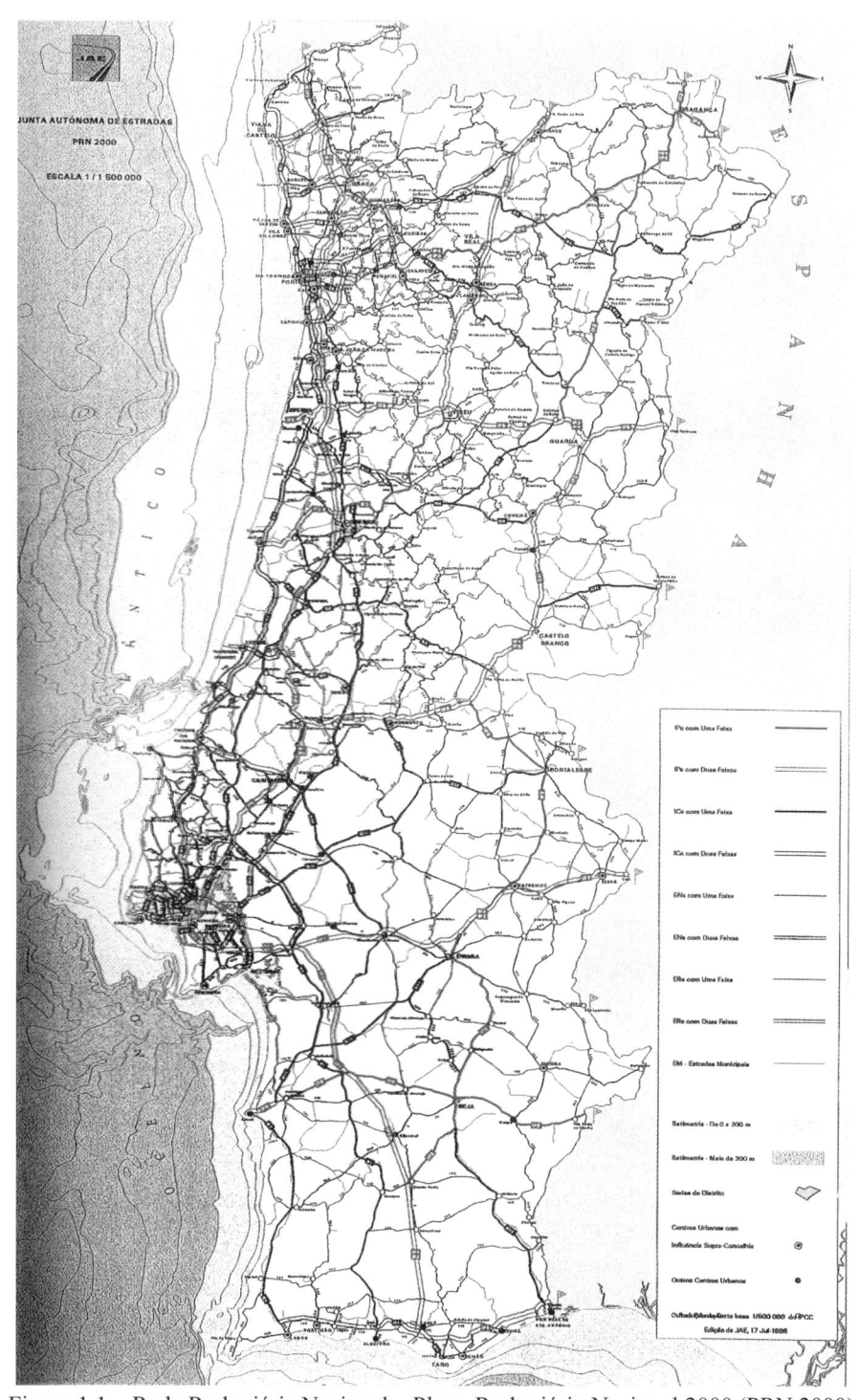

Figura 1.1 – Rede Rodoviária Nacional – Plano Rodoviário Nacional 2000 (PRN 2000)

Fernando Branco   Paulo Pereira   Luís Picado Santos

Esta rede, apesar de servir geralmente um tráfego mais reduzido que o da rede nacional, será cada vez mais solicitada por um tráfego crescente a nível local. Assim, a eventual ausência de uma adequada conservação ao longo do tempo, conduzirá à sua progressiva degradação, deixando-a inadaptada para volumes de tráfego certamente cada vez maiores utentes cada vez mais exigentes.

A rede de IP e IC actualmente existente representa apenas cerca de 28% da rede nacional prevista no PRN 2000; por outro lado, a rede a construir terá, possivelmente, características geométricas mais importantes do que as da maioria das estradas existentes. Deste modo, é possível concluir-se que o património rodoviário a conservar num futuro próximo, dentro de aproximadamente 5 a 10 anos, será superior, em mais de 80%, relativamente ao actualmente existente.

Assim, os cerca de 300 milhões de euros actualmente necessários para a conservação da rede rodoviária nacional poderão vir a aumentar progressivamente, dentro de 10 a 15 anos, podendo atingir valores da ordem de 600 milhões de euros.

Sem uma conservação programada e de carácter preventivo, a rede pode evoluir até se atingir um estado generalizado de degradação avançada, a exigir enormes investimentos a que o país, eventualmente fora do Quadro Comunitário de Apoio, dificilmente poderá fazer face. Para que tal situação não se verifique, torna-se indispensável proceder a uma adequada gestão da rede, envolvendo o desenvolvimento de programas optimizados de conservação e a definição dos recursos humanos e materiais, a atribuir às entidades responsáveis pela conservação, de modo a garantir a consecução de tão relevante objectivo.

1.3. Organização da Publicação

Esta publicação tem por objectivo, como se disse, analisar os diversos aspectos relacionados com o projecto, construção e conservação dos pavimentos rodoviários, de modo a apoiar a actividade dos técnicos envolvidos nesta actividade.

Assim, inicialmente, no capítulo *"Introdução"*, além da abordagem da importância desta temática, apresenta-se a descrição da evolução recente da rede rodoviária nacional, e conclui-se com a descrição sumária do conteúdo da publicação.

O segundo capítulo, *"Constituição e Comportamento dos Pavimentos Rodoviários"*, apresenta, para cada um dos principais tipos de pavimentos, a respectiva constituição e comportamento, como matéria introdutória à compreensão do conjunto dos restantes capítulos.

Sendo os pavimentos estruturas com apoio contínuo sobre a fundação, a qualidade desta tem uma relevância particular no comportamento dos pavimentos. No capítulo terceiro, "A *Fundação dos Pavimentos"*, depois de se apontarem as funções dessa fundação, analisam-se os métodos de avaliação da sua capacidade de suporte, em função dos materiais e práticas construtivas utilizadas.

Os *"Materiais de Pavimentação"* são apresentados no quarto capítulo, sendo abordados quer os constituintes dos diferentes tipos de misturas, hidráulicas e betuminosas, quer os principais tipos de misturas utilizadas nas diferentes camadas dos pavimentos.

O quinto capítulo, *"Tecnologia de Pavimentação"*, descreve o fabrico e a colocação em obra dos diferentes tipos de misturas estabilizadas com ligantes, nomeadamente as misturas betuminosas a quente e a frio, assim como as misturas estabilizadas com ligantes hidráulicos. Para cada tipo de mistura refere-se ainda o respectivo controlo de qualidade.

O capítulo sexto, *"Caracterização do Tráfego e da Temperatura de Serviço"*, trata das principais acções a considerar no dimensionamento dos pavimentos, com particular incidência no tráfego, a acção principal, e também na temperatura por ser este o factor climático mais relevante para a caracterização do comportamento das misturas estabilizadas com ligantes betuminosos.

O sétimo capítulo dedica-se ao *"Dimensionamento de Pavimentos"*. Inicialmente são apresentados os modelos genéricos de comportamento dos materiais, a evolução dos processos de dimensionamento, os princípios gerais do dimensionamento, assim como os modelos de cálculo de tensões e extensões. De seguida analisa-se a caracterização mecânica dos materiais, definindo-se os critérios de ruína de pavimentos flexíveis. A principal parte deste capítulo é dedicada aos métodos de dimensionamento dos diferentes tipos de pavimentos, com particular ênfase para os pavimentos, flexíveis dada a sua maior representatividade ao nível da rede rodoviária nacional.

Através do oitavo capítulo, *"Patologia de Pavimentos Rodoviários"*, procura-se apresentar, para cada um dos tipos de pavimentos (flexíveis, rígidos e semi-rígidos), as diferentes famílias de degradações, de modo a apoiar a apresentação e o acompanhamento da matéria apresentada nos capítulos seguintes.

O capítulo *"Observação de Pavimentos"* apresenta inicialmente os parâmetros de caracterização do estado dos pavimentos (parâmetros de estado), seguindo-se as técnicas de observação de cada um desses parâmetros, concluindo-se este capítulo com a definição de uma metodologia de observação da qualidade dos pavimentos.

Após a caracterização do estado dos pavimentos existentes, considera-se que é fundamental definir medidas para a correcção das deficiências eventualmente encontradas.

O décimo capítulo, *"Técnicas de Conservação e de Reabilitação de Pavimentos Rodoviários Flexíveis"*, compreende a descrição das diferentes técnicas de conservação e de reabilitação dos pavimentos. Assim, são apresentados os processos dedicados à conservação das características superficiais e os que são recomendados para garantir a continuidade ou para repor as características estruturais. Para além destas técnicas, refere-se ainda a reciclagem de pavimentos, técnica cada vez mais frequente na reabilitação de pavimentos degradados.

O décimo primeiro capítulo, *"Dimensionamento da Reabilitação de Pavimentos"*, é dedicado essencialmente ao dimensionamento da reabilitação estrutural dos pavimentos flexíveis, apresentando-se dois métodos: o procedimento baseado nas deflexões reversíveis e o procedimento baseado nas espessuras efectivas.

O último capítulo, *"Gestão da Conservação de Pavimentos"* aborda as diferentes matérias envolvidas na gestão da conservação rodoviária. Inicialmente, apresenta-se a estrutura geral dos sistemas de gestão, através da indicação dos principais módulos e dos diferentes níveis de gestão a considerar. A seguir analisa-se a estrutura fundamental do sistema de informação de apoio ao sistema de gestão, ou seja a "base de dados rodoviária", assim como as respectivas funções e componentes e metodologia de implantação.

A avaliação da qualidade dos pavimentos é também uma das componentes de um sistema a seguir apresentada neste capítulo, quer quanto ao tipo de avaliação, quer quanto ao desenvolvimento dos respectivos indicadores de estado. Os modelos de comportamento dos pavimentos constituem um módulo fundamental para que um sistema de gestão possa ter capacidade de prever a evolução da qualidade dos pavimentos. Abordam-se então neste capítulo as diferentes modalidades de desenvolvimento desses modelos, assim como a análise dos diferentes tipos de modelos normalmente utilizados.

A avaliação económica das diferentes estratégias de conservação constitui uma actividade fundamental dos sistemas de gestão, para se optimizar os investimentos a realizar neste domínio. Por isso, abordam-se os conceitos básicos de avaliação económica, apresentando-se os diferentes métodos disponíveis para a avaliação económica. Este capítulo termina com a apresentação das diferentes fases de desenvolvimento de um programa de conservação dos pavimentos, compreendendo, entre outras, a definição de prioridades de conservação.

Admite-se que os leitores estão familiarizados com a maioria das expressões que vão sendo utilizadas ao longo dos capítulos. No entanto, ao longo da exposição vão sendo esclarecidos os conceitos mais importantes, de modo a que os leitores menos preparados tenham a possibilidade de seguir com clareza os assuntos relevantes.

1.4. Referências Bibliográficas

JAE (actual EP – Estradas de Portugal), 1985. *2º Plano Rodoviário Nacional*.
JAE (actual EP – Estradas de Portugal), 1998. *Plano Rodoviário Nacional 2000*.
EP – Estradas de Portugal, 2005. *Plano Rodoviário Nacional 2000*.

Capítulo 2
CONSTITUIÇÃO E COMPORTAMENTO DOS PAVIMENTOS RODOVIÁRIOS

2.1. Introdução

A função essencial de um pavimento rodoviário é assegurar uma superfície de rolamento que permita a circulação dos veículos com comodidade e segurança, durante um determinado período (a vida do pavimento), sob a acção das acções do tráfego, e nas condições climáticas que ocorram.

Algumas características da superfície, como sejam a textura ou, de modo geral, as qualidades anti-derrapantes, a cor e outras qualidades ópticas e as qualidades associadas à geração de ruído de rolamento, estão relacionadas com a constituição da camada superior dos pavimentos.

Outras características, como a integridade, a regularidade e o desempeno da superfície, traduzidas pela ausência de fendas, covas, depressões e outras deformações permanentes diferenciais, estão mais relacionadas com o comportamento estrutural de todo o pavimento.

Assim, a um pavimento devem exigir-se dois tipos de qualidades: a qualidade funcional e a qualidade estrutural. A primeira relacionada com as exigências dos utentes – conforto e segurança de circulação – e a segunda relacionada com a capacidade do pavimento para suportar as cargas dos veículos sem sofrer alterações para além de determinados valores limites, as quais colocariam em causa a garantia da qualidade funcional, aquela que é captada pelos utentes rodoviários.

Relativamente à sua constituição, um pavimento rodoviário é considerado como um sistema multi-estratificado, formado por várias camadas de espessura finita, apoiadas na fundação constituída pelo terreno natural (maciço semi-indefinido), o qual pode ter um coroamento de qualidade melhorada. A Figura 2.1 representa a constituição esquemática de um pavimento, com indicação das principais acções a que está sujeito.

Nesta figura, além da fundação, distinguem-se as duas componentes principais do pavimento: o conjunto de "camadas ligadas", constituídas por materiais granulares (britas e areias) estabilizados com ligantes, colocadas na parte superior do pavimento, as camadas granulares constituídas por materiais inertes, britados ou naturais, não aglutinados, colocadas na parte inferior do pavimento.

Fernando Branco   Paulo Pereira   Luís Picado Santos

As acções indicadas na figura são as devidas ao tráfego, traduzidas pelas cargas dos rodados, e as climáticas, traduzidas quer por variações de temperatura dos materiais das camadas, quer pela acção da água que atinge as várias componentes do pavimento.

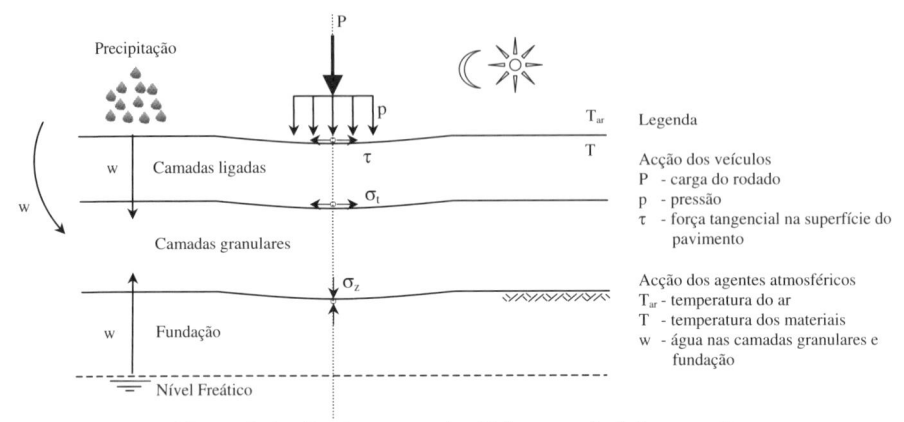

Figura 2.1 – Pavimento rodoviário: constituição e acções

Nas camadas de um pavimento podem distinguir-se, pelas funções que desempenham, a camada superficial ("camada de desgaste") e o corpo do pavimento.

A camada de desgaste tem a função de assegurar as características funcionais atrás referidas, de modo a contribuir para uma circulação com conforto e com segurança. Adicionalmente, e do ponto de vista da sua contribuição para a qualidade estrutural, esta camada tem ainda a importante função de impermeabilizar o pavimento, evitando a entrada de água exterior para as camadas inferiores e para o solo de fundação.

O corpo do pavimento, o principal responsável pela capacidade do pavimento em suportar as cargas do tráfego, pode compreender camadas estabilizadas com ligantes (betuminosos ou hidráulicos) e também camadas granulares.

Essas diferentes camadas dispõem-se, normalmente, com qualidade e resistência decrescentes, de cima para baixo, em consonância com a progressiva redução dos esforços em profundidade. Cada uma delas tem também, em geral, a função de assegurar apoio para a realização da camada sobrejacente. Assim, no caso das camadas betuminosas, a camada subjacente à camada de desgaste designa-se por "camada de regularização". Abaixo desta dispõem-se "camadas de base", aglutinadas ou não; a camada inferior do corpo do pavimento, construída directamente sobre a fundação, tem em geral o nome de "camada de sub-base" e é normalmente constituída por materiais granulares apenas estabilizados mecanicamente por compactação, mas pode ser também de solo tratado com cimento.

A fundação é constituída pelo terreno natural. Quando este não tem as características desejadas, sobrepõe-se-lhe uma camada de solo melhor, às vezes tratado com ligantes, o chamado "leito do pavimento", que faz parte integrante da fundação.

O leito do pavimento tem a função de aumentar a capacidade de suporte da fundação e a de homogeneizar as suas características resistentes.

Da associação de camadas constituídas por diferentes materiais resultam diferentes tipos de pavimentos, a que correspondem comportamentos diferentes quando solicitados pelas cargas dos veículos em combinação com determinadas condições climáticas.

De acordo com os dois critérios de classificação dos pavimentos rodoviários (Quadro 2.1), o tipo de materiais e a deformabilidade, podem distinguir-se os seguintes tipos de pavimentos: flexíveis, rígidos e semi-rígidos.

Quadro 2.1 – Tipos de pavimentos em função dos materiais e da deformabilidade

Tipo de Pavimento	Materiais (ligante)	Deformabilidade
Flexível	Hidrocarbonados e granulares	Elevada
Rígido	Hidráulicos e granulares	Muito reduzida
Semi-rígido	Hidrocarbonados, hidráulicos e granulares	Reduzida

Os pavimentos flexíveis apresentam as camadas superiores formadas por misturas betuminosas, ou seja, por materiais estabilizados com ligantes hidrocarbonados, geralmente o betume asfáltico, seguidas inferiormente de uma ou duas camadas constituídas por material granular.

Os pavimentos rígidos têm uma camada superior constituída por betão de cimento, ou seja, por material granular estabilizado com ligantes hidráulicos, geralmente o cimento portland, seguida de uma ou duas camadas inferiores constituídas também por material granular estabilizado com ligante hidráulico e/ou apenas constituídas por material granular.

Os pavimentos semi-rígidos, quanto à sua constituição, apresentam características comuns aos dois tipos de pavimentos anteriores: com uma ou duas camadas superiores constituídas por misturas betuminosas, seguidas de uma camada constituída por agregado estabilizado com ligante hidráulico, podendo ainda dispor de uma camada granular na sub-base.

Quanto à deformabilidade, cada um destes três tipos de pavimentos, sob a acção de uma determinada carga, apresenta diferentes valores de deformação vertical da sua superfície. Num pavimento da rede rodoviária nacional, em bom estado de conservação e submetido à acção da carga de um eixo com a carga total de 130 kN, ou seja, 65 kN aplicados numa "roda dupla", podem ser encontrados os seguintes intervalos de valores da deformação, naturalmente dependentes da constituição do pavimento: (i) pavimento flexível com valores a variar entre 250 e 500 µm; (ii) pavimento semi-rígido com valores entre 200 e 400 µm; (iii) pavimento rígido com valores da deformabilidade muito reduzidos, em geral inferiores a 200 µm. Para um pavimento degradado, por exemplo com elevado estado de fendilhamento, estes valores serão bastante superiores, em qualquer tipo de pavimento.

O comportamento de um pavimento rodoviário é determinado pelas acções, do tráfego e climáticas, que actuam sobre ele, pela sua constituição, ou seja, pelo número e espessura das camadas e pelas características dos materiais, e finalmente pelas características da fundação.

Fernando Branco
Luís Picado Santos

Quanto às acções, consideram-se, como se disse, dois grupos: as resultantes da aplicação das cargas dos veículos e as resultantes da acção dos agentes climáticos. As primeiras podem ser expressas basicamente por uma pressão vertical (considerada uniforme e aplicada numa área circular) na superfície do pavimento e por uma acção tangencial aplicada no plano entre o pneu e o pavimento, correspondente à reacção necessária para o movimento do veículo e às acções que ocorrem durante as frenagens.

A intensidade e a forma de aplicação das cargas dos veículos, como se verá mais adiante no capítulo respectivo, determinam diferentes comportamentos dos pavimentos, em particular devido ao facto de muitos materiais, em especial os betuminosos, terem comportamentos que variam com o modo como são solicitados.

As acções climáticas, representadas pela temperatura e pela água, têm uma influência relevante no comportamento e evolução dos pavimentos, em particular naqueles que possuem uma componente betuminosa mais expressiva e também uma elevada componente granular.

A temperatura do ar determina, em cada instante, a temperatura das camadas, o que condiciona a rigidez das camadas betuminosas, que varia no sentido inverso da temperatura. Por sua vez, a água, com origem na fundação do pavimento ou proveniente do exterior através da superfície do pavimento, determina o teor em água das camadas granulares e do solo de fundação, cuja resistência, em geral, se reduz à medida que aquele teor aumenta.

Na constituição do pavimento há que distinguir dois tipos de camadas: as camadas ligadas, dotadas de coesão, com capacidade para suportar todos os tipos de esforços (compressão, tracção e corte) e as camadas não ligadas, cuja resistência depende essencialmente do atrito interno, e que, tal como o solo, apenas suportam bem esforços de compressão e de corte.

Da aplicação das acções externas sobre a estrutura de um pavimento resulta em cada ponto um estado de tensão e deformação. Os principais esforços habitualmente considerados na análise do funcionamento de um pavimento são os que determinam as tensões e extensões horizontais de tracção (σ_t; ε_t) nas camadas estabilizadas com ligantes, de valor máximo nas suas faces inferiores, em geral no eixo de simetria de aplicação da carga, e os esforços que determinam as extensões de compressão (σ_z; ε_z) nas camadas granulares e na fundação, também na vertical da carga (Figura 2.1).

Os esforços produzidos a cada passagem de um veículo vão provocando progressivas alterações dos materiais constituintes do pavimento, as quais vão determinando a redução da sua qualidade, traduzida por determinadas degradações. Estas, nos casos mais correntes, consistem sobretudo na ocorrência de fendilhamento das camadas com coesão, devido a um processo de rotura por fadiga associada à repetição das extensões de tracção nelas instaladas, e na ocorrência de deformações permanentes (assentamentos) na superfície do pavimento, traduzindo o adensamento das várias camadas e do solo de fundação, associado à repetição das extensões verticais de compressão nessas camadas.

O dimensionamento do pavimento visa definir a sua composição (espessuras das camadas e materiais) de modo a evitar que, para o número de carregamentos previsto durante a vida do pavimento, as degradações ultrapassem certos limites considerados aceitáveis.

A seguir, caracterizam-se os diferentes tipos de pavimento, quanto à sua constituição e comportamento.

2.2. Constituição e Comportamento dos Pavimentos Flexíveis

A constituição de um pavimento flexível pode ser muito diversa, em função da intensidade do tráfego, da resistência do solo de fundação e das características dos materiais disponíveis, as quais, por sua vez, dependem das condições climáticas.

Assim, quando o tráfego é pouco agressivo e se dispõe de materiais granulares de boa qualidade a custo favorável, podem ser projectados e construídos pavimentos onde é preponderante a componente granular. Em contrapartida, perante um tráfego intenso, numa região com reduzidos recursos quanto a materiais granulares de qualidade, e face a uma fundação de reduzida capacidade de suporte, será necessário considerar um pavimento integrando várias camadas betuminosas, com espessura total significativa.

O Manual de Concepção de Pavimentos para a Rede Rodoviária Nacional, da Junta Autónoma de Estradas, de 1995 (JAE, 1995), a seguir designado por MACOPAV, prevê a utilização de diversos tipos de pavimentos, flexíveis, semi-rígidos e rígidos.

As estruturas indicadas, para considerar a nível de "estudo prévio", foram definidas em função da "classe de tráfego" (T_i, i=1,...,6; sendo T_6 a classe de tráfego menos intenso), da deformabilidade da fundação ou "classe da plataforma" de apoio do pavimento (Fi, i=1,...,4; sendo F_4 a classe de plataforma mais resistente) e dos materiais utilizados.

A Figura 2.2 apresenta duas estruturas de pavimentos flexíveis propostas pelo referido manual: estrutura a), destinada a um tráfego reduzido, considerando uma fundação com elevada capacidade de suporte, e estrutura b), esta destinada a um tráfego intenso e com uma fundação de reduzida capacidade de suporte.

Indica-se, para cada camada, a sua espessura, o material que a constitui e valores típicos das suas características de deformabilidade (módulo de deformabilidade e coeficiente de Poisson).

Mediante a aplicação de "regas de colagem" com ligantes betuminosos entre camadas, procura-se que as camadas betuminosas fiquem coladas umas às outras, funcionando portanto como uma camada única.

Nestas condições de interface as camadas betuminosas no seu conjunto estão submetidas a um estado de tensão que, no plano vertical, varia de uma tensão de compressão máxima na face superior da camada de desgaste, até um valor máximo de tensão de tracção na face inferior da última camada, como está representado na Figura 2.2, traço contínuo.

Fernando Branco   Paulo Pereira   Luís Picado Santos

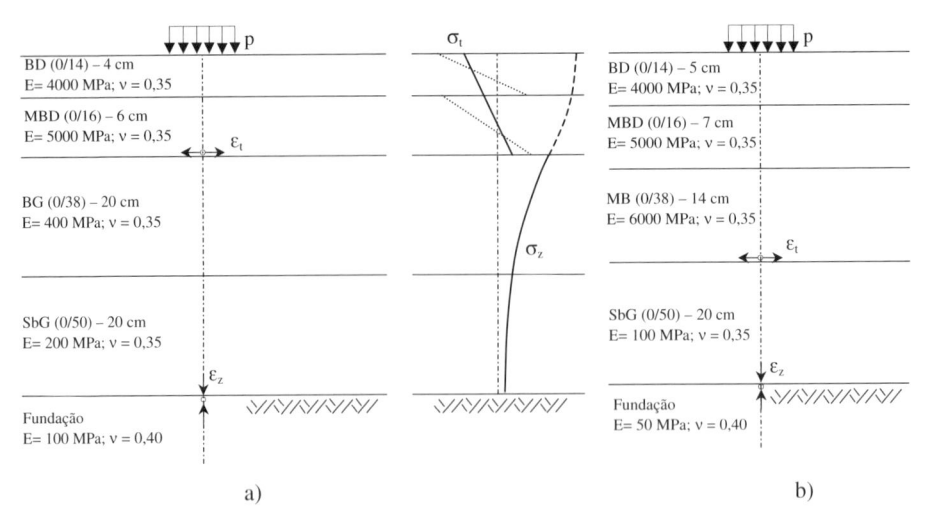

a)   b)

―――― Camadas coladas

············ Camadas descoladas

BD: Betão betuminoso em camada de desgaste

MBD: Mistura betuminosa densa em camada de regularização

MB: Macadame betuminoso em camada de base

BG: Base granular

SbG: Sub-base granular em material britado sem recomposição ("tout-venant") ou com recomposição em central

Figura 2.2 – Pavimento flexível: constituição e comportamento

Quando as camadas betuminosas se encontram "descoladas" entre si, para cada uma delas ocorrem tensões máximas de compressão na face superior e tensões máximas de tracção na face inferior (Figura 2.2, traço descontínuo). Esta situação de interfaces "descoladas" corresponde a um estado de tensão muito mais severo que o verificado com as interfaces "coladas".

Como se vê, o modo de funcionamento de um pavimento flexível está dependente, não só das características dos materiais de cada camada, mas também das respectivas condições de fronteira, ou seja das características das respectivas interfaces.

Nos casos em que uma interface, considerada "colada" no projecto, passou a "descolada" podem ocorrer duas situações que contribuem para a evolução acelerada das degradações do pavimento: por um lado as tensões máximas de tracção na face inferior da última camada betuminosa podem ser superiores às tensões admissíveis consideradas em projecto e, por outro lado, a camada de desgaste pode estar submetida a esforços de tracção, para os quais não foi concebida. Neste caso o fendilhamento, que se verifique à superfície da camada de desgaste, poderá ter a sua origem na própria camada de desgaste.

Relativamente às camadas granulares, tendo em conta que estas não têm capacidade para resistir a esforços de tracção, verifica-se uma variação dos esforços de compressão, que são máximos à superfície e se reduzem em profundidade, em função das características resistentes das camadas constituintes do pavimento (Figura 2.2).

Os esforços instalados ao nível das diferentes camadas determinam, em geral, uma evolução, típica dos pavimentos flexíveis, em direcção a dois estados últimos de ruína, o fendilhamento das camadas betuminosas e a deformação permanente das camadas em geral, os quais são considerados pelos principais métodos de dimensionamento.

No entanto, as degradações que ocorrem nos pavimentos flexíveis podem ser de outros tipos como, por exemplo, a desagregação dos materiais da parte superficial da camada de desgaste.

A ocorrência das degradações dos diferentes tipos impõe a necessidade de intervenções de conservação de um pavimento flexível ao longo da sua vida, as quais podem ser de dois tipos: conservação corrente e conservação periódica.

A conservação corrente tem por objectivo manter a qualidade inicial do pavimento, sendo constituída por intervenções ao nível da camada de desgaste, incluindo, por exemplo, a selagem de fendas, a tapagem de covas, a correcção de pequenas deformações ou a selagem geral do pavimento quando se atinge um considerável nível de fendilhamento. Estas acções, em geral, apenas influenciam a qualidade funcional do pavimento, embora algumas delas possam ter também uma influência significativa na evolução da qualidade estrutural como é o caso da execução de camadas de impermeabilização da camada de desgaste, eliminando a possibilidade de entrada de água exterior através das fendas.

A conservação periódica realiza-se com um determinado intervalo, em princípio considerado numa determinada programação da fase de exploração do pavimento, e inclui a realização de trabalhos mais significativos como, por exemplo, a aplicação de uma ou mais camadas de misturas betuminosas. Deste modo resulta uma significativa alteração da capacidade de suporte do pavimento além da reabilitação das características superficiais.

2.3. Constituição e Comportamento dos Pavimentos Rígidos

2.3.1 Características Gerais

Os pavimentos rígidos têm uma constituição e modo de funcionamento bem diferentes dos pavimentos flexíveis.

Um pavimento rígido (Figura 2.3) é constituído por uma laje de betão de cimento, compactado por vibração, a qual é apoiada numa camada de sub-base constituída por material granular ou, no caso de tráfego intenso, por esse material estabilizado com ligante hidráulico (betão pobre, solo-cimento). Neste pavimento considera-se que a laje de betão desempenha o papel de camada de desgaste e de camada de base.

A elevada resistência deste tipo de pavimentos, devida à resistência à flexão do betão de cimento, faz com que eles não sofram deformações acentuadas, mesmo quando submetidos a condições severas de tráfego pesado, intenso e lento, e a elevadas temperaturas.

Por outro lado, as tensões verticais provocadas pelas cargas distribuem-se sobre uma grande área da laje de betão, de modo que a tensão vertical máxima que atinge a fundação representa uma pequena fracção da pressão de contacto dos pneus. Por esta razão, neste tipo de pavimento a sub-base não visa tanto obter uma determinada capacidade resistente, como no caso de um pavimento flexível, mas antes uma camada regular, que permita a execução da laje em boas condições, e que seja resistente à erosão, quer sob a acção do tráfego de obra, quer em serviço para evitar o descalçamento da laje.

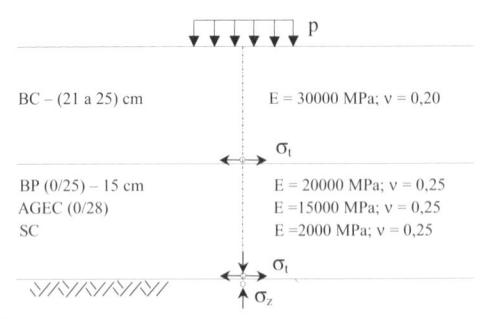

BC: Betão de cimento
BP: Betão pobre
AGEC: Agregado de granulometria extensa estabilizado com cimento
SC: Solo-cimento

Figura 2.3 – Pavimento rígido: constituição e comportamento

A fundação deve, por isso, ser também constituída por um material homogéneo, não sensível à água. Em certos casos de solos de reduzida capacidade de carga e com alguma heterogeneidade nas suas características, físicas e mecânicas, e para tráfego intenso, deve adoptar-se um leito de pavimento.

Na laje de betão ocorre uma retracção do material à medida que decorre a presa e o endurecimento. Sendo esta retracção contrariada pelo atrito na interface com a camada inferior, desenvolvem-se na laje esforços de tracção a que o betão, ainda muito jovem e pouco resistente, não pode em geral resistir. Daí o aparecimento de fendas de retracção características destas camadas.

Existem, como se verá, várias soluções para contrariar o aparecimento, ou a importância, destas fendas, sendo uma delas, muito utilizada, a realização de juntas, a intervalos de poucos metros, que dividem as lajes em painéis em que os esforços de tracção são reduzidos. Estas juntas permitem, nos pavimentos em serviço, os movimentos de dilatação e retracção das lajes provocados pelas variações da sua temperatura. As juntas, sendo um elemento importante para o funcionamento dos pavimentos em que existem, constituem também elementos delicados que exigem cuidados especiais de realização e de conservação.

Sob as acções do tráfego e climáticas, as lajes ficam sujeitas, como nos pavimentos flexíveis, a esforços de flexão que determinam extensões de compressão e de tracção, estas em geral com valor máximo na face inferior da laje. A repetição destas extensões de tracção pode determinar a ruína por fadiga, ocorrência que se pretende evitar com um dimensionamento adequado. Outro critério de ruína habitualmente considerado no dimensionamento de pavimentos com juntas consiste em evitar que as lajes fendilhem devido às extensões de tracção que nelas se instalam quando os rodados passam nos cantos dos painéis e a laje flecte devido à falta de apoio, por a fundação ter sido erodida.

Relativamente às características superficiais dos pavimentos rígidos, a rugosidade necessária ao desenvolvimento do atrito pneu-pavimento, obtém-se, entre outros modos, através da utilização de areia siliciosa no betão e dando ao betão fresco uma textura superficial adequada, através da produção de estrias, no sentido longitudinal ou transversal. A macrotextura resultante deve ser mais rugosa para velocidades elevadas e mais lisa para velocidades moderadas.

Outras características superficiais importantes, por razões de segurança, comodidade e economia, são a cor clara e as propriedades reflectoras do pavimento. A visibilidade nocturna melhora significativamente com um pavimento claro, reduzindo-se também os equipamentos e o consumo de energia quando a estrada é iluminada.

A conservação de um pavimento rígido requer reduzidas intervenções: eventual selagem de juntas e fendas, reconstrução de alguma laje, reabilitação da macrotextura. Nestes trabalhos recorre-se por vezes a fresagens e outros tratamentos superficiais, incluindo alguns novos materiais como resinas sintéticas e betões de alta plasticidade e alta resistência inicial. Por sua vez, o reforço de um pavimento rígido é frequentemente realizado com camadas de misturas betuminosas tradicionais, resultando assim um outro tipo de pavimento que poderá ser designado por pavimento misto ou compósito.

Quanto à tipologia, segundo a Figura 2.4, os pavimentos rígidos podem agrupar-se em cinco categorias diferentes (Kraemer et al., 1996) que se distinguem sobretudo pelo modo como é controlado o fendilhamento por retracção:

- pavimentos de betão não armado, com juntas transversais e longitudinais, dotadas ou não de barras de transferência de carga (passadores);
- pavimentos de betão armado, com juntas, com ou sem passadores;
- pavimentos de betão armado contínuo (B.A.C.);
- pavimentos de betão pré-esforçado;
- pavimentos formados por elementos prefabricados.

A seguir apresenta-se uma descrição sucinta de cada um destas categorias de pavimentos rígidos.

2.3.2. Pavimentos de Betão não Armado, com Juntas

A maioria dos pavimentos rígidos, formados por betão vibrado, dispõe de juntas transversais de contracção e também, por razões construtivas, de juntas longitudinais, formando-se assim painéis ou lajes rectangulares, com formato próximo do quadrado. Ambos os tipos de juntas, longitudinais e transversais, podem também constituir juntas de construção.

Fernando Branco   Paulo Pereira   Luís Picado Santos

Nas juntas longitudinais são colocadas frequentemente barras de ligação, constituídas por varões de aço nervurado de modo a manter unidas as duas lajes contíguas. Estas barras permitem o encurvamento das lajes devido aos gradientes térmicos, mas impedem a abertura da junta e o assentamento diferencial das lajes sob a acção do tráfego.

As juntas transversais são normalmente formadas abrindo um pequeno sulco, por serragem, no local onde se quer criar a junta. A posterior retracção do betão vai provocar a abertura de uma fenda nesse local onde a secção resistente está enfraquecida.

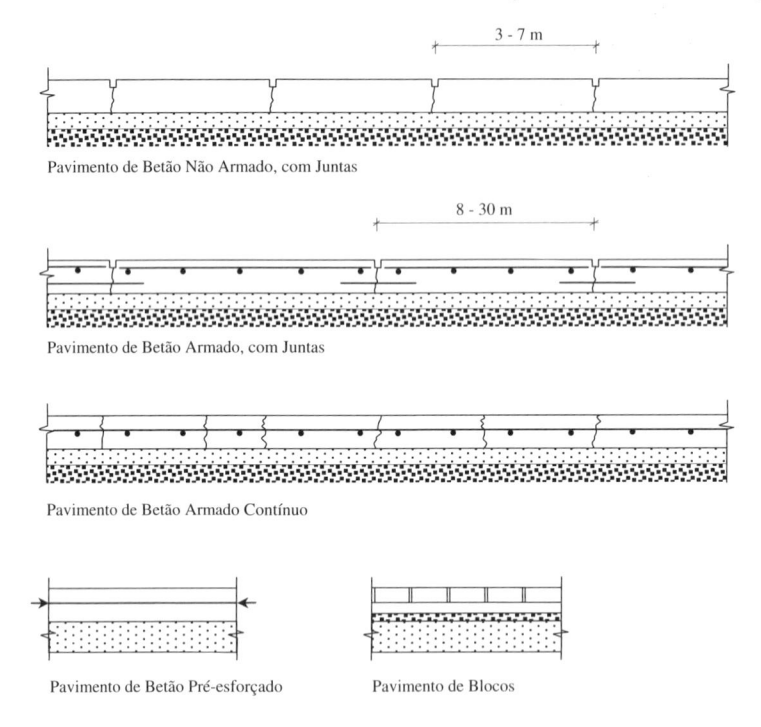

Figura 2.4 – Tipos de pavimentos rígidos

As juntas transversais, em geral com um espaçamento de 5 metros, são um obstáculo à manutenção da continuidade estrutural do pavimento, nomeadamente tendo em conta que os movimentos verticais das lajes, sob a acção do tráfego, são diferentes no interior da laje e nas juntas.

O método mais usual para melhorar a transmissão de cargas entre lajes contíguas consiste na colocação de passadores, ou seja, barras lisas de aço, aderentes ao betão numa das lajes e não aderentes na outra para permitir os movimentos relativos das lajes. Estas barras situam-se a meio da espessura, paralelas entre si e ao eixo da via. Estes passadores praticamente impedem o desnivelamento, ou escalonamento, do pavimento nas juntas. Quando se trata de um pavimento destinado a tráfego médio e ligeiro, por vezes podem ser dispensados os passadores porque a irregularidade da fenda na junta pode assegurar a transmissão das cargas.

Na Figura 2.5 apresentam-se os diferentes tipos de juntas e respectivos pormenores construtivos.

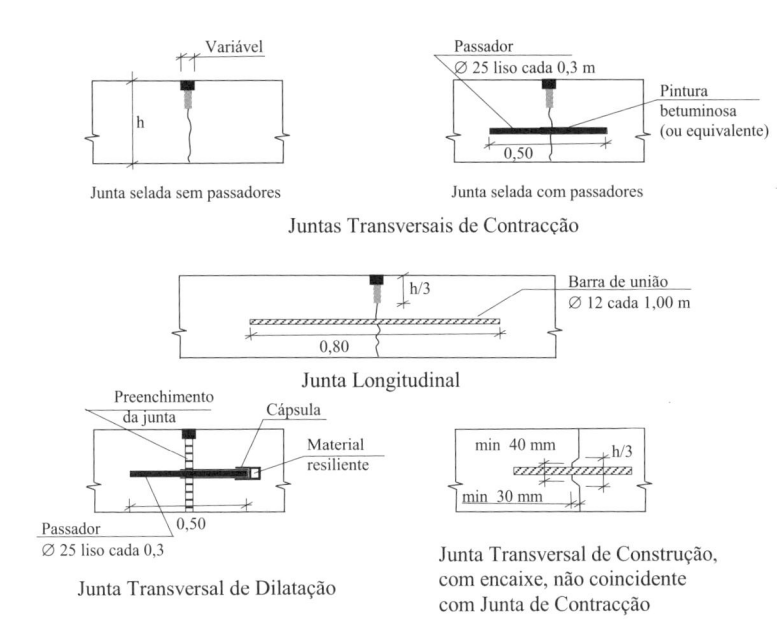

Figura 2.5 – Tipos de juntas dos pavimentos rígidos

2.3.3. Pavimentos de Betão Armado, com Juntas

Estes pavimentos são análogos aos pavimentos não armados, mas com as juntas de contracção mais afastadas, à custa da inclusão de uma ligeira armadura destinada a absorver os esforços de tracção derivados da retracção, nos painéis agora de maiores dimensões. Consegue-se assim reduzir o número das juntas que, como se disse, são o elemento mais delicado dos pavimentos rígidos.

2.3.4. Pavimentos de Betão Armado Contínuo (B.A.C.)

Trata-se de um pavimento sem juntas transversais em que a existência de uma armadura contínua, colocada no centro da laje, permite controlar a abertura das fendas devidas à retracção do betão. Estas fendas, com abertura inferior a 0,5 mm, distanciadas em geral de 1 a 3 metros, são imperceptíveis para o utente, não se deterioram sob a acção do tráfego, não pondo, assim, em perigo a capacidade estrutural do pavimento.

O elevado custo inicial deste tipo de pavimento é compensado pelo custo quase nulo da sua conservação, sendo justificado para estradas de tráfego muito intenso, em que os custos do utente resultantes das obras de conservação são muito elevados.

Nalguns tipos destes pavimentos a armadura é constituída por fibras de aço, ou sintéticas, disseminadas na massa de betão. Devido ao elevado custo, o seu uso tem sido feito sobretudo em lajes de muito pequena espessura, da ordem da dezena de centímetros, na reabilitação de pavimentos degradados.

2.3.5. Pavimentos de Betão Pré-esforçado

Os pavimentos de betão pré-esforçado são constituídos por lajes de elevado comprimento, da ordem dos 120 metros, em que é possível reduzir a espessura até cerca de 50%, relativamente a um pavimento rígido não armado, devido às extensões de tracção serem muito atenuadas.

No entanto, são reduzidas as aplicações deste tipo de pavimento em estradas, em particular, devido às dificuldades de instalar o pré-esforço em zonas de traçado curvo. Assim, trata-se de um tipo de pavimento rígido que tem tido mais aplicação em pavimentos aeroportuários, devido à geometria favorável das pistas.

2.3.6. Pavimentos Formados por Elementos Pré-fabricados

Este tipo de pavimentos tem a sua "camada de desgaste" constituída por elementos pré - fabricados, os quais em geral são blocos rectangulares de betão (com $20x10cm^2$ e a espessura de 6 a 13 cm), ou placas de betão armado, quadradas ou rectangulares (com $1.5x3.0$ m^2 e espessura de 12 a 16 cm). Os blocos de betão podem possuir algum encaixe entre si.

Os pavimentos constituídos por blocos de betão dispõem, normalmente, de uma base de betão pobre, sobre a qual se espalha uma camada de areia com uma espessura de 3 a 5 cm, a qual tem também função drenante. As juntas entre blocos são preenchidas com areia, por vibração, de modo a conseguir-se um determinado travamento entre blocos, quando estes não possuem qualquer tipo de encaixe. Com estas particularidades construtivas, de facto não se podem classificar estes pavimentos de betão como rígidos, antes se devendo designar por "pavimentos articulados". Estes pavimentos empregam-se principalmente em zonas urbanas, portuárias e industriais, quer para tráfego ligeiro, quer para tráfego pesado.

Além das possibilidades estéticas que oferecem os blocos de betão, com as suas formas e cores, a possibilidade de montar e desmontar o pavimento (a sua camada de desgaste) constitui uma vantagem quando é elevada a probabilidade de se produzirem assentamentos importantes, ou haja que abrir valas para instalar infraestruturas, ou ainda quando se trata de um pavimento temporário.

Para as estradas, este tipo de pavimento não encontra aplicação, dadas as exigências do utente quanto à qualidade de circulação, em particular a velocidades elevadas.

Os pavimentos com placas de betão armado são utilizados em alguns países para pavimentos industriais submetidos a cargas muito elevadas.

2.4. Constituição e Comportamento dos Pavimentos Semi-rígidos

Os pavimentos semi-rígidos distinguem-se dos pavimentos flexíveis e dos pavimentos rígidos pela sua constituição particular (Figura 2.6). As camadas betuminosas superiores (camada de desgaste e camada de regularização) têm constituição idêntica à dos pavimentos flexíveis, sendo a camada de base que diferencia este tipo de pavimento.

Esta camada é constituída por um material granular estabilizado com ligante hidráulico, usualmente betão pobre cilindrado. A camada de sub-base é, em geral, constituída por um material granular estabilizado mecanicamente (material de granulometria extensa).

Neste tipo de pavimentos é a camada de base, devido à sua elevada rigidez, que absorve a maior parte dos esforços verticais que deste modo actuam sobre o solo de fundação com valores muito reduzidos. Em certos casos, as camadas betuminosas ainda têm uma contribuição estrutural importante, em função das respectivas espessuras.

Na camada tratada com cimento, tal como se referiu para os pavimentos rígidos, desenvolvem-se fendas verticais devidas à retracção do betão. Este fendilhamento desenvolve-se transversalmente, com espaçamento da ordem dos 3 a 5 metros, transformando o pavimento numa estrutura descontínua, à semelhança dos pavimentos rígidos, mas com a agravante de passar a possuir juntas transversais abertas. Além destas fendas, ocorre, naturalmente, o fendilhamento por fadiga.

As fendas desta camada, com as passagens repetidas dos veículos, têm tendência a propagar-se às camadas betuminosas sobrejacentes, a menos que se utilizem disposições construtivas (geotêxteis impregnados de betume, fins camadas de argamassa betuminosa) que retardem, ou contrariem, essa propagação.

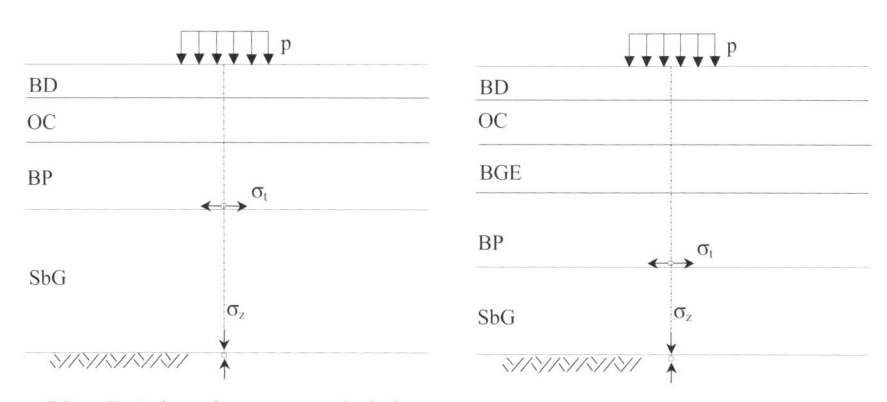

BD: Betão betuminoso em camada de desgaste
OC: Outras camadas betuminosas
BP: Betão pobre
BGE: Base granular de granulometria extensa
SbG: Sub-base granular em material britado sem recomposição ("tout-venant") ou com recomposição em central

Figura 2.6 – Pavimento semi-rígido: constituição e comportamento

Nos pavimentos semi-rígidos podem distinguir-se estruturas "directas" e estruturas "inversas". Nas primeiras, as camadas betuminosas apoiam-se directamente sobre a base estabilizada com ligante hidráulico. Nas estruturas "inversas" existe a interposição de uma camada granular, não ligada, com espessura de cerca de 12 cm, entre as camadas betuminosas e a camada de betão pobre (Figura 2.6 – b), o que constitui uma forma para contrariar a propagação das fendas da base às camadas betuminosas.

2.5. Referências Bibliográficas

JAE (actual EP - Estradas de Portugal), 1995. *Manual de Concepção de Pavimentos para a Rede Rodoviária Nacional.*

Fernando Branco   Paulo Pereira   Luís Picado Santos

Capítulo 3
FUNDAÇÃO DOS PAVIMENTOS

3.1. Introdução

Os pavimentos rodoviários e aeroportuários são, como se viu anteriormente, estruturas formadas por várias camadas, de certos materiais, mais ou menos ligadas entre si, e apoiadas continuamente sobre a fundação.

A deformação dessas estruturas sob a acção das cargas de tráfego, e portanto o estado de tensão e deformação instalado em cada um dos seus pontos, depende, naturalmente, da rigidez da própria estrutura, devido à sua pequena espessura, frequentemente da ordem de 30 a 60 cm, mas depende também fortemente da resistência da fundação, assumindo um papel particularmente importante no dimensionamento e no desempenho dos pavimentos.

3.2. Fundação dos Pavimentos e suas Funções

Em estradas de pequena importância e com tráfego reduzido e lento (caminhos rurais, caminhos florestais, etc.) a superfície superior dos terraplenos pode ser, e é frequentemente, usada como superfície de rolamento dos veículos.

Se os solos que aí ocorrem forem de granulometria contínua e medianamente plásticos, estas estradas, não pavimentadas (chamadas habitualmente "estradas de terra"), podem suportar o tráfego com êxito em tempo seco, e por vezes até em tempo chuvoso. Todavia, os solos resistem mal às acções tangenciais dos pneus, perdem resistência com o aumento do teor em água e são erodíveis. Por isso, devido à actuação das condições climáticas e das cargas do tráfego, vão ocorrendo na superfície de rolamento, por vezes num curto período de tempo, deformações e outras degradações que afectam muito as condições de circulação e obrigam a acções de manutenção (reperfilamentos, recompactações, etc) mais ou menos frequentes. Tais operações, todavia, devido ao tipo e utilização dessas estradas, não acarretam em geral grandes inconvenientes.

Isso não acontece nas estradas de tráfego mais intenso e pesado, em que se deve assegurar que a superfície de rolamento se mantenha com boa qualidade por períodos longos, o que implica o recurso a camadas de materiais mais resistentes que os solos, dispostas sobre eles, as quais constituem então o pavimento.

Fernando Branco   Paulo Pereira   Luís Picado Santos

Nestes casos a fundação do pavimento tem por funções:

- assegurar uma superfície regular e uma capacidade de suporte, a curto prazo, que permita a construção da primeira camada do pavimento com a espessura e grau de compactação pretendidos;
- assegurar, a longo prazo, a capacidade de suporte necessária para o bom funcionamento estrutural do pavimento;
- permitir, sem degradação, a drenagem da água das chuvas e a circulação do equipamento de obra, antes da construção do pavimento.

3.3. Capacidade de Suporte da Fundação

A capacidade de suporte da fundação, cujo conhecimento é necessário para dimensionar os pavimentos, foi durante muitos anos predominantemente caracterizada pelo seu "índice californiano de capacidade de carga" (CBR – California Bearing Ratio) que, como se sabe, é função da força necessária para fazer penetrar, a certa velocidade (1 mm/min), um cilindro de aço de 50 mm de diâmetro, até uma certa profundidade (2,5 e 5,0 mm), num provete de solo compactado num molde e sujeito previamente a imersão em água durante 4 dias.

Com base neste índice, que surgiu no primeiro quartel do século XX, e em alguns indicadores do tráfego previsível, foram desenvolvidos diversos métodos empíricos de dimensionamento de pavimentos rodoviários e aeroportuários.

Bastante cedo, porém, se tornou claro que o carregamento aplicado ao solo no ensaio de CBR é bastante diferente do provocado pelo tráfego através do pavimento.

No ensaio de CBR a velocidade de deformação do solo é menor, mas a deformação total é muito maior e permanente, traduzindo-se por uma rotura do solo, por corte, em torno do cilindro. No segundo caso a carga é aplicada rapidamente, distribuindo-se por uma área maior, e a deformação do solo, por adensamento, é muito menor e, em grande parte, recuperável quando a carga é retirada.

Assim, surgiu a tendência para caracterizar a capacidade de suporte dos solos de fundação dos pavimentos por um "módulo de deformabilidade" que traduzisse a relação entre a pressão aplicada e os assentamentos, ou entre as tensões e extensões instaladas.

Vários tipos de ensaios laboratoriais (por exemplo, ensaios de compressão triaxial com carregamentos cíclicos) têm sido usados com esse fim, mas a aplicação dos seus resultados tem sido afectada pela dificuldade de os relacionar com os valores obtidos em obra.

Estas limitações justificam a preferência para a determinação dos módulos "in situ", por ensaios que simulem melhor o funcionamento dos pavimentos, designadamente os ensaios de carregamento do solo com macacos hidráulicos através de placas circulares flexíveis (ensaios de carga com placa) ou através dos próprios pneus dos veículos carregados (ensaios de carga com pneu).

Aliás o conhecimento deste módulo definidor da deformabilidade da fundação tornou-se necessário para o dimensionamento dos pavimentos por métodos baseados na sua análise estrutural, que se desenvolveram pela segunda metade do século XX e são actualmente largamente aplicados.

A lentidão dos ensaios de carga com placa ou pneu levou ao desenvolvimento de alguns métodos indirectos (por exemplo, por propagação de vibrações) para determinação do módulo "in situ". Todavia a sua nem sempre satisfatória precisão e o aparecimento de um tipo de ensaio de carga com placa muito mais expedito, em que a solicitação é produzida pela queda de uma massa, levou à rápida expansão do uso deste processo para determinação do módulo de deformabilidade. Estes ensaios com placa são designados por ensaios de carga dinâmicos ou ensaios com deflectómetro de impacto, também identificados pela sigla FWD de "Falling Weight Deflectometer".

O valor do módulo de deformabilidade da fundação Ef, em megapascais, pode ser calculado a partir dos resultados dos ensaios de carga com placa (estáticos ou dinâmicos), pela expressão (3.1).

$$Ef = \frac{2\left(1 - v^2\right).\,p.r.}{\delta} \qquad\qquad (3.1)$$

em que:

p - pressão uniforme aplicada, em quilopascais;

r - raio da placa de carga, em milímetros;

δ - assentamento reversível, ou deflexão, em micrómetros;

v - coeficiente de Poisson (frequentemente considerado com o valor 0,45).

Aquela expressão fornece o valor do módulo, admitindo que o maciço ensaiado é um sólido elástico homogéneo, isótropo e semi-indefinido (modelo de Boussinesq).

Como a rigidez do maciço aumenta frequentemente em profundidade, considera-se por vezes que ele é formado por duas camadas: uma camada superficial menos rígida, com espessura da ordem de 1 m, que é a camada que condiciona o dimensionamento do pavimento; e uma camada inferior de módulo cinco e dez vezes maior, a chamada "camada rígida".

Neste caso o módulo da fundação (a camada superior) é avaliado mediante um cálculo mais elaborado, para o qual se dispõe de programas de uso corrente.

Deve referir-se que, para a mesma deflexão, a consideração da camada rígida conduz a valores do módulo da camada superior um pouco menores do que se se considerar o modelo de Boussinesq. Todavia, devido à simplicidade dos cálculos e à dispersão dos resultados que usualmente se verifica, esta segunda hipótese é frequentemente adoptada.

Naturalmente, o desejo de aproveitar a larga experiência obtida com base no recurso ao CBR dos solos levou a que se procurasse relacionar com ele o agora preferido módulo de deformabilidade.

Várias correlações, deduzidas por via empírica, foram propostas, sendo algumas delas ainda utilizadas quando apenas se dispõe do valor de CBR para caracterizar a resistência do solo. Uma delas, proposta pela Shell (Shell, 1985) com base em ensaios de carregamento dinâmico realizados "in situ", sobre solos e camadas granulares, traduz-se pela expressão (3.2).

$$Ef = 10 \times CBR \tag{3.2}$$

em que:

Ef - módulo de deformabilidade, em megapascais;

CBR - índice CBR, em percentagem.

Alguns resultados que apoiaram a referida relação constam da Figura 3.1 na qual se pode notar a sua imprecisão, uma vez que para o mesmo CBR o valor de Ef pode situar--se entre 5 x CBR e 20 x CBR.

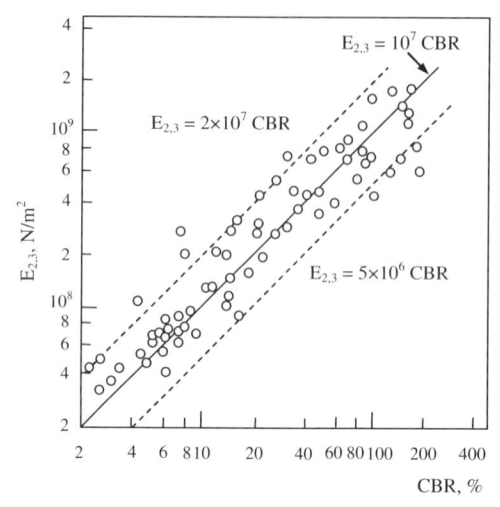

Figura 3.1 – Módulo de deformabilidade "versus" CBR (adaptado de Shell, 1985)

Segundo a Shell, apesar de não haver relação directa entre as duas grandezas, aquela expressão empírica pode fornecer uma estimativa razoável do módulo quando não se dispõe de dados obtidos por ensaios mais apropriados.

Uma outra relação, que também tem sido usada entre nós, foi proposta na Grã-Bretanha (Powell et al, 1984) e é traduzida pela expressão

$$Ef = 17,6 \times (CBR)^{0,64} \tag{3.3}$$

também com CBR em percentagem e Ef em megapascais.

Esta expressão foi comprovada para valores de CBR entre 2 e 12%, e relaciona valores do módulo determinado por propagação de vibrações com valores do CBR "in situ", após ajustamentos feitos para ter em conta as baixas extensões induzidas pelas vibrações, o que se fez com base em dados obtidos em ensaios triaxiais cíclicos.

A referida expressão, estudada para as condições inglesas, fornece valores para o coeficiente de equivalência Ef / CBR que variam entre 13 (para CBR = 2%) e cerca de 7 (para CBR = 12%).

Em França, também com larga experiência neste domínio, utiliza-se uma relação um pouco mais conservadora (Caroff et al, 1994) em que o módulo de deformabilidade do solo, a longo prazo, é dado por Ef = 5 x CBR, sendo este CBR um valor que caracteriza o solo a longo prazo, ou seja nas estradas em serviço. Este valor de CBR a longo prazo é, por sua vez, inferior ao que o solo exibe a curto prazo ou seja na fase de construção. Aquele é cerca de 50 a 60% deste para CBR a curto prazo até 16% e é igual para valores superiores.

O exposto torna evidente a imprecisão no estabelecimento do valor de Ef a partir apenas do valor do CBR determinado em laboratório. De facto, não só acontece, como se disse, que o ensaio de CBR reproduz mal as condições de solicitação em obra, como acontece que, em obra, as condições de compactação podem ser muito diferentes das usadas nos ensaios, tanto no teor em água de compactação como no grau de compactação.

Para atender a esta segunda eventualidade vem sendo prática corrente determinar o CBR em laboratório para um grau de compactação da ordem de 95% (com o teor em água óptimo), o que implica determiná-lo em vários provetes com compactações diferentes e depois fazer a pretendida interpolação. Mas os desvios do teor em água de compactação, relativamente ao teor óptimo usado nos ensaios, podem ter também grandes repercussões.

Por exemplo, um solo compactado do lado seco, mesmo com grau de compactação elevado, pode sofrer enormes reduções do seu CBR se, durante a vida da obra, o seu teor em água aumentar significativamente, por exemplo por deficiências de drenagem.

Conclui-se assim que, para a previsão da capacidade de suporte da fundação de um pavimento se deve atender, não apenas ao valor do seu CBR determinado em laboratório, mas também e sobretudo às características geotécnicas do solo em questão. O valor do CBR servirá de elemento complementar, e deve ser tratado com prudência, privilegiando valores moderados para o coeficiente de equivalência (da ordem de 5 para os solos mais correntes entre nós). Para além disso, deve intensificar-se a prática que em muitos casos vem sendo adoptada no nosso País, mormente nas auto-estradas concessionadas, em que os valores dos módulos são determinados "in situ" após a conclusão da fundação dos pavimentos, por ensaios com FWD. Existe já metodologia definida para o recurso a esta prática (PRONORSAN / COBA, 2003). Se os projectos de pavimentação apresentarem soluções para duas ou três classes de fundações de ocorrência provável, caracterizadas por módulos diferentes, o construtor fica imediatamente ciente da estrutura de pavimento a usar em cada caso.

3.4. Leito do Pavimento e suas Funções

Ao longo de uma estrada ocorrem, com frequência, terrenos de natureza litológica diferente. Além disso, devido às terraplenagens, sucedem-se normalmente trechos em aterro e trechos em escavação e, nestes, com a rasante a profundidades variadas relativamente à superfície inicial do terreno, o que corresponde a variação nos tipos de solos encontrados. Nos extremos da escavação encontram-se solos mais superficiais, normalmente de pior qualidade, mas à medida que a escavação se aprofunda os solos em geral melhoram, podendo mesmo ocorrer terreno rochoso.

Resulta daqui que a qualidade dos terrenos disponíveis para fundar o pavimento pode variar acentuadamente de ponto a ponto.

Para atenuar os inconvenientes que resultam de tal variabilidade, é prática habitual construir na parte superior dos aterros e, se necessário, sobre o terreno que ocorre nas escavações, uma camada de material de melhor qualidade do que a dos solos disponíveis, o chamado "leito do pavimento", com a qual se visa:

- obter uma capacidade de suporte da fundação mais uniforme e melhorada, e que permaneça quanto possível invariável ao longo do tempo, mesmo em condições climatéricas variáveis;
- assegurar uma regularidade mais perfeita da superfície de apoio do pavimento;
- proteger as terraplenagens dos efeitos das intempéries, pelo recurso a materiais menos erodíveis e sensíveis à água;
- assegurar um papel anti-contaminante, isto é, impedindo que, ao longo do tempo e sob a acção do tráfego, os finos dos solos subjacentes possam vir a ascender, afectando a qualidade das camadas granulares;
- assegurar, se for caso disso, uma função drenante, sobretudo nas escavações, contrariando a subida da água até às camadas inferiores do pavimento;
- suportar, como se disse em 3.2, a circulação do equipamento de obra, sem prejuízo da superfície de apoio do pavimento.

O uso do leito do pavimento é uma prática habitual em numerosos outros países ("couche de forme" em França, "capping layer" na Grã-Bretanha, "improved subgrade" nos Estados unidos, etc.).

A sua construção está, entre nós, integrada nos trabalhos de "terraplenagem" mesmo que a camada seja formada por materiais diferentes dos solos (solos tratados, material britado, etc).

Se os solos que afloram no topo das terraplenagens (tanto nos aterros como nas escavações) forem de qualidade adequada, eles próprios assegurarão as funções do leito do pavimento que nesse caso deixa de existir como camada individualizada.

3.5. Materiais para Leito do Pavimento

Os materiais mais frequentemente utilizados no nosso país em leitos do pavimento são:

- solos seleccionados, cumprindo determinadas especificações, e obtidos nas escavações da obra ou em empréstimos;
- materiais granulares não britados;
- materiais granulares britados, não necessariamente recompostos a partir de fracções separadas ("tout venant");
- solos de pior qualidade melhorados mediante mistura (tratamento) com cal ou aglutinantes hidráulicos, em geral o cimento; o mesmo tratamento pode ser feito a solos de boa qualidade para aumentar a sua capacidade de suporte.

As características a que devem obedecer os solos seleccionados estão definidas no Caderno de Encargos da JAE (CEJAE) (JAE, 1998) no artigo 14.01.2.1 do Capítulo 01 – Terraplenagem, como segue:

- dimensão máxima	75 mm
- material menor que 0,074 mm (peneiro nº 200 ASTM)	20% máx
- limite de liquidez (LL)	25% máx
- índice de plasticidade (IP)	6% máx
- equivalente de areia (EA)	30% min
- valor de azul de metileno (VA) dos finos (< 0,075 mm)	2g/100g finos máx
- CBR (a 95% da baridade máxima, compactação pesada)	10% min
- expansão no ensaio de CBR	1,5% máx
- matéria orgânica	0% máx

No Manual de Concepção de Pavimentos para a Rede Rodoviária Nacional (MACOPAV) (JAE, 1995) e um pouco à semelhança da prática francesa, é feita uma catalogação dos diversos tipos de solos que se podem encontrar no decurso das terraplenagens. São consideradas seis classes de solos (S0 a S5) tendo em conta as suas características geotécnicas definidas pela Classificação Unificada (ASTM D 2487) e o valor do CBR para as condições mais desfavoráveis previsíveis em obra após a entrada ao serviço. Em cada classe são incluídos vários tipos de solos de comportamento mais ou menos semelhante.

Esta catalogação consta do Quadro 3.1, no qual se indica a possível utilização dos diversos tipos de solos em aterros, leito de pavimento e até nas sub-bases dos pavimentos.

Segundo o quadro poderão em princípio ser utilizados no leito do pavimento os solos das classes S3 a S5 e ainda alguns da classe S2 (os solos SC de 5 ≤ CBR < 10). Chama-se todavia a atenção para o facto de muitos dos solos assim apontados poderem não cumprir as especificações do Caderno de Encargos, atrás apresentadas, as quais deverão, quanto possível, prevalecer.

O Caderno de Encargos fixa também as características dos materiais granulares britados e não britados a usar no leito do pavimento.

É definido um fuso granulométrico para cada um daqueles dois tipos de materiais, com a dimensão máxima de 75 mm para o material não britado e 35 mm para o britado. Além disso são definidas especificações relativas a plasticidade (LL, IP, EA, VA) iguais às dos solos seleccionados, e acrescenta-se uma resistência mecânica das partículas traduzida por um desgaste máximo de 45% na máquina de Los Angeles.

Estas especificações são semelhantes às dos materiais do mesmo tipo para sub-base, apresentadas no Capítulo 03 – Pavimentação, do CEJAE, embora com exigências um pouco menores.

O tratamento com cal destina-se essencialmente a reduzir a plasticidade e o teor em água dos solos mais argilosos, tornando-os mais trabalháveis e insensíveis à água. Além disso, promove, com o tempo, ligações entre as partículas, alterando a granulometria e aumentando a resistência do solo.

Fernando Branco   Paulo Pereira   Luís Picado Santos

Quadro 3.1 – Classes de "solos de fundação" do MACOPAV (JAE, 1995)

Classe	CBR (%)	Tipo de solo	Descrição	Reutilização		
				Aterro (corpo)	Leito	Sub-base
S_0	<3	OL	siltes orgânicos e siltes argilosos orgânicos de baixa plasticidade. (1)	N	N	N
		OH	argilas orgânicas de plasticidade média a elevada; siltes orgânicos. (2)	P	N	N
		CH	argilas inorgânicas de plasticidade elevada; argilas gordas. (3)	P	N	N
		MH	siltes inorgânicos; areias finas micáceas; siltes micáceos. (4)	P	N	N
S_1	3 a < 5	OL	como (1)	S	N	N
		OH	" (2)	S	N	N
		CH	" (3)	S	N	N
		MH	" (4)	S	N	N
S_2	5 a < 10	CH	" (3)	S	N	N
		MH	" (4)	S	N	N
		CL	argilas inorgânicas de plasticidade baixa a média; argilas com seixo, argilas arenosas, argilas siltosas e argilas magras	S	N	N
		ML	siltes inorgânicos e areias muito finas; areias finas, siltosas ou argilosas; siltes argilosos de baixa plasticidade	S	N	N
S2	5 a < 10	SC	areia argilosa; areia argilosa c/ cascalho (5)	S	P	N
S_3	10 a <20	SC	idem (5)	S	S	N
		SM	areia siltosa; areia siltosa com cascalho	S	S	N
		SP	areias mal graduadas; areias mal graduadas com cascalho.	S	S	N
S_4	≥ 20	SW	areias bem graduadas; areias bem graduadas com cascalho.	S	S	P
		GC	cascalho argiloso; cascalho argiloso com areia.	S	S	P
		GM-u	cascalho siltoso; cascalho siltoso com areia. (6)	S	S	P
		GP	cascalho mal graduado; cascalho mal graduado com areia. (7)	S	S	P
S_5	≥ 40	GM-d	como (6)	S	S	S
		GP	como (7)	S	S	S
		GW	cascalho bem graduado; cascalho bem graduado com areia.	S	S	S

N – não admissível
P – possível
S – admissível

É pois um processo de valorização de solos pouco apropriados para uso directo em leito de pavimento. O CEJAE define as características dos solos mais adequados ao tratamento (solos plásticos e com bastantes finos) e as características do solo tratado que, quanto à plasticidade (LL e IP) são análogas às já indicadas atrás, mas exige-se um CBR mínimo de 20%.

Define-se também um teor em cal mínimo de 4%, mas o teor a usar de facto deve ser determinado em estudo laboratorial, sendo normalmente o mínimo que permite uma mistura homogénea e com as características pretendidas.

O tratamento com cimento, além de ter alguma repercussão na plasticidade dos solos, tem sobretudo o efeito de promover ligações resistentes à água entre as partículas, aumentando a resistência do solo.

Para os solos a tratar com cimento o CEJAE define algumas características granulométricas e de plasticidade que são sobretudo orientadoras, visto ser muito grande a variedade de solos que podem ser objecto deste processo de melhoramento; ele é no entanto, mais efectivo para os solos pouco ou não plásticos. Para solos plásticos usa-se, por vezes, um tratamento prévio com cal para reduzir a plasticidade e, posteriormente, o tratamento com cimento.

Para os solos tratados com cimento (ou cal e cimento), o CEJAE define uma resistência à compressão simples de, pelo menos, 1 MPa antes de o equipamento poder circular sobre a camada, e resistências aos 28 dias de, pelo menos, 2,0 MPa à compressão simples e de 0,25 MPa à compressão diametral, se se usar cimento tipo CEM I (portland normal, NP EN 197 -1, IPQ, 2001). Se se usar cimento tipo CEM I (portland composto, NP EN 197 -1, IPQ, 2001) aqueles valores devem verificar-se aos 90 dias.

3.6. Definição do Leito do Pavimento e da Classe de Fundação

Entre os materiais disponíveis economicamente para uso no leito do pavimento, a escolha do que se deve usar e a espessura da respectiva camada dependem, naturalmente, da qualidade (tipo) do solo sobre o qual o leito é construído e da capacidade de suporte que se pretende obter para a fundação (leito + solo subjacente).

Pela natureza dos terrenos ocorrentes na maior parte do nosso país, é mais frequente utilizar, no leito dos pavimentos, solos seleccionados ou materiais granulares britados ("tout-venant").

Para sistematizar aquela escolha, o MACOPAV, à semelhança da prática adoptada em outros países, considera 4 classes de fundação ou "plataformas" (F1 a F4) definidas no Quadro 3.2, para o caso de leitos de pavimento em solos ou materiais britados, podendo estes últimos ser considerados como solos S5. Um outro quadro do MACOPAV aplica-se ao caso de leitos em materiais tratados com cal ou com ligantes hidráulicos.

Cada classe de fundação é definida por um módulo médio, nominal, que assume os valores de 30 MPa (F1), 60 MPa (F2), 100 MPa (F3) e 150 MPa (F4). O MACOPAV recomenda o uso destes valores nos cálculos de dimensionamento dos pavimentos. Assim se se tiver um solo de fundação S3, para obter uma classe de fundação F3, teria de realizar-se o leito do pavimento com um material no mínimo S4 e com a espessura mínima de 20 cm. O módulo de deformabilidade da fundação a considerar no dimensionamento seria 100 MPa. Todavia, é admissível que em cada classe de fundação o módulo possa ter outros valores dentro das gamas referidas no Quadro 3.2, podendo os projectistas utilizá-los de acordo com as informações que tenham sobre as características dos solos ocorrentes ao longo do traçado em estudo. Chama-se a atenção para o facto de os valores de CBR apontados aos solos serem, como já se disse, sobretudo indicativos, e também para o valor adoptado no quadro para o coeficiente de equivalência entre o Ef da fundação e o valor do CBR do solo que constitui directamente essa fundação (casos em que não há leito de pavimento individualizado, apontados com (1) no Quadro 3.2). Verificar-se-á que esse coeficiente anda por 6 a 5 na classe F1, 5 a 4 na classe F2 e 4 na F3.

Quadro 3.2 – Constituição do leito de pavimento em materiais não aglutinados e "classe de fundação" em função de classes de "solos de fundação" (JAE, 1995)

	E_f (Mpa) CBR (%)	F_1 > 30 a ≤ 50	F_2 > 50 a ≤ 80	F_3 > 80 a ≤ 150	F_4 > 150
S_0	< 3	Estudo especial			Em pedraplenos ou em aterros com materiais do tipo solo-enrocamento, com uma camada de leito do pavimento em material pétreo de espessura não inferior a 15 cm
S_1	≥ 3 a < 5	30 S_2 ou 20 S_3	60 S_3 ou 40 S_4		
S_2	≥ 5 a < 10	(1)	30 S_3 ou 15 S_4	30 S_4	
S_3	≥ 10 a < 20	-	(1)	20 S_4	
S_4; S_5	≥ 20	-	-	(1)	

as espessuras são definidas em cm

CBR: índice CBR do terreno situado sob o leito do pavimento, até à profundidade de 1 metro.

Ef: módulo de deformabilidade da fundação do pavimento (incluindo a camada de leito na espessura indicada no Quadro.

(1) Em escavação deve ser escarificado e recompactado na profundidade necessária à garantia de uma espessura final de 30 cm bem compactada; em aterro as condições de fundação estão garantidas.

Nota: Em escavação em rocha, e tendo em vista uma fundação do tipo F4, é necessário realizar uma regularização em material pétreo devidamente compactado com cilindros de pneus, e colocar uma camada do mesmo tipo de material com a espessura mínima de 15 cm.

3.7. Referências Bibliográficas

Caroff, G. et al., 1994. *Manuel de Conception des Chaussées d'Autoroutes,* SCETAUROUTE, Paris.

IPQ, 2001. *Cimento. Parte 1: Composição, especificações e critérios de conformidade para cimentos correntes.* Instituto Português da Qualidade (IPQ), Lisboa.

JAE, 1995. *Manual de Concepção de Pavimentos para a Rede Rodoviária Nacional.* JAE (actual E.P.). Almada.

JAE, 1998. *Caderno de Encargos: 01 – Terraplenagem.* JAE (actual E.P.). Almada.

Powell et al., 1984. *The Structural Design of Bituminous Roads.* Transport and Road Research Laboratory, TRRL LR 1132. Crowthorne – Berkshire.

PRONORSAN /COBA, 2003. *Metodologia para Avaliação "in situ" das Condições de Fundação dos Pavimentos com Base em Ensaios de Carga.* PRONORSAN/COBA. Lisboa.

Shell, 1985. *Addendum to the Shell Pavement Design Manual.* Shell International Petroleum Company (SHELL). London.

Fernando Branco   Paulo Pereira   Luís Picado Santos

Capítulo 4
MATERIAIS DE PAVIMENTAÇÃO

4.1. Introdução

Os materiais que constituem as camadas de pavimento devem ter determinadas propriedades e garantir determinados desempenhos para que o pavimento no seu conjunto ofereça as condições para que foi concebido.

As camadas não tratadas dum pavimento são em geral constituídas por materiais provenientes da britagem de rocha sã, podendo nalgumas circunstâncias serem constituídas por solos seleccionados. É habitual designá-las por "agregado britado de granulometria extensa" e podem constituir a sub-base ou a base, dependendo do tipo de pavimento.

As camadas aglutinadas com ligantes hidráulicos, nas quais se incluem os solos estabilizados com cal ou com cimento, podem constituir a sub-base, a base ou camada de desgaste dum pavimento, dependendo do tipo deste e da qualidade das misturas. Misturas como o betão de cimento para camada de desgaste de pavimentos rígidos e o betão pobre para camada de sub-base de pavimentos rígidos e semi-rígidos, diferem essencialmente na quantidade de cimento usado. Existem ainda, na prática construtiva portuguesa, misturas com menos quantidade de cimento e com granulometria diferente das anteriores usadas em camada de sub-base de pavimentos rígidos e de base em semi-rígidos, como o "agregado britado de granulometria extensa tratado com ligantes hidráulicos".

As camadas formadas por misturas betuminosas, agregado aglutinado com betume asfáltico, podem ser classificadas de acordo com o Quadro 4.1, onde também se dão alguns exemplos das denominações correntemente usadas para essas misturas.

Os tratamentos superficiais, cujo objectivo é dotar um pavimento de certa qualidade quanto às suas características superficiais (principalmente textura e impermeabilidade) sem aumentar a sua capacidade estrutural nem reduzir a irregularidade que porventura apresente, podem ser classificados de acordo com o expresso no Quadro 4.2. São camadas formadas por ligante, geralmente o betume asfáltico, ou ligante mais agregado de pequena dimensão, que não ultrapassam os dois ou três centímetros de espessura.

Neste capítulo vão descrever-se os tipos de materiais que se usam geralmente em cada camada que se assinalou e quais as qualidades e desempenho exigíveis quer como

Fernando Branco · Paulo Pereira · Luís Picado Santos

materiais elementares (agregado e ligante separadamente) quer como misturas que formam as camadas de pavimento.

Quadro 4.1 – Classificação das misturas betuminosas (adaptado de Kraemer et al., 1996 e de JAE, 1998)

Parâmetro para classificação	Tipo de mistura	Exemplo de mistura
Fracção de agregado empregue	Argamassa	ABR
	Macadame	MBB; MBR; SPBF
	Betão	BD; MBD; AMB; BBDD; MBFB; MBBRD
Temperatura de execução	A quente	BD; MBD; AMB; BBDD; MBBRD; MBB; MBR; ABR
	A frio	MBFB; SPBF
% vazios na mistura (n - porosidade)	Mistura fechada n < 5 %	ABR; BD; MBD; AMB; MBBRD
	Mistura semi-fechada 5 ≤ n < 10	MBB; MBR;
	Mistura semi-aberta 10 ≤ n < 15	MBFB; SPBF
	Mistura aberta n ≥ 15	BBDD;
Granulometria	Contínuas	ABR; BD; MBD; AMB; MBBRD; MBB; MBR
	Descontínuas	BBDD; SPBF

ABR – argamassa betuminosa em camada de regularização; MBB – macadame betuminoso em camada de base; MBR – macadame betuminoso em camada de regularização; SPB – macadame por semi-penetração em camada de base a frio; BD – betão betuminoso em camada de desgaste; MBD – mistura betuminosa densa em camada de regularização; AMB – mistura betuminosa de alto módulo em base; BBDD – betão betuminoso drenante em camada de desgaste; MBFB – mistura betuminosa a frio em camada de base; MBBRD – micro-betão betuminoso rugoso em camada de desgaste

Quadro 4.2 – Classificação dos tratamentos superficiais (adaptado Kraemer et al., 1996)

Parâmetro para classificação	Tipos mais usuais
Regas (só ligante)	anti - pó
	de impregnação
	de colagem
	de cura
Revestimentos superficiais (ligante mais gravilha)	simples
	duplo
	simples com duplo espalhamento de gravilha
	inverso
Misturas betuminosas em camadas delgadas	lama asfáltica
	microaglomerado betuminoso a frio

4.2. Agregados

4.2.1. Considerações Gerais

A utilização de agregados tem como objectivo a formação de um esqueleto pétreo que resista à acção do tráfego, sendo a sua resistência devida ao imbricamento dos grãos entre si. O material agregado que constitui as misturas betuminosas para pavimentação rodoviária é geralmente da ordem de 90 a 95% do seu peso, correspondendo a valores de 75 a 85% do seu volume. Os agregados podem classificar-se de vários modos, dependendo do ponto de vista que se considere: petrográfico, massa volúmica, baridade, modo de obtenção e dimensão das partículas.

Conforme o modo como são obtidos podem classificar-se em naturais (rolados de origem aluvionar) e britados. Os primeiros são materiais sedimentares obtidos por extracção directa (por exemplo junto a leitos de rios e ribeiros) enquanto os segundos são obtidos por fractura mecânica (nas estações de britagem) de rochas. Na Figura 4.1 mostra-se esquematicamente o processo de britagem em instalação corrente.

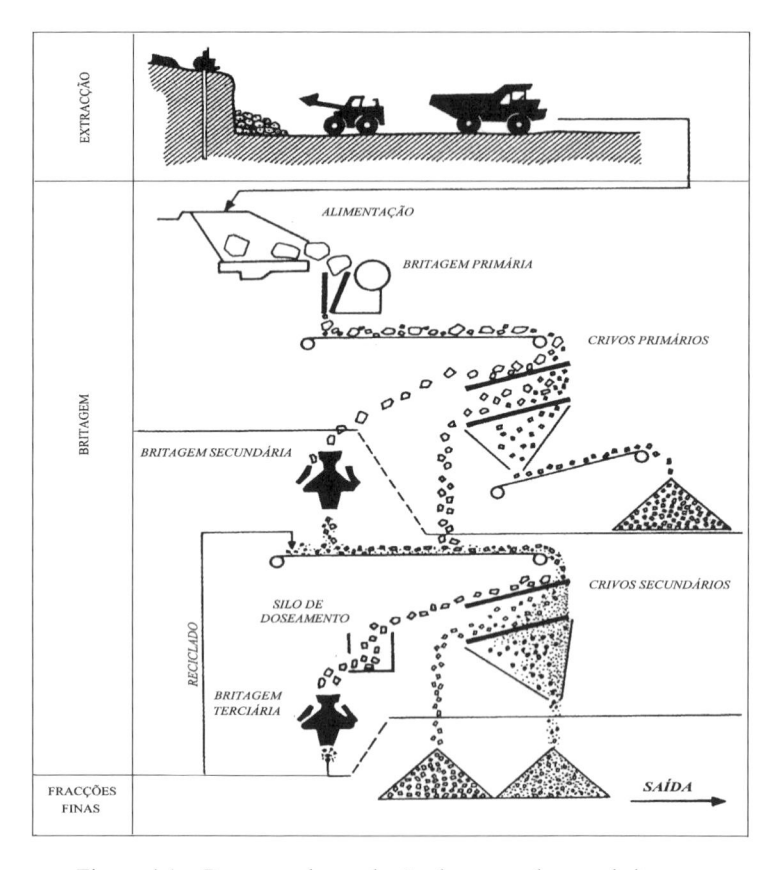

Figura 4.1 – Processo de produção de agregados por britagem
(adaptado Kraemer et al., 1996)

O Vocabulário de Estradas e Aeródromos (LNEC, 1962) designa por brita o material cujo diâmetro equivalente[1] (deq) é superior a 30 mm e inferior a 150 mm, classificando como murraça as partículas de diâmetro equivalente compreendido entre 15 mm e 30 mm. Por gravilha denomina o material granular cujas partículas têm um

---

[1] Quando definido por peneiração, é o comprimento do lado da malha quadrada de menores dimensões através do qual passa a partícula.

valor de deq entre 5 mm e 15 mm. Como agregado fino define o material cujo diâmetro equivalente é inferior ou igual a 5 mm, correspondendo o filer à parcela daquelas partículas que têm um diâmetro equivalente inferior a 0,075 mm.

Em termos práticos, é corrente utilizar-se o conceito de deq, complementado por dois números separados por um traço (d/D), representando o primeiro a menor dimensão e o segundo a máxima dimensão do agregado em causa (por exemplo, gravilha 8/12 mm). Contudo, o material pode conter 10% de partículas com dimensão superior a "D" mm e 5% de partículas inferiores a "d" mm. Assim, a máxima dimensão do material define-se como a menor abertura do peneiro através do qual passa pelo menos 90% da massa inicial da amostra. Por mínima dimensão do agregado entende-se a maior abertura do peneiro através do qual não passa mais do que 5% da massa inicial da amostra. Geralmente usam-se para as camadas dum pavimento, materiais, aglutinados ou não, provenientes da britagem de rochas duras ou de seixos (material aluvionar).

4.2.2. Características Gerais

Em termos genéricos, quando se utiliza um determinado material granular no fabrico de misturas betuminosas há que determinar certas características fundamentais (Figura 4.2): a granulometria, a resistência, a forma das partículas, a limpeza, a adesividade ao ligante, entre outras.

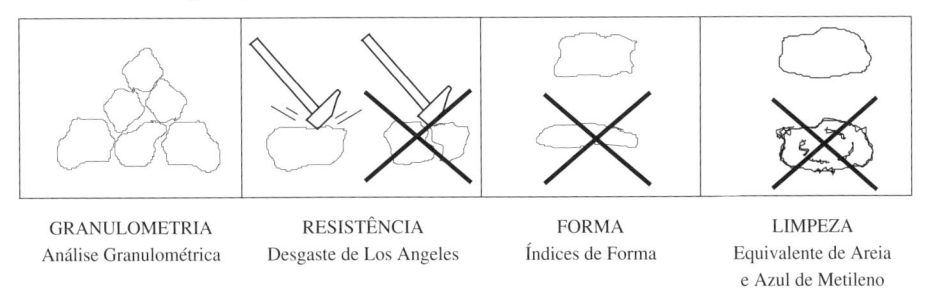

GRANULOMETRIA	RESISTÊNCIA	FORMA	LIMPEZA
Análise Granulométrica	Desgaste de Los Angeles	Índices de Forma	Equivalente de Areia e Azul de Metileno

Figura 4.2 – Características gerais a exigir dos agregados (Branco et al., 1999)

A determinação da granulometria faz-se, passando o agregado seco, após desagregação de todas as partículas, através de uma série de peneiros de malhas de abertura progressivamente decrescente.

No Quadro 4.3 apresenta-se a dimensão nominal da abertura dos peneiros de malha quadrada, segundo a norma portuguesa NP EN 933-2 (IPQ, 1999). Na Figura 4.3 indicam-se os peneiros previstos pelas normas americanas ASTM para a análise granulométrica de agregados, os quais são de uso generalizado no nosso país desde há muitos anos e, como se verá adiante, são adoptados nas especificações do CEJAE.

A massa de agregado retida em cada peneiro é expressa em percentagem da massa total da amostra. A curva que relaciona, num sistema de coordenadas rectangulares, a percentagem do material passado em cada peneiro com o logaritmo da abertura do peneiro chama-se "curva granulométrica" (Figura 4.3) e dá uma ideia clara da distribuição das partículas por tamanhos, permitindo distinguir os materiais de maior dimensão dos mais finos.

Quadro 4.3 – Dimensão nominal da abertura dos peneiros de malha quadrada (IPQ, 1999)

mm	125	63	31,5	16	8	4	2	1	0,500	0,250	0,125	0,063

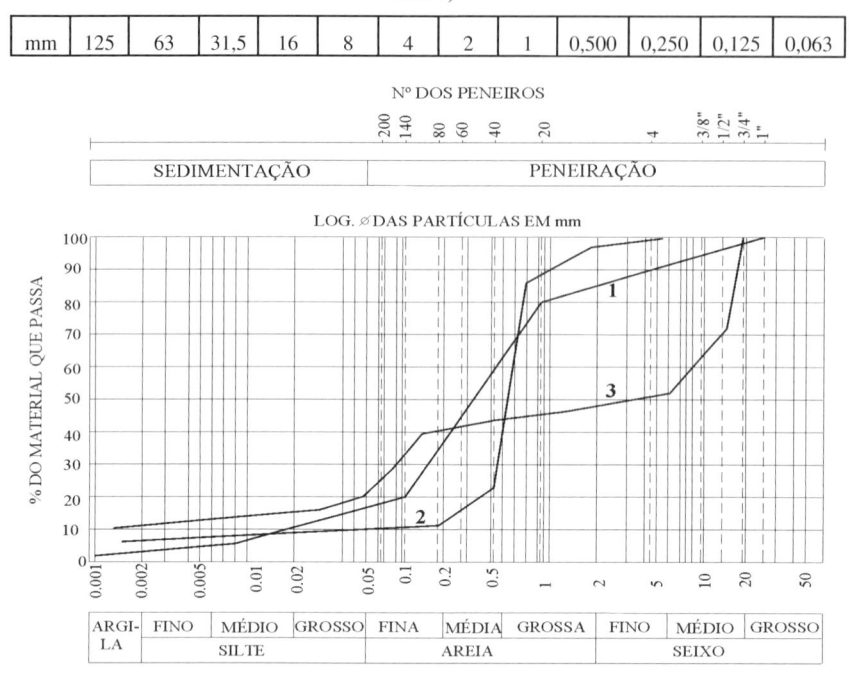

Figura 4.3 – Curvas granulométricas com peneiros de malha quadrada da série ASTM (Correia, 1980)

A curva granulométrica também permite distinguir os materiais de elementos de dimensão aproximadamente igual (granulometria uniforme), o que é bem representado pela granulometria duma areia de praia, expressa pela curva 2 da Figura 4.3, os materiais com falta de elementos de determinada dimensão (mal graduado), como é expresso pela curva 3 da mesma figura e, ainda, os materiais com elementos de diferentes dimensões que propiciam maior imbricamento entre partículas (granulometria extensa ou bem graduada - curva 1 da Figura 4.3).

Da curva granulométrica podem ser obtidos dois parâmetros que ajudam a caracterizar aquelas diferenças entre os materiais:

- o "coeficiente de uniformidade", $Cu = \dfrac{D_{60}}{D_{10}}$

- o "coeficiente de curvatura", $Cc = \dfrac{D_{30}^{2}}{D_{10} x D_{60}}$

em que D_{10}, D_{30} e D_{60} são os diâmetros correspondentes a, respectivamente, 10%, 30% e 60% de material passado. Os valores de "Cu" a partir de 4 ou 5 denotam solos bem graduados, sendo o solo uniforme para "Cu" igual à unidade. Para valores de "Cc" entre 1 e 3 o solo será considerado bem graduado.

A análise granulométrica da fracção fina dos materiais (partículas inferiores a 0,063 mm) não pode ser feita por peneiração. Em geral, recorre-se a um processo de análise por sedimentação, em que o tamanho das partículas é avaliado através da velocidade com que elas caem no seio duma solução aquosa. O conhecimento da granulometria para as partículas de tamanho inferior ao determinado pelo peneiro 0,063mm, não é em geral necessário para trabalhos de pavimentação rodoviária.

A granulometria dum agregado deve ser a adequada, isto é, deve originar a obtenção de um esqueleto que distribua convenientemente as cargas em profundidade, conseguindo-se essa característica através de um bom imbricamento dos grãos do material. Na prática, procura-se a mistura de vários agregados diferentes, finos e grossos, de modo a obter uma curva granulométrica que se situe dentro dos limites dum fuso especificado, limitado por curvas granulométricas correspondentes aos limites superior e inferior pré-definidos, devendo aquela curva ter o andamento semelhante ao da curva granulométrica média do fuso ou, pelo menos, semelhante a uma das curvas limite que formam esse fuso.

A curva granulométrica é um elemento de grande importância por permitir uma apreciação da falta de partículas de determinada dimensão no material, permitindo assim corrigir este aspecto se for considerado determinante.

A boa resistência pretendida consiste na utilização de materiais duros, resistentes ao choque, ao atrito entre as suas próprias partículas e ao desgaste produzido pelo tráfego na superfície do pavimento. Em geral, a resistência caracteriza-se através da realização do ensaio de desgaste na máquina de Los Angeles (Figura 4.4) seguindo um procedimento normalizado (NP EN 1097-2, IPQ, 2002e). De forma simples, o ensaio tem a seguinte forma de proceder: uma quantidade de material com certa granulometria junta com determinado número de esferas de aço é introduzida no interior de um cilindro de aço que roda em torno do seu eixo horizontal, sendo submetida a um certo número de rotações do equipamento, durante as quais o material se vai desgastando e fragmentando. Considera-se desgastado o material que no fim do ensaio passa num peneiro de 1,6 mm de dimensão nominal da sua malha quadrada, e a sua massa, expressa em percentagem da massa inicial da amostra, define a perda por desgaste de Los Angeles (LA). O desgaste obtido não deve exceder o valor máximo fixado em especificações e/ou cadernos de encargos para cada tipo de mistura.

Além do ensaio de desgaste de Los Angeles, é exigida frequentemente nos cadernos de encargos a realização de um outro designado por Polimento Acelerado (Figura 4.5), quando os agregados se destinam à realização de camadas de desgaste. Este ensaio destina-se a quantificar a perda de rugosidade superficial das partículas de agregado quando sujeitas a acções de polimento tais como as produzidas pela acção directa dos pneus dos veículos. Para medir o coeficiente de polimento acelerado (CPA) usa-se o chamado Pêndulo Britânico (Figura 4.6) em três situações distintas: antes (agregado "novo"); durante (agregado com algum desgaste) e depois do ensaio de polimento.

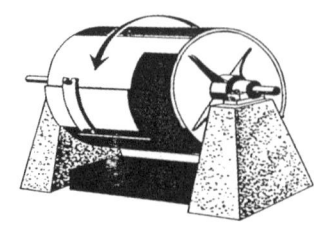

Figura 4.4 – Máquina de Los Angeles para a realização do ensaio de desgaste de agregados (Kraemer et al., 1996)

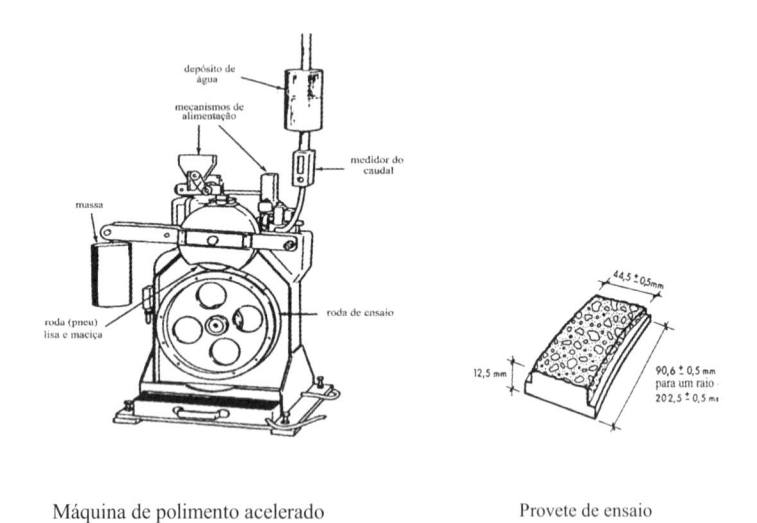

Máquina de polimento acelerado   Provete de ensaio

Figura 4.5 – Máquina de polimento acelerado e provete usado para medir o CPA
(Kraemer et al., 1996)

A forma das partículas de agregado deverá ser aproximadamente cúbica, não sendo aconselhável a utilização de partículas lamelares ou alongadas, que são mais frágeis. A forma caracteriza-se pelos índices de forma: índice de lamelação e índice de alongamento, traduzidos pela percentagem, em peso, de partículas respectivamente lamelares e alongadas. Para uma fracção granulométrica compreendida entre os peneiros de malhas de abertura d e D, designam-se partículas lamelares aquelas cuja espessura seja inferior a 0,6 x (d+D)/2 e partículas alongadas as de comprimento superior a 1,5 x (d+D)/2. Na Figura 4.7 mostra-se o equipamento que permite identificar as partículas lamelares e as alongadas.

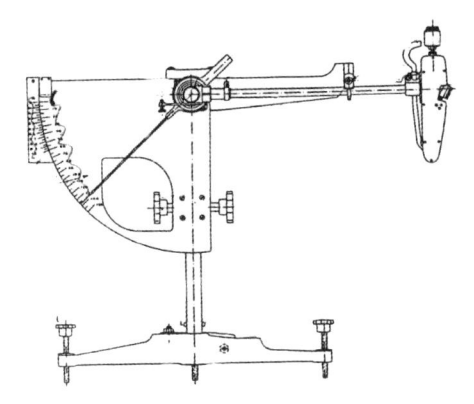

Figura 4.6 – Pêndulo Britânico usado para medir o CPA (Kraemer et al., 1996)

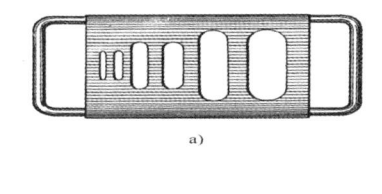

a)

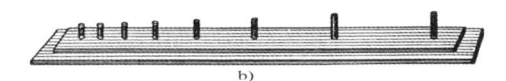

b)

Figura 4.7 – Equipamento para determinação dos índices de lamelação (a) e
alongamento (b) (Kraemer et al., 1996)

Mais recentemente, e de acordo com a nova filosofia normalizadora, ainda não utilizada nas especificações técnicas correntes, os índices de forma são substituídos por um índice de achatamento (NP EN 933-3, IPQ, 2002a) que basicamente é, na sua génese, semelhante ao índice de lamelação, e por um designado índice de forma (NP EN 933-4, IPQ, 2002b) que utiliza o conceito de comprimento e de espessura (medindo com paquímetro as partículas de cada amostra) para a sua definição (massa das partículas com uma razão comprimento sobre espessura superior a 3, expressa em percentagem da massa total das partículas da amostra seca).

Os agregados deverão ser limpos, não possuindo impurezas (argila, matéria orgânica, etc.) que podem reduzir o atrito entre os grãos, havendo a possibilidade de ocorrerem variações volumétricas com a água ou, ainda, dificultar o envolvimento pelos ligantes. A limpeza mede-se pela realização do ensaio de equivalente de areia (NP EN 933-8, IPQ, 2002c) ou, mais eficazmente, pelo ensaio de determinação do valor de azul de metileno (Castelo-Branco, 1996).

A adsorção do azul de metileno pelas partículas de um agregado (ou de um solo) é uma permuta iónica entre os catiões (de cálcio, sódio, magnésio ou potássio, por exemplo) existentes na superfície dessas partículas e os catiões resultantes da dissociação da molécula de azul de metileno em solução aquosa. Em consequência dessa troca iónica forma-se à volta da partícula uma camada monomolecular de azul de metileno.

O princípio do ensaio para a determinação do "valor de azul de metileno" de um agregado ou solo (VAS) consiste em introduzir quantidades crescentes de solução de azul de metileno numa preparação com o agregado ou solo a ensaiar, por doses sucessivas, até que esteja coberta a superfície das partículas desse solo com capacidade de adsorção. Quando isto acontece, existe um excesso de azul de metileno na preparação, o que significa que todas as partículas estão envolvidas e portanto não há necessidade de juntar mais azul de metileno. O momento em que começa a haver excesso, pode ser determinado pelo método da mancha, o qual consiste em colocar uma gota da preparação num papel de filtro e verificar se existe uma auréola azul clara no bordo da mancha. Este facto indica a existência de azul de metileno livre na preparação.

O VAS é o valor de azul de metileno adsorvido por 100 gramas de solo. Segundo a norma francesa NF P 18-592 (Castelo-Branco, 1996), o valor de azul de metileno em gramas é calculado só para a fracção fina do agregado (passada no peneiro 200 ASTM) e depois atribuído por proporção directa à totalidade do solo. A norma portuguesa aplicável, NP EN 933-9 (IPQ, 2002d), tem uma estrutura semelhante.

O VAS é um valor que define de forma eficaz a maior ou menor sensibilidade à água, ou seja, no caso de agregados, o maior ou menor grau de limpeza ou de existência de materiais sensíveis à água no seio do agregado. A título de exemplificação, de acordo com o "Guide Technique pour la Réalisation de Remblais et Couches de Forme" (SETRA, 1992) pode mesmo, com base no VAS, classificar-se solos do modo que se apresenta no Quadro 4.4.

O valor de "Equivalente de Areia" (EA) é um parâmetro que permite avaliar a quantidade de matéria muito fina associada a materiais mais grosseiros, o que permite definir com rapidez se um agregado está ou não limpo. Duma forma simples, consiste em fazer, numa proveta, uma suspensão aquosa de agregado, agitar a proveta e deixá-la em repouso durante um determinado tempo. O material grosseiro deposita-se rapidamente e o material fino fica em suspensão durante mais tempo (Figura 4.8).

O equivalente de areia (EA) é dado por:

$$EA = \frac{h2}{h1} x100 \qquad (4.1)$$

sendo h2 e h1, as alturas desde a base da proveta até aos níveis superiores do material fino em suspensão (h1) e do material grosseiro depositado (h2).

Em geral os materiais não plásticos apresentam EA > 30. Se o EA < 20 o material é plástico e devem ser realizados ensaios específicos, como a determinação dos Limites de Atterberg ou a determinação do Valor de Azul de Metileno. Entre os dois valores de

EA indicados, o ensaio é de resultado duvidoso. Este ensaio, por dar resultados pouco fiáveis, nos Cadernos de Encargos das Administrações Rodoviárias, como no caso do actual das Estradas de Portugal (JAE, 1998), será progressivamente substituído por aquele que permite obter o VAS

Quadro 4.4 – Significado de VAS para solos (SETRA, 1992)

VAS (g/100g de solo)	Descrição
VAS ≤ 0,1	solos insensíveis à água
0,1 < VAS ≤ 0,2	solos muito pouco sensíveis à água
0,2 < VAS < 1,5	solos com sensibilidade à água
VAS = 1,5	valor que distingue os solos areno-siltosos dos areno-argilosos
VAS = 2,5	valor que distingue os solos siltosos pouco plásticos dos medianamente plásticos
VAS = 6,0	valor que distingue os solos siltosos dos argilosos
VAS = 8,0	valor que distingue os solos argilosos dos solos muito argilosos

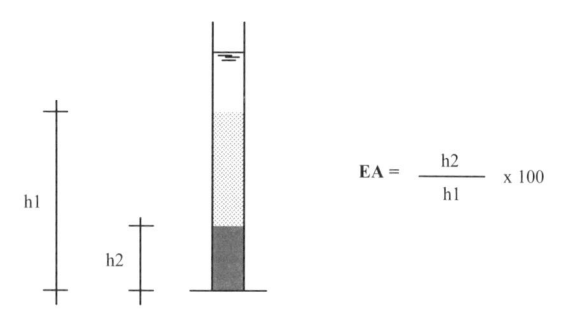

$$EA = \frac{h2}{h1} \times 100$$

Figura 4.8 – Determinação do Equivalente de Areia

Finalmente, exige-se uma boa adesividade dos agregados ao betume. Quanto melhor for a afinidade química do agregado para com o betume, mais difícil será separar este do agregado. Para medir a maior ou menor dificuldade com que a água separa o betume em contacto com o agregado, e portanto medir a adesividade em condições de funcionamento severas, usam-se em geral dois métodos. Um consiste numa inspecção visual do agregado revestido com ligante, para verificar qual a percentagem daquele que ficou sem revestimento após um certo tempo de imersão em água em condições normalizadas (JAE, 1978 e CEN, 2002). Outro método, mais objectivo, consiste em ensaiar à compressão provetes cilíndricos de mistura betuminosa imersos em água durante um certo tempo, comparando os resultados com os obtidos sobre amostras semelhantes não sujeitas a imersão. A resistência dos provetes imersos, expressa em percentagem da resistência inicial (em geral esta não deve exceder cerca de 25% daquela) é a grandeza usada para quantificar a adesividade obtida e tem a designação de "Resistência Conservada".

4.3. Aglutinantes

4.3.1. Considerações Gerais

Existem diversos materiais betuminosos com aptidão para serem usados como ligantes na construção rodoviária. Hoje em dia, praticamente só se usam produtos derivados da destilação do petróleo bruto, os betume asfálticos. Outros, como o "alcatrão" ou "asfalto", não têm sido usados em Portugal.

Os aglutinantes betuminosos são termoplásticos e apresentam viscosidade[2] elevada à temperatura ambiente.

Também têm sido aplicados aglutinantes hidráulicos na realização de pavimentos rodoviários, em especial o cimento.

Para tentar clarificar os diferentes aspectos envolvidos, segue-se uma breve descrição da origem e do modo de obtenção dos vários aglutinantes betuminosos. Esta descrição, para além doutras, apoia-se sobretudo na referência (SHELL, 1991). Mais adiante referem-se também as principais características dos cimentos utilizados na construção de pavimentos rodoviários.

4.3.2. Asfalto

O asfalto é um material betuminoso natural. Aparece na natureza sob a forma de "lagos de asfalto", como acontece em Trinidad e Tobago e nas Bermudas, ou ainda na região de Ambrizete em Angola.

A origem dos lagos de asfalto é diferente consoante a sua localização e, por isso, o asfalto é sempre identificado pela sua origem geográfica. A título de exemplo, nas Caraíbas (Trinidad e Tobago) a sua origem deveu-se à infiltração de um material viscoso, a partir da superfície da terra, em períodos geológicos anteriores. Posteriormente, aquele material foi coberto por finas partículas de solo depositadas pela água do mar durante um período de submersão da superfície terrestre. Parte da argila e silte depositados penetraram o material viscoso, formando uma mistura plástica de silte, argila, betume e água. Posteriormente, a terra elevou-se acima do nível do mar, tendo ocorrido pressões laterais que deformaram o material e lhe deram a sua actual forma. A ocorrência de erosão removeu parte do silte e a argila depositada, tendo ficado exposta a superfície do lago (SHELL, 1991).

O material retirado é refinado a uma temperatura de 160 °C para vaporizar a água. Depois faz-se passar através de filtros para remover os materiais estranhos. O produto assim obtido, que provém de Trinidad e Tobago, tem geralmente na sua composição 54% de betume asfáltico, 36% de minerais e 10% de matéria orgânica, em relação à sua

---

[2] Grandeza também designada Viscosidade Dinâmica (ou consistência), definindo-se como a capacidade de um corpo para sofrer deformações permanentes sob a acção de uma solicitação, sendo as tensões funções lineares da velocidade de escoamento.

massa total. No nosso país nunca houve utilização generalizada de asfaltos em pavimentações rodoviárias, embora pudesse obter-se o asfalto a partir de Angola.

4.3.3. Rocha Asfáltica

A rocha asfáltica aparece na natureza sob a forma de maciços de rocha, em geral calcária ou gresosa, impregnada de betume asfáltico que se formou por destilação, lenta e natural, do petróleo que anteriormente impregnara a rocha. Este material contém geralmente até 12% de betume relativamente à sua massa total.

O produto referido pode ser extraído de minas ou de pedreiras a céu aberto. Os principais depósitos de rocha asfáltica situam-se em Gard (França), Neuchâtel (Suíça), Ragusa (Itália) e nas regiões do Ambriz e Ambrizete em Angola, onde a rocha asfáltica pode chegar a ter 30% de betume.

Desde muito cedo, verificou-se que este material era susceptível de ser utilizado em pavimentação rodoviária, tendo sido mesmo um dos primeiros produtos betuminosos usados para esse fim. Depois de sujeito a trituração, era aquecido e compactado em camadas realizadas no local onde se pretendia realizar o pavimento. Hoje em dia, praticamente não se usa rocha asfáltica em pavimentação rodoviária, mas em Angola o seu uso, pelo menos em arruamentos, ainda continua. A rocha é moída conjuntamente com material calcário, para não empapar nos moinhos, e o produto resultante é espalhado e cilindrado à temperatura ambiente.

4.3.4. Alcatrão

Alcatrão é a designação genérica atribuída ao líquido obtido quando a hulha ou a madeira são queimadas ou sujeitas a um processo de destilação destrutivo na ausência de ar (por exemplo como acontece em centrais termoeléctricas).

No Reino Unido usaram-se materiais deste tipo durante bastante tempo. A norma inglesa BS 76 (1974) inclui oito tipos de "alcatrão" para pavimentação rodoviária, desde o de 30 °C de temperatura de equi-viscosidade (TEV) até ao de 58 °C de TEV, com incrementos de 4 °C. A temperatura de equi-viscosidade é a temperatura a que 50 ml de alcatrão podem ser escoados em 50 segundos através de um orifício de 10 mm num viscosímetro padrão. Assim, quanto mais elevado for a TEV mais viscoso será o ligante.

Nos últimos 20 anos deu-se um grande incremento na exploração e distribuição de petróleo bruto, tendo-se verificado uma grande redução do uso de alcatrão em detrimento dos derivados daquele.

Em Portugal o uso de alcatrões em trabalhos de pavimentação rodoviária limitou-se aos anos em que não havia a possibilidade de obter betume asfáltico, como por exemplo durante a II Grande Guerra.

4.3.5. Betume Asfáltico

O betume asfáltico é o ligante mais usado em trabalhos de pavimentação rodoviária. Dada a sua importância, vai tratar-se com mais pormenor a caracterização deste material.

O betume é um aglutinante betuminoso obtido a partir da destilação do petróleo bruto que é uma mistura complexa de hidrocarbonetos, cujas massas moleculares são diferentes. O betume asfáltico existe em numerosos petróleos, onde se encontra em solução, sendo obtido após a eliminação dos óleos que servem de dissolventes.

Um dos processos mais usados para a produção de betume é a destilação directa ou fraccionada do petróleo bruto de que se apresenta um esquema na Figura 4.9. As fracções mais leves do petróleo bruto permanecem no estado de vapor, enquanto que as mais pesadas, de elevada massa molecular, são extraídas sob a forma de resíduo, no fundo da torre. O produto recuperado no fundo da coluna designa-se por "bruto reduzido" ou primeiro resíduo.

No passo seguinte, o material obtido é aquecido a uma temperatura entre 350 °C e 400 °C e é enviado para uma coluna em que existe uma pressão negativa entre 10 mm e 100 mm de mercúrio. A pressão usada destina-se a obter uma separação física dos constituintes sem os degradar termicamente, obtendo-se desta forma o segundo resíduo que é utilizado no fabrico dos diferentes betumes asfálticos (Lombardi, 1993).

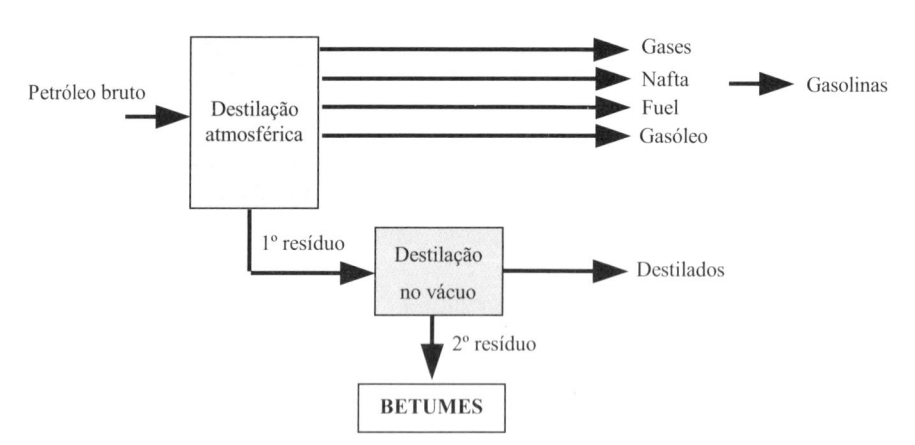

Figura 4.9 – Diagrama de produção de betumes asfálticos
(adaptado de Lombardi, 1993)

O betume é um produto negro que apresenta boas qualidades adesivas. A sua consistência varia muito com a temperatura, ficando mole quando é aquecido e endurecendo quando arrefece. É composto por hidrocarbonetos saturados de peso molecular elevado. Contém em média 80 a 85% de carbono, 10 a 15% de hidrogénio, 2 a 3% de oxigénio e, em menores quantidades, enxofre e azoto, bem como vestígios de metais como o vanádio, o níquel, o ferro, o magnésio e o cálcio.

A composição varia de acordo com a origem do petróleo bruto usado como matéria-prima para o fabrico do betume e com os "tratamentos" realizados no final do processo de produção. Durante o processo de colocação em obra, e no período em que está em serviço, o ligante continua a sofrer alterações devidas aos efeitos de oxidação provocados pelo oxigénio do ar e da água das chuvas.

A composição química do betume asfáltico é extremamente complexa. Assim, uma análise completa, se é que é possível, seria extremamente trabalhosa e produziria tanta informação que o relacionamento com as propriedades reológicas seria impossível. Todavia, é possível separar o betume em dois principais grupos químicos designados asfaltenos e maltenos. O último grupo pode ser ainda dividido em três subgrupos: saturados, aromáticos e resinas. Os quatro conjuntos não estão bem definidos, existindo inevitavelmente alguma sobreposição entre eles.

Os asfaltenos são sólidos amorfos, insolúveis em heptano normal, de cor preta ou castanha, contendo para além de carbono e hidrogénio, algum nitrogénio, enxofre e oxigénio. São geralmente considerados materiais aromáticos, altamente polarizados, de peso molecular relativamente elevado. A quantidade de asfaltenos tem um efeito significativo nas características reológicas do betume. Quanto maior for a quantidade de asfaltenos mais duro será o betume. Os asfaltenos constituem cerca de 5 a 25% do betume asfáltico.

As resinas são solúveis no heptano normal. Tal como os asfaltenos, são compostas de hidrogénio e carbono, contendo também pequenas quantidades de oxigénio, enxofre e nitrogénio. Apresentam cor castanha escura, são sólidas ou semi-sólidas e muito polarizadas. Esta característica particular torna-as muito adesivas. São agentes dispersantes para os asfaltenos.

Os aromáticos incluem os componentes aromáticos nafténicos, constituintes do betume de peso molecular mais baixo, representando a maior proporção do meio dispersante dos asfaltenos. Constituem 40 a 65% do betume e são líquidos viscosos de coloração castanha escura.

Os saturados são solúveis no heptano normal e são constituídos por hidrocarbonetos asfálticos[3] predominantemente leves. São óleos viscosos não polarizados de cor creme ou branca. Esta fracção constitui 5 a 20% do betume.

O betume asfáltico é tradicionalmente considerado como um sistema coloidal, consistindo numa dispersão de micelas de elevado peso molecular (asfaltenos) num meio dispersante, oleoso, de menor peso molecular (maltenos). Os maltenos constituem, assim, o meio contínuo das micelas de asfaltenos.

Os betumes asfálticos têm uma reologia dependente da temperatura e do tempo de solicitação, sendo fundamental o estabelecimento de padrões que permitam avaliar as características de materiais desta natureza. Assim, os betumes usados em pavimentação rodoviária devem apresentar características que respeitem os critérios estabelecidos nas especificações aplicáveis, de modo a que seja possível prever o seu comportamento. Em

---

[3] Designação atribuída aos compostos orgânicos com cadeia aberta de átomos de carbono.

Portugal, de acordo com a especificação LNEC E-80 de 1997 (LNEC, 1997), que pretendeu incluir alguns dos aspectos preconizados pelo Projecto de Norma Europeia prEN 12591 de 1996 "Produtos petrolíferos - Betumes e ligantes betuminosos - Especificações", as características referidas são as apresentadas no Quadro 4.5.

Quadro 4.5 – Especificação LNEC E 80: propriedades e métodos de ensaio de betumes de pavimentação (LNEC, 1997)

Propriedades		Métodos de ensaio	
Penetração, 25 ºC, 5s		ASTM D 5 (prEN 1426)[1]	
Temperatura de amolecimento - Método anel e bola		ASTM D 36 (prEN 1427)	
Viscosidade cinemática, 135 ºC		ASTM D 2170 (prEN 12595)	
Solubilidade em tolueno ou xileno		ASTM D 2042[2] (prEN 12592)	
Temperatura de inflamação em vaso aberto Cleveland		EN 22592 (ASTM D 92)	
Resistência ao endurecimento	Variação de massa	RTFOT: ASTM D 2872 (prEN 12607-1) ou TFOT: ASTM D 1754	——
	Penetração, 25 ºC, 100 g, 5 s		ASTM D 5 (prEN 1426)
	Temperatura de amolecimento anel e bola		ASTM D 36 (prEN 1427)
	Aumento da temp. amol. anel e bola[3]	(prEN 12607-2)	——

[1] Actualmente a maioria das normas europeias referenciadas na especificação LNEC como pré-normas são já normas europeias e estão em fase de transformação em normas portuguesas.

[2] Ensaio realizado com tolueno ou xileno em substituição de tricloroetileno.

[3] Valor obtido pela diferença entre a temperatura de amolecimento antes e depois do endurecimento.

Os tipos de betume de pavimentação são os seguintes: 10/20, 20/30, 35/50, 50/70, 70/100, 100/150, 160/220, 250/300. Esta designação baseia-se no valor da penetração a 25 ºC. No Quadro 4.6 são apresentadas as exigências de conformidade para cada tipo de betume de pavimentação previsto no documento normativo LNEC.

Presentemente está a caminhar-se para uma coordenação das normas a nível europeu, pelo que o betume asfáltico vai ser caracterizado proximamente pela obtenção das propriedades referidas na especificação LNEC E-80 de 1997 (LNEC, 1997), embora com normas portuguesas iguais às dos restantes países aderentes ao Comité de Normalização Europeia, e que são semelhantes às indicadas no Quadro 4.5, ainda que com algumas novidades, como é o caso da determinação do envelhecimento com recurso ao vaso de envelhecimento sob pressão (Pressure Ageing Vessel – PAV, CEN, 2003a).

Há ainda outras propriedades que se podem considerar novidade na avaliação da qualidade e do desempenho dos betumes asfálticos, pelo menos na prática tecnológica portuguesa, como a obtenção do ponto de fragilidade de Fraass (CEN, 1999) para avaliar a susceptibilidade a baixas temperaturas, e a determinação da rigidez e do ângulo de fase (CEN, 2003b), e ainda do módulo de fluência dinâmica (CEN, 2003c) que são características relacionadas com o desempenho mecânico dos betumes.

Quadro 4.6 – Tipos de betumes de pavimentação, propriedades e exigências de conformidade (LNEC, 1997)

Propriedades [Condições de ensaio]		Tipos de betumes e exigências de conformidades								
		Tipos	10/20	20/30	35/50	50/70	70/100	100/150	160/220	250/330
Penetração (0,1 mm)		Mín	10	20	35	50	70	100	160	250
[25 ºC, 100 g, 5s]		Máx	20	30	50	70	100	150	220	330
Temperatura de amolecimento		Mín.	63	55	50	46	43	39	35	30
método anel e bola (ºC)		Máx	76	63	58	54	51	47	43	38
Viscosidade cinemática (mm^2/s) [135 ºC]		Mín.	1000	530	370	295	230	175	135	100
Solubilidade em tolueno ou xileno (%)		Mín.	99	99	99	99	99	99	99	99
Temperatura de inflamação (ºC)		Mín.	250	240	240	230	230	230	220	220
Resistência ao endurecimento	Variação de massa (%, ±)	Máx	0,5	0,5	0,5	0,5	0,8	0,8	1,0	1,0
	Penetração (% p.o.) [25 ºC, 100 g, 5s]	Mín.	60	55	53	50	46	43	37	35
	Temp. amolecimento	Mín.	65	57	52	48	45	41	37	32
	Aumento da temperatura amolecimento (ºC)	Máx.	8	10	11	11	11	12	12	12

No que respeita à prática tecnológica, é importante sublinhar que os betumes asfálticos têm de passar a ser fornecidos (pelas empresas comerciais das refinarias) com a marca *CE*, obedecendo portanto a todo um vasto esquema de verificação da qualidade, que incluirá necessariamente a determinação das características mais conhecidas e também daquelas que são menos habituais, como as referidas. Do ponto de vista do utilizador (empresas de construção) é adequado fazer uma verificação mais simples da qualidade, nomeadamente através da determinação empírica da viscosidade do betume fornecido (ensaios de penetração a 25 ºC e ponto de amolecimento), a qual é suficiente para indiciar a má ou boa qualidade do produto. Neste sentido, também a densidade dos betumes asfálticos tem interesse, fundamentalmente, por permitir a realização de alguns cálculos necessários para a formulação das misturas betuminosas. Um valor usual para a densidade dos betumes usados em Portugal é de 1,03.

As duas propriedades consideradas mais importantes para a caracterização de um betume, como já se indicou, são a penetração e a temperatura de amolecimento. Apesar de se tratar de ensaios empíricos para a avaliação da viscosidade, é possível estimar outras propriedades importantes com base naquelas duas, tais como as temperaturas a que o ligante atinge a consistência pretendida. De seguida descreve-se duma forma sucinta cada ensaio.

a) Penetração a 25 °C (pen25)

A penetração é uma medida indirecta da viscosidade do betume. É representada (norma ASTM D 5) pela profundidade, em décimos de milímetro, a que penetra no betume uma agulha com certas dimensões (Figura 4.10), sob um certo peso (100 gf), durante um certo tempo (5 s), a determinada temperatura (25 °C). Os betumes produzidos por destilação directa (betumes puros), são geralmente designados pelos limites da penetração. Assim, por exemplo, um betume 50/70 é um betume em que, nas condições de ensaio referidas, a agulha penetra entre 5 mm (50 décimos) e 7 mm (70 décimos).

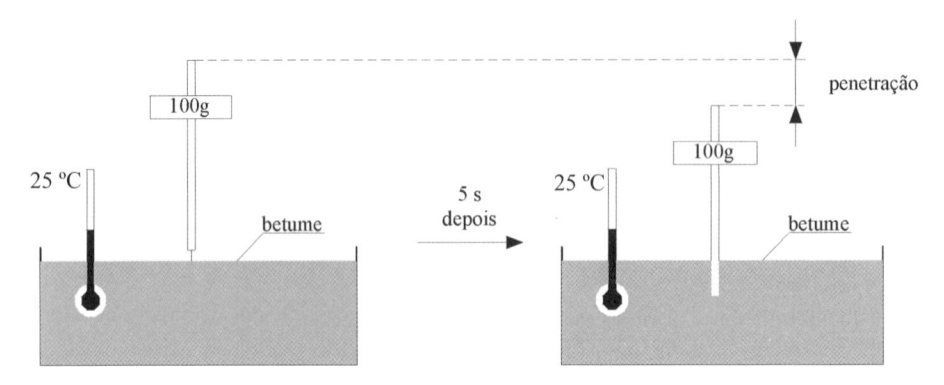

Figura 4.10 – Ensaio de penetração de betumes

Em cada ensaio devem ser feitas três medições da penetração. A penetração é a média desses valores arredondada à unidade. Os desvios obtidos entre os valores medidos em cada penetração não deve exceder um certo limite especificado.

b) Temperatura de amolecimento determinada pelo método do anel e bola (TAB)

A norma ASTM D 36 fixa o procedimento para a determinação da temperatura de amolecimento de betumes asfálticos pelo método do anel e bola.

A técnica usada consiste, essencialmente, em colocar uma esfera de aço, de peso especificado, sobre uma amostra de betume contida num anel de latão. Este é colocado em água que vai sendo aquecida à razão de 5 °C por minuto. O betume vai amolecendo e a esfera de aço vai deformando a amostra, de modo a que haja escoamento do provete através do anel. No instante em que o betume e a esfera tocam a base do suporte metálico (depois da esfera percorrer 2,5 cm), regista-se a temperatura da água. Neste ensaio são usados dois provetes em simultâneo, sendo o ponto de amolecimento anel e bola dado pela média das duas temperaturas registadas (Figura 4.11).

Uma propriedade importante do betume asfáltico é a viscosidade, já que quantifica a consistência do ligante a uma dada temperatura, permitindo avaliar qual o intervalo de temperaturas em que é possível, por exemplo, manipular um ligante em boas condições.

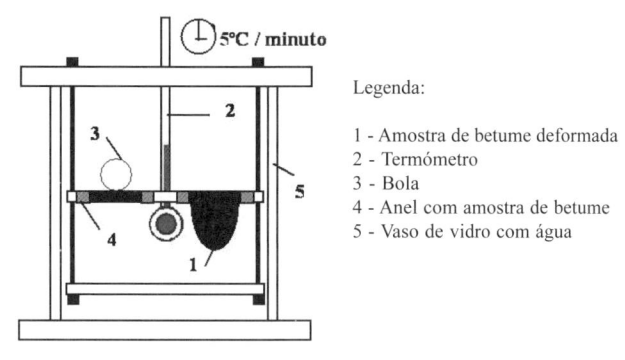

Figura 4.11 – Determinação do ponto de amolecimento de um betume pelo método do anel e bola

A viscosidade dinâmica expressa-se em Pascal x segundo (1 Pa.s = 10 P (poise)). A viscosidade cinemática exprime-se em m²/s, ou mais geralmente em mm²/s (1mm²/s = 1 centistoke (cSt)). Esta relaciona-se com a viscosidade dinâmica pela expressão (4.2).

$$\text{viscos. cinemática} = \frac{\text{viscos. dinâmica}}{\text{massa específica}} \tag{4.2}$$

Em muitos casos, é usual determinar-se a viscosidade de um betume contando o tempo necessário para que uma determinada quantidade de material se escoe através de um orifício padrão. Estes métodos permitem fazer comparações entre diferentes materiais, podendo os resultados ser convertidos em unidades de viscosidade.

Dada a extrema variação da viscosidade com a temperatura é difícil realizar um dispositivo capaz de medir a viscosidade dentro da larga gama de valores da temperatura com interesse para a construção rodoviária.

O viscosímetro de placas, por exemplo, permite determinar a viscosidade dinâmica de um ligante. Aplica-se uma tensão de corte (em Pa) a uma película de betume (espessura compreendida entre 5 e 50 microns), colocada entre duas placas, medindo-se a correspondente velocidade de distorção (em s⁻¹). A viscosidade é dada pela razão entre a tensão aplicada e a velocidade de distorção observada. O aparelho inclui o sistema de carga, que aplica uma tensão de corte uniforme durante a medição, e um dispositivo de registo do deslizamento em função do tempo. Dependendo da carga e do tamanho da amostra, podem medir-se viscosidades entre 105 e 109 Pa.s (Shell, 1991).

Os viscosímetros capilares são essencialmente formados por tubos de vidro estreitos para dentro dos quais é vazado betume (Figura 4.12). O tubo é estreito em parte do seu corpo, apresentando zonas mais largas, sendo possível medir o volume de betume que nele se recolheu pela existência de marcas na sua parede. A medição da viscosidade dinâmica é feita através da contagem do tempo necessário para que se dê o escoamento de uma certa quantidade de betume, a uma dada temperatura. É possível obter, para cada betume, uma curva que relaciona a sua viscosidade com a temperatura (curva de consistência do betume), realizando ensaios a diferentes temperaturas (Shell, 1991).

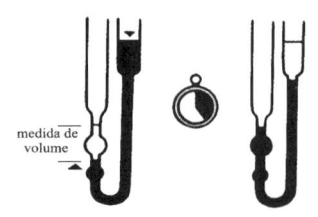

Figura 4.12 – Viscosímetro capilar (Kraemer et al., 1991)

Os ensaios designados por "TFOT" (Thin-Film Oven Test) e "RTFOT" (Rolling Thin-Film oven test) têm como objectivo produzir o endurecimento do betume por acção do calor e do ar numa película fina de betume. No primeiro, usam-se amostras de 50 g de betume. Cada uma delas é colocada num recipiente de modo a formar uma película com cerca de 3 mm. Depois, os provetes são sujeitos a uma temperatura de 163 °C no interior de uma estufa ventilada e sobre uma prateleira que roda 5 a 6 vezes por minuto, durante 5 horas.

No segundo ensaio, vazam-se amostras, com 35 g cada uma, para o interior de recipientes de vidro. Em seguida, são colocadas num tambor circular, instalado em posição vertical no interior de uma estufa a 163 °C. O tambor roda 15 vezes por minuto, durante 85 minutos, sendo insuflado um jacto de ar quente para o interior de cada um dos recipientes no ponto mais baixo da passagem do tambor. A rotação das amostras durante o ensaio assegura que novas superfícies de betume são expostas ao ar continuamente.

Independentemente do processo de endurecimento laboratorial usado (TFOFT ou RTFOT), após a sua realização pode determinar-se a variação de massa sofrida pelo ligante durante os ensaios, bem como os novos valores da penetração do betume e da temperatura de amolecimento. Deste modo é possível calcular as perdas e aferir (Quadro 4.6) da conformidade do betume em análise.

O ponto de fragilidade (ou de rotura) de Fraass, já referido, é uma das grandezas usadas para conhecer o comportamento dos betumes a temperaturas muito baixas. Tem um interesse reduzido a sua determinação para condições portuguesas, mas é referido no ábaco de Heukelom (SHELL, 1991) que a seguir se descreve.

Com o ensaio para o estabelecimento do ponto de fragilidade de Fraass pretende determinar-se a temperatura abaixo da qual o betume atinge uma tensão crítica e fendilha. Pode também fazer-se uma previsão daquela grandeza com base no conhecimento de pen25 e de TAB, tomando esta como a temperatura a que um betume apresenta uma penetração de 800 décimos de milímetro. O ponto de fragilidade de Fraass é determinado considerando-se este equivalente à temperatura a que o betume tem uma penetração de 1,25 décimos de milímetro (SHELL, 1991).

Fernando Branco   Paulo Pereira   Luís Picado Santos

No final dos anos 60, Heukelom (SHELL, 1991) desenvolveu um ábaco que permite relacionar a penetração, o ponto de amolecimento anel e bola, o ponto de fragilidade de Fraass e a viscosidade de um betume com a sua temperatura. Essa representação gráfica designa-se geralmente por "Bitumen Test Data Chart" - BTDC (Figura 4.13).

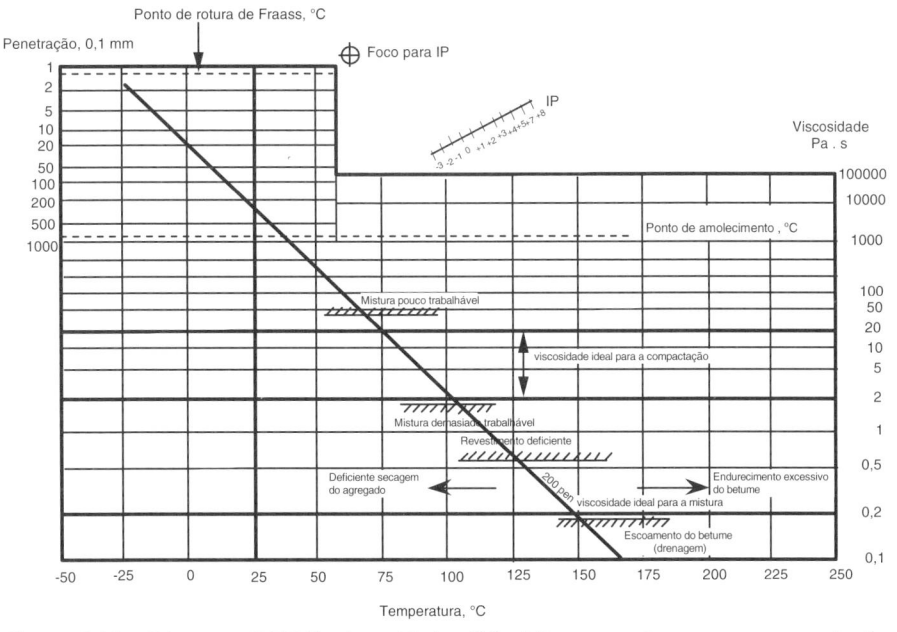

Figura 4.13 – Diagrama BTDC: viscosidades "ideais" para a mistura e compactação de materiais betuminosos (adaptado de SHELL, 1991)

A temperatura é representada no eixo das abcissas, em escala linear, tendo sido adoptadas duas escalas verticais, uma para a penetração e outra para a viscosidade. A escala da penetração é logarítmica e a da viscosidade foi ajustada de modo que os betumes com susceptibilidade térmica "normal" pudessem ser representados por rectas.

As rectas traduzem o modo como a viscosidade de determinado betume depende da temperatura, embora não considere o tempo de carregamento. Assim, pode utilizar-se este ábaco para estabelecer os limites da temperatura a usar nas operações de mistura e de compactação dos materiais betuminosos, conhecendo apenas a sua penetração e o seu ponto de amolecimento anel e bola.

Segundo a SHELL (SHELL, 1991), a temperatura adequada para a mistura dos agregados com o betume é a que corresponde a uma viscosidade dinâmica do betume de aproximadamente 0,2 Pa.s (2 poise). Para a compactação duma mistura betuminosa, após o seu espalhamento, sugere a adopção de temperaturas que conduzam a viscosidades compreendidas entre 2 Pa.s (20 poise) e 20 Pa.s (200 poise).

Valores abaixo de 2 Pa.s conduziriam a materiais demasiadamente fluídos para a compactação, enquanto que valores da viscosidade acima de 20 Pa.s impossibilitariam essa mesma operação por resultar uma mistura pouco trabalhável.

Todos os betumes asfálticos apresentam propriedades termoplásticas. Existem várias expressões para definir o modo como a viscosidade (ou consistência) do material varia com a temperatura. Uma das mais conhecidas foi desenvolvida por Pfeiffer e Van Doormaal (SHELL, 1991) e determina o chamado índice de penetração (IPen):

$$IPen = \frac{20\,TAB + 500 \times \log pen25 - 1955,55}{TAB - 50 \times \log pen25 + 120,15} \qquad (4.3)$$

Em Portugal os betumes geralmente mais usados são o 35/50, o 50/70 e o 160/220. Os diferentes tipos de betume usam-se em função das condições climáticas e do tipo de trabalho a realizar. Actualmente, no nosso país, utilizam-se muito os betumes 50/70 para o fabrico de misturas betuminosas realizadas a quente, destinadas a construir as camadas superiores dos pavimentos. O betume 35/50 está também a ser usado nas regiões temperadas e nas mais quentes do país para as camadas de base e também de desgaste.

O betume 160/220 destina-se essencialmente ao fabrico de emulsões betuminosas (que se descrevem na secção 4.3.7.), podendo ser usado na realização de revestimentos superficiais e de camadas construídas por penetração do ligante. O betume 10/20 ou o 20/30 são usados na realização de misturas betuminosas de alto módulo de deformabilidade. O betume 70/100 foi por vezes usado na execução de misturas betuminosas para camada de base, em regiões de clima ameno (por exemplo IP5 na zona de Viseu) e quando a pavimentação foi feita em épocas do ano ainda muito frias.

4.3.6. Betume Fluidificado

O betume asfáltico à temperatura ambiente apresenta-se no estado semi-sólido, sendo necessário fluidificá-lo temporariamente para ser usado na construção rodoviária. Para certos trabalhos, como por exemplo, impregnações de camadas granulares, regas de colagem entre camadas betuminosas, convém dispor de materiais betuminosos menos viscosos à temperatura ambiente e que se mantenham assim durante o tempo necessário para realização dos trabalhos. Para atender a esta necessidade, pode fazer-se a liquefacção do betume asfáltico em solventes apropriados, obtendo-se assim os chamados betumes fluidificados (cut-back em terminologia anglo-saxónica).

Os betumes fluidificados são ligantes constituídos por betume asfáltico dissolvido em gasóleo, petróleo ou gasolina. As percentagens em massa do betume nestes produtos variam, conforme o tipo, entre os 50 e os 80%. A ligação dos betumes aos agregados é conseguida após a volatilização do solvente, podendo este processo (geralmente designado por "cura") desenvolver-se de uma forma mais ou menos rápida, consoante a rapidez de evaporação do solvente. Assim, designam-se por betumes fluidificados de cura lenta (SC - slow curing em terminologia anglo-saxónica), média (MC - medium curing) ou rápida (RC - rapid curing), se os solventes utilizados forem, respectivamente, o gasóleo, o petróleo comercial ou a gasolina.

As características do betume fluidificado devem estar de acordo com a Especificação LNEC E 98 (LNEC,1980), estando em publicação as normas portuguesas harmonizadas com as normas europeias, as quais passarão a definir o material quando em vigor. Na E 98 (LNEC,1980), os betumes fluidificados são designados pelas iniciais correspondentes ao tempo de cura, seguida do valor em centistokes da viscosidade cinemática mínima a 60 °C (por exemplo SC-3000, MC-70 ou RC-250).

Os solventes usados nos betumes fluidificados são materiais combustíveis usados correntemente para a produção de energia. Assim, quando são utilizados como solventes desperdiça-se a capacidade energética intrínseca daqueles produtos ao serem libertados para a atmosfera por evaporação, o que é economicamente pouco aceitável. Além disso, a utilização de betumes fluidificados produz a libertação dos solventes para a atmosfera, o que induz um certo grau de poluição e insegurança para os operários. Pelas razões apontadas e por razões de custo, tem-se assistido a uma redução significativa do uso daquele tipo de produtos.

O betume fluidificado ainda é por vezes utilizado para trabalhos de pavimentação em tempo frio, sobretudo em regas de impregnação betuminosa[4] de bases granulares (geralmente o MC-30 ou o MC-70) e em regas de colagem entre camadas de misturas betuminosas.

4.3.7. Emulsões Betuminosas

Uma emulsão betuminosa é um sistema heterogéneo de duas fases, consistindo em dois líquidos imiscíveis, betume e água, e que se mantém estável devido ao emulsionante que se distribui à volta dos glóbulos de betume e estabelece aí uma camada de cargas eléctricas que repelem as dos outros glóbulos, mantendo assim o sistema em equilíbrio (SHELL, 1991). O betume fica assim disperso no meio contínuo formado pela água sob a forma de pequenos glóbulos, tipicamente com dimensões entre 0,1 e 5 microns de diâmetro.

Para fins rodoviários utilizam-se, fundamentalmente, dois tipos de emulsões betuminosas, as aniónicas e as catiónicas. Esta terminologia deriva do tipo de cargas eléctricas que envolvem os glóbulos de betume, baseando-se a identificação dos ligantes num princípio básico da electricidade, segundo o qual cargas do mesmo sinal se repelem e cargas de sinais contrários se atraem. Se passar uma corrente eléctrica através de uma emulsão que contenha partículas de carga negativa de betume, estas migrarão para o ânodo (eléctrodo positivo). Por essa razão, a emulsão designa-se aniónica. Ao contrário, partículas de betume carregadas positivamente mover-se-ão para o cátodo e a emulsão denomina-se catiónica (SHELL, 1991).

---

[4] Espalhamento de ligante a uma taxa (litros/m^2) que permite que ele penetre na camada granular até uma profundidade de pelo menos 1 cm.

Para além da classificação referida, a designação das emulsões depende também da rapidez da rotura. Na simbologia geralmente adoptada em Portugal usam-se os símbolos E para emulsão, A ou C para aniónica e catiónica, R, M, e L para rotura rápida, média e lenta.

As emulsões aniónicas são as mais antigas (Especificação E-128 do LNEC, (LNEC, 1984-a)). Por terem à superfície das partículas de betume cargas negativas, apresentam, em princípio, boa adesividade aos agregados calcários que se ionizam positivamente quando ficam húmidos. Os agregados siliciosos (como os granitos) ionizam-se negativamente, não criando boas condições de adesividade para as emulsões aniónicas.

Nas emulsões catiónicas (Especificação E-354 do LNEC (LNEC, 1984-a)), mais recentes, a rotura (separação da água do betume) é mais rápida que a das emulsões aniónicas, já que se dá principalmente por reacção química com as partículas de agregado, enquanto que nas aniónicas o factor dominante da rotura é a evaporação da água. As emulsões catiónicas mais recentes apresentam boa adesividade aos agregados siliciosos e à maior parte dos agregados básicos já que, neste caso, se dá um ataque prévio da superfície do agregado pelo ácido clorídrico (resultante do emulsionante que se juntou), ataque esse que facilita a aderência posterior das moléculas de betume.

Tal como para outros tipos de materiais, estão em publicação para as emulsões betuminosas as normas portuguesas harmonizadas com as normas europeias, as quais passarão a definir as condições de utilização quando em vigor.

A adopção de emulsões aniónicas ou catiónicas depende da natureza do agregado a empregar e das condições climatéricas. As aniónicas são mais aplicáveis em tempo seco e com inertes calcários. As catiónicas poderão usar-se com inertes de todos os tipos e com tempo seco ou tempo húmido (não estando a chover).

A adopção de emulsões com diferente rapidez de rotura depende do trabalho a realizar. As emulsões rápidas estão mais indicadas para revestimentos superficiais, mistura betuminosas a frio para preenchimento de covas e regas de colagem. As médias e lentas para os trabalhos que impliquem uma estabilidade mais longa, como misturas betuminosas a frio no caso das primeiras, regas de impregnação e também misturas betuminosas a frio no caso das segundas.

A percentagem em massa do betume da emulsão está geralmente entre 55% e 65%. Outra característica importante para caracterizar a emulsão é a viscosidade, que neste caso é expressa pelo tempo de escoamento, expresso em segundos, num viscosímetro de Saybolt-Furol (SHELL, 1991) sendo o ensaio realizado a 25 °C (aniónicas e parte das catiónicas) ou a 50 °C (restante parte das catiónicas).

4.3.8. Betume Asfáltico Modificado

Os betumes modificados surgem devido à necessidade de conferir às misturas betuminosas menor susceptibilidade térmica e uma maior flexibilidade ou seja, responder mais eficazmente a maiores solicitações do pavimento, maior resistência ao envelhecimento durante a utilização, maior eficácia de comportamento de algumas misturas betuminosas especialmente concebidas para resolver alguns problemas funcionais como melhoria das características de drenabilidade superficial, menor impacto do ruído provocado pelo rolamento, etc..

A utilização de betumes modificados constitui ainda uma boa solução para reduzir a frequência da manutenção em zonas de mais rápida degradação dos pavimentos. Os betumes modificados apareceram no início dos anos 70 nos países mais industrializados, tendo tido uma utilização crescente desde essa data. Em Portugal a sua utilização foi mais efectiva a partir dos anos 90.

Os betumes modificados são essencialmente uma mistura de betume com aditivos. Os principais grupos de aditivos utilizados são (SHELL, 1991):

- elastómeros (tipo SBS, por exemplo);
- plastómeros (tipo EVA, por exemplo);
- enxofre;
- borrachas;
- fibras orgânicas ou inorgânicas;
- resinas e endurecedores.

Os métodos de caracterização das propriedades dos betumes modificados e a eficácia dos ensaios requeridos para controlar essas propriedades não estão ainda suficientemente generalizados ou integrados nos procedimentos das Administrações Rodoviárias. Contudo, têm sido usados alguns dos ensaios tradicionais que, embora não se revelando adequados, dão alguma indicação das características gerais.

O betume modificado por adição de elastómeros (como o estireno-butadieno-estireno - SBS) vê aumentado o ponto de amolecimento anel e bola do betume e reduzida a sua penetração a 25 °C. Além disso, a flexibilidade e a ductilidade a baixas temperaturas são mais favoráveis com um betume mole modificado. Assim, o SBS pode ser usado nas misturas betuminosas para preencher os requisitos de melhoramento sob condições de clima frio e quente. Numa mistura betuminosa com SBS, uma das principais funções do aditivo é aumentar a resistência à deformação permanente (assentamento excessivo das camadas com misturas betuminosas). Mesmo usando um betume mole, de penetração 200, com 6% de SBS pode ter-se a mesma resistência à deformação que a proporcionada por um betume convencional 50/60.

O betume modificado por adição de plastómeros (como o etileno - acetato de vinilo - EVA) à temperatura ambiente, aumenta a viscosidade. No entanto, os plastómeros não conduzem a um aumento significativo de elasticidade do betume e quando aquecidos podem separar-se dele, resultando numa dispersão grosseira ao arrefecer. Todavia, mesmo com estas limitações, tornou-se frequente nos países industrializados da Europa do norte, nos anos 70 e 80, o uso de EVA adicionado ao betume de penetração 70, numa concentração da ordem dos 5%. Isto aconteceu sobretudo para pavimentações em tempo frio, fundamentalmente com o objectivo de facilitar a sua execução. Contudo, deve ter-se um cuidado especial quando se aplica este tipo de betume modificado em misturas a quente na realização de camadas de desgaste em condições ambientais frias e com exposição aos ventos. O betume modificado endurece rapidamente com a cristalização do EVA, reduzindo a trabalhabilidade da mistura.

A modificação por adição de enxofre é sobretudo interessante quando utilizada no tamponamento de covas, em pavimentos flexíveis ou rígidos. É fácil de aplicar nos buracos por ser uma mistura muito trabalhável e estável, a superfície é facilmente nivelada, adquirindo uma rigidez suficiente para suportar o tráfego quando arrefece.

O betume modificado por adição de borrachas tem como objectivo principal o de aumentar a viscosidade daquele. Quando a adição é feita directamente no betume (wet-process em terminologia anglo-saxónica) o resultado final é uma mistura betuminosa mais homogénea do que quando a borracha é usada num estado vulcanizado, por exemplo sob a forma de fragmentos de pneu pulverizados, e adicionada ao agregado (dry-process). Neste caso a sua dispersão no betume é mais difícil, embora seja um processo mais barato de produzir as misturas betuminosas.

Nos betumes modificados por adição de fibras utilizam-se geralmente fibras muito curtas e finas ("micro-fibras"), sejam de origem mineral (fibras de rocha natural ou artificial ou de vidro), sejam orgânicas. Frequentemente, as fibras são aplicadas em conjunto com um betume puro, com o intuito de obter dois tipos de efeitos: por um lado, graças à sua grande superfície específica e às suas qualidades de interface, as fibras podem fixar uma quantidade importante de ligante sem risco de fluência; por outro lado, a sua geometria (alongadas) traduzem-se por um reforço do mastique (betume + filer + fibra) que liga o agregado, tendo como consequência um aumento significativo das resistência mecânica das misturas betuminosas.

O betume modificado por adição de resinas e endurecedores resulta da adição de um polímero que é obtido pela mistura de dois componentes líquidos, um contendo uma resina e outro um endurecedor, os quais reagem quimicamente formando uma forte estrutura tridimensional. As principais diferenças entre um betume de destilação directa (tradicional não modificado) e os ligantes modificados por adição de resinas e endurecedores são as seguintes:

- quando os dois componentes são misturados o período em que o material pode ser aplicado é limitado (quanto maior for a temperatura menor será o tempo disponível para a sua aplicação);
- depois do produto ser aplicado a cura continua (como num betão de cimento), vindo a resistência aumentada no final do processo;
- são menos susceptíveis à temperatura e não são afectados pelas alterações de temperatura verificadas no pavimento;
- após a cura, este ligante é um material elástico e não apresenta fluência por diminuição da viscosidade. É também muito resistente a ataques químicos de solventes do betume de destilação directa, de combustíveis e de óleos (pode ser usado, por exemplo, na execução de camadas de pavimentos de placas de estacionamento de aeroportos).

Os betumes modificados têm sido usados no fabrico de misturas betuminosas tanto para camadas do pavimento com resistência estrutural, como para camadas superficiais (betão betuminoso poroso em camada de desgaste, por exemplo). No primeiro caso, utiliza-se geralmente com o objectivo de reduzir a espessura das camadas, para aumentar a vida útil do pavimento ou para reduzir as deformações permanentes (assentamento visível à superfície do pavimento) que possam ocorrer. No segundo caso, trata-se sobretudo de melhorar a segurança e o conforto para o utente durante mais tempo (períodos de conservação mais dilatados), o que se relaciona com características como a aderência, a regularidade do pavimento, o ruído de rolamento, a resistência ao envelhecimento por acção dos agentes atmosféricos (ar e água).

Em Portugal, o betume modificado mais usado é aquele em que o aditivo é um elastómero e tem-se destinado geralmente ao fabrico de betão betuminoso poroso (porosidade – volume de ar+betume numa mistura betuminosa – da ordem dos 25%) ou ao fabrico de micro-betão betuminoso rugoso, ambas as misturas aplicadas em camadas de desgaste. Também nalgumas misturas betuminosas a frio para camadas de desgaste tem sido usado betume modificado. As características gerais necessárias aos betumes modificados para que possam constituir os materiais assinalados estão expressas no CEJAE (JAE, 1998).

4.3.9. Cimentos

A Norma Portuguesa. NP EN 197-1 (IPQ, 2001), define cimento (ligante hidráulico) como um "material inorgânico finamente moído que, quando misturado com a água, forma uma pasta que faz presa e endurece devido a reacções e processos de hidratação e que, depois do endurecimento, conserva a sua resistência e estabilidade mesmo debaixo de água".

Aquela norma portuguesa classifica e caracteriza os cimentos susceptíveis de serem usados na construção. No Quadro 4.7 indicam-se os principais tipos desses ligantes hidráulicos, indicando também a percentagem de clínquer portland para cada tipo, dando a noção do grau de participação de outros componentes.

Ainda a mesma norma define as classes de resistência de referência do cimento. Este valor traduz a resistência à compressão aos 28 dias, em megapascais.

São previstas três classes de resistência: classe 32,5, classe 42,5 e classe 52,5. Para cada classe de resistência de referência, são definidas duas classes de resistência em idades jovens (aos 2 ou aos 7 dias).

Assim, quando se especifica uma resistência elevada aos 2 dias, a designação do cimento inclui a letra R (por exemplo, 42,5 R). Se a resistência é considerada normal aos 2 dias (ou aos 7 dias), a designação do cimento inclui a letra N (52,5 N).

Do conjunto de cimentos referidos, os mais usados em trabalhos de pavimentação são o cimento portland (CEM I), da classe 42,5 ou, eventualmente, do tipo CEM I, da classe 32,5.

Quadro 4.7 – Tipos e composições de cimentos segundo a NP EN 197 -1 (IPQ, 2001)

Tipos	Designação	Notação	% Clínquer
CEM I	Cimento Portland	CEM I	95-100
CEM II	Cimento Portland de escória	CEM II/A-S	80-94
		CEM II/B-S	65-79
	Cimento Portland de sílica de fumo	CEM II/A-D	90-94
	Cimento Portland de pozolana	CEM II/A-P	80-94
		CEM II/B-P	65-79
		CEM II/A-Q	80-94
		CEM II/B-Q	65-79
	Cimento Portland de cinza volante	CEM II/A-V	80-94
		CEM II/B-V	65-79
		CEM II/A-W	80-94
		CEM II/B-W	65-79
	Cimento Portland de xisto cozido	CEM II/A-T	80-94
		CEM II/B-T	65-79
	Cimento Portland de calcário	CEM II/A-L	80-94
		CEM II/B-L	65-79
		CEM IIIA-LL	80-94
		CEM II/B-LL	65-79
	Cimento Portland composto	CEM II/A-M	80-94
		CEM II/B-M	65-79
CEM III	Cimento de alto forno	CEM III/A	35-64
		CEM III/B	20-34
		CEM III/C	5-19
CEM IV	Cimento pozolânico	CEM IV/A	65-89
		CEM IV /B	45-64
CEM V	Cimento composto	CEM V/A	40-64
		CEM V /B	20-38

O CEJAE (JAE, 1998) aceita também o uso de cimento portland composto do tipo CEM II/i-V ou CEM II/i-W, com i = A ou B, ou seja, cimento em que o constituinte principal adicionado ao clínquer é cinza volante siliciosa (índice V) ou calcária (índice W).

4.4. Agregados e Solos para Camadas não Aglutinadas

4.4.1. Considerações Gerais

As características necessárias para que agregados possam constituir camadas de pavimentos rodoviários são habitualmente expressas em Caderno de Encargos das obras promovidas pelas administrações rodoviárias, como o Caderno de Encargos da JAE (CEJAE) (JAE, 1998).

O CEJAE propõe em geral a utilização de materiais pétreos, britados ou naturais, admitindo também a aplicação de solos seleccionados, nomeadamente na realização de camadas granulares de sub-base, sobretudo nos pavimentos destinados a vias onde o tráfego não é muito severo.

No caso de materiais britados o CEJAE considera também a aplicação de materiais recompostos em central a partir de diferentes fracções granulométricas com o objectivo de obter características granulométricas mais homogéneas. Além disso, pretende-se, ao mesmo tempo, transportar e espalhar os materiais já com um teor em água adequado à sua correcta colocação em obra, em geral 4 a 6%. Ao misturar os materiais em central procura-se reduzir a segregação dos mesmos durante o transporte e o espalhamento.

As fracções granulométricas a adoptar para uma recomposição em central de material granular de granulometria extensa (contínua) devem ser as seguintes: 0/4, 4/20 e 20/40 ou, em alternativa, 0/6, 6/20 e 20/40. Para constituírem camadas de pavimento, os agregados britados devem obedecer aos fusos granulométricos e às características gerais que se vão indicar nesta secção.

Apesar dos solos serem os materiais que normalmente constituem as terraplenagens, são por vezes utilizados nas camadas dos pavimentos.

Nas estradas nacionais, as camadas formadas por solos apenas são admitidas como sub-bases. No que respeita às estradas municipais, deverá adoptar-se idêntica orientação.

Em outros tipos de estradas, com tráfego muito reduzido e ligeiro, como são alguns caminhos municipais e caminhos vicinais, os solos podem ser usados noutras camadas do pavimento, como bases e camadas de desgaste.

4.4.2. Agregados de Granulometria Extensa para Sub-bases e Bases

a) Sub-base em Agregado Britado de Granulometria Extensa

A sua composição granulométrica respeitará o fuso indicado no Quadro 4.8 .

- percentagem de material retido no peneiro de 19 mm (3/4") $\leq 30\%$
- perda por desgaste na máquina de Los Angeles (granulometria A) $\leq 45\%$
- limite de liquidez   NP
- índice de plasticidade   NP
- equivalente de areia $\geq 45\%$[5]

Tem de obedecer ainda à condição expressa na nota de rodapé 5 mas, neste caso, se o equivalente de areia for inferior a 50% o VASc terá de ser menor que 25%.

b) Base em Agregado Britado de Granulometria Extensa Misturado em Central

A sua composição granulométrica respeitará o fuso granulométrico indicado no Quadro 4.8, e a recomposição em central deverá ser obtida com as fracções referidas acima.

---

[5] Se o equivalente de areia for inferior a 45%, o valor de azul de metileno corrigido (VASc), deverá ser inferior a 30, sendo calculado pela seguinte expressão:

$$VASc = VAS \times \frac{\% P\#200}{\% P\#10} \times 100$$

sendo:
VAS   - Valor de azul de metileno obtido pelo método da mancha no material de dimensão inferior a 0,075 mm
%P#200   - Percentagem acumulada do material que passa no peneiro nº 200 ASTM
%P#10   - Percentagem acumulada do material que passa no peneiro nº 10 ASTM

Fernando Branco   Paulo Pereira   Luís Picado Santos

Quadro 4.8 – Fuso granulométrico para sub-base ou base em agregado britado de granulometria extensa

Abertura das malhas de peneiros ASTM	Percentagem acumulada do material que passa
37,5 mm (1 1/2")	100
31,5 mm (1 _")	75-100
19,0 mm (3/4")	55-85
9,5 mm (3/8")	40-70
6,3 mm (_")	33-60
4,75 mm (n° 4)	27-53
2,00 mm (n° 10)	22-45
0,425 mm (n° 40)	11-28
0,180 mm (n° 80)	7-19
0,075 mm (n° 200)	2-10

- perda por desgaste na máquina de Los Angeles (granulometria A) $\leq 40\%$
- índices de lamelação e alongamento $\leq 35\%$
- limite de liquidez NP
- índice de plasticidade NP
- equivalente de areia $\geq 50\%$

Tal como para b), tem de obedecer ainda à condição expressa na nota de rodapé 5 mas, se o equivalente de areia for inferior a 50%, o VASc terá de ser menor que 25%.

4.4.3. Solos para Sub-bases

As características necessárias para que solos possam constituir sub-bases de estradas nacionais (e municipais) também estão no CEJAE (JAE, 1998). Neste, são definidas as seguintes características gerais para a constituição de camadas de sub-base.

a) Em Solos Seleccionados

Os materiais a aplicar devem ser constituídos por solos de boa qualidade, isentos de detritos, matéria orgânica ou quaisquer outras substâncias nocivas, obedecendo às seguintes prescrições:

- limite de liquidez, máximo 25%
- índice de plasticidade, máximo 6%
- equivalente de areia, mínimo 30%
- valor de azul de metileno (para dimensão inferior a 75 µm), máximo 1,5
- CBR a 95 % de compactação relativa (Proctor Modificado), mínimo 20%
- percentagem de material que passa no peneiro n° 200 ASTM, máxima 15%
- dimensão máxima 75 mm
- expansibilidade (ensaio de CBR), máxima 1,5%

b) Em Material Aluvionar (agregado não britado)

A granulometria, de tipo contínuo, respeitará o fuso granulométrico expresso no Quadro 4.9.

Quadro 4.9 – Fuso granulométrico para sub-base constituída por material aluvionar

Abertura das malhas de peneiros ASTM	Percentagem acumulada do material que passa
75 mm (3")	100
63 mm (2 1/2")	90 - 100
4,75 mm (nº 4)	35 - 60
0,075 mm (nº 200)	0 - 15

- percentagem de material retido no peneiro de 19 mm (3/4") deve ser inferior a 30%
- perda por desgaste na máquina de Los Angeles (Granulometria A), máximo 35%
- limite de liquidez, máximo 25%
- índice de plasticidade, máximo 6%
- equivalente de areia, mínimo 45%

Também neste caso tem de obedecer ainda à condição expressa na nota de rodapé 5. A verificação dos limites de consistência será dispensada sempre que a percentagem de material passado no peneiro de 0,075 mm (nº200), for inferior a 5%.

4.4.4. Solos para Camadas de Desgaste

Para constituir camadas de desgaste nas estradas com camada de desgaste em solo, o mesmo CEJAE define que os solos têm de obedecer às características a seguir definidas.

a) Em Solos Seleccionados
Devem estar isentos de matéria orgânica, torrões argilosos ou de quaisquer outras substâncias nocivas, e ainda:
- Dmáx 50 mm e 2/3 esp. camada
- percentagem de material passado no peneiro nº 200 10 a 20%
- limite de liquidez, máximo 35%
- índice de plasticidade 6 a 10%

b) Em Material Aluvionar (agregado não britado)
Devem também estar isentos de matéria orgânica, torrões argilosos ou de quaisquer outras substâncias nocivas, a granulometria, de tipo contínuo, respeitará o fuso granulométrico expresso no Quadro 4.8 e ainda:
- a percentagem de material retido no peneiro de 19 mm (3/4") deve ser inferior a 30%
- limite de liquidez, máximo 35%
- índice de plasticidade 6 a 10%

4.5. Solos Estabilizados

Nas zonas em que há falta de pedra e os solos não têm características satisfatórias, ou quando se pretenda fazer, com solos, uma camada mais resistente, recorre-se geralmente à estabilização de solos.

A estabilização de um solo consiste em melhorar as suas características por mistura com outros materiais. Os tipos de mistura mais frequentes são a seguir descritas.

a) Mistura com Outros Solos (estabilização mecânica)

Tem como objectivo obter um material com características granulométricas e de consistência melhores do que os solos que lhe dão origem. Se o solo é muito plástico e fino adiciona-se material incoerente (areia ou brita) que forneça o esqueleto resistente que falta e diminua a plasticidade global. Na especificação E 244 do LNEC (LNEC, 1971-a) indicam-se as características possíveis de misturas de solos para várias utilizações como camadas de pavimento. A mistura é em geral feita no local da obra, com motoniveladora, e, se possível, grades de discos, seguindo-se a rega e a compactação.

b) Mistura com Cal

Uma larga variedade de solos podem ser estabilizados por esta via. Exceptuam-se: os solos muito orgânicos (matéria orgânica máx. = 2%); os solos com composição química tal que reajam desfavoravelmente com a cal. Convém, por outro lado, que: (i) os solos sejam fáceis de desagregar, para a mistura se fazer bem; (ii) os solos tenham granulometria relativamente estável (Cu > 5). A principal característica deste tipo de estabilização é que se obtêm resistências mais elevadas do que com os solos apenas compactados.

Na estabilização com cal o principal efeito é a redução da plasticidade dos solos argilosos. A cal reage quimicamente com a água adsorvida nas partículas de argila e envolve as partículas de tal modo que o solo fica muito menos sensível à água. Nestas condições obtém-se um efeito imediato de modificação da granulometria e da plasticidade, melhorando-se a trabalhabilidade do solo. Além disso, obtém-se um efeito de cimentação das partículas, o que se traduz em aumento da resistência, a prazo, do solo compactado.

Em geral, a escolha do teor em cal mais adequado para cada solo é feita realizando várias misturas com teores em cal diferentes e analisando as consequências da acção da cal nas seguintes características: granulometria – em geral fica mais grosseira; limites de consistência – baixam; na resistência – em geral aferida pelo valor de CBR que aumenta bastante. Os solos melhores para estabilizar com cal devem ter pelo menos 15% de material passado no peneiro nº 4 (4,75 mm) e um IP > 10%. Os teores em cal mais usuais são da ordem de 3 a 7%.

A mistura é feita no local, com niveladora, ou de preferência também com grades de discos ou material agrícola de destorroamento; mas existem já equipamentos que realizam, numa só passagem, as operações de fresagem do solo, espalhamento da cal, rega, mistura e uma primeira compactação. Uma vez acertado o teor em água para a compactação e esta realizada, há que deixar curar a mistura durante pelo menos um dia, para o que deve ser mantida sobre a plataforma uma camada de areia que se vai regando, ou então faz-se uma rega betuminosa, em geral uma emulsão betuminosa rápida, para manter o teor em água do solo estabilizado.

c) Mistura com Cimento

Esta técnica, muito generalizada em África, América Central e do Sul, Austrália e outras regiões com carência de pedra, tem sido também bastante usada na Europa e nos Estados Unidos. A estabilização com cimento aplica-se tanto a solos coesivos como a solos incoerentes, mas para estes obtêm-se melhores resultados. Há duas vias para a utilização deste tipo de estabilização. Uma com pequenas quantidades de cimento (3% ou 4% de teor em cimento), em que se visa essencialmente diminuir a susceptibilidade à água do solo, e aumentar a resistência, embora ligeiramente. Trata-se da técnica chamada de "solo tratado com cimento" e, em geral, usa-se em estradas com pouco tráfego. Outra com dosagens de cimento maiores, conduzindo a um material de resistência mais elevada, obedecendo a características próprias, o "solo-cimento". Este material já pode ser usado como camada de sub-base ou mesmo base em pavimentos de estradas com tráfego significativo. O primeiro tipo de estabilização é feito no local, como se indicou para a estabilização com cal. O segundo pode também ser feito no local, como indicado, mas para utilizações mais importantes como as referidas, a mistura é feita em betoneira ou em central para garantir melhor homogeneidade e qualidade. Também existem já equipamentos que realizam, numa só passagem, a preparação do solo, o doseamento e espalhamento do cimento, a mistura a seco, e por vezes a rega, e a primeira compactação.

O estabelecimento do teor em cimento é em geral efectuado através dum estudo experimental, com os seguintes passos principais: (i) identificação do solo, para prever aproximadamente o teor em cimento adequado; (ii) preparação de misturas com vários teores em cimento; (iii) ensaios de compactação para determinar o teor em água óptimo e a baridade máxima, de cada mistura; (iv) reparação de provetes, compactados, de cada mistura, para submeter a um ensaio de resistência ao fim de várias idades (pelo menos aos 7 dias e aos 28 dias). O CEJAE, para camadas de sub-base, estabelece que o teor em água da mistura será fixado de tal forma que as resistências mecânicas sejam as mais elevadas, sem todavia ser inferior em mais de 1% ao teor óptimo obtido no ensaio de compactação AASHO modificado. Estabelece ainda que a dosagem em cimento, com o valor mínimo de 3% de teor em cimento, deverá ser capaz de conferir ao solo estabilizado e compactado uma resistência à tracção por compressão diametral (ensaio brasileiro), aos 7 dias, nunca inferior a 0,2 MPa, aos 28 dias nunca inferior a 0,3 MPa e superior a 2,0 MPa à compressão simples.

Se o objectivo é usar o solo-cimento como camada de base (principalmente quando a camada de desgaste não tem funções estruturais) ou mesmo camada de desgaste, deve realizar-se, sobre provetes análogos aos da compressão simples, ensaios de secagem e molhagem para ver a desagregação do provete. Os provetes são submetidos a 12 ciclos de imersão em água durante 5 h e secagem em estufa a 70 °C durante 42 h, sendo pesados e medidos no fim de cada operação e escovados com escova especial de arame.

Fernando Branco   Paulo Pereira   Luís Picado Santos

A perda de massa deve ser menor que 14% para solos A-1, A-3 e A-2-4 e A-2-5; menor que 10% para A-2-6, A-2-7, A-4 e A-5; e menor que 7% para os A-6 e A-7 (designação dada aos solos na classificação AASHO, adoptada na especificação E240 do LNEC (LNEC, 1970)).

Os solos que segundo o CEJAE são aceitáveis para realizar um solo-cimento para camada de sub-base, devem ter: (i) 0% de matéria orgânica; (ii) teor em sulfatos, expresso em SO3, inferior a 0,2%; (iii) diâmetro máximo das partículas igual a 75 mm sem exceder metade da espessura da camada a realizar; menos de 65%, em peso, de elementos retidos no peneiro nº 10 ASTM; (iv) mais de 35% de material passado no peneiro nº 200 ASTM; (v) a fracção retida no peneiro nº 40 ASTM deverá ter um limite de liquidez inferior a 35% e um índice de plasticidade inferior a 15%.

Depois da execução da camada, o solo-cimento necessita de cura, como se indicou atrás para a estabilização com cal, antes de ser aberto ao tráfego.

d) Mistura com Betume Asfáltico

Os betumes asfálticos são mais usados na estabilização do solos incoerentes. A função do aglutinante é dar ao solo a coesão que lhe falta. Os solos mais apropriados para a estabilização com estes aditivos são os que apresentam percentagens de passados no peneiro 200 inferiores a 10% e granulometria não uniforme.

Em geral o betume é usado sob uma forma fluida: "betume fluidificado" ou então como "emulsão betuminosa" . Os teores em betume são geralmente de 4 a 6% do solo seco, sendo o teor fixado em função dos resultados de um ensaio de resistência e das variações volumétricas após imersão em água.

Nas zonas húmidas, usa-se o solo com a humidade natural e junta-se cerca de 2% de cal hidratada para aumentar a adesividade do betume às partículas de solo. Nas zonas secas só se utiliza o betume fluidificado ou a emulsão.

4.6. Misturas Betuminosas

4.6.1. Considerações Gerais

Na realização das camadas superiores, mais nobres, dos pavimentos rodoviários aplicam-se essencialmente dois tipos de materiais, as misturas betuminosas ou as misturas com ligantes hidráulicos. Dada a maior importância para Portugal do primeiro tipo, de resto como praticamente em todo o mundo, ser-lhe-á dada maior relevância.

Os agregados a usar no fabrico de misturas betuminosas e dos tratamentos superficiais betuminosos a produzir em Portugal, de acordo com o CEJAE (JAE, 1998), devem apresentar as características gerais indicadas ao longo desta secção para o tipo de misturas betuminosas indicado no Quadro 4.1 e o tipo de tratamentos superficiais indicado no Quadro 4.2. Em cada um destes tipos dar-se-á uma indicação sobre aquelas características.

As fracções granulométricas mais usuais para o fabrico das misturas e dos tratamentos superficiais devem ser as indicadas no Quadro 4.10.

Quadro 4.10 – Fracções granulométricas para misturas betuminosas (JAE, 1998)

Material	Fracções (dimensões nominais em mm)
Material de granulometria extensa tratado com emulsão betuminosa	0/4, 4/10, 10/20 ou em alternativa 0/6, 6/10, 10/20
Mistura betuminosa aberta a frio - espessura inferior a 4 cm - espessura entre 4 e 6 cm - espessura superior a 6 cm	2/4, 4/10 2/4, 4/10, 10/14 2/4, 4/10, 10/20
Macadame betuminoso - Fuso A - Fuso B	0/4, 4/20 0/4, 4/20, 20/40 ou em alternativa 0/4, 6/20, 20/40
Mistura betuminosa de alto módulo - Camada de base - Camada de regularização - Camada de desgaste	0/4, 4/10, 10/20 0/4, 4/10, 10/14 0/4, 4/10, 10/14
Semi-penetração betuminosa	20/40
Agregado de recobrimento	4/10, 10/14
Mistura betuminosa densa	0/4, 4/10, 10/20
Argamassa betuminosa	0/4 ou em alternativa 0/6
Betão betuminoso	0/4, 4/10, 10/14
Betão betuminoso drenante	0/2, 6/10, 10/14
Microbetão rugoso	0/2, 6/10 (*)
Betão betuminoso subjacente à camada de desgaste drenante	0/4, 4/10, 10/14
Gravilhas duras incrustadas	10/14
Microaglomerado betuminoso a frio, simples	0/6
Microaglomerado betuminoso a frio, duplo - 1ª aplicação - 2ª aplicação	0/4 0/4, 4/8
Lama asfáltica (Slurry seal), simples	0/6
Lama asfáltica (Slurry seal), duplo -1ª aplicação - 2ª aplicação	0/4 0/6
Revestimento superficial, simples	4/6 ou em alternativa 6/10 ou 10/14
Revestimento superficial, duplo -1ª aplicação - 2ª aplicação	6/10,10/14 ou em alternativa 2/4, 4/6
Revestimento superficial, simples com duas aplicações de agregado - 1ª aplicação - 2ª aplicação	6/10 2/4

(*) Poderá precisar de alguma percentagem da fracção 2/6 (confirma-se no estudo de formulação).

4.6.2. Características Gerais das Misturas Betuminosas

As misturas betuminosas são constituídas geralmente por um conjunto de materiais granulares doseados de uma forma ponderal ou volumétrica e misturados numa central com uma quantidade de ligante previamente determinada. Depois de misturados, esses materiais são transportados, espalhados e compactados constituindo uma camada de pavimento.

Consoante o tipo de camada a construir, pode pretender-se o uso de misturas em que as boas características mecânicas sejam a principal exigência ou, por outro lado, usar misturas que, fundamentalmente, apresentem aptidão para o desempenho de funções relacionadas com a segurança e o conforto dos utentes da via. Em qualquer dos casos devem ser garantidos determinados critérios de economia, durabilidade e facilidade de execução.

Em termos gerais, são exigidas às misturas betuminosas as seguintes características: estabilidade, durabilidade, flexibilidade, resistência à fadiga, aderência, impermeabilidade e trabalhabilidade. Sobre cada uma delas apresentam-se a seguir algumas considerações (Asphalt Institute, 1983):

a) Estabilidade

A estabilidade consiste em obter uma mistura com a capacidade adequada para resistir, com pequena deformação, às cargas a que fica sujeita em serviço. Esta propriedade depende essencialmente do atrito interno dos materiais e da sua coesão. A fricção interna depende da textura dos materiais, da granulometria dos agregados, da forma das partículas, da densidade da mistura e da quantidade e tipo de betume. Trata-se de um fenómeno que resulta da combinação do atrito e do imbricamento entre os grãos de agregado que constitui a mistura. O atrito aumenta com a rugosidade das partículas de agregado e também com a área de contacto entre elas. O imbricamento depende fundamentalmente da forma das mesmas.

Independentemente do agregado que se use, a estabilidade aumenta com a compacidade do material, havendo por isso que usar granulometrias que permitam obter materiais de densidade adequada e proceder a uma correcta compactação da mistura.

A utilização de uma quantidade excessiva de ligante pode lubrificar as partículas de agregado, reduzindo o atrito interno. A coesão resulta da introdução de betume no fabrico das misturas, assegurando este uma ligação entre as partículas de agregado. Esta propriedade aumenta com a quantidade de ligante até um certo valor máximo, decrescendo a partir daí.

b) Durabilidade

A durabilidade de uma mistura betuminosa pretende caracterizar a sua resistência à desintegração causada pelas solicitações climáticas e pelo tráfego. O betume pode, por exemplo, sofrer oxidações ou perda de componentes por volatilização, enquanto que o agregado pode sofrer danos devidos a ciclos de gelo/degelo (o que raramente acontece em Portugal). Em geral, quanto maior for a quantidade de betume utilizada maior será a durabilidade da mistura. A utilização de materiais de granulometria contínua, bem compactados, que resultem em misturas impermeáveis, melhoram a durabilidade.

Procura-se por vezes utilizar maiores percentagens de betume com o objectivo de obter uma película mais espessa de ligante a envolver os agregados, de modo a retardar o envelhecimento daquele, cujo efeito é tornar o ligante mais rígido e frágil, portanto reduzindo a capacidade de estabelecer a ligação entre os agregados. Maior percentagem de betume também produz uma redução do tamanho dos vazios e dos "canais de comunicação" entre eles, tornando mais difícil a entrada de ar e água para o interior da mistura.

Como se compreende, a quantidade de betume usada em cada mistura para camada de desgaste deve também ser a suficiente para agregar convenientemente os materiais granulares, de modo que a acção abrasiva do tráfego não produza o arrancamento dos materiais. Aliás, deste ponto de vista, seria conveniente preencher completamente os vazios da mistura de agregados com betume. Contudo, como se referiu, isso seria inconveniente para a estabilidade da mistura. Assim, há que estabelecer um compromisso, mantendo a percentagem de betume tão elevada quanto possível, sem prejudicar demasiadamente a estabilidade da mistura.

c) Flexibilidade

A flexibilidade de uma mistura betuminosa está relacionada corresponde à sua capacidade para se adaptar gradualmente aos movimentos do seu suporte. Ocasionalmente, ocorrem assentamentos diferenciais dos aterros. Além disso, algumas zonas do pavimento tendem a comprimir-se sob a acção do tráfego, dando-se também assentamentos. No entanto, esses fenómenos devem ocorrer sem que haja fendilhamento do pavimento. Daí a necessidade de produzir misturas com suficiente flexibilidade. Geralmente, a flexibilidade das misturas aumenta com o aumento da percentagem de betume, melhorando também com a utilização de agregados de granulometria relativamente aberta.

d) Resistência à fadiga

A fadiga nos pavimentos rodoviários é um fenómeno originado pela passagem repetida de veículos que induzem nos materiais ligados extensões de tracção constituídas por duas componentes: uma reversível (ou elástica) e outra irreversível. Embora em cada aplicação do carregamento não se possa falar de um nível de extensão que provoque a rotura (até porque o material não tem um comportamento frágil durante grande parte da vida útil), a acumulação sucessiva de extensões irreversíveis acaba por provocar a abertura de fendas.

Uma mistura betuminosa resiste à fadiga tanto melhor quanto maior for a durabilidade (e, portanto, a percentagem em betume). Além disso, as misturas densas têm um melhor desempenho que as abertas, sendo conveniente a utilização de materiais bem graduados, mas que permitam a utilização de elevadas percentagens em betume sem que ocorra exsudação do ligante e sem prejudicar a estabilidade e a flexibilidade.

e) Aderência

Particularmente com tempo de chuva, as superfícies dos pavimentos devem apresentar boas características de aderência aos pneus dos veículos. Para tal, é conveniente não utilizar betume em excesso, para que este não exsude originando, deste modo, uma superfície demasiadamente lisa. É também importante escolher agregados com textura superficial rugosa e que tenham boa resistência ao desgaste, de modo a manterem essa rugosidade. É fundamental também promover uma boa e rápida drenagem superficial.

f) Impermeabilidade

Uma mistura betuminosa deve oferecer uma boa resistência à passagem da água e do ar através das camadas do pavimento. Normalmente, a quantidade de vazios é uma boa indicação da impermeabilidade de uma mistura betuminosa compactada, embora a interligação dos vazios e o seu contacto com a superfície do pavimento tenham maior importância na aferição daquela característica.

g) Trabalhabilidade

Para além de fabricar um material com as características desejadas é fundamental que esse material possa ser colocado e compactado com facilidade. Normalmente, o respeito pelas regras de operação dos equipamentos e a correcta formulação da mistura permitem resolver as questões relativas à trabalhabilidade dos materiais. Contudo, por vezes, a utilização de alguns agregados com o objectivo de melhorar a estabilidade, dificulta a colocação das misturas. Estes problemas, detectados na fase inicial de aplicação, podem solucionar-se procedendo a um ajuste da formulação da mistura.

As misturas betuminosas contêm três componentes (Figura 4.14): agregados, betume e ar.

Na Figura 4.14 as abreviaturas adoptadas têm o seguinte significado:

M_a - massa de material agregado (g);

M_b - massa de betume (g);

M_v - massa dos vazios (desprezável);

M_t - massa total (g);

V_a - volume de material agregado (cm^3);

V_b - volume de betume (cm^3);

V_v - volume de vazios (cm^3);

V_t - volume total (cm^3).

$VMA = V_b + V_v$ - volume de vazios no esqueleto de agregado (cm^3)

Podem estabelecer-se relações entre massas ou volumes dos componentes misturados, o que permite antever o comportamento das misturas em determinadas circunstâncias.

A determinação do volume de vazios (V_v) e do volume de vazios no esqueleto de agregado (VMA) de misturas betuminosas compactadas, permite obter alguma indicação da sua durabilidade e desempenho. O V_v consiste no somatório dos volumes dos espaços existentes entre as partículas de agregado revestidas. O VMA é todo o volume de vazios da mistura compactada que resultaria retirando-se todo o betume sem que se alterasse a posição dos agregados. Estas grandezas são geralmente expressas em percentagem do volume total da mistura compactada.

Outras características importantes das misturas, podem ser determinadas com base nas grandezas elementares mostradas na Figura 4.14:

a) Massa Volúmica

Utiliza-se correntemente o valor da massa volúmica das partículas secas dos agregados (ρ_s), podendo o seu valor ser calculado por (4.4):

$$\rho_s = \frac{M_a}{V_a} \tag{4.4}$$

Uma alternativa à expressão anterior resulta do facto de se conhecerem tanto as massas volúmicas das várias classes de agregados que compõem a mistura (ρ_1, ρ_2, ... ρ_n) como as respectivas proporções (p_1, p_2, ... p_n) em relação à massa total de agregado. Nesse caso, pode usar-se a equação:

$$\rho_s = \frac{p_1 + p_2 + ... + p_n}{\dfrac{p_1}{\rho_1} + \dfrac{p_2}{\rho_2} + ... + \dfrac{p_n}{\rho_n}} \tag{4.5}$$

Analogamente, a massa volúmica do betume e da mistura podem ser traduzidas, respectivamente, por:

$$\rho_b = \frac{M_b}{V_b} \tag{4.6}$$

$$\rho_t = \frac{M_t}{V_t} \tag{4.7}$$

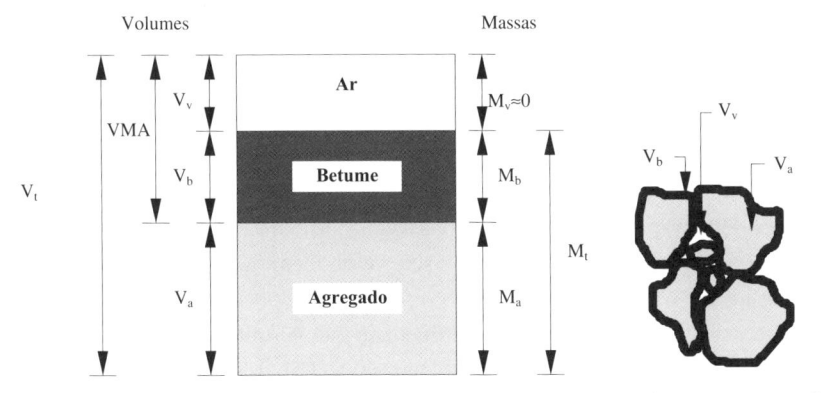

Figura 4.14 – Composição de uma amostra de mistura betuminosa compactada
(Branco et al., 1999)

b) Percentagens em Massa e em Volume

A percentagem de betume (p_b) que se usa no fabrico de uma mistura betuminosa é a relação entre a massa de betume asfáltico usada no fabrico de uma certa quantidade de mistura e a massa total da mesma (expressão (4.8)). A percentagem de agregado (p_a) traduz-se pela expressão (4.9).

Fernando Branco   Paulo Pereira   Luís Picado Santos

$$p_b = 100 \times \frac{M_b}{M_t} \tag{4.8}$$

$$p_a = 100 \times \frac{M_a}{M_t} \tag{4.9}$$

Algumas vezes interessa conhecer relações, de alguma forma assimiláveis às anteriores, mas em que se consideram os volumes dos componentes da mistura e não as suas massas. Nessas circunstâncias, os valores obtidos designam-se por percentagens volumétricas, mas apenas se os componentes considerados forem o betume ou o agregado. Caso se trate do ar (vazios), essa relação é, como se sabe, a porosidade. Assim, aquelas percentagens são, respectivamente, dadas por (4.10), (4.11) e (4.12).

$$v_b = 100 \times \frac{V_b}{V_t} \tag{4.10}$$

$$v_a = 100 \times \frac{V_a}{V_t} \tag{4.11}$$

$$n = 100 \times \frac{V_v}{V_t} \tag{4.12}$$

c) Teor em Betume

O teor em betume relaciona a massa de betume (M_b) com a massa de agregado seco (M_a) usadas no fabrico de uma certa quantidade de mistura betuminosa (expressão 4.13).

$$t_b = 100 \times \frac{M_b}{M_a} \tag{13}$$

d) Massa Volúmica "Máxima" (ou Máxima Teórica) da Mistura

Para a realização de estudos de formulação correntes é necessária a determinação da massa volúmica "máxima" da mistura betuminosa. Trata-se de considerar que a mistura não contém quaisquer vazios entre as suas partículas, isto é, não contém ar, de modo que a sua massa volúmica terá o seu valor máximo, para as proporções de materiais usadas.

Embora existam procedimentos experimentais que permitem a determinação desta grandeza (método do picnómetro de vácuo, norma ASTM D 2041), para casos práticos correntes, pode usar-se a expressão (4.14):

$$\rho_{max} \, (g/cm^3) = \frac{M_b + M_a}{V_b + V_a} = \frac{M_t}{\dfrac{M_b}{\rho_b} + \dfrac{M_a}{\rho_a}} = \frac{1}{\dfrac{M_b}{M_t.\rho_b} + \dfrac{M_a}{M_t.\rho_a}} = \frac{1}{\dfrac{p_b}{100.\rho_b} + \dfrac{p_a}{100.\rho_a}} \tag{4.14}$$

Contudo, é vulgar usarem-se várias fracções de agregado na mistura. Se cada fracção representar uma percentagem p_i ($\sum p_i = p_a$) da mistura betuminosa e tiver uma massa volúmica ρ_i, a expressão (4.14) toma a forma dada por (4.15):

Fernando Branco   Paulo Pereira   Luís Picado Santos

$$\rho_{max\,(g/cm^3)} = \cfrac{1}{\cfrac{p_b}{100.\rho_b} + \sum_{i=1}^{n}\cfrac{p_i}{100.\rho_i}}$$ (4.15)

e) Grandezas Estabelecidas a Partir das Relações Básicas

As grandezas cujo modo de determinação se apresentou acima são obtidas relacionando entre si massas e/ou volumes dos diferentes componentes de uma mistura betuminosa compactada. Além das expressões indicadas, utilizam-se com frequência outras, deduzidas daquelas, que relacionam as grandezas básicas umas com as outras. As expressões seguintes ilustram o que se referiu.

$$V_b = \frac{100\,\rho_t}{\rho_b}\,x\,\frac{t_b}{100 + t_b} = \frac{p_b.\rho_t}{\rho_b}$$ (4.16)

$$p_b = \frac{t_b}{100 + t_b}\,x100$$ (4.17)

$$S_{bt} = \frac{V_b}{V_v + V_b}\,x\,100 = \frac{V_b}{VMA}\,x\,100$$ (4.18)

$$n = \frac{\rho_{max} - \rho_t}{\rho_{max}}\,x100$$ (4.19)

A grandeza S_{bt}, expressa por (4.18), designa-se por grau de saturação em betume e quantifica a parte do volume de vazios do esqueleto do agregado (VMA) que está preenchida com betume. A porosidade, n, como já se tinha expresso, representa a percentagem de vazios da mistura.

4.6.3. Métodos de Formulação de Misturas Betuminosas a Quente

A formulação de uma mistura betuminosa de qualquer tipo ainda envolve actualmente a utilização de procedimentos baseados na experiência de utilização dos vários tipos de misturas. A evolução histórica dos métodos de formulação vai ser sustentada pela descrição das metodologias existentes, uma vez que estas aplicam-se com regularidade desde o final da II Grande Guerra (Whiteoak, 1991), em que devido à necessidade de maior qualidade para o tráfego que era cada vez mais intenso, as administrações passaram a preocupar-se com o processo de formulação, nomeadamente através do estabelecimento de especificações técnicas (por exemplo a BS 594, 1950: Rolled Asphalt, Asphaltic Bitumen and Fluxed Lake Asphalt - hot process) que sustentassem a possibilidade de fazer uma verificação, ainda que simples, do material colocado em obra. Antes da época referida, era em geral a experiência já adquirida que determinava o tipo e a qualidade da mistura.

Duma forma simples, podem classificar-se os principais métodos existentes de formulação de misturas betuminosas em (adaptado de Francken, 1998): definição por especificação; empíricos; analíticos; volumétricos e racionais.

Os métodos baseados numa definição por especificação não são propriamente métodos de formulação já que a constituição e procedimento para execução se encontram estabelecidos em especificação, como acontece com a maior parte dos tipos de misturas betuminosas a quente utilizadas no Reino Unido (Whiteoak, 1991), e ainda na Alemanha e Finlândia (Francken, 1998). Têm a vantagem de uniformizar o procedimento dos diversos operadores, originando um grande conhecimento da produção e da colocação em obra dos tipos de mistura abrangidos, facilitando a verificação da conformidade. Têm a desvantagem de não permitir qualquer inovação ou adaptação a outras circunstâncias ou materiais que não os definidos.

Os métodos empíricos são os de uso mais generalizado actualmente, incluindo-se neste grupo o Marshall (norma ASTM D 1559), Duriez (norma francesa P 98-251-1), Hveem (norma ASTM D 1560) e Hubbard-Field (norma ASTM D 1138). Estes métodos têm sido muito usados ao longo de várias décadas por quase todas as Administrações Rodoviárias do mundo inteiro, principalmente o método de Marshall (introduzido em Portugal no princípio dos anos 50 e ainda usado correntemente). Isto dá origem a um conhecimento acumulado vasto, permitindo inferir das variáveis usadas, cuja obtenção é em geral simples utilizando para tal alguns procedimentos mecânicos também simples, uma previsão razoável do comportamento das misturas. Todos estes métodos apresentam procedimentos que são algo desadequados perante novos materiais e novas exigências em termos de pavimentos rodoviários, já que não se baseiam nas propriedades fundamentais, intrínsecas e de desempenho, das misturas betuminosas.

Os métodos analíticos, entre os quais se inclui a primeira parte do método belga (CRR, 1997), utilizam várias relações volumétricas que podem ser estabelecidas para os agregados e ligante, para chegar a uma composição por forma exclusivamente matemática. Não asseguram em geral a determinação da composição final, já que as misturas têm de assegurar determinados desempenhos que não dependem só da sua composição volumétrica mas, também, das condições de produção e de serviço previsíveis. A verificação da composição volumétrica para estas condições é geralmente efectuada recorrendo a ensaios mecânicos relacionados com o desempenho ou a ensaios que de tão utilizados no passado também permitem inferir as qualidades requeridas das misturas ensaiadas (CRR, 1997).

Os métodos volumétricos caracterizam-se por indicarem a percentagem de betume e a curva granulométrica de agregados a usar numa mistura betuminosa, verificando qual a boa proporção de volumes no que respeita a vazios, betume e agregados, num ensaio que procura representar com fiabilidade o processo de compactação no campo (é geralmente utilizado o ensaio com prensa giratória de corte, cujo princípio se mostra na Figura 4.15). Admite-se que as misturas assim obtidas representam bem as que vão ser usadas, pelo que o processo permite influenciar o desempenho mecânico que se espera obter. Não é previsto neste processo qualquer ensaio que traduza directamente este desempenho.

Os métodos racionais consistem genericamente no fabrico de provetes que cumprem certas relações volumétricas (obtidas, por exemplo, através do uso dum método volumétrico) ou em massa, sujeitando de seguida esses provetes a ensaios de determinação das características que estão relacionadas com o comportamento em serviço das misturas, como a rigidez (módulo de deformabilidade), resistência à fadiga (controlo do fendilhamento) e ao assentamento (controlo da deformação permanente). São exemplos destes métodos os níveis dois do Superpave Mix Design System (FHWA, 2001; Francken, 1998; Harringan and Youtcheff, 1994) e do Australian National Asphalt Research Committee Mix Design Method (Francken, 1998), o método francês (Delorme, 1991) e o método desenvolvido na Universidade de Nottingham, UK (Brown et al., 1996, Bell et al., 1989 e Francken, 1998).

Estes métodos permitem a verificação de comportamentos de materiais diversificados para diferentes condições de utilização, atenuando deste modo as desvantagens assinaladas para os métodos volumétricos. Em contrapartida, utilizam ensaios relativamente morosos e dispendiosos para a determinação das características referidas, o que conduz à sua utilização só para a rede rodoviária mais importante.

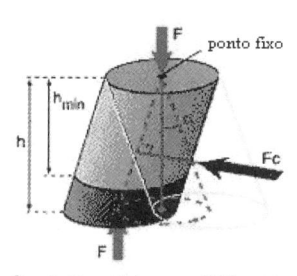

Figura 4.15 – Prensa giratória de corte e esquema de funcionamento (LCPC, 2003)

Outros métodos racionais vão um pouco mais longe, fazendo previsões de comportamento ao longo da vida de serviço do pavimento em função dos resultados dos ensaios referidos e usando modelos que desenvolveram para o efeito. É o caso do nível 3 do método americano Superpave Mix Design System (Harrighan et al., 1994 e Francken, 1998). Na Figura 4.16 pode ver-se a sequência (níveis 1, 2 e 3) deste método para a formulação de misturas betuminosas, que resultou do programa de investigação Strategic Highway Research Program (SHRP) financiado pela administração americana.

Este procedimento (nível 3), de desenvolvimento recente, não está ainda suficientemente validado (Witczak et al., 1997), tanto no que respeita aos modelos de comportamento como quanto à própria aplicabilidade de alguns ensaios mais específicos, que são mais complexos, em geral, que os utilizados no nível 2 do Superpave Mix Design System.

Fernando Branco   Paulo Pereira   Luís Picado Santos

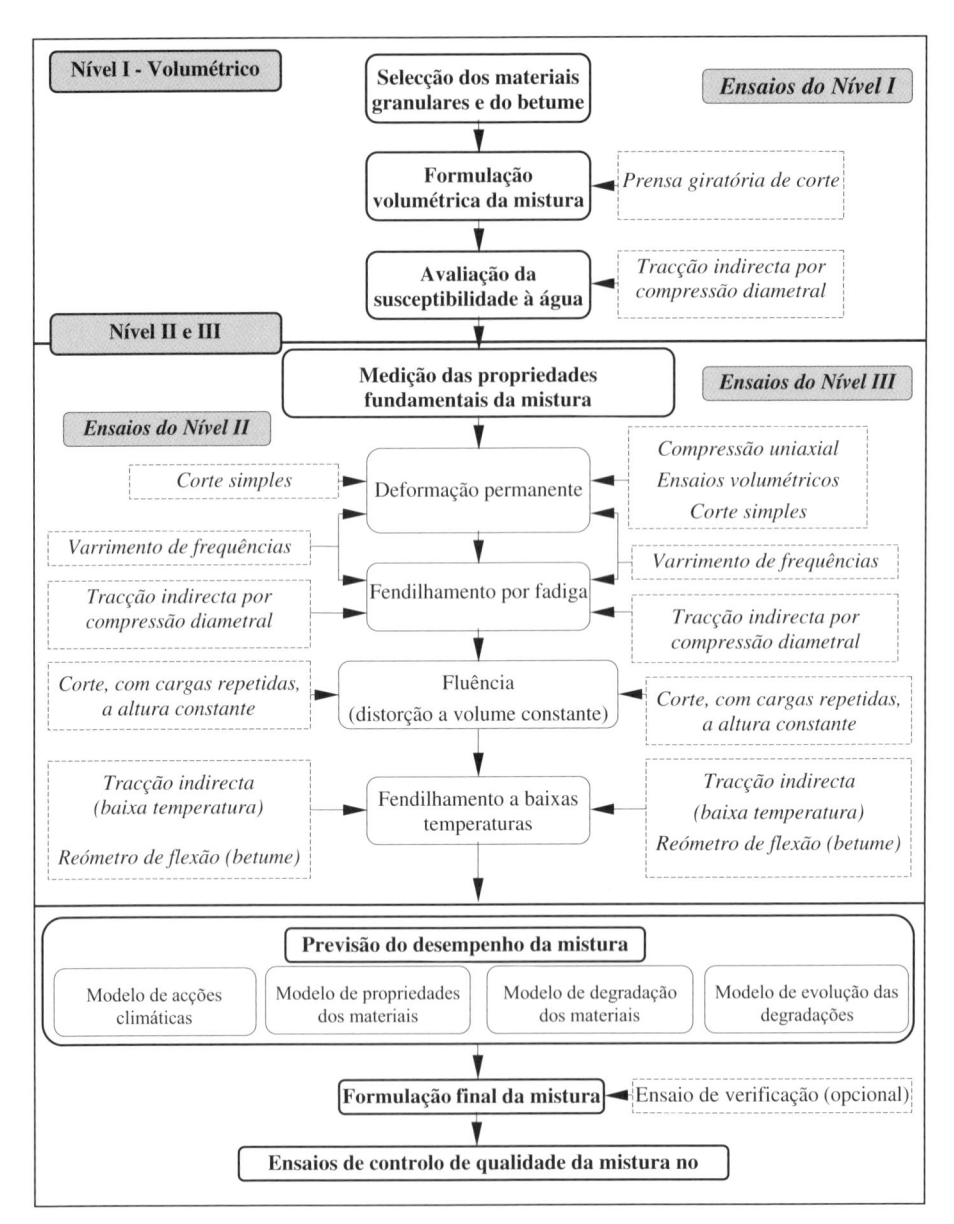

Figura 4.16 – Organograma do método americano Superpave Mix Design System para formulação de misturas betuminosas (Capitão, 2003; adaptado de Francken, 1998)

Nesta secção vai fazer-se uma descrição mais específica do método de Marshall. Em relação às misturas em que se utilizam outros procedimentos para a realização dos estudos de composição, far-se-á nas secções seguintes uma descrição geral desses procedimentos.

Antes de qualquer estudo de composição, onde se inclui o procedimento Marshall, e uma vez asseguradas as características físicas exigíveis aos agregados, é necessário obter um material granular cuja curva granulométrica esteja dentro do fuso especificado pelos cadernos de encargos e apresente uma forma que acompanhe o andamento geral deste.

Para obter o material pretendido há que misturar várias fracções de agregado, finos e grossos, produzindo um material que respeite as especificações aplicáveis à mistura betuminosa que se pretende fabricar em cada caso.

O problema que há que resolver é o de saber em que proporções deve entrar cada uma das fracções, de modo a obter uma curva com um andamento próximo da curva de referência, considerada geralmente como sendo a curva média do fuso especificado, embora possam ser outras desde que o seu andamento acompanhe o traçado geral do fuso.

Um dos processos para a resolução do problema consiste em estabelecer tantas equações quantas as fracções granulométricas a usar, impondo-se condições em diversos diâmetros, "di", pré-seleccionados. Estas condições são descritas pela expressão (4.20).

$$P (d) = p1\ A + p2\ B+ ... + pi\ Agi \qquad (4.20)$$

onde,

P(d) – percentagem de material que passa no peneiro considerado para a combinação de agregados A, B, ..., Agi;

A, B, ..., Agi – percentagem de material passado num determinado peneiro para os agregados A, B, ..., Agi;

p1, p2, ..., pi – proporções dos agregados, A, B, ..., Agi, usadas na mistura e cuja soma é igual à unidade (soluções procuradas).

Os valores de P(d) que se obtêm devem ser tão próximos quanto possível daqueles que definem, para cada peneiro considerado, os valores das ordenadas da curva de referência. Além disso, nenhum dos resultados de P(d) deve estar fora dos limites definidos pelo fuso granulométrico aplicável.

A experiência de utilização deste método tem mostrado que, algumas vezes, as condições se revelam impossíveis de serem satisfeitas, já que pelo menos uma das soluções, pi, apresenta um valor negativo. A resolução de um novo sistema de equações, formado por novas condições, nem sempre se revelou a solução para o problema. E mesmo depois de encontradas todas as soluções, "pi", positivas, quando se traça a curva da mistura, esta muito frequentemente não se encontra satisfatoriamente ajustada à curva de referência.

Se for estabelecido um sistema de j equações (igual ao número de peneiros que define a curva granulométrica e a granulometria dos agregados) a i incógnitas (número de fracções granulométricas usadas na mistura), poderão existir várias combinações possíveis. De facto, como o número de agregados (geralmente de 4 ou 5) é sempre inferior ao número de peneiros (correntemente da ordem dos 10), o número de equações é superior ao número de incógnitas, procurando-se encontrar a combinação que resulte num ajuste, tão bom quanto possível, da curva de estudo à curva de referência.

Pode utilizar-se um processo por tentativas para o estudo da composição dos agregados, que se baseia na utilização da expressão básica (4.20) e também no facto de o somatório das proporções de agregados, p_1, p_2, ..., p_i, ser obrigatoriamente igual à unidade (100%). Vai considerar-se de seguida um caso para três fracções granulométricas que serve de exemplo.

A expressão geral (4.20) toma, neste caso, a seguinte forma:

$$P(d) = p1xA + p2xB + p3xC \qquad (4.21)$$

A soma das proporções p1, p2 e p3 é igual à unidade, isto é,

$$p1 + p2 + p3 = 1 \qquad (4.22)$$

Admita-se que as fracções granulométricas que se pretendem combinar têm as curvas granulométricas que se indicam no Quadro 4.11 .

Para determinar, em primeira aproximação, a proporção p_1 da fracção A, aplicam-se as expressões (4.21) e (4.22), admitindo que se pretendem misturar apenas dois agregados, ou seja, fazendo $p_3 = 0$, o que é possível para o peneiro 8 (normalmente o peneiro charneira será o peneiro 10, que divide o material mais grosso das areias) onde não há agregado C. Ter-se-á assim:

Quadro 4.11 – Mistura de três agregados - granulometrias dos materiais disponíveis

Peneiros abertura das malhas	3/4" # 19,0 mm	1/2" # 12,5 mm	3/8" # 9,5 mm	nº4 # 4,75 mm	nº8 # 2,36 mm	nº30 # 0,6 mm	nº50 # 0,3 mm	nº100 # 0,15 mm	nº200 # 0,074 mm
Fracção A	100	90	59	16	3,2	1,1	0	0	0
Fracção B	100	100	100	96	82	51	36	21	9,2
Fracção C	100	100	100	100	100	100	98	93	82

$$p_1 = \frac{P(d) - A}{B - A} = \frac{42,5 - 82}{3,2 - 82} = 0,50$$

Aplicando agora (4.21) ao peneiro nº 200, substituindo p1 pelo seu valor e tomando a curva de referência passando no fuso médio tem-se:

$$P(d) = p1xA + p2xB + p3xC$$

ou,

$$7 = 0,5x0 + 9,2\,p2 + 82\,p3$$

Por outro lado, usando (4.22) tem-se

$$p2 + p3 = 1 - p1$$

ou seja,

$$p2 + p3 = 1 - 0,5 = 0,5$$

Resolvendo simultaneamente as duas equações obtidas, determinam-se as proporções p2 e p3:

$$\begin{cases} 9,2p_2 + 82p_3 = 7 \\ p_2 + p_3 = 0,5 \end{cases} \begin{cases} p_2 = 0,47 \\ p_3 = 0,03 \end{cases}$$

No Quadro 4.12 apresenta-se os resultados obtidos na primeira tentativa.

Quadro 4.12 – Mistura de três agregados - primeira tentativa

Peneiros abertura das malhas	3/4" # 19,0 mm	1/2" # 12,5 mm	3/8" # 9,5 mm	nº4 # 4,75 mm	nº8 # 2,36 mm	nº30 # 0,6 mm	nº50 # 0,3m m	nº100 # 0,15 mm	nº200 # 0,074m m
0,50 x A	50,0	45,0	29,5	8,0	1,6	0,6			
0,47 x B	47,0	47,0	47,0	45,1	38,5	24,0	16,9	9,9	4,3
0,03 x C	3,0	3,0	3,0	3,0	3,0	3,0	3,0	2,8	2,5
Total	100,0	95,0	79,5	56,1	43,1	27,6	19,9	12,7	6,8
Espec.	100	80-100	70-90	50-70	35-50	18-29	13-23	8-16	4-10

A partir do cálculo aproximado das proporções (primeira tentativa) pode usar-se uma folha de cálculo (a qual permite associar aos valores uma representação gráfica, o que torna mais cómoda a apreciação da evolução das tentativas) até obter valores que permitam um ajuste mais adequado da curva de estudo à de referência.

Quando se pretende combinar quatro fracções ou mais, o processo a seguir é em tudo idêntico ao apresentado, embora seja necessário transformar o problema num outro em que o número de fracções granulométricas a combinar é no máximo de três. Isto não é problemático porque sabendo que em geral uma mistura betuminosa a quente é constituída por três fracções de agregado, brita (material retido no peneiro nº 10), areia (material passado no peneiro nº 10 e retido no nº 200) e filer (material passado no peneiro nº 200), pode sempre admitir-se, para começar, que se houver mais de uma fracção por cada uma das genéricas elas terão a mesma proporção, transformando assim o problema num estudo de três fracções.

Existem, naturalmente, outras formas expeditas para determinar a composição de agregados (Asphalt Institute, 1983), nomeadamente gráficas.

Com a curva granulométrica do agregado escolhido pode iniciar-se o estudo Marshall. Os conceitos básicos que suportam este método foram estabelecidos por Bruce Marshall, técnico do Departamento de Estradas do Estado do Mississipi nos Estados Unidos da América. Em 1948, o método, tal como hoje é conhecido (Norma portuguesa NP-142), foi sujeito a melhoramentos pelo U. S. Corps of Engineers com base em intensa investigação (Asphalt Institute, 1983).

O método de Marshall aplica-se a misturas betuminosas a quente, densas ou abertas, desde que a dimensão máxima do agregado não seja superior a 25,4 mm (NP-142). Alguns dos parâmetros que utiliza podem ser usados no controlo em obra das misturas.

O Asphalt Institute (Asphalt Institute, 1983) propõe a realização de cinco conjuntos de três provetes, fazendo variar de 0,5% a percentagem de betume (relativamente à massa total) entre cada uma das séries de amostras ensaiadas. Deve tentar-se que, pelo menos, dois dos conjuntos apresentem percentagens em betume acima da "óptima" e que, pelo menos, dois dos restantes tenham valores abaixo desse.

Os agregados (secos na estufa até peso constante) são misturados com o betume de modo a que possa haver um correcto envolvimento dos primeiros pelo ligante. A temperatura a usar durante a preparação dos provetes não é normalmente fixada à partida porque o seu valor depende do tipo de betume a usar. O que interessa realmente controlar é a viscosidade do betume que, por variar com a temperatura, vai condicionar as temperaturas de mistura e de compactação das misturas.

De qualquer modo, como indicação, e segundo a norma portuguesa NP-142, o betume deve ser aquecido a uma temperatura compreendida entre 120 °C e 140 °C, propondo-se a rejeição da amostra caso a temperatura da mistura esteja abaixo de 110 °C imediatamente antes da operação de compactação. Para o aquecimento dos agregados o método indica temperaturas entre 175 °C e 190 °C.

Uma vez colocado o material dentro do molde metálico, procede-se à sua compactação (Figura 4.17) com um martelo normalizado que aplica sobre cada um dos topos do provete 35, 50 ou 75 pancadas (Asphalt Institute, 1983), respectivamente no caso do tráfego estimado ser leve (nº de eixos padrão de 80 kN $< 10^4$), médio (nº de eixos padrão de 80 kN entre 10^4 e 10^6) ou pesado (nº de eixos padrão de 80 kN $> 10^6$). Os provetes resultantes são cilíndricos com 101,6 mm de diâmetro e 63,4 ± 1,5 mm de altura.

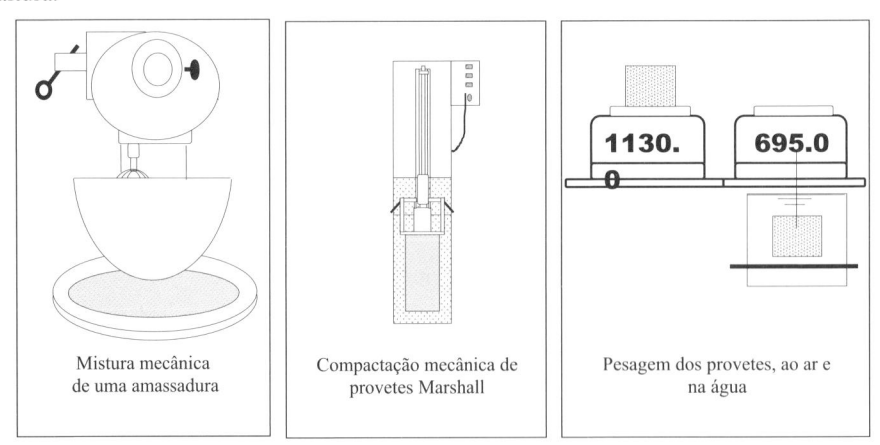

| Mistura mecânica de uma amassadura | Compactação mecânica de provetes Marshall | Pesagem dos provetes, ao ar e na água |

Figura 4.17 – Preparação e pesagem de provetes do tipo Marshall (Branco et al, 1999)

O método consiste na determinação, a partir de ensaios realizados sobre os provetes, de várias grandezas que caracterizam a mistura betuminosa a estudar. As principais são: a força de rotura (estabilidade), a deformação, a densidade ou baridade aparente, a porosidade e o volume de vazios no agregado compactado – VMA - (e/ou o grau de saturação em betume).

Antes da realização dos ensaios destrutivos que integram este método, todos os provetes são pesados e medidos, ou pesados no ar e em água, para determinação da baridade aparente (E-267, LNEC, 1973); a partir daqui e com a expressão 4.14, calcula-se a "baridade máxima teórica" e, seguidamente, a porosidade e o VMA. A baridade máxima teórica pode ser determinada também pelo método do picnómetro de vácuo (norma ASTM D 2041), que é um ensaio destrutivo e, por isso, praticado com provetes já submetidos ao ensaio de compressão Marshall.

As restantes características são determinadas no ensaio de compressão Marshall (Figura 4.18): a força de rotura (estabilidade) e a deformação. A estabilidade de um provete é a força máxima a que este resiste, estando à temperatura de 60°C. A força é aplicada por uma prensa depois de colocado o provete no estabilómetro Marshall, sendo este conjunto, por sua vez, colocado entre os dois pratos da prensa. A velocidade de aproximação dos pratos é de 50,8 mm/min. A deformação a medir corresponde ao encurtamento diametral do provete ocorrido desde o início do ensaio até à rotura.

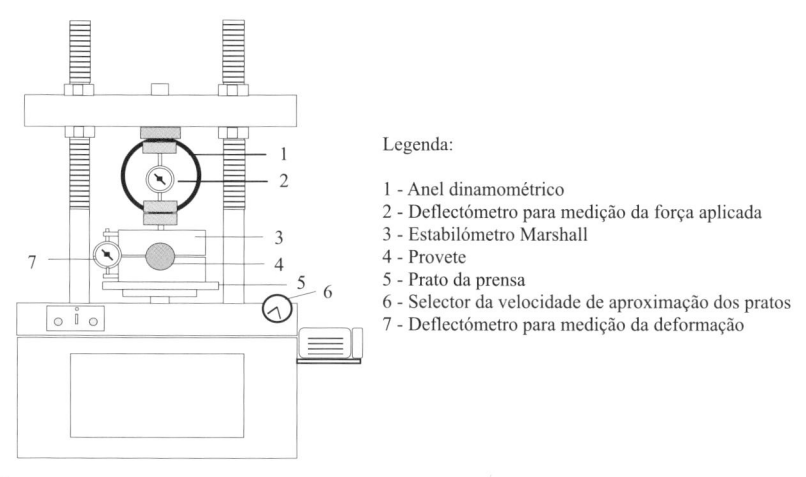

Legenda:

1 - Anel dinamométrico
2 - Deflectómetro para medição da força aplicada
3 - Estabilómetro Marshall
4 - Provete
5 - Prato da prensa
6 - Selector da velocidade de aproximação dos pratos
7 - Deflectómetro para medição da deformação

Figura 4.18 – Esquema da montagem usada na realização do ensaio de compressão de Marshall (Branco et al., 1999)

Para cada um dos provetes são portanto determinadas as seguintes características:

- baridade máxima teórica da mistura compactada;
- baridade aparente da mistura compactada;
- porosidade;
- VMA - volume de vazios na mistura de agregados;
- estabilidade (ensaio de compressão);
- deformação (ensaio de compressão).

O valor de cada uma destas grandezas é a média dos valores obtidos em cada um dos três provetes ensaiados (pelo menos), para cada percentagem em betume. Representam-se cada um desses valores em função da percentagem de betume. Para cada uma das grandezas , traça-se a curva que melhor se ajusta aos pontos representados (Figura 4.19).

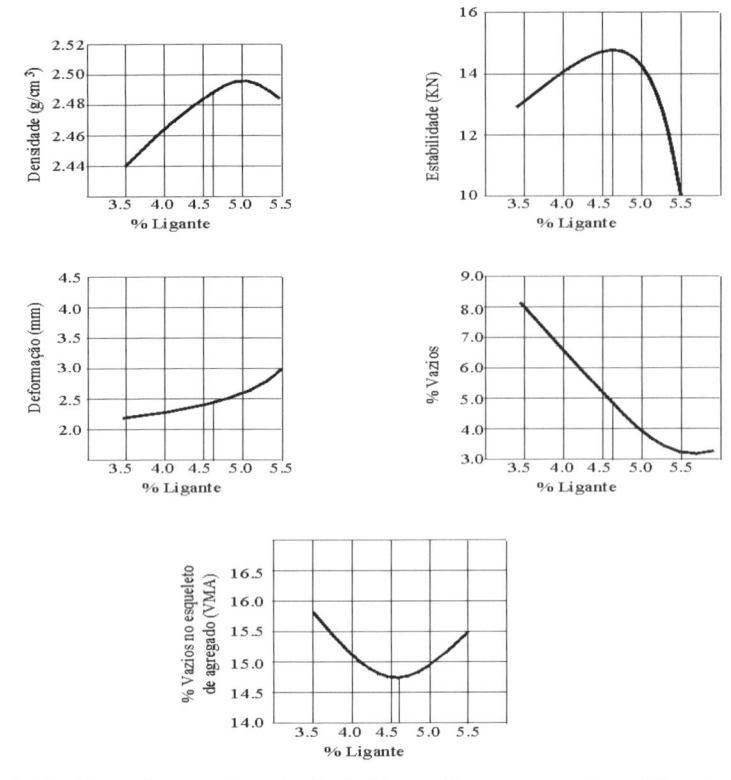

Figura 4.19 – Formulação pelo método de Marshall: representação gráfica da variação das características de uma mistura betuminosa com a percentagem de betume com que foram fabricados provetes Marshall (Kraemer et al., 1996)

A percentagem "óptima" de betume para a mistura estudada será a média das percentagens correspondentes à máxima estabilidade, à máxima baridade e ao valor médio dos limites (definidos no CEJAE, por exemplo) da porosidade. O valor encontrado deverá corresponder a uma deformação e a um VMA dentro de certos limites impostos pelas especificações aplicáveis (também por exemplo no CEJAE). Se os critérios preestabelecidos não forem atingidos será necessário produzir outra mistura que verifique todos os critérios.

4.6.4. Principais Tipos de Misturas Betuminosas Fabricadas a Quente

As principais características das misturas são função directa das proporções dos componentes misturados e das suas propriedades. Assim, há que ter um conhecimento prévio do tipo de misturas que se pretende aplicar, procurando as características mais convenientes para as mesmas.

Consideram-se misturas deste tipo os materiais constituídos por várias fracções granulométricas de agregados, doseados de uma forma ponderal ou volumétrica, fabricados duma forma em que pelo menos um dos componentes (agregado ou betume) é aquecido, misturados numa betoneira ou central, com uma certa quantidade de ligante previamente determinada. Depois de misturados, estes materiais são transportados, espalhados e compactados, constituindo uma camada de pavimento.

Descreveram-se nas secções anteriores as principais características e propriedades dos agregados e ligantes a utilizar no fabrico das misturas betuminosas a quentes. Seguidamente apresenta-se, de uma forma sucinta, vários tipos de misturas betuminosas fabricadas a quente, descrevendo as principais propriedades que os agregados que as compõem devem cumprir e, também, quais as características que o material fabricado deve seguir. A completa definição destas características e das condições da sua colocação em obra, utilizadas em trabalhos de pavimentação para a Administração Rodoviária Portuguesa, está contida, por exemplo, no CEJAE (JAE, 1998).

Antes, porém, há que referir um componente das misturas ainda não citado. Trata-se do "fíler comercial", que assegura a fracção granulométrica mais fina, é determinante para a qualidade do mastic (fíler mais betume) numa mistura betuminosa, e é comum à maioria das misturas que vão ser descritas (tal como o é no caso das misturas betuminosas a frio). Convém recordar que a designação "fíler" é dada também à fracção granulométrica de material passado no peneiro 200 ASTM (0,075 mm).

O fíler comercial, componente das misturas, deve ser constituído por pó de calcário, cimento Portland ou cal hidráulica devidamente apagada. Deve ainda apresentar-se, aquando do fabrico duma mistura, seco e isento de torrões, de substâncias poluentes prejudiciais e apresentar um índice de plasticidade inferior a 4 (este limite não se aplica ao cimento e à cal hidráulica).

A granulometria deve satisfazer o que se encontra no Quadro 4.13. Dada a importância do fíler comercial para a qualidade das misturas betuminosas, se no decorrer duma obra a sua proveniência tiver de ser alterada, dever-se-ão refazer os estudos de formulação.

a) Macadame por Penetração e por Semi-penetração

Estas "misturas" empregam-se na realização de camadas de base e de regularização de estradas de pequena importância, sobretudo a "semi-penetração" que ainda hoje se utiliza com frequência em obras municipais.

Quadro 4.13 – Fuso granulométrico a respeitar para mistura betuminosa densa para camada de regularização

Abertura das malhas de peneiros ASTM	Percentagem acumulada do material que passa
0,425 mm (nº 40)	100
0,180 mm (nº 80)	95 - 100
0,075 mm (nº 200)	75 - 100

Consistem na execução de uma camada granular, em que se emprega um material granular 20/40 (ou maior, do tipo 40/60), posteriormente "regada" com um betume a quente do tipo 160/220 que penetra por gravidade. Em alternativa ao betume a quente, pode empregar-se uma emulsão betuminosa catiónica de rotura rápida ou média, dependendo das condições climatéricas (tempo mais frio e húmido e tempo mais quente, respectivamente).

Se o ligante penetrar mais fundo e conferir coesão a toda a espessura da camada, o material toma o nome de macadame por penetração. Se isso acontecer apenas em cerca de metade da espessura, o material designa-se macadame por semi-penetração. A taxa de aglutinante a aplicar depende de vários factores, mas uma regra prática usada consiste em espalhar um número de kg/m^2 de betume igual a metade da espessura da camada a penetrar.

Como a superfície fica relativamente aberta, deve proceder-se ao espalhamento de um agregado de recobrimento, mais fino, de granulometria 4/10 mm ou 4/14 mm, compactado por cilindramento, de modo a penetrar nos vazios superficiais. De qualquer modo, este tipo de material só serve para camadas de base, devendo realizar-se uma camada de desgaste, ainda que não estrutural, de modo a impermeabilizar a camada e a conferir ao pavimento características superficiais (atrito) compatíveis com a utilização pelo tráfego. Para a semi-penetração betuminosa para camada de regularização ou base, a composição de agregados deve respeitar o fuso granulométrico mostrado no Quadro 4.14 e as seguintes características:

- perda por desgaste na máquina de Los Angeles (granulometria A) $\leq 40\%$
- índices de lamelação e alongamento $\leq 35\%$

O agregado de recobrimento da semi-penetração deve respeitar o fuso granulométrico mostrados no Quadro 4.15 e as seguintes características:

- perda por desgaste na máquina de Los Angeles (granulometria A) $\leq 35\%$
- índices de lamelação e alongamento $\leq 35\%$

Quadro 4.14 – Fuso granulométrico a respeitar para semi-penetração com características de regularização/base

Abertura das malhas dos peneiros ASTM	Percentagem acumulada do material que passa
50 mm (2")	100
37,5 mm (1 1/2")	90 - 100
25,0 mm (1")	20 - 55
19,0 mm (3/4")	0 - 15
9,5 mm (3/8")	0 - 5

b) Macadame Betuminoso

Desde 1987 (Azevedo, 1993) que em Portugal tem sido aplicada, na construção de camadas de base e regularização, uma mistura betuminosa designada por "macadame betuminoso", cuja composição do agregado deve respeitar os fusos granulométricos mostrados no Quadro 4.16 . O fuso A é para ser utilizado nas camadas de base com espessura inferior a 10 cm e de regularização e o fuso B nos restantes casos.

Quadro 4.15 – Fuso granulométrico a respeitar pelo agregado de recobrimento da semi-penetração com características de regularização/base

Abertura das malhas dos peneiros ASTM	Percentagem acumulada do material que passa
16,0 mm (5/8")	100
9,5 mm (3/8")	40 - 75
4,75 mm (nº 4)	5 - 25
2,00 mm (nº 10)	0 - 5
0,850 mm (nº 20)	0 - 2

Os agregados ainda devem respeitar as seguintes características:
- perda por desgaste na máquina de Los Angeles (granulometria A) $\leq 40\%$
- índices de lamelação e alongamento $\leq 30\%$
- equivalente de areia (EA) $\geq 50\%$
- valor de azul de metileno (material de dimensão inferior a 75 μm) $\leq 0,8$
- absorção de água por fracção granulométrica componente $\leq 3\%$

Trata-se, genericamente, de uma estrutura de agregados com uma granulometria extensa, com uma dimensão máxima de 37,5 mm ou, em alternativa, de 25 mm. A percentagem de finos (material de dimensões inferiores a 0,075 mm) geralmente varia no intervalo de 2 a 8%. O teor em betume habitualmente situa-se entre 4 e 5% e a porosidade em geral pode apresentar valores compreendidos entre 4 e 8%.

Quadro 4.16 – Fuso granulométrico a respeitar para macadame betuminoso com características de base

Abertura das malhas dos peneiros ASTM	Percentagem acumulada do material que passa	
	Fuso A	Fuso B
37,5 mm (1 1/2")	--	100
25,0 mm (1")	100	87 - 100
19,0 mm (3/4")	95 - 100	68 - 92
12,5 mm (1/2")	60 - 91	60 - 80
9,5 mm (3/8")	51 - 71	50 - 70
4,75 mm (nº 4)	36 - 51	37 - 53
2,00 mm (nº 10)	26 - 41	26 - 41
0,850 mm (nº 20)	17 - 32	17 - 32
0,425 mm (nº 40)	11 - 25	11 - 25
0,180 mm (nº 80)	5 - 17	5 - 17
0,075 mm (nº 200)	2 - 8	2 - 8

Dado o elevado valor da dimensão máxima do agregado no caso de 37,5 mm (fuso granulométrico B no Quadro 4.16), não é viável a aplicação do método de Marshall para a formulação deste tipo de misturas. Assim, tem sido usado um método laboratorial no qual se fabricam provetes compactados com um pilão vibrador, no molde de compactação grande. Os valores da composição devem ser ajustados na sequência da realização de um trecho experimental. Este permite estabelecer as condições de construção face aos equipamentos disponíveis para a produção, transporte e aplicação dos materiais. Além disso, possibilita também a verificação das características da mistura compactada pela recolha de provetes cilíndricos, embora possam ser usados simultaneamente outros métodos expedidos de controlo (nucleodensímetro, por exemplo).

Ainda no caso do fuso granulométrico B do Quadro 4.16 , e não podendo aplicar o método de Marshall no estudo da composição, o CEIEP exige:

- percentagem de betume (relação ponderal entre a massa do betume e a massa total da mistura), mínima   4,3%
- relação ponderal filer (material de dimensão inferior a 75 µm)/betume   1,1 - 1,5
- porosidade em obra após construção   4 - 8%

A mistura deverá apresentar em obra trabalhabilidade suficiente para a obtenção das baridades especificadas.

O CEIEP também prevê a possibilidade de utilização de uma mistura deste tipo com valor da dimensão máxima do agregado de 25 mm (fuso A no Quadro 4.16), a qual para além da camada de base também pode ser utilizada em camada de regularização com espessura superior a 8 cm (com tolerância definida no CEIEP de ±1,0 cm). Podendo neste tipo de mistura ser aplicado o método de Marshall, as características que o CEIEP exige para a mistura são:

- número de pancadas em cada extremo do provete   75
- força de rotura   8000 a 15 000 N
- deformação, máxima   4 mm
- valor de VMA mínimo   13%
- porosidade   4 - 6%
- relação ponderal filer (material de dimensão inferior a 75 µm)/betume   1,1 - 1,5
- resistência conservada, mínima   70%

c) Mistura Betuminosa Densa

A mistura betuminosa densa é formada por um agregado com uma granulometria do tipo 0/20 que se emprega na realização de camadas de regularização. O teor em betume usado é geralmente acima de 5%, sendo a sua porosidade de 3 a 5% e o VMA não inferior a 13%.

Esta mistura só deverá ser utilizada para tráfegos leves e estradas da rede secundária. Deve ainda respeitar o fuso granulométrico mostrado no Quadro 4.17 e as seguintes características:

- perda por desgaste na máquina de Los Angeles (granulometria B) $\leq 35\%$
- índices de lamelação e alongamento $\leq 30\%$
- EA da mistura de agregados (sem adição de filer comercial) $\geq 50\%$
- valor de azul de metileno (material de dimensão inferior a 75 µm) $\leq 0,8$
- absorção de água por fracção granulométrica componente $\leq 3\%$

Quadro 4.17 – Fuso granulométrico a respeitar para mistura betuminosa densa para camada de regularização

Abertura das malhas dos peneiros ASTM	Percentagem acumulada do material que passa
25,0 mm (1")	100
19,0 mm (3/4")	85 - 100
12,5 mm (1/2")	73 - 87
4,75 mm (n° 4)	45 - 60
2,00 mm (n° 10)	32 - 46
0,425 mm (n° 40)	16 - 27
0,180 mm (n° 80)	9 - 18
0,075 mm (n° 200)	5 - 10

A composição desta mistura betuminosa, quando a areia e o pó de granulação utilizados sejam de natureza granítica, deverá incluir obrigatoriamente uma percentagem ponderal de filer não inferior a 3% ou, por razões de adesividade betume-agregado, a junção de um aditivo apropriado ao ligante. Caso se utilize como filer a cal hidráulica aquele limite poderá ser reduzido para 1,5%.

As características que o CEJAE exige para esta mistura são:

- número de pancadas em cada extremo do provete   75
- força de rotura   8000 a 15000 N
- deformação, máxima   4 mm
- valor de VMA mínimo   13%
- porosidade   3 - 6%
- relação ponderal filer (material de dimensão inferior a 75 µm)/betume   1,1 - 1,5
- resistência conservada, mínima   75 %

d) Misturas de Alto Módulo de Deformabilidade

As misturas de alto módulo de deformabilidade (ou, simplesmente, misturas de alto módulo, AM) destinam-se à realização de camadas estruturais (principalmente camadas de base, mas também de regularização e de desgaste, como previsto no CEJAE) de melhor comportamento que o das tradicionalmente usadas. A melhoria do seu comportamento é conseguida à custa da utilização de materiais diferentes, sendo a principal diferença o recurso a uma elevada dosagem (mais de 5%) de um betume duro (10/20, por exemplo), apresentando elevados pontos de amolecimento anel e bola (entre 60°C e 90°C), portanto menos susceptível à temperatura que o betume 50/70.

As granulometrias mais correntes são 0/10, 0/14 e 0/20, muitas vezes semelhantes às dos betões betuminosos tradicionais. Tal como para as misturas betuminosas convencionais, também no caso das misturas de alto módulo é a granulometria 0/20 que tem sido utilizada na construção de camadas de base. Deve, neste caso, respeitar o fuso granulométrico mostrado no Quadro 4.18 e as mesmas características de agregado já apontadas para o macadame betuminoso.

Fernando Branco   Paulo Pereira   Luís Picado Santos

Quadro 4.18 – Fuso granulométrico a respeitar pela mistura betuminosa de alto módulo com características de base

Abertura das malhas dos peneiros ASTM	Percentagem acumulada do material que passa
25,0 mm (1")	100
19,0 mm (3/4")	90 - 100
12,5 mm (1/2")	70 - 90
9,5 mm (3/8")	60 - 80
4,75 mm (n° 4)	44 - 62
2,36 mm (n° 8)	30 - 44
0,850 mm (n° 20)	16 - 30
0,425 mm (n° 40)	10 - 21
0,180 mm (n° 80)	7 - 14
0,075 mm (n° 200)	6 - 10

Na situação em que a mistura de agregados se destina a camada de regularização e/ou reperfilamento, deve ser respeitado o fuso do Quadro 4.19 e as seguintes características:

- perda por desgaste na máquina de Los Angeles (granulometria B) $\leq 35\%$
- índices de lamelação e alongamento $\leq 30\%$
- EA da mistura de agregados (sem adição de filer comercial) $\geq 50\%$
- valor de azul de metileno (material de dimensão inferior a 75 μm) $\leq 0,8$
- absorção de água por fracção granulométrica componente $\leq 3\%$

Quadro 4.19 – Fuso granulométrico a respeitar pela mistura betuminosa de alto módulo em camada de regularização e/ou reperfilamento

Abertura das malhas dos peneiros ASTM	Percentagem acumulada do material que passa
19,0 mm (3/4")	100
16,0 mm (5/8")	90 - 100
12,5 mm (1/2")	80 - 95
9,5 mm (3/8")	62 - 82
4,75 mm (n° 4)	42 - 60
2,36 mm (n° 8)	30 - 44
0,850 mm (n° 20)	16 - 30
0,425 mm (n° 40)	10 - 21
0,180 mm (n° 80)	7 - 14
0,075 mm (n° 200)	6 - 10

Ainda no caso mais particular da mistura betuminosa de alto módulo ser aplicada em camada única, com função de regularização e/ou reperfilamento, e desgaste , a mistura de agregados deve respeitar o fuso granulométrico mostrado no Quadro 4.20 e ter as seguintes características:

- perda por desgaste na máquina de Los Angeles (granulometria B) $\leq 20\%$
- índices de lamelação e alongamento $\leq 25\%$
- coeficiente de polimento acelerado $\geq 0,50$

Fernando Branco   Paulo Pereira   Luís Picado Santos

- EA da mistura de agregados (sem adição de filer comercial) $\geq 60\%$

- valor de azul de metileno (material de dimensão inferior a 75 µm) $\leq 0,8$

- absorção de água por fracção granulométrica componente $\leq 2\%$

Admite o CEJAE que o valor especificado para a perda por desgaste na máquina de Los Angeles pode ir até 30% se o material for granito.

Quadro 4.20 – Fuso granulométrico a respeitar pela mistura betuminosa de alto módulo aplicada em camada única, com função de regularização e/ou reperfilamento, e desgaste

Abertura das malhas dos peneiros ASTM	Percentagem acumulada do material que passa
16,0 mm (5/8")	100
12,5 mm (1/2")	90 - 100
9,5 mm (3/8")	70 - 85
4,75 mm (nº 4)	44 - 62
2,36 mm (nº 8)	30 - 44
0,850 mm (nº 20)	16 - 30
0,425 mm (nº 40)	10 - 21
0,180 mm (nº 80)	7 - 14
0,075 mm (nº 200)	6 - 10

Os módulos de deformabilidade elevados deste tipo de misturas são obtidos quase exclusivamente graças ao emprego de ligantes duros. Tratando-se da utilização de betumes muito duros, estes devem ser aquecidos a temperaturas mais elevadas que os convencionais de modo a obter a viscosidade ideal para a mistura e compactação dos materiais (160 °C a 180 °C antes da mistura, espalhamento entre 145 °C e 165 °C, 140 °C durante a compactação).

Para camada de base, o CEJAE exige as seguintes características:

- número de pancadas em cada extremo do provete 75

- força de rotura, mínima 16000 N

- deformação, máxima 4 mm

- valor de VMA mínimo 13%

- porosidade 2 - 6%

- relação ponderal filer (material de dimensão inferior a 75 µm)/betume 1,3 - 1,5

- resistência conservada, mínima 70%

- percentagem de betume, mínima 5,3%

A composição poderá ser ajustada com base no comportamento da mistura durante a construção do trecho experimental.

Se a camada for subjacente a camadas de desgaste drenantes ou delgadas, a mistura de agregados deve obedecer ao que se descreveu para camadas de regularização e/ou reperfilamento e as características da mistura diferem no valor de VMA mínimo (agora 14%), na porosidade (pode baixar até 2%), na relação ponderal filer/betume (pode baixar até 1,1) e na resistência conservada mínima que deve ser de 75%.

Se a mistura de alto módulo for aplicado em camada única, com função de regularização e/ou reperfilamento, e desgaste, as características da mistura diferem no valor de VMA mínimo (agora 14%), na porosidade (pode baixar até 2%), e na resistência conservada mínima que deve ser de 80%.

A resistência conservada, tal como se disse, é genericamente a resistência à compressão simples não perdida como resultado da acção da água em provetes compactados de misturas betuminosas. A realização do ensaio rege-se pela norma ASTM D 1075 e utiliza o ensaio de compressão simples descrito na norma ASTM D 1074. Duma forma simples consiste em ensaiar seis provetes cilíndricos semelhantes (de diâmetro 101,6 mm e com a mesma altura) à compressão simples a 25 °C mas em que três deles foram previamente sujeitos a imersão em água durante 24 horas a 60 °C.

A resistência conservada, expressa em percentagem, é a média da resistência à compressão simples destes provetes sujeitos a imersão sobre o mesmo indicador para os restantes três. Como se percebe, é um parâmetro razoavelmente eficaz na determinação da capacidade da água desligar o betume do agregado numa determinada mistura, ou seja é um indicador da boa ou má adesividade betume-agregado conseguida.

Em Portugal tem vindo a adoptar-se a norma militar americana MIL-STD-620 A segundo a qual se utilizam 8 provetes Marshall, sendo uma série de quatro submetida a ensaio de compressão Marshall após 30 min. de imersão em água a 60ªC e a outra série de quatro após 24 h de imersão à mesma temperatura. Neste caso a resistência conservada é dada pelo cociente, em percentagem, entre as resistências médias das duas séries.

Relativamente às misturas convencionais as AM têm um melhor comportamento à fadiga (no sentido em que sendo mais rígidas degradam mais as cargas, o que implica menores extensões máximas para a mesma carga e, portanto, menores extensões irreversíveis em cada carregamento) e às deformações permanentes. Isto significa que, para uma vida útil semelhante, quando se utilizam as AM se obtêm camadas betuminosas menos espessas que com as misturas tradicionais.

e) Betão Betuminoso

Designa-se por betão betuminoso uma mistura sobretudo destinada à realização de camadas de desgaste. Os agregados têm uma dimensão máxima de 10 mm ou de 14 mm. A mistura de agregados deve respeitar o Quadro 4.21 e as seguintes características:

- percentagem de material britado $= 100\%$
- perda por desgaste na máquina de Los Angeles (granulometria B) $\leq 20\%$
- índices de lamelação e alongamento $\leq 25\%$
- coeficiente de polimento acelerado $\geq 0,50$
- EA da mistura de agregados (sem adição de filer comercial) $\geq 60\%$
- valor de azul de metileno (material de dimensão inferior a 75 µm) $\leq 0,8$
- absorção de água por fracção granulométrica componente $\leq 2\%$

Admite o CEJAE para a perda por desgaste na máquina de Los Angeles (Granulometria B) uma tolerância de 10% em relação ao valor especificado. Este valor pode ir até 30% se o material for granito.

A composição do betão betuminoso, quando são utilizados areia e material fino associado (pó de granulação) resultante da britagem de rocha de natureza granítica, deverá incluir obrigatoriamente uma percentagem ponderal de filer calcário não inferior a 3% ou, por razões de adesividade betume-agregado, a junção de um aditivo apropriado ao ligante. Caso se utilize como filer a cal hidráulica aquele limite poderá ser reduzido para 2%.

Quadro 4.21 – Fuso granulométrico a respeitar pelo betão betuminoso com características de desgaste, na faixa de rodagem

Abertura das malhas dos peneiros ASTM	Percentagem acumulada do material que passa
16,0 mm (5/8")	100
12,5 mm (1/2")	80 - 88
9,5 mm (3/8")	66 - 76
4,75 mm (nº 4)	43 - 55
2,00 mm (nº 10)	25 - 40
0,425 mm (nº 40)	10 - 18
0,180 mm (nº 80)	7 - 13
0,075 mm (nº 200)	5 - 9

O betão betuminoso, por ser uma mistura mais fechada e resistente, é também usado como camada de regularização subjacente a camada de betão betuminoso drenante ou camada delgada de desgaste. A espessura duma camada deste tipo não pode ser superior a 5 cm e a mistura de agregados deve respeitar o fuso granulométrico mostrado no Quadro 4.22 e as seguintes características:

- perda por desgaste na máquina de Los Angeles (granulometria B) $\leq 35\%$
- índices de lamelação e alongamento $\leq 30\%$
- EA da mistura de agregados (sem adição de filer comercial) $\geq 50\%$
- valor de azul de metileno (material de dimensão inferior a 75 µm) $\leq 0,8$
- absorção de água por fracção granulométrica componente $\leq 2\%$

Também neste caso a composição deste betão betuminoso, quando a areia e o pó de granulação utilizados sejam de natureza granítica, deverá incluir obrigatoriamente uma percentagem ponderal de filer calcário não inferior a 3% ou, por razões de adesividade betume-agregado, a junção de um aditivo apropriado ao ligante. Caso se utilize como filer a cal hidráulica aquele limite poderá ser reduzido para 1,5%.

Fernando Branco   Paulo Pereira   Luís Picado Santos

Quadro 4.22 – Fuso granulométrico a respeitar pelo betão betuminoso com características de regularização, subjacente a camada de betão betuminoso drenante ou camada delgada de desgaste

Abertura das malhas dos peneiros ASTM	Percentagem acumulada do material que passa
16,0 mm (5/8")	100
12,5 mm (1/2")	80 - 90
9,5 mm (3/8")	66 - 82
4,75 mm (nº 4)	45 - 65
2,00 mm (nº 10)	30 - 42
0,425 mm (nº 40)	12 - 20
0,180 mm (nº 80)	8 - 15
0,075 mm (nº 200)	5 - 10

Os teores em betume utilizados situam-se entre 5 e 6%, enquanto que a porosidade varia entre 3 e 6%. O valor do VMA não deve ser inferior a 14%. Para camada de desgaste e para camada subjacente como a indicada, o CEJAE exige ainda as seguintes características:

- número de pancadas em cada extremo do provete   75
- força de rotura   8000 a 15000 N
- deformação máxima   4 mm
- valor de VMA mínimo   14%
- porosidade   4 - 6%
- relação ponderal filer (material de dimensão inferior a 75 μm)/ betume   1,1 - 1,5
- resistência conservada, mínima   75%

f) Betão Betuminoso Drenante

O betão betuminoso drenante é uma mistura betuminosa aberta (porosidade de 22 a 30%), de granulometria descontínua com diâmetro nominal máximo do agregado de 14 mm. Usado normalmente como camada de desgaste de cerca de 4 cm de espessura permite que a drenagem da água que atinge o pavimento se dê através do interior da camada superficial até às bermas e não à superfície como é habitual (Figura 4.20).

A mistura de agregados deve respeitar o Quadro 4.23 e as seguintes características:
- percentagem de material britado   = 100%
- percentagem de filer comercial   ≥ 2%
- perda por desgaste na máquina de Los Angeles (granulometria B)   ≤ 20%
- índices de lamelação e alongamento   ≤ 15%
- coeficiente de polimento acelerado   ≥ 0,50
- EA da mistura de agregados (sem adição de filer comercial)   ≥ 60%
- valor de azul de metileno (material de dimensão inferior a 75 μm)   ≤ 0,8
- absorção de água por fracção granulométrica componente   ≤ 2%

Fernando Branco   Paulo Pereira   Luís Picado Santos

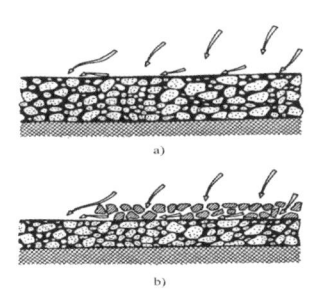

Figura 4.20 – a) Misturas tradicionais (escoamento superficial à sua superfície); b) misturas porosas (escoamento superficial no seu interior, donde contacto seco pneu-pavimento) (Kraemer et al., 1996)

Quadro 4.23 – Fuso granulométrico a respeitar pelo betão betuminoso drenante com características de desgaste, na faixa de rodagem

Abertura das malhas dos peneiros ASTM	Percentagem acumulada do material que passa
19,0 mm (3/4")	100
12,5 mm (1/2")	80 - 100
9,5 mm (3/8")	50 - 80
4,75 mm (nº 4)	15 - 30
2,00 mm (nº 10)	10 - 22
0,850 mm (nº 20)	6 - 13
0,075 mm (nº 200)	3 - 6

Admite o CEJAE para a perda por desgaste na máquina de Los Angeles uma tolerância de 10% em relação ao valor especificado. Este valor pode ir até 26% se o material for granito. Quando são utilizados areia e o pó de granulação resultantes da britagem de rocha granítica, não deve ser utilizado o filer recuperado do processo de produção. Caso se utilize como filer a cal hidráulica o limite para a sua percentagem mínima poderá ser reduzido para 1%.

O betume a utilizar na produção de betão betuminoso drenante é habitualmente modificado com polímeros adequados. Deve apresentar, no essencial, uma penetração de 55 a 100 décimas de milímetro e uma temperatura de amolecimento não inferior a 60 ºC.

Além da melhoria das condições de drenagem do pavimento, a utilização deste tipo de camada de desgaste permite, ao mesmo tempo, reduzir a emissão de ruído produzido pelo rolamento dos pneus. O nível acústico originado pelos veículos quando circulam sobre camadas drenantes é bastante menor que o produzido em camadas superficiais correntes, assegurando idênticas condições de aderência (menos 3 a 4 dB(A) em condições secas e menos 7 a 8 dB(A) em condições de atrito molhado). Tem-se verificado também que a estrutura das camadas drenantes pode absorver uma parcela importante do ruído emitido pelos motores dos veículos e, além disso, oferece menor resistência ao rolamento dos pneus, podendo resultar numa significativa economia de combustível.

Apesar das vantagens apontadas, há também que referir algumas limitações deste tipo de soluções. Por exemplo, a sua contribuição estrutural é pouco significativa. A título ilustrativo, refira-se que 4 cm de mistura drenante correspondem, sensivelmente, a metade de uma mistura densa convencional, em termos de capacidade resistente. Têm sido referidos outros problemas, nomeadamente a colmatação (perda de permeabilidade) que, por vezes, ocorre ao fim de 5 ou 6 anos, deixando a camada de cumprir as suas funções drenantes. Além disso, a existência de uma elevada quantidade de vazios, proporciona uma grande exposição do filme de betume que envolve os agregados às condições climáticas que favorecem o seu envelhecimento precoce.

O estudo de composição deste tipo de misturas deveria surgir como um compromisso entre estudos de permeabilidade e a resistência a desagregação. Por razões de simplificação de processos é habitual, como no caso do indicado no CEJAE, ser conduzido pelo método Marshall e também por um ensaio designado por ensaio Cântabro (norma espanhola NLT 362).

O CEJAE indica que:

- número de pancadas em cada extremo do provete · · · · · 50
- porosidade · · · · · 22 - 30%
- resistência conservada, mínima · · · · · 80%

Os resultados da aplicação do ensaio Cântabro sobre a mistura betuminosa, devem estar de acordo com os valores a seguir indicados:

- perda por desgaste a 25 ºC, máxima · · · · · 25%
- percentagem de betume modificado, mínima · · · · · 4%

De forma simples, o Ensaio Cântabro consiste na determinação da perda de massa por desgaste, de provetes Marshall, com várias percentagens de betume, submetidos a 300 voltas na máquina de desgaste de Los Angeles, sem bolas de aço. Permite avaliar de forma rápida a coesão da mistura e a resistência à desagregação, principais qualidades exigíveis, determinando deste modo qual a percentagem de betume que melhor serve os objectivos.

Recentemente, na Holanda (Hofman e Kooij, 2003), tem sido utilizadas as camadas de desgaste drenantes constituídas por duas camadas porosas, cuja configuração pode ser avaliada esquematicamente na Figura 4.21, que são essencialmente formadas por uma primeira camada colocada sobre a camada betuminosa impermeável, de granulometria mais «grossa», geralmente realizada com um agregado uniforme 11/16, com 45 mm de espessura e com cerca de 25% de porosidade, e por uma segunda camada colocada sobre a anterior e efectivamente em contacto com o tráfego, de granulometria mais fina, geralmente fabricada com uma dimensão máxima do agregado de 8mm, tendo uma espessura alvo entre 15 e 25 mm, e apresentando uma porosidade de cerca de 20%. O ligante utilizado é geralmente um ligante modificado pela adição de polímeros ou destes com borracha.

Figura 4.21 – Estrutura esquemática duma camada de desgaste drenante constituída por duas camadas porosas

As vantagens deste tipo de camadas em relação às tradicionais prendem-se com aspectos funcionais como melhor comportamento na atenuação do ruído, maior conforto acústico dentro do veículo e melhor garantia de não colmatação entre períodos de limpeza. A resistência mecânica pode ser considerada semelhante entre elas, evidenciando com o tempo o mesmo tipo de problemas (desagregação superficial) e não devendo ser usadas nos mesmos locais (por exemplo em rotundas ou intersecções prioritárias com viragens apertadas).

g) Micro-betão Betuminoso Rugoso

Este tipo de mistura betuminosa a quente é utilizada na realização de camadas de desgaste com espessura delgada, geralmente entre 2,5 cm e 3,5 cm, podendo ser incluída no grupo dos tratamentos superficiais, já que se pode desprezar a contribuição para a resistência estrutural do pavimento.

A mistura de agregados é realizada a partir das fracções 0/2 e 6/10, resultando uma granulometria 0/10 com descontinuidade na fracção 2/6. Esta mistura de agregados deve respeitar o Quadro 4.24.

Quadro 4.24 – Fuso granulométrico a respeitar pelo micro-betão betuminoso com características de desgaste, na faixa de rodagem

Abertura das malhas dos peneiros ASTM	Percentagem acumulada do material que passa
12,5 mm (1/2")	100
9,5 mm (3/8")	80 - 100
4,75 mm (nº 4)	30 - 42
2,00 mm (nº 10)	22 - 32
0,850 mm (nº 20)	15 - 26
0,425 mm (nº 40)	12 - 24
0,180 mm (nº 80)	9 - 18
0,075 mm (nº 200)	7 - 12

Deve ainda respeitar as seguintes características:
- percentagem de material britado   = 100%
- percentagem de filer comercial   ≥ 2%
- perda por desgaste na máquina de Los Angeles (granulometria B)   ≤ 20%

Fernando Branco   Paulo Pereira   Luís Picado Santos

- índices de lamelação e alongamento	$\leq 15\%$
- coeficiente de polimento acelerado	$\geq 0,50$
- EA da mistura de agregados (sem adição de filer comercial)	$\geq 60\%$
- valor de azul de metileno (material de dimensão inferior a 75 μm)	$\leq 0,8$
- absorção de água por fracção granulométrica componente	$\leq 2\%$

Admite o CEJAE para a perda por desgaste na máquina de Los Angeles uma tolerância de 10% em relação ao valor especificado. Este valor pode ir até 26% se o material for granito. Caso se utilize como filer a cal hidráulica o limite para a sua percentagem mínima poderá ser reduzido para 2%.

Em geral utiliza-se um ligante modificado com polímeros, em geral elastómeros. Os resultados dos ensaios sobre este tipo de mistura betuminosa conduzidos pelo método Marshall, devem estar de acordo com os valores seguidamente indicados:

- número de pancadas em cada extremo do provete	50
- porosidade	3 - 6%
- resistência conservada, mínima	80%
- percentagem de betume modificado, mínima	5%

A composição poderá ser ajustada com base no comportamento da mistura durante a construção do trecho experimental.

A mistura deverá apresentar em obra trabalhabilidade suficiente para a obtenção das baridades e rugosidade superficial especificadas no Capítulo 15 deste Caderno de Encargos.

g) Argamassa Betuminosa

A argamassa betuminosa é uma mistura betuminosa a quente usada em camada de regularização quando se pretendem usar espessuras variáveis entre 2 cm e 4 cm (pode servir de reperfilamento em acções de reabilitação), ou usada em camadas de desgaste de pavimentos sujeitos a tráfego leve; com ligante modificado é muitas vezes usada como camada retardadora do processo de propagação de fendas num pavimento fendilhado sujeito a reabilitação.

No caso de argamassa betuminosa para camada de regularização a mistura de agregados deve respeitar o fuso granulométrico mostrado no Quadro 4.25 e as seguintes características:

- perda por desgaste na máquina de Los Angeles (granulometria B)	$\leq 35\%$
- índices de lamelação e alongamento	$\leq 30\%$
- EA da mistura de agregados (sem adição de filer comercial)	$\geq 50\%$
- valor de azul de metileno (material de dimensão inferior a 75 μm)	$\leq 0,8$

Como argamassa betuminosa com características de desgaste na faixa de rodagem, a mistura de agregados deve respeitar o fuso granulométrico mostrado no Quadro 4.25 e as seguintes características:

- perda por desgaste na máquina de Los Angeles (granulometria B)	$\leq 20\%$
- índices de lamelação e alongamento	$\leq 25\%$

- coeficiente de polimento acelerado $\geq 0,50$

- EA da mistura de agregados (sem adição de filer comercial) $\geq 50\%$

- valor de azul de metileno (material de dimensão inferior a 75 µm) $\leq 0,8$

- absorção de água por fracção granulométrica componente $\leq 2\%$

Quadro 4.25 – Fuso granulométrico a respeitar para argamassa betuminosa para
camada de regularização

Abertura das malhas dos peneiros ASTM	Percentagem acumulada do material que passa
9,5 mm (3/8")	100
4,75 mm (nº 4)	95 - 100
2,00 mm (nº 10)	70 - 85
0,425 mm (nº 40)	25 - 40
0,180 mm (nº 80)	12 - 20
0,075 mm (nº 200)	7 - 10

Admite o CEJAE para a perda por desgaste na máquina de Los Angeles uma tolerância de 10% em relação ao valor especificado. Este valor pode ir até 30% se o material for granito.

Para camada de desgaste o CEJAE exige ainda as seguintes características:

- número de pancadas em cada extremo do provete   50
- força de rotura   6000 N
- deformação máxima   5 mm
- valor de VMA mínimo   15%
- porosidade   5 - 7%
- pesistência conservada, mínima   75%

No caso de argamassa para camada de regularização as diferenças são na porosidade exigida (3 - 6%) e no facto de não haver exigência para a resistência conservada.

Finalmente, cabe aqui uma referência sobre a tipologia para as misturas betuminosas fabricadas a quente que o MACOPAV (JAE, 1995) apresenta (Quadro 4.26). Trata-se exclusivamente de mostrar que estes tipos de misturas têm um tratamento no referido manual que está harmonizada com a descrição que foi sendo feita. Quando forem referidas as estruturas de pavimento propostas pelo MACOPAV no Capítulo 7, dedicado ao dimensionamento, poderá entender-se como foi assumida a sua constituição e características.

4.6.5. Principais Tipos de Misturas Betuminosas Fabricadas a Frio

As misturas a frio são produzidas em central, espalhadas e compactadas sem necessidade de aquecimento prévio dos materiais. São compostas por uma mistura de agregados à qual se junta uma emulsão betuminosa como ligante e, eventualmente, água e aditivos, de tal forma que todas as partículas de agregado fiquem envolvidas por uma película de ligante, depois de ocorrer a rotura (separação da água quimicamente e por evaporação).

Quadro 4.26 – Tipologia do Manual de Concepção de Pavimentos para a Rede Rodoviária Nacional e para as misturas betuminosas fabricadas a quente (JAE, 1995)

Símbolo	Designação	Principais características
MBB	macadame betuminoso em camada de base	dimensão máxima do agregado: 37,5 mm teor em betume: 4,0 a 4,8% porosidade: 6 a 9% espessura recomendável: 9 a 15 cm (min. 8 cm; max. 16 cm)
MBR	macadame betuminoso em camada de regularização	dimensão máxima do agregado: 25 mm teor em betume: 4,0 a 4,8% porosidade: 8 a 10% espessura recomendável: 8 a 12 cm
MBD	mistura betuminosa em camada de regularização	dimensão máxima do agregado: 16 mm teor em betume: 4,8 a 5,4% porosidade: 4 a 6% espessura recomendável: 5 a 8 cm
BD	betão betuminoso em camada de desgaste	dimensão máxima do agregado: 14 mm teor em betume: 5,2 a 5,8% porosidade: 3 a 5% espessura recomendável: 4 a 6 cm

Tradicionalmente, são usadas geralmente na realização de camadas de pavimentos nas quais o tráfego não é muito significativo e em camadas que não são de desgaste.

Nos parágrafos seguintes apresenta-se, de uma forma muito sucinta, as características fundamentais das misturas a frio aplicadas em Portugal.

a) Agregado Britado de Granulometria Extensa Tratado com Emulsão Betuminosa

Trata-se de uma mistura produzida com agregado britado de granulometria 0/20, empregando-se, normalmente, emulsões betuminosas catiónicas de rotura lenta, ECL-1 h, ou emulsões aniónicas de rotura lenta, EAL-1 h.

Estas misturas aplicam-se principalmente na construção de camadas de base e de regularização de estradas com tráfego reduzido e ainda no reperfilamento de pavimentos existentes e no enchimento de bermas. A mistura de agregados deve respeitar o fuso granulométrico mostrado no Quadro 4.27 e as seguintes características:

- perda por desgaste na máquina de Los Angeles (granulometria A) $\leq 40\%$
- EA da mistura de agregados $\geq 40\%$
- absorção de água por fracção granulométrica componente $\leq 3\%$

O CEJAE admite equivalentes de areia até 35%, desde que o valor de azul de metileno (material de dimensão inferior a 75 µm, NF P 18-592) seja inferior a 1,0 e a Fiscalização avalize o procedimento.

Fernando Branco Paulo Pereira Luís Picado Santos

Em geral este tipo de misturas apresenta uma resistência à compressão simples após imersão dos provetes não inferior a 5 kN. Além disso, o valor da resistência conservada não deve ser menor que 60%. Não são admissíveis percentagens de betume residual inferiores a 3%.

A baridade seca da mistura compactada não deve ser inferior a um valor mínimo especificado.

b) Mistura Betuminosa Aberta a Frio

As misturas abertas fabricadas a frio, tal como as anteriores, destinam-se à construção de camadas de base e de regularização de estradas com tráfego reduzido e também no reperfilamento de pavimentos existentes e no enchimento de bermas. Como se referiu, a sua granulometria varia consoante a espessura das camadas a realizar, empregando-se granulometrias 2/10, 2/14 e 2/20 e utiliza-se geralmente como ligante uma emulsão catiónica de rotura média, ECM-2, ou uma emulsão de aniónica de rotura média, EAM-1.

Quadro 4.27 – Fuso granulométrico a respeitar pelo agregado britado de granulometria extensa tratado com emulsão betuminosa, em camada de base, regularização, no reperfilamento de pavimentos existentes e no enchimento de bermas

Abertura das malhas dos peneiros ASTM	Percentagem acumulada do material que passa
25,0 mm (1")	100
19,0 mm (3/4")	90 - 100
12,5 mm (1/2")	65 - 90
9,5 mm (3/8")	55 - 75
4,75 mm (n° 4)	40 - 58
2,00 mm (n° 10)	25 - 40
0,850 mm (n° 20)	16 - 28
0,425 mm (n° 40)	12 - 22
0,180 mm (n° 80)	8 - 16
0,075 mm (n° 200)	4 - 10

A mistura de agregados deve respeitar os fusos granulométricos mostrados nos Quadros 4.28 a 4.30.

Quadro 4.28 – Fuso granulométrico a respeitar pela mistura betuminosa aberta a frio, para trabalhos de conservação corrente e espessuras inferiores a 4 cm

Abertura das malhas dos peneiros ASTM	Percentagem acumulada do material que passa
12,5 mm (1/2")	100
9,5 mm (3/8")	70 - 90
4,75 mm (n° 4)	15 - 40
2,36 mm (n° 8)	0 - 5
0,075 mm (n° 200)	0 - 2

Quadro 4.29 – Fuso granulométrico a respeitar pela mistura betuminosa aberta a frio, para camadas com espessuras entre 4 e 6 cm

Abertura das malhas dos peneiros ASTM	Percentagem acumulada do material que passa
19,0 mm (3/4")	100
12,5 mm (1/2")	60 - 80
9,5 mm (3/8")	45 - 65
4,75 mm (n° 4)	10 - 35
2,36 mm (n° 8)	0 - 5
0,075 mm (n° 200)	0 - 2

Quadro 4.30 – Fuso granulométrico a respeitar pela mistura betuminosa aberta a frio, para camadas com espessuras superiores a 6 cm

Abertura das malhas dos peneiros ASTM	Percentagem acumulada do material que passa
25,0 mm (1")	100
19,0 mm (3/4")	70 - 90
12,5 mm (1/2")	50 - 70
9,5 mm (3/8")	35 - 55
4,75 mm (n° 4)	5 - 30
2,36 mm (n° 8)	0 - 5
0,075 mm (n° 200)	0 - 2

Deve ainda respeitar as seguintes características:

- perda por desgaste na máquina de Los Angeles (granulometria A) $\leq 35\%$
- EA da mistura de agregados $\geq 40\%$
- absorção de água por fracção granulométrica componente $\leq 3\%$

Também neste caso, o CEJAE admite equivalentes de areia até 35%, desde que o valor de azul de metileno (material de dimensão inferior a 75 µm, NF P 18-592) seja inferior a 1,0 e a Fiscalização avalize o procedimento.

Para a formulação deste tipo de misturas pode usar-se o ensaio Cântabro. A percentagem de betume depois da rotura da emulsão (percentagem de betume residual) pode ainda ser calculada através de fórmulas aproximadas relacionadas com a superfície específica do agregado. Apresenta-se a seguinte a título de exemplo (indicada no CEJAE):

$$Pb = K.F.\sqrt[5]{Se}$$

em que:

Pb - a percentagem de betume residual;

K - é o módulo de riqueza em betume. Para misturas betuminosas a frio com características de base deverá ser adoptado um valor compreendido entre 3 e 3,5 e para camadas de regularização um valor entre 3,3 e 3,8;

$F = \dfrac{2,65}{\rho a}$, sendo ρa, em g/cm3, a massa volúmica da mistura de agregados;

$Se = \dfrac{1}{100} (0,25 \, S_1 + 2,3 \, S_2 + 12 \, S_3 + 135 \, f_1)$

em que:

Fernando Branco   Paulo Pereira   Luís Picado Santos

Se - superfície específica;

S_1 - proporção ponderal de elementos superiores a 6,3 mm;

S_2 - proporção ponderal de elementos compreendidos entre 6,3 e 0,315 mm;

S_3 - proporção ponderal de elementos compreendidos entre 0,315 e 0,075 mm;

f_1 - proporção ponderal de elementos inferiores a 0,075 mm.

A percentagem de betume residual nunca deve ser inferior a 3,5% e a baridade seca da mistura compactada deve estar acima de um valor de referência.

4.7. Tratamentos Superficiais

Actualmente, os materiais mais usados em tratamentos superficiais de pavimentos rodoviários são aplicados a frio, recorrendo, em muitos casos, ao emprego de emulsões betuminosas com betume modificado. Contudo, também são aplicados alguns tratamentos superficiais à base de betumes asfálticos de destilação directa a quente.

Como já se fez notar (Quadro 4.2), podem considerar-se três tipos de tratamentos superficiais: as regas, só com ligante; os revestimentos superficiais constituídos por rega seguida de espalhamento de gravilha e as misturas betuminosas em camadas delgadas. Estes tipos de materiais não tem função estrutural, destinando-se essencialmente a impermeabilizar a superfície do pavimento e a melhorar a rugosidade da superfície. Tendo em conta que se trata de camadas com pequena espessura aplicadas como camada de desgaste, é exigido ao agregado uma grande resistência à abrasão.

Nos parágrafos seguintes faz-se de forma muito sucinta a descrição das principais características dos tipos destes tratamentos superficiais mais utilizados entre nós.

a) Microaglomerado Betuminoso a Frio

O microaglomerado betuminoso simples consiste na aplicação de uma mistura de agregado de granulometria 0/6 e de uma emulsão modificada com um teor em betume mínimo de 60% e uma viscosidade Saybolt-Furol não superior a 50 s.

Quando o microaglomerado for duplo, faz-se uma primeira aplicação de uma mistura de emulsão modificada com agregado 0/4, realizando-se numa segunda fase a colocação de outra mistura com uma granulometria 4/8.

Este tipo de mistura deve respeitar o fuso granulométrico mostrado no Quadro 4.31 se for simples. Se for duplo, o material da primeira aplicação deverá respeitar o fuso granulométrico mostrado no Quadro 4.32 e o da segunda aplicação o do Quadro 4.33. O microaglomerado simples e a primeira aplicação do duplo deverão respeitar as seguintes características:

- % de material britado   = 100%
- perda por desgaste na máquina de Los Angeles (granulometria B)   ≤ 20%
- coeficiente de polimento acelerado   ≥ 0,50
- EA da mistura de agregados (sem adição de filer comercial)   ≥ 60%
- EA da mistura de agregados (com adição de filer comercial)   ≥ 40%
- valor de azul de metileno (material de dimensão inferior a 75 μm)   ≤ 0,8

Quadro 4.31 – Fuso granulométrico a respeitar pelo microaglomerado betuminoso a frio simples, na faixa de rodagem

Abertura das malhas dos peneiros ASTM	Percentagem acumulada do material que passa
6,3 mm (1/4")	100
4,75 mm (n° 4)	85 - 95
2,36 mm (n° 8)	65 - 90
1,18 mm (n° 16)	45 - 70
0,600 mm (n° 30)	30 - 50
0,300 mm (n° 50)	18 - 35
0,180 mm (n° 80)	10 - 20
0,075 mm (n° 200)	7 - 15

Quadro 4.32 – Fuso granulométrico a respeitar pelo microaglomerado betuminoso a frio duplo, primeira aplicação, na faixa de rodagem

Abertura das malhas dos peneiros ASTM	Percentagem acumulada do material que passa
4,75 mm (n°4)	100
2,36 mm (n° 8)	85 - 95
1,18 mm (n° 16)	60 - 85
0,600 mm (n° 30)	40 - 60
0,300 mm (n° 50)	25 - 45
0,180 mm (n° 80)	18 - 30
0,075 mm (n° 200)	12 - 20

Quadro 4.33 – Fuso granulométrico a respeitar pelo microaglomerado betuminoso a frio duplo, segunda aplicação, na faixa de rodagem

Abertura das malhas dos peneiros ASTM	Percentagem acumulada do material que passa
9,5 mm (3,8'')	100
6,3 mm (1/4'')	80 - 95
4,75 mm (n°4)	70 - 90
2,36 mm (n° 8)	45 - 70
1,18 mm (n° 16)	28 - 50
0,600 mm (n° 30)	18 - 33
0,300 mm (n° 50)	12 - 25
0,180 mm (n° 80)	6 - 18
0,075 mm (n° 200)	5 - 10

Admite o CEJAE para a perda por desgaste na máquina de Los Angeles uma tolerância de 10% em relação ao valor especificado. Este valor pode ir até 30% se o material for granito.

Para o agregado da segunda aplicação ainda é exigido que:

- índices de lamelação e alongamento $\leq 25\%$

De acordo com o CEJAE, a composição da mistura para o fabrico do microaglomerado betuminoso a frio, com vista a constituir camada de desgaste, deverá ser tal que garanta uma resistência ao desgaste superior aquela que, medida pelo ensaio abrasivo com roda molhada (Wet Track Abrasive Testing - WTAT), conduza a uma perda máxima de 600 g/m^2. Independentemente desta condição, a percentagem ponderal de ligante residual não poderá ser inferior a 7% (8% por camada no caso de duplo). A taxa média de mistura por camada deve estar compreendida entre 8 e 11 kg/m^2 (5 e 8 kg/m^2 no caso de duplo) e a percentagem de água em relação ao agregado entre 10 e 15% (10 e 20% no caso de duplo). A mistura deverá apresentar uma profundidade mínima de textura superficial de 0,7 mm (ensaio para determinação da altura de areia).

Nos casos em que as misturas sejam aplicadas em estradas em serviço, em que se imponha uma abertura rápida ao tráfego, a sua composição será tal que proporcione os seguintes resultados no ensaio de torsão: coesão agregado/ligante aos 30 min superior a 12 kgf/cm^2; resistência à torsão (Norma ASTM D 3910) aos 60 min superior a 20 kgf/cm^2.

b) Revestimento Superficial Betuminoso

Os revestimentos superficiais consistem essencialmente em espalhar uma ou mais camadas de aglutinante betuminoso (betume ou emulsão betuminosa), espalhando seguidamente agregado fino que é cilindrado de modo a ficar incrustado no ligante. Na Figura 4.22 mostra-se esquematicamente três tipos de revestimentos superficiais.

Em revestimentos superficiais aplicados como camadas de desgaste em faixas de rodagem e bermas, os agregados que formam este tipo de material, para qualquer tipo de aplicação, devem respeitar as seguintes características:

- percentagem de passados no peneiro 20 ASTM $\leq 1\%$
- percentagem de passados no peneiro 200 ASTM $\leq 0,5\%$
- percentagem de material britado $= 100\%$
- perda por desgaste na máquina de Los Angeles na f. de rodagem (gran. B) $\leq 20\%$
- perda por desgaste na máquina de Los Angeles na berma (gran. B) $\leq 25\%$
- coeficiente de polimento acelerado $\geq 0,50$
- índices de lamelação e alongamento $\leq 25\%$

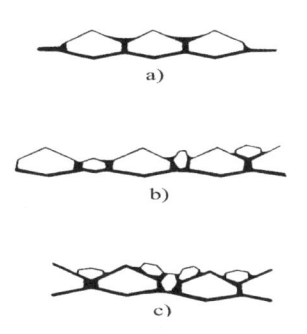

Figura 4.22 – Revestimentos superficiais (Kraemer et al., 1996): a) simples; b) simples com duplo espalhamento de gravilha; c) duplo

Fernando Branco   Paulo Pereira   Luís Picado Santos

Admite o CEJAE para a perda por desgaste na máquina de Los Angeles uma tolerância de 10% em relação ao valor especificado. Este valor pode ir até 30% na faixa de rodagem se o material for granito e até 35% na berma, também se o material for granito.

c) Lama asfáltica ("Slurry Seal")

A lama asfáltica (ou slurry seal em terminologia anglo-saxónica) é uma mistura betuminosa constituída por agregados finos e emulsão betuminosa, que não ultrapassa os 2 cm de espessura depois de colocada. Aplica-se no tratamento superficial dos pavimentos, essencialmente em colmatação de fissuras, com o intuito de os impermeabilizar e lhes conferir boas características de rugosidade. Esta lama é normalmente aplicada por uma máquina misturadora-espalhadora.

A mistura de agregados que utiliza é em tudo igual ao microaglomerado betuminoso a frio no que respeita aos agregados, excepto quando é dupla. Neste caso, o CEJAE, para a segunda aplicação não limita os índices de lamelação e alongamento e indica que deve respeitar o fuso granulométrico mostrado no Quadro 4.34.

Quadro 4.34 – Fuso granulométrico a respeitar pela lama betuminosa dupla, segunda aplicação, na faixa de rodagem

Abertura das malhas dos peneiros ASTM	Percentagem acumulada do material que passa
6,3 mm (1/4")	100
4,75 mm (nº 4)	85 - 95
2,36 mm (nº 8)	65 - 90
1,18 mm (nº 16)	45 - 70
0,600 mm (nº 30)	30 - 50
0,300 mm (nº 50)	18 - 35
0,180 mm (nº 80)	10 - 20
0,075 mm (nº 200)	7 - 15

4.8. Betões de Cimento para Pavimentos Rodoviários

O betão de cimento resulta do endurecimento da pasta de cimento após a mistura de cimento, de inertes grossos e finos e de água. Para além destes componentes básicos, o betão pode conter ainda aditivos e adjuvantes.

No MACOPAV (JAE, 1995) foram considerados, para a realização de camadas de pavimentos, vários tipos de misturas com cimento, o que caracteriza suficientemente bem os tipos destas mistura que é importante definir. As características daqueles materiais variam consoante se destinam a ser aplicados em camadas de sub-base, de base ou de desgaste. Assim, foram considerados três grupos fundamentais de misturas com cimento:

- os betões de cimento, aplicados em camadas de desgaste (mais base, já que tem a função destas duas camadas quando existentes em pavimentos flexíveis) de pavimentos rígidos, tendo sido considerados betões com resistências características à tracção por flexão, aos 28 dias de idade, de 4 e 4,5 MPa e uma quantidade de cimento entre 300 e 350 kg/m³;

- misturas de agregados com cimento, com uma dosagem inferior de ligante destinadas à realização de camadas de base em pavimentos semi-rígidos ou camadas subjacentes às lajes de betão de cimento;
- misturas de solo-cimento, já descritas na secção 4.5 c), produzidas em central para aplicação em camadas de sub-base.

Nos parágrafos seguintes descreve-se as principais propriedades a exigir às misturas de cimento a aplicar na construção de pavimentos rodoviários.

As misturas pobres em cimento utilizam-se, por exemplo, nos pavimentos rígidos na execução da camada de sub-base, e nos pavimentos semi-rígidos aplicam-se na realização da camada de base que é o elemento de maior capacidade estrutural daquelas estruturas.

Embora possam existir diferenças entre as várias misturas deste tipo, têm sido genericamente designadas por brita-cimento ou betão pobre. O CEJAE (JAE, 1998) estabeleceu uma nova nomenclatura, prevendo, para este tipo de materiais, três designações distintas:

1. Agregado britado de granulometria extensa, tratado com ligantes hidráulicos;
2. Betão pobre cilindrado;
3. Betão pobre vibrado.

Segundo o CEJAE, as fracções granulométricas a adoptar para um material granular de granulometria extensa (contínua) tratado com ligante hidráulico (o cimento, por exemplo) devem ser as seguintes: 0/6, 6/20 e 20/40. Para um betão pobre cilindrado ou vibrado deverá ser 0/4, 4/20 e 20/4. A mistura de agregados ainda deve ainda obedecer aos fusos granulométricos e às características gerais que seguidamente se indicam

1) Agregado Britado de Granulometria Extensa, Tratado com Ligantes Hidráulicos

O fuso granulométrico a que tem de obedecer está expresso no Quadro 4.8. Os agregados devem ainda respeitar as seguintes características:

- perda por desgaste na máquina de Los Angeles (granulometria A) $\leq 40\%$
- índices de lamelação e alongamento $\leq 30\%$
- teor em matéria orgânica $\leq 0,5\%$
- teor em sulfatos $\leq 0,5\%$
- equivalente de areia $\geq 40\%$

O CEJAE admite equivalentes de areia até 35%, desde que o valor de azul de metileno seja inferior a 1,0 e a Fiscalização avalize o procedimento.

Fernando Branco   Paulo Pereira   Luís Picado Santos

O agregado britado de granulometria extensa, tratado com ligantes hidráulicos, deve ainda obedecer, segundo o CEJAE, às seguintes características, se aplicado em camada de base ou de regularização:

- o teor em ligante a incorporar na mistura será no mínimo de 110 kg/m^3, de modo a obter, pelo menos, uma resistência à tracção por compressão diametral superior a 1 MPa aos 28 dias. O ligante a utilizar poderá ser constituído por cinzas volantes até uma percentagem de 30 %;
- deve ser aplicada uma rega com emulsão betuminosa para protecção contra a evaporação da água necessária à cura do material.
- deve ainda ser aplicada uma camada de gravilha para protecção contra as acções mecânicas no caso de a camada estar sujeita ao tráfego de obra.

2) Betão Pobre Cilindrado, em Camada de Base

O fuso granulométrico a que tem de obedecer está expresso no Quadro 4.8. Os agregados devem ainda respeitar as características indicadas para os agregados do item anterior. O betão pobre cilindrado deve obedecer ainda às características de composição e cuidados de construção referidos na alínea anterior.

3) Betão Pobre Vibrado, em Camada de Base

Os agregados tem de satisfazer neste caso as prescrições do Regulamento de Betões de Ligantes Hidráulicos, aprovado pelo Dec. Lei nº 445/89 de 30 de Dezembro de 1989 e Despacho do MOPTC nº 6/90 - IX de 27 de Março. Para além disto devem ainda obedecer às seguintes prescrições:

- dimensão do agregado $\leq 37,5$ mm
- perda por desgaste na máquina de Los Angeles (Granulometria A) $\leq 45\%$
- variação admitida no módulo de finura das areias $\leq 0,20$
- equivalente de areia $\geq 70\%$
- teor em partículas de argila, referido à massa do ligante $\leq 2\%$
- e tor em partículas muito finas e materiais solúveis (NP 86) $\leq 3\%$

Nos betões pobres vibrados para camadas mais finas a dimensão máxima do agregado poderá ter de ser de 25 mm.

O betão pobre vibrado deve obedecer às seguintes características, ainda segundo o CEJAE:

• A quantidade de ligante a incorporar na mistura deverá ser superior a 140 kg/m3, de modo a garantir que com um betão bem vibrado se obtenha, pelo menos, uma resistência à tracção por compressão diametral superior a 1,2 MPa. O ligante a utilizar poderá ser constituído por cinzas volantes até uma percentagem de 30%.

O CEJAE dá ainda orientações gerais para a aplicação de adjuvantes.

A EP, no MACOPAV (JAE, 1995), apresenta uma tipologia para este tipo de misturas que se apresenta no Quadro 4.35. Como se pode verificar, praticamente não difere da descrição feita.

b) Betão de Cimento para Camada de Desgaste

Os betões de cimento aplicados em camadas de desgaste de pavimentos rígidos devem possuir, entre outras, muito boas características mecânicas. A quantidade de cimento utilizada por metro cúbico de betão nunca é inferior a 300 kg e a razão água/cimento nunca pode exceder o valor de 0,50. Para estradas da rede fundamental exige, geralmente, que o betão tenha uma resistência característica à tracção por flexão, aos 28 dias de idade, de 4,5 MPa. O aço a utilizar na armadura longitudinal no caso duma camada em betão armado contínuo será da classe A 500 NR. O aço a utilizar nos varões de ligação da junta longitudinal será da classe A 400 NR.

Quadro 4.35 – Tipologia do MACOPAV (JAE, 1995), para as misturas pobres em cimento

Símbolo	Designação	Principais características
BP1	betão pobre de reduzida erodibilidade (vibrado ou cilindrado)	dimensão máxima do agregado: 25 mm dosagem de cimento: 140 kg/m³ de mistura
BP2	betão pobre (agregado recomposto em central)	dimensão máxima do agregado: 25 mm dosagem de cimento: 90 a 110 kg/m³ de mistura resistência à tracção indirecta (28 dias) > 1 MPa
AGEC	mistura com agregado não recomposto em central	dimensão máxima do agregado: 37,5 mm dosagem de cimento: 90 a 110 kg/m³ de mistura resistência à tracção indirecta (28 dias) > 1 MPa

Tal como acontece na generalidade dos casos em que se usa um betão de cimento como material de construção, também na realização de um pavimento rodoviário, as características que condicionam o seu desempenho devem ter uma atenção especial.

O betão é aplicado no seu "estado fresco", passando à fase de betão endurecido durante o período de cura, havendo que controlar as suas propriedades em qualquer das duas etapas.

Para além das características gerais referidas, a Norma Portuguesa NP ENV 206 (IPQ, 2005) estabelece orientações para os estudos de composição e para a utilização de aditivos. Assim, de acordo com esta norma, a composição do betão deve obedecer aos requisitos que especifica no que respeita à consistência, massa volúmica, resistência, durabilidade, protecção contra a corrosão do aço embebido, tendo em conta o processo de fabrico e execução.

4.9. Referências Bibliográficas

Asphalt Institute, 1983. *Asphalt technology and construction practices*. Asphalt Institute, ES - 1, Maryland.

Azevedo, M., 1993. *Características Mecânicas de Misturas Betuminosas para Camadas de Base de Pavimentos*. LNEC, Dissertação submetida à Universidade Técnica de Lisboa para obtenção do grau de Doutor, Lisboa.

Fernando Branco   Paulo Pereira   Luís Picado Santos

Bell, C., Cooper, K., Preston, J., Brown, S., 1989. *Development of a New Procedure for Bituminous Mix Design.* Proceedings of 4th Eurobitume Symposium, Session 2: Asphalt Pavement Mix Design and Testing, pp 499-504, Madrid.

Branco, F.; Picado-Santos, L.; Capitão, S., 1999. *Vias de Comunicação: volume 2.* Departamento de Engenharia Civil da F.C.T. da Universidade de Coimbra, edição de 1999/2000, Coimbra.

Brown, S., Gibb, J., Read, J., Scholz, T., 1996. *Laboratory Protocols for the Design and Evaluation of Bituminous Mixtures.* Proceedings of Eurasphalt & Eurobitume Congress, Session 4: Asphalt Mix - Functional Properties and Performance Testing, Strasbourg.

Capitão, S., 2003. *Caracterização Mecânica de Misturas Betuminosas de Alto Módulo de Deformabilidade.* Tese de Doutoramento, Departamento de Engenharia Civil da F.C.T. da Universidade de Coimbra, 2 vol., Coimbra.

Castelo-Branco, F., 1996. *Estudo da Influência de uma Contaminação no Comportamento Mecânico de um Agregado Calcário de Granulometria Extensa.* Dept. Engª Civil da F.C.T. da U. de Coimbra, Tese de Mestrado em Mecânica dos Solos, Coimbra.

CEN, 2003a. *prEN 14769 – Bitumen and bituminous binders - Accelerated long-term ageing - Pressure Ageing Vessel (PAV).* Comité Europeu de Normalização (CEN), Bruxelas.

CEN, 2003b. *prEN 14770 – Bitumen and bituminous binders - Determination of complex shear modulus and phase angle - Dynamic Shear Rheometer (DSR).* Comité Europeu de Normalização (CEN), Bruxelas.

CEN, 2003c. *prEN 14771 – Bitumen and bituminous binders - Bitumen and bituminous binders - Determination of the flexural creep stiffness - Bending Beam Rheometer (BBR).* Comité Europeu de Normalização (CEN), Bruxelas.

CEN, 2002. *EN 12697 – 11– Bituminous mixtures - Test methods for hot mix asphalt - Part 11: Determination of the affinity between aggregate and bitumen.* Comité Europeu de Normalização (CEN), Bruxelas.

CEN, 1999. *EN 12593 – Bitumen and bituminous binders – Determination of the Fraass breaking point.* Comité Europeu de Normalização (CEN), Bruxelas.

Correia, A., 1980. *Ensaios para Controlo de Terraplenagens.* LNEC, Lisboa.

CRR, 1997. *Code de Bonne Pratique pour la Formulation des Enrobés Bitumineux.* Centre de Recherches Routières, R 69/97, Bruxelles.

Delorme, J., 1991. *Méthode Française de Formulation des Enrobés.* Revue Général des Routes et Aérodromes, numéro spécial, Paris.

FHWA, 2001. *Superpave Mixture Design Guide.* Federal Highway Administration (WesTrack Forensic Team Consensus Report), U. S. Department of Transportation, Washington-DC.

Francken, L., (Ed), 1998. *Bituminous Binders and Mixes: State of the Art and Interlaboratory Tests on Machanical Behaviour.* Report of RILEM Technical Committee 152-PBM (Performance of Bituminous Material), RILEM Report 17, E & FN Spon, London.

Harman, T., D'Angelo, J., Bukowski, J., 2002. *Superpave Asphalt Mixture Design Workshop (Workbook).* Federal Highway Administration, U. S. Department of Transportation, version 8.0, Washington-DC.

Harringan, E., Youtcheff, J., 1994. *SHRP-A-379: The SUPERPAVE Mix Design System Manual of Specifications, Test Methods, and Practices.* National Research Council (Strategic Highway Research Program), Report No. SHRP-A-379, Washington-DC.

Hofman, R. and Kooij, J., 2003. *Results from the Dutch Noise Innovation Program Road traffic (IPG) and Roads to the Future Program (WnT).* Proceedings of the 32nd International Congress and Exposition on Noise Control Engineering, Seogwipo, Korea, August 25-28, paper N1003.

IPQ, 2005. *NP EN 206-1 – Betão: especificação, desempenho, produção e conformidade.* Instituto Português da Qualidade (IPQ), Lisboa.

IPQ, 2002a. *NP EN 933-3 – Ensaios das propriedades geométricas dos agregados Parte 3: Determinação da forma das partículas - Índice de achatamento.* Instituto Português da Qualidade (IPQ), Lisboa.

IPQ, 2002b. *NP EN 933-4 – Ensaios das propriedades geométricas dos agregados Parte 4: Determinação da forma das partículas - Índice de forma.* Instituto Português da Qualidade (IPQ), Lisboa.

IPQ, 2002c. *NP EN 933-8 – Ensaios das propriedades geométricas dos agregados Parte 8: Determinação do teor de finos - Ensaio do equivalente de areia.* Instituto Português da Qualidade (IPQ), Lisboa.

IPQ, 2002d. *NP EN 933-9 – Ensaios das propriedades geométricas dos agregados Parte 9: Determinação do teor de finos - Ensaio do azul de metileno.* Instituto Português da Qualidade (IPQ), Lisboa.

IPQ, 2002e. *NP EN 1097-2 – Ensaios das propriedades mecânicas e físicas dos agregados Parte 2: Métodos para a determinação da resistência à fragmentação.* Instituto Português da Qualidade (IPQ), Lisboa.

IPQ, 2001. *NP EN 197 -1, Cimento. Parte 1: Composição, especificações e critérios de conformidade para cimentos correntes.* Instituto Português da Qualidade (IPQ), Lisboa.

Fernando Branco   Paulo Pereira   Luís Picado Santos

IPQ, 1999. *NP EN 933-2 – Ensaios para a determinação das características geométricas dos agregados - Parte 2: Determinação da distribuição granulométrica; Peneiros de ensaio, dimensão nominal das aberturas*. Instituto Português da Qualidade (IPQ), Lisboa.

JAE, 1995. *Manual de Concepção de Pavimentos para a Rede Rodoviária Nacional*. JAE (actual IEP), Almada.

JAE, 1998. *Caderno de Encargos: 03-pavimentação*. JAE (actual EP), volume V, Almada.

Kraemer, C.; Val, M, 1996. *Caminos y Aeropuertos: firmes e pavimentos*. Departamento de Transportes - E.T.S. de Ingenieros de Caminos, Canales y Puertos, Universidade Politecnica de Madrid, Madrid.

LCPC, 2003. *http://www.lcpc.fr/fr/produits/materiels_mlpc/*, Laboratoire Central des Ponts et Chaussées (página internet oficial), Paris.

LNEC, 1997. *E 80 – Betumes e Ligantes Betuminosos: Betumes de Pavimentação (classificação, propriedades e exigências de conformidade)*. LNEC, Lisboa.

LNEC, 1984-a. *E 128 - Emulsões Betuminosas Aniónicas para Pavimentação: características e recepção*. LNEC, Lisboa.

LNEC, 1984-b. *E 354 - Emulsões Betuminosas Aniónicas para Pavimentação: características e recepção*. LNEC, Lisboa.

LNEC, 1980. *E 98 - Betumes Fluidificados para Pavimentação: características e recepção*. LNEC, Lisboa.

LNEC, 1973. *E 267 - Determinação da densidade aparente de misturas betuminosas compactadas*. LNEC, Lisboa.

LNEC, 1971-a. *E 244 - Solos e Agregados: Estabilização Mecânica*. LNEC, Lisboa.

LNEC, 1970. *E 240 - Solos: Classificação para fins rodoviários*. LNEC, Lisboa.

LNEC, 1962. *Vocabulário de estradas e aeródromos*. LNEC, Lisboa, Especif. n.º 1.

Lombardi, B., 1993. *Du Pétrole Brut Au Bitume: La Longue Marche*. Revue Général des Routes et des Aérodromes, n.º 707, pp. 25-70.

SETRA; LCPC, 1992. *Réalisation des Remblais et des Couches de Forme - Guide Technique*. SETRA, LCPC, Volume I, Paris.

SHELL, 1991. *Shell Bitumen Handbook*. SHELL Bitumen U.K., Chertsey.

Whiteoak, D., 1991. *The Shell Bitumen Handbook*. Shell Bitumen U. K., Chertsey.

Witczak,M., E., Von Quintus, H., Schwartz, C., 1997. *Superpave support and performance models management: evaluation of the SHRP performance models system*. Proceedings of the 8th International Conference on Asphalt Pavements, University of Washington, pp 175-195, Seattle.

Capítulo 5
TECNOLOGIA DE PAVIMENTAÇÃO

5.1. Introdução

Neste capítulo faz-se uma descrição genérica das técnicas e equipamentos usados no fabrico, colocação em obra e controlo de qualidade de misturas betuminosas, a quente e a frio, e das misturas de betão de cimento. Também os materiais para tratamentos superficiais serão referidos, embora neste caso a descrição da tecnologia de fabrico e colocação em obra estejam ligadas, já que grande parte das tarefas respectivas são realizadas em obra e sequencialmente. Serão referidas algumas medidas para o respectivo controlo de qualidade.

É habitual os cadernos de encargos das Administrações Rodoviárias (como é o caso do CEJAE) serem suficientemente definidores das condições de fabrico, execução e controlo de qualidade, pelo que neste capítulo, se faz uma descrição mais conceptual do que suportada em referência a especificações, embora esta referência se tenha de efectuar para alguns indicadores.

Muitas das qualidades exigidas à obra acabada estão associadas a características da superfície de rolamento. Por isso, e para melhor entendimento do que se faz para verificar aquelas qualidades, apresentam-se previamente as principais características superficiais que os pavimentos devem ter.

5.2. Características Superficiais de Pavimentos Rodoviários

Anotou-se no Capítulo 2 que a superfície de rolamento de um pavimento deve ter um conjunto de características que assegurem uma condução cómoda e segura.

Entre elas, apontaram-se as qualidades anti-derrapantes, ou seja, aquelas que propiciam maior aderência dos pneus ao pavimento, e dependem de factores como o coeficiente de atrito entre o pneu e o pavimento (sobretudo quando molhado) e a rugosidade do pavimento que proporciona melhor atrito quer pela interpenetração da borracha dos pneus nas asperezas do pavimento quer porque uma maior rugosidade permite maior drenagem da água superficial e mais contactos secos entre os pneus e as asperezas.

Referiu-se também a drenabilidade do pavimento, ou seja, a capacidade de escoar rapidamente a água nele caída, de modo a evitar fenómenos de aquaplanagem, nos quais

Fernando Branco   Paulo Pereira   Luís Picado Santos

há perda de aderência entre o pneu e o pavimento. Esta característica depende das inclinações longitudinal e, sobretudo, transversal do pavimento, mas também das asperezas da superfície e de disposições construtivas especiais, como seja o uso de betão betuminoso drenante na camada de desgaste.

Também se anotaram as qualidades ópticas, entre as quais se incluem a cor e o poder reflector da superfície, das quais depende a visibilidade da estrada, por parte dos condutores, sobretudo de noite.

Referiram-se igualmente as características associadas à geração do ruído de rolamento, sentido tanto dentro da viatura como no exterior, neste caso afectando os vizinhos da estrada. O nível do ruído aumenta com a rugosidade do pavimento, mas pode ser atenuado mediante o uso de certas práticas como o recurso a betões de porosidade aberta, como os drenantes.

As características ou qualidades acabadas de apontar estão associadas, essencialmente, à camada superficial ou camada de desgaste dos pavimentos. Por isso a concepção dos pavimentos tem vindo a evoluir no sentido de a composição dos pavimentos incluir uma série de camadas que garantam a sua resistência ou capacidade estrutural e camadas de desgaste, em geral pouco contribuintes para essa capacidade, mas muito determinantes das características superficiais desejadas.

Para além das características já referidas, outra exigências se fazem aos pavimentos, visando ainda a comodidade e segurança da circulação.

Estas exigências incluem, por um lado, o respeito pela geometria definida no projecto, especialmente as inclinações transversais, e, por outro lado, a regularidade, o desempeno e a integridade da superfície, ou seja, a ausência de deformações permanentes em perfil transversal (rodeiras) ou em perfil longitudinal (traduzidas, frequentemente, em Portugal, por um índice de irregularidade longitudinal – IRI), ou ainda defeitos localizados da superfície, como covas, depressões, saliências, fendas e materiais soltos.

O não cumprimento destas exigências está associado umas vezes a deficiências de construção (caso do desrespeito pela geometria projectada) ou a deficiências do funcionamento estrutural do pavimento, que pode ocorrer por defeito do projecto ou da construção.

Como muitas das qualidades exigidas aos pavimentos estão relacionadas com a prática construtiva adoptada é habitual verificá-las aquando da recepção da obra concluída. Não são então analisadas todas as características atrás referidas, mas apenas aquelas consideradas mais relevantes, atendendo ao momento da inspecção.

Os procedimentos para fazer esta inspecção, bem como outras a fazer ao longo da vida útil dos pavimentos, estão pormenorizadamente descritos no capítulo 9 (Observação de Pavimentos).

5.3. Fabrico e Colocação em Obra de Misturas Betuminosas

5.3.1. Misturas Betuminosas a Quente

O fabrico de misturas betuminosas a quente é efectuado em centrais que podem ser definidas como as instalações industriais onde os agregados e o betume asfáltico são misturados de modo a resultar nos vários tipos de misturas.

Do ponto de vista da operacionalidade (Wright et al., 1987), as centrais são frequentemente descritas como portáteis, semiportáteis e fixas. As portáteis são geralmente pequenas unidades auto-transportáveis e compactas, embora o termo também se possa aplicar a grandes centrais onde as diversas unidades que a compõem são facilmente amovíveis e auto-transportáveis. As semiportáteis são aquelas em que as diversas unidades têm de ser desmontadas e colocadas em transportadores (camiões ou comboio, por exemplo) para ser levadas para outro local onde serão de novo montadas, processo que poderá demorar várias horas ou dias, dependendo da dimensão. As centrais fixas são aquelas, como se infere do nome, que estão sempre no mesmo local, geralmente onde a procura de material o justifique. A grande percentagem das centrais existentes no país são portáteis ou semiportáteis.

Em geral, quanto à forma como se faz a produção de misturas betuminosas, existem dois tipos de centrais: as descontínuas e as contínuas. Nas primeiras as quantidades correctas de agregados e betume, determinadas em peso dos materiais, são misturadas (faz-se uma "fornada"), sendo seguidamente toda a mistura colocada em camiões (também podem estar acoplados silos de armazenamento de mistura já fabricada) que depois a transportam para o local de colocação em obra. Só depois de cada "fornada" pronta se dá início a uma outra. Nas centrais contínuas o processo é idêntico mas a produção é contínua, isto é, os agregados são misturados com betume e posteriormente armazenados em silos de onde a mistura é descarregada nos camiões, sendo que na altura em que a mistura já feita sai do misturador em direcção ao silo entra nova dosagem de materiais no mesmo misturador, o qual funciona em contínuo.

No caso mais geral, as centrais são compostas pelas seguintes unidades:
* sistema de armazenamento e dosagem de agregados a frio;
* secador de agregados (tambor-secador);
* colector de pó;
* sistema de armazenamento e dosagem de agregados a quente;
* silo de armazenamento e dosagem de fíleres;
* depósito com sistema de aquecimento e dosagem para betumes;
* misturador;
* sistema de armazenamento (quando se trata de silos dedicados, estes podem ter sistema de aquecimento) e descarga da mistura para os camiões;
* unidade eléctrica para toda a instalação;
* unidade de controlo automático de toda a produção;

- unidades auxiliares como passadeiras de transporte, sistema de elevação e condução da mistura para os silos e depósitos de combustível.

Na Figura 5.1 podem ver-se as componentes principais duma central descontínua, que de qualquer modo também existem em centrais contínuas.

Uma unidade básica duma central, contínua ou descontínua, é o tambor-secador, onde chegam as várias fracções dos agregados, doseadas em volume, vindas dos silos de armazenamento a frio através duma passadeira de transporte. É regulando a velocidade desta passadeira que se pode aumentar a capacidade de produção da central.

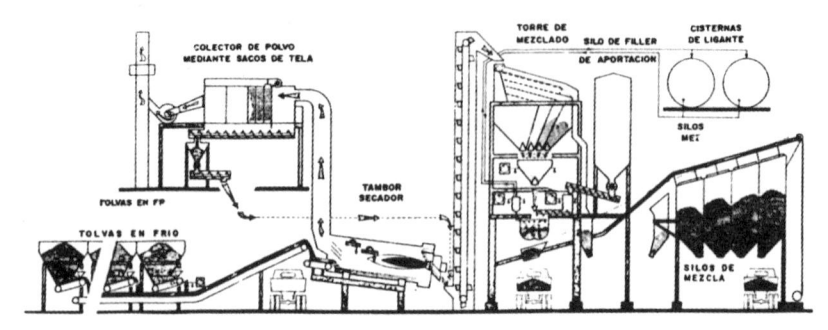

Figura 5.1 – Componentes principais duma central descontínua (Kraemer, 1996)

O tambor-secador faz a secagem dos agregados e aquece-os à temperatura necessária para que possam ser envolvidos pelo betume. Trata-se dum cilindro (em geral com 1 a 3 metros de diâmetro e de 6 a 12 metros de comprimento) colocado com uma pequena inclinação em relação à horizontal, dotado dum sistema de aquecimento no topo mais baixo, oposto à zona de entrada dos agregados. Os gases quentes do sistema de aquecimento passam da parte mais baixa do cilindro até à parte mais alta, por onde saem. O agregado entrado na parte mais alta é pegado por alhetas existentes no interior do cilindro movendo-se em direcção à parte mais baixa do cilindro por acção da gravidade e do movimento de rotação do cilindro, passando pelos gases quentes que se movem na direcção contrária, como se disse. Deste modo é realizada a secagem e o aquecimento necessários. O aquecimento é efectuado até valores que variam entre os 150 °C e os 200 °C, dependo da viscosidade do betume que se vai utilizar no fabrico da mistura.

O sistema de exaustão dos gases tem acoplado um sistema colector de pó, que recolhe o filer ou material fino do agregado mais grosso que é "transportado" pelos gases, de modo a evitar a poluição da zona onde se encontra instalada a central. Esse pó pode ser eliminado se for de má qualidade ou é reaproveitado, podendo ser reintroduzido no conjunto de agregados que saem do tambor-secador (Figura 5.1), se isso for considerado indispensável pela análise das necessidades de finos em cada mistura.

Uma vez secos e aquecidos, os agregados são conduzidos a um sistema de crivagem para separação nas fracções necessárias. Cada fracção passa então para silos de armazenamento a quente. Quando a mistura vai ser efectuada, cada silo liberta, para a "caixa de agregados" no caso duma central descontínua ou directamente para o início do misturador (que é outra das unidades básicas duma central) no caso duma contínua, a quantidade em peso da fracção de agregado que armazena e que entra na mistura. De seguida o agregado é envolvido pelo betume no misturador. O betume é previamente colocado à temperatura de mistura e doseado para ser adicionado ao agregado no misturador. Uma vez a mistura efectuada, processo que deve demorar no misturador entre 30 a 45 segundos, a mistura ou é descarregada directamente num camião (como é o caso mostrado na Figura 5.1 admitindo-se a não existência de silo de armazenagem) ou é levada para um silo, donde posteriormente é descarregada num camião.

Em Portugal as centrais existentes com um funcionamento semelhante ao descrito são sobretudo descontínuas. No entanto, está muito generalizado o uso de centrais menos complexas, que podem ser designadas por centrais de tambor-secador-misturador (Figura 5.2) e que se incluem no grupo das contínuas. A componente básica é precisamente o tambor-secador-misturador que, como o próprio nome indica, para além de secar e aquecer os agregados efectua a mistura. Para o poder efectuar, o funcionamento é diferente do descrito atrás. Os agregados são introduzidos, a frio e doseados em peso, na mesma parte do tambor-secador-misturador (também cilíndrico como o anterior) que tem acoplado o sistema de aquecimento (geralmente um queimador). Os agregados neste caso circulam na direcção da corrente de gases quentes. Na primeira parte do tambor é feita a secagem e o aquecimento dos agregados e sensivelmente a meio é introduzido o betume. A restante parte do cilindro efectua a mistura. Na parte final tem um sistema de recuperação do pó e tem a saída da mistura pronta que depois é conduzida a um silo de armazenagem.

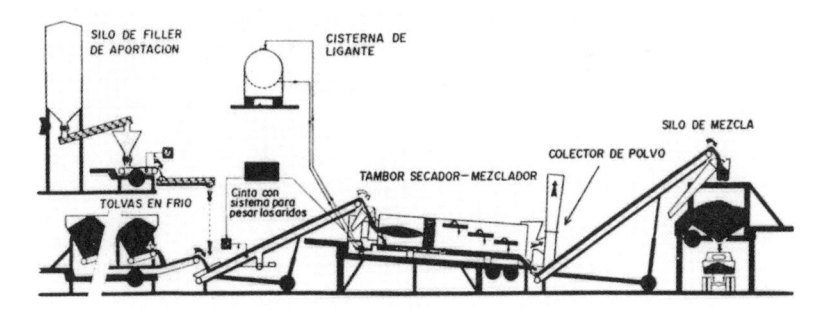

Figura 5.2 – Componentes principais duma central de tambor-secador-misturador (Kraemer, 1996)

Este último tipo de centrais tem diversas vantagens em relação às restantes já que são mais facilmente deslocáveis, têm um menor consumo energético e ocupam menor espaço. No entanto, pode haver dificuldades no cumprimento da granulometria final da mistura durante a produção, nomeadamente quando as britas e areias têm incorporado finos em excesso.

Fernando Branco   Paulo Pereira   Luís Picado Santos

O CEJAE (JAE, 1998) dá uma orientação eficaz e suficientemente descritiva das condições de produção a seguir para cada tipo de central. As tolerâncias que indica para a produção, dependendo da dimensão máxima do agregado (D), são:

	$D \leq 16$ mm	$D > 16$ mm
- percentagem de material que passa no # de 0,075 mm (n.º 200)	1%	2%
- percentagem de material que passa no # 0,180 mm (n.º 80)	2%	3%
- percentagem de material que passa no # de 2,00 mm (n.º 10)	3%	4%
- percentagem de material que passa no # 4,75 mm (n.º 4) ou superior	4%	5%
- percentagem de betume	0,3%	0,3%

A colocação em obra duma mistura betuminosa a quente (Figura 5.3) compreende as seguintes operações:

- preparação da superfície que recebe a mistura;
- transporte da mistura para o local de execução;
- espalhamento da mistura;
- compactação da mistura.

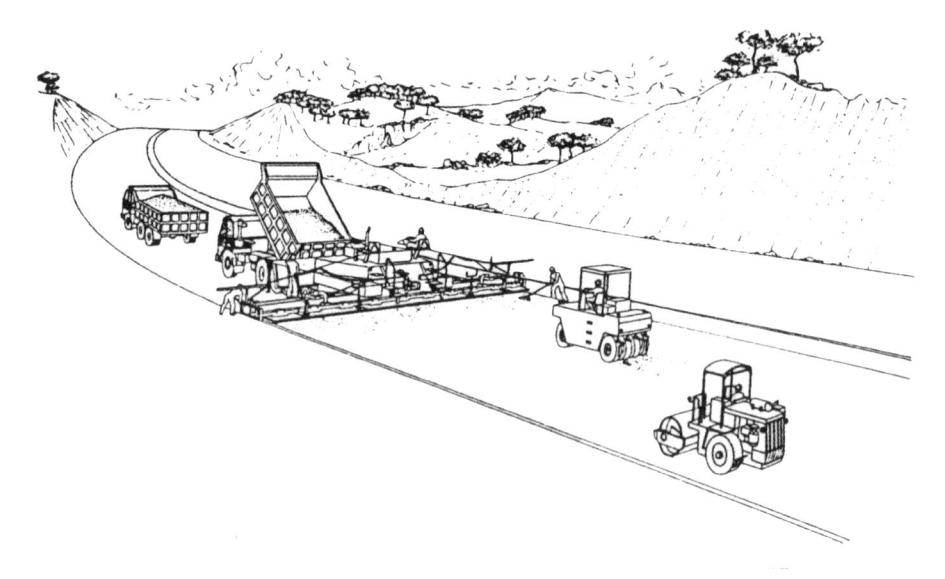

Figura 5.3 – Esquema de colocação em obra de uma mistura betuminosa
(Kraemer, 1996)

A preparação da superfície deve ter como primeiro objectivo a verificação do seu desempeno. Deve então ser assegurada uma boa regularidade da superfície e a não existência de material solto.

Antes da colocação duma mistura sobre uma camada granular, geralmente procede-se a uma rega de impregnação desta camada, o que serve para a proteger da acção do tráfego de obra e da acção da chuva, evitando a desagregação superficial. Sobre a rega de impregnação e sendo considerado necessário, o que depende da evolução das operações, deve usar-se uma rega de colagem eficiente, já que se pretende que as camadas sejam solidárias, evitando-se assim a ruína prematura por deslizamento de uma sobre a outra, devido à acção do tráfego.

Na colocação duma mistura betuminosa sobre uma camada também betuminosa, para além da limpeza e verificação da regularidade, usa-se igualmente uma rega de colagem com o objectivo já descrito.

O transporte é feito em camiões basculantes que descarregam a mistura directamente numa pavimentadora (Figura 5.3). A caixa de transporte da mistura deve estar limpa e deve ser "pintada" com um produto (por exemplo água com sabão) para evitar que a mistura adira à sua superfície. Depois de carregada, deve-se cobrir a mistura com lonas apropriadas, de modo a que a mistura tenha um mínimo de perdas no que respeita à temperatura. Esta necessidade depende da distância de transporte e das condições climatéricas (temperatura do ar e vento).

Durante a carga do camião há que ter cuidado com a segregação do material (materiais mais finos separados dos materiais mais grossos), devendo a altura de queda da mistura sobre o camião ser a menor possível e deve mover-se o camião durante a carga para evitar a formação de um só monte cónico.

O espalhamento da mistura é efectuado por pavimentadoras (Figura 5.4) que são máquinas constituídas essencialmente por um silo receptor da mistura colocada pelo camião, por um sistema motor e por um sistema de espalhamento e pré-compactação da mistura. As pavimentadoras comuns conseguem em geral colocar espessuras de 2 cm a 25 cm, numa largura de 2 metros a 5 metros e a velocidades de 200 a 1300 metros por hora.

A mistura, transportada por cintas transportadoras desde o silo receptor, é distribuída por toda a largura da pavimentadora através de um sem-fim helicoidal, o qual também serve para corrigir eventual segregação do material. Depois passa sob a mesa vibradora que pré-acondiciona a mistura, em toda a largura de espalhamento, fazendo o acabamento da mistura que fica colocada para ser compactada. A mesa vibradora é geralmente dotada de movimentos de vaivém ou de vibração, ou ainda de ambos, e, para além da regularização da superfície da mistura, realiza uma pré-compactação. É ainda provida dum sistema de aquecimento de modo a evitar que a mistura se pegue aquando das operações. A mesa vibradora também controla a espessura de colocação e naturalmente vai ajustando a saída da mistura às referências longitudinais e transversais usadas, de modo a produzir uma superfície regular.

Geralmente as pavimentadoras são dotadas de sensores electrónicos que operando com um perfil de referência, verificam em cada momento a situação da mesa vibradora, aplicando qualquer necessária correcção ao ângulo desta mesa de modo que a superfície da mistura esteja coordenada com o perfil de referência. Duma maneira geral, existe um perfil de referência de um dos lados da pavimentadora para controlar o perfil longitudinal, e um sensor de inclinação do outro lado que controla a inclinação transversal em toda a superfície de espalhamento.

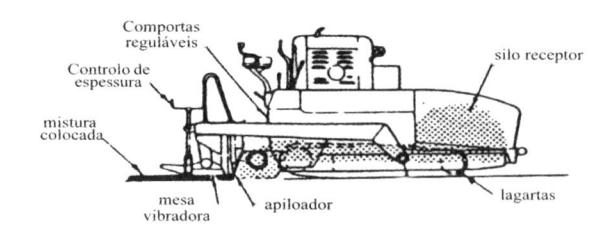

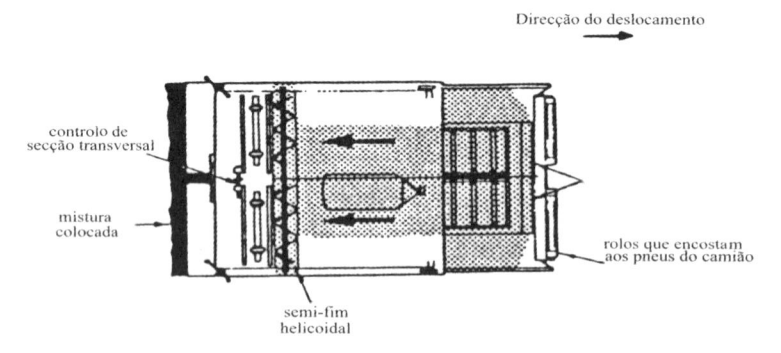

Figura 5.4 – Componentes principais duma pavimentadora (Kraemer, 1996)

Os perfis de referência podem ser fixos ou móveis. Um arame ou fio nivelado e estendido entre prumos ao longo do perfil longitudinal é um perfil de referência fixo que se pode encontrar frequentemente na construção em Portugal. Por razões que se prendem com a necessidade de uma melhor regularidade superficial, têm vindo a ser usados perfis de referência móveis (régua niveladora, por exemplo), colocados ao lado ou à frente da pavimentadora e solidários com esta, os quais através da incorporação de sensores de variabilidade vão controlando a fiabilidade da inclinação longitudinal e vão corrigindo o espalhamento, se necessário.

A velocidade com que se realiza o espalhamento tem sempre de ser ajustada à capacidade de fornecimento da central, bem como à largura e à espessura da camada a ser realizada. É importante manter durante o trabalho um ritmo constante de espalhamento/compactação, de modo a conseguir obter com mais facilidade uma boa regularidade superficial.

A compactação tem por objectivo que a mistura fique com a densidade preestabelecida. O trem de compactação mais usual na compactação de misturas betuminosas é constituído por cilindros de pneus e cilindros de rolos de rasto liso (Figura 5.5). Habitualmente começa-se a compactação com o cilindro de rolos a vibrar, introduzindo-se de seguida o cilindro de pneus com pressão elevada, acabando a passar o cilindro de rolos sem vibrar para regularizar eventuais vincos de pequena expressão deixados pelo cilindro de pneus. Por vezes, quando a espessura a compactar é relativamente alta, pode utilizar-se o trem ao contrário, isto é, primeiro o cilindro de pneus, por vezes fazendo progredir a pressão dos pneus durante a compactação (primeiro mais baixa e depois mais alta), entrando de seguida o cilindro de rolos a vibrar ou só a eliminar eventuais vincos, portanto sem vibrar.

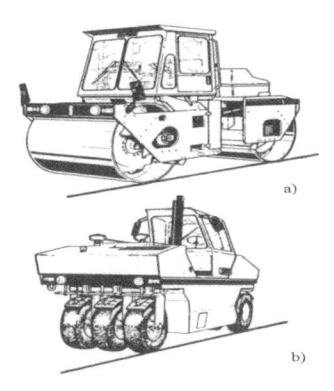

Figura 5.5 – Compactadores para misturas betuminosas: a) cilindro de rolos; b) cilindro de pneus (Kraemer, 1996)

Para o processo de compactação, o CEJAE (JAE, 1998) dá uma orientação eficaz e suficientemente descritiva das condições a respeitar neste processo. O CEJAE indica que o cilindramento deve ser efectuado até terem desaparecido as marcas dos rolos da superfície da camada e se ter atingido o grau de compactação de 97% referido à baridade obtida sobre provetes Marshall moldados com a mistura produzida nesse dia. Quando estes valores variarem +/- 0,05 t/m^3 em relação à baridade do estudo de formulação este terá que ser respeitado

Para que se realize uma boa compactação é necessário que o betume tenha uma viscosidade adequada, (viscosidade dinâmica entre 2 Pa.s e 20 Pa.s,) o que pode significar temperaturas da mistura entre os 120 $^\circ$C e os 140 $^\circ$C, embora naturalmente tudo isto dependa do trem de compactação disponível e do tipo de betume. Noutro sentido, a temperatura a que está a mistura também não pode ser muito elevada porque corre-se o risco de produzirem-se deformações acentuadas com a passagem do trem de compactação.

Para a avaliação de todas as condições indispensáveis a uma boa compactação devem realizar-se trechos experimentais, onde questões como que temperatura de mistura, qual o trem de compactação e qual o número de passagens deste trem, podem ser esclarecidas antes de se iniciar a obra.

5.3.2. Misturas Betuminosas a Frio

Neste caso as centrais são mais simples já que não é preciso aquecer os materiais. Genericamente, são constituídas por silos de armazenagem a frio dos agregados com sistema de dosagem em peso e transporte para o misturador e sistema de armazenamento e dosagem do ligante (emulsão asfáltica), podendo este estar dotado dum sistema de pré-envolvimento por água do agregado. Geralmente estas centrais utilizam um esquema contínuo de produção.

Também existem pequenas centrais de mistura e imediata colocação em obra, que se podem designar por centrais-pavimentadoras.

A colocação em obra de misturas betuminosas a frio obedece a regras idênticas e utiliza os mesmos equipamentos das misturas betuminosas a quente, excepto no que respeita às preocupações com a temperatura do material e do equipamento ou partes do equipamento usados para que a perda de temperatura seja menor. Terá no entanto de haver uma boa trabalhabilidade da mistura, que é influenciada pela qualidade e quantidade de fluidificantes da emulsão betuminosa usada, sobretudo no caso de misturas abertas (com valor de porosidade relativamente elevado – 15% ou mais), ou mesmo pela quantidade de água da emulsão betuminosa, sobretudo no caso de misturas fechadas.

5.4. Controlo de Qualidade das Camadas de Misturas Betuminosas

O controlo de qualidade é sempre realizado de acordo com o tipo e frequência de ensaios definidos nos cadernos de encargos das administrações rodoviárias. Compreende sobretudo a verificação das especificações dos materiais elementares que formam as misturas e a verificação da qualidade destas, antes de aplicadas e depois de executadas, também de acordo com as especificações definidas.

Considerando que se encontram descritas as qualidades a verificar para o fabrico (ver também o Capítulo 4) e aplicação das misturas, descreve-se a seguir o que é preconizado pelo CEJAE (JAE, 1998) no que diz respeito à verificação da qualidade após aplicação.

Os valores medidos das espessuras das camadas devem ser superiores às espessuras de projecto em pelo menos 95% das carotes extraídas. As restantes devem satisfazer as tolerâncias mostradas no Quadro 5.1, mas a espessura total das camadas não deve ser inferior à projectada.

Quadro 5.1 – Tolerância relativa às espessuras das camadas (JAE, 1998)

Camada de desgaste	1ª camada subjacente à camada de desgaste	2ª camada e seguintes subjacentes à camada de desgaste
±0,5 cm	±1,0 cm	±2,0 cm

Os valores relativos ao grau de compactação e porosidade deverão ser respeitados em 95% das carotes que entram na apreciação.

A superfície acabada deve ficar bem desempenada, com um perfil transversal correcto e livre de depressões, alteamentos e vincos, não podendo, em qualquer ponto, apresentar diferenças superiores a 1,5 cm em relação aos perfis longitudinal e transversal estabelecidos. A uniformidade em perfil será verificada tanto longitudinalmente como transversalmente, através de uma régua fixa ou móvel de 3 m devendo os valores medidos cumprir os limites indicados no Quadro 5.2.

Devem ainda ser respeitados os valores admissíveis para o índice International Roughness Index (IRI) definidos no Quadro 5.3 para a camada de desgaste. Este índice será descrito pormenorizadamente, como se disse, no Capítulo 9. Para a obtenção dos valores do Quadro 5.3 para a camada de desgaste, recomenda o CEJAE que sejam respeitados, para a 1ª e 2ª camadas subjacentes à camada de desgaste, os valores também mostrados neste quadro.

Quadro 5.2 – Limites para as irregularidades medidas com régua fixa ou móvel de 3 m
(JAE, 1998)

Tipo de irregularidade	Camada de desgaste	1ª camada subjacente à camada de desgaste	2ª camada e seguintes subjacentes à camada de desgaste
Irregularidades transversais	0,5 cm	0,8 cm	1,0 cm
Irregularidades longitudinais	0,3 cm	0,5 cm	0,8 cm

Quadro 5.3 – Valores admissíveis de IRI (m/km), calculados por troços de 100 metros, em pavimentos com camadas betuminosas (JAE, 1998)

Camada	Percentagem da extensão da obra		
	50%	80%	100%
Camada de desgaste	$\leq 1,5$	$\leq 2,5$	$\leq 3,0$
1ª camada sob a camada de desgaste	$\leq 2,5$	$\leq 3,5$	$\leq 4,5$
2ª camada e seguintes sob a camada de desgaste	$\leq 3,5$	$\leq 5,0$	$\leq 6,5$

Estes valores devem ser medidos em cada via de tráfego, ao longo das duas rodeiras (esquerda e direita), e calculados os correspondentes IRI por troços de 100 m. O valor médio obtido nas duas rodeiras por cada troço de 100 m será o representativo desse troço.

Segundo o CEJAE, os valores de IRI do Quadro 5.3 permitem classificar a irregularidade de acordo com o que se mostra no Quadro 5.4.

A medição da irregularidade com vista à determinação do IRI deverá ser efectuada recorrendo a métodos que forneçam o perfil longitudinal da superfície, tais como nivelamento topográfico de precisão, o equipamento APL, ou os equipamentos que utilizam sensores tipo laser ou ultra-sons. O intervalo de amostragem mínimo utilizado para o levantamento do perfil deverá ser da ordem de 0,25 m.

Não deverão ser utilizados equipamentos que efectuem a medição da irregularidade com base na resposta da suspensão de um veículo (designados por equipamentos tipo "resposta"), atendendo às limitações que estes equipamentos apresentam. Considera-se, com efeito, desejável o fornecimento dos resultados sob a forma de perfil longitudinal da superfície segundo o alinhamento ensaiado, para além dos valores do IRI por troços de 100 m, de modo a poderem visualizar-se quaisquer deficiências pontuais existentes na superfície, facilitando assim a sua localização e posterior correcção quando se justifique.

Fernando Branco   Paulo Pereira   Luís Picado Santos

Quadro 5.4 – Classificação de irregularidade segundo o CEJAE (JAE, 1998)

Muito Bom	excede largamente os parâmetros exigidos
Bom	cumpre os parâmetros exigidos excepção feita à percentagem da extensão do traçado com valores inferiores a 3,0, que deverá ser superior ou igual a 95%
Razoável	cumpre os parâmetros exigidos, excepção feita às percentagens de extensão do traçado com valores inferiores a 1,5 e 3,0, onde se admitem respectivamente as percentagens de 40 e 90
Medíocre	não cumpre as exigências anteriores (razoável), mas apresenta valores de IRI de 1,5; 2,5 e 3,0 em percentagens do traçado superiores a 15, 60 e 85, respectivamente
Mau	não cumpre os parâmetros exigidos nas classificações anteriores

Para a determinação da rugosidade, a superfície de camadas de desgaste deverá apresentar uma profundidade mínima de textura superficial, caracterizada pelo ensaio da "mancha de areia". A altura de areia (Aa) obtida deverá estar de acordo com o especificado no Quadro 5.5.

Quadro 5.5 – Altura de areia mínima segundo o CEJAE (JAE, 1998)

Tipo de mistura betuminosa	Altura de areia (mm)
Betão betuminoso	Aa > 0,6
Betão betuminoso drenante	Aa > 1,2
micro-betão rugoso	Aa > 1,0
Argamassa betuminosa	Aa > 0,4
Mistura betuminosa de alto módulo	Aa > 0,4

A resistência à derrapagem pode ser avaliada através de ensaios de medição do coeficiente de atrito em contínuo. Quando feita com o aparelho SCRIM, o valor do coeficiente de atrito deverá ser superior a 0,40 se as medições efectuarem-se a 50 km/h, ou a 0,20 para medições a 120 km/h. Estes valores indicados pelo CEJAE, são pouco exigentes se comparados com a prática de outros países.

Em alternativa, a resistência à derrapagem poderá ser avaliada através de ensaios para determinação do coeficiente de atrito pontual, a efectuar com o Pêndulo Britânico. Estes ensaios deverão ser realizados de 500 em 500 m. Após construção, a camada de desgaste deverá apresentar um coeficiente de atrito superior a 0,55, após ser removida pela passagem do tráfego a película de betume que envolve os agregados à superfície. Estes ensaios caracterizam de forma menos fiável o coeficiente de atrito.

5.5. Fabrico e Colocação em Obra de Tratamentos Superficiais

Nesta secção vai descrever-se o fabrico e a colocação em obra de quatro técnicas de tratamento superficial, os revestimentos superficiais, o microaglomerado betuminoso a frio, a lama asfáltica e o microbetão betuminoso rugoso, as quais empregam uma tecnologia que nalgumas situações tem especificidades diferentes das misturas betuminosas.

Os revestimentos superficiais são camadas de desgaste delgadas, constituídas pela sobreposição, geralmente alternada, de uma ou mais camadas de ligante hidrocarbonado e de agregado granular sobre o pavimento existente. As características dos materiais que os constituem foram apresentadas no Capítulo 4 (em 4.7). No Capítulo 10 (em 10.2.2) são descritos mais pormenorizadamente os vários tipos de revestimentos superficiais e a sua aplicabilidade, tendo em vista, principalmente, o emprego em obras de reabilitação, embora sejam também aplicados em construção nova. Trata-se de uma técnica versátil e relativamente económica, com a qual se pretende tornar homogénea a superfície de rolamento e, ao mesmo tempo, assegurar a sua impermeabilização, oferecer características antiderrapantes e diminuir a projecção de água.

No que respeita à dosagem de ligante e agregados, no Quadro 5.6 (Pinelo, 1997) são apresentados valores indicativos em função do tipo de revestimento, embora os mais usados entre nós, em construção nova, sejam os três primeiros.

Trata-se de valores que estão sujeitos a correcções em função do tráfego, da exposição solar e do estado do suporte. Contudo, a correcção a efectuar para cada obra realizada deve ser feita em trechos experimentais no início de cada trabalho.

Um dos aspectos importantes para o sucesso desta técnica é a preparação do suporte. Assim, deve homogeneizar-se o estado de superfície e corrigir defeitos localizados de geometria. Quando há grandes defeitos (grande irregularidade longitudinal), dever-se-á recorrer a outra técnica.

Quadro 5.6 – Valores indicativos de dosagens de agregados e ligante para diversos tipos de revestimento, para tráfego ligeiro (Pinelo, 1997)

Estruturas	Granulometria	Ligante anidro kg/m^2	Emulsão (69%) kg/m^2	Agregados l/m^2
Simples (LA)	4/6	1,050	1,300	6 a 7
	6/10	1,350	1,750	8 a 9
	10/14	1,600	2,150	11 a 13
Simples com duas aplicação de agregado (LAa)	6/10 2/4	1,300	1,750	6 a 7 3 a 4
	10/14 4/6	1,550	2,150	8 a 9 4 a 5
Duplo (LALa)	6/10 2/4	0,850 0,850	1,000 1,300	7 a 8 4 a 5
	10/14 4/6	0,950 0,950	1,100 1,400	10 a 11 6 a 7
Simples com aplicação prévia de agregado (ALa)	4/6 2/4	1,050	1,300	5 a 6 4 a 5
	6/10 2/4	1,350	1,750	7 a 8 6 a 7
	10/14 4/6	1,600	2,100	8 a 9 7 a 8
Duplo com aplicação prévia de agregado (ALALa)	10/14 6/10 4/6	1,400 1,400	1,750 1,650	8 8 7 a 8
	14/20 10/14 4/6	1,600 1,500	1,950 1,850	9 7 7 a 8

Fernando Branco   Paulo Pereira   Luís Picado Santos

Devido à sua flexibilidade, boa impermeabilização e rugosidade e visto ser uma técnica económica, os revestimentos superficiais têm muitas potencialidades de uso, mas para serem eficazes, precisam de cuidados especiais na concepção e colocação em obra.

Quanto ao processo e equipamento de colocação em obra, a execução dum revestimento superficial comporta várias operações, indicadas na Figura 5.6 (Brosseaud, 1996) que mostra a sua sequência e os equipamentos usados.

Antes da abertura ao tráfego, faz-se, como se mostra, uma operação de limpeza do revestimento com varredoras-aspiradoras, de modo a eliminar gravilhas soltas que seriam perigosas à circulação de veículos.

Todas as operações descritas devem ser efectuadas por equipamentos com rendimentos (velocidades de avanço e largura de aplicação dos constituintes) semelhantes. Deste modo, haverá maior rendimento do "estaleiro" móvel, que será limitado por sinalização adequada, habitual em todas as obras de pavimentação.

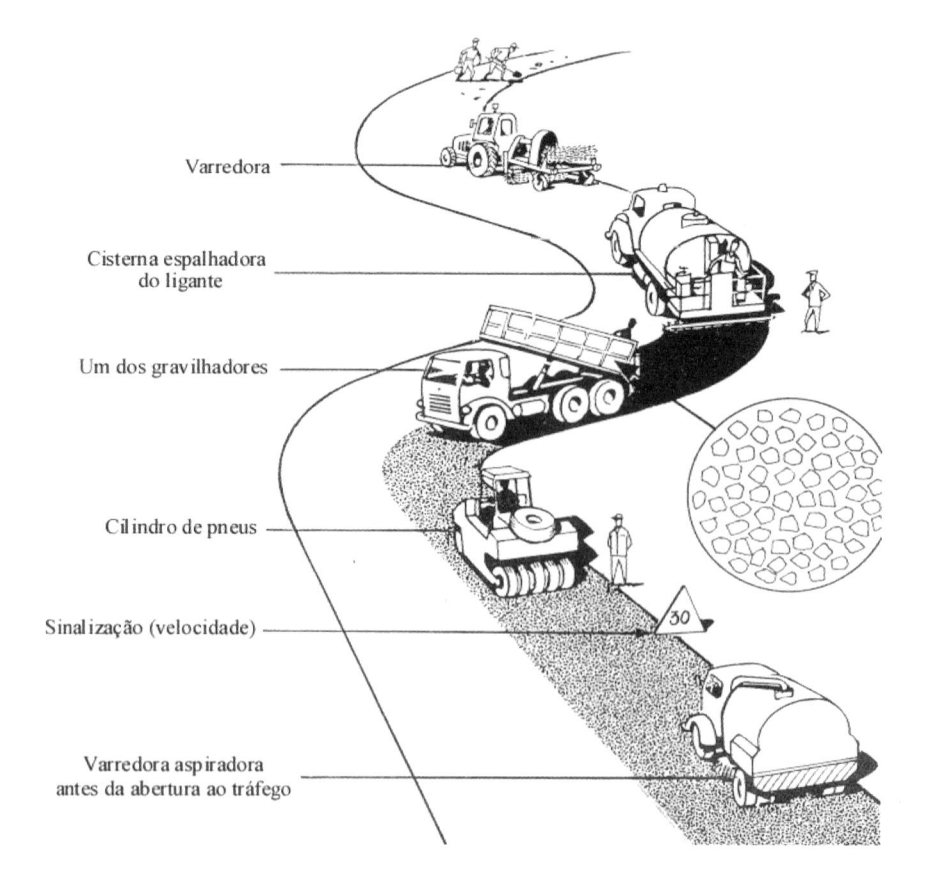

Figura 5.6 – Diferentes operações e equipamentos de colocação em obra do revestimento superficial (Brosseaud, 1996)

O microaglomerado a frio é uma mistura betuminosa a frio com emulsão betuminosa, normalmente modificada, fabricada "in situ" com equipamento apropriado e posteriormente espalhada sobre o pavimento existente, em estado fluido (sem se ter dado ainda a rotura da emulsão) e numa camada bastante delgada. A espessura média desta camada é de 1 cm. As características dos materiais foram apresentadas no Capítulo 4 (em 4.7) e a sua aplicabilidade é analisada no Capítulo 10 (em 10.2.3).

O fabrico e a colocação sobre o suporte são operações sucessivas realizadas com ajuda de equipamentos móveis, capazes de assegurar as seguintes funções:

- armazenar os materiais (agregados, emulsão, água e aditivos);
- dosear os diversos constituintes e misturadora em contínuo;
- espalhar a mistura sobre o suporte.

Existem dois tipos de equipamentos que realizam estas funções: as máquinas tradicionais e as máquinas de carregamento frontal. Estas últimas asseguram as mesmas funções das máquinas tradicionais (Figura 5.7), mas estão equipadas com uma tremonha de recepção colocada à frente, permitindo uma alimentação em contínuo dos agregados. Deste modo, consegue-se um rendimento três ou mais vezes superior ao das máquinas tradicionais, através do espalhamento contínuo, além duma maior regularidade da camada visto não haver tantas interrupções no seu espalhamento.

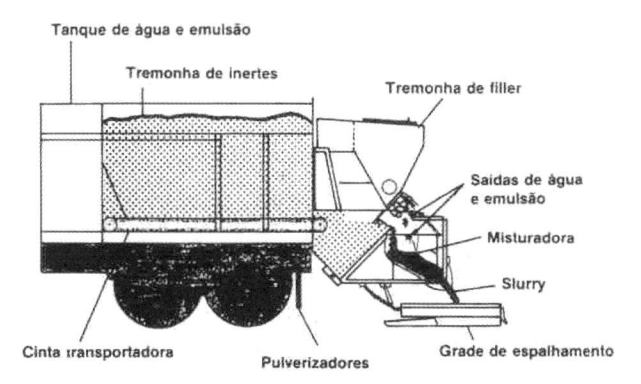

Figura 5.7 – Esquema de equipamento para fabrico e colocação em obra de microaglomerado betuminoso a frio ou lama asfáltica (slurry seal)

É indispensável molhar o suporte em tempo seco, o que também é realizado pelo mesmo equipamento. O espalhamento deve ser realizado de modo a haver uma repartição correcta da mistura sobre o suporte, sem segregação e com uma certa pré-compactação. Não há necessidade de compactação específica, e em menos de uma hora (logo que se dê a rotura da emulsão e haja uma certa coesão da mistura) pode começar a circulação normal do tráfego automóvel.

A técnica lama asfáltica ou "Slurry Seal", é uma mistura betuminosa semelhante ao microaglomerado betuminoso a frio, estando a diferença entre as duas misturas na menor dimensão dos agregados utilizados na lama asfáltica. As características dos materiais foram referidas no Capítulo 4 (em 4.7.) e a sua aplicabilidade é analisada no Capítulo 10 (em 10.2.4) O fabrico e colocação em obra são realizados de forma semelhante à já descrita pata o microaglomerado betuminoso a frio.

O microbetão betuminoso rugoso é aplicado, como se disse, em camadas delgadas com espessuras compreendidas entre 2,5 e 3,5 cm.

A mistura de agregados é realizada a partir das fracções 0/2 e 6/10, resultando uma granulometria 0/10 com descontinuidade na fracção 2/6. Em geral utiliza-se um ligante modificado com polímeros que habitualmente são elastómeros. As características dos materiais foram apresentadas no Capítulo 4 (em 4.6.4.) e a sua aplicabilidade é comentada no Capítulo 10 (em 10.2.5).

Quanto às condições de fabrico e colocação em obra desta camada devem ser seguidas as recomendações gerais para as misturas betuminosas a quente. Antes do início dos trabalhos, a superfície da camada subjacente será, obrigatoriamente, muito bem varrida e limpa de todos os detritos e material solto.

Após as operações de limpeza, é aplicada uma rega de colagem com uma emulsão betuminosa, com uma taxa de betume residual de 350 a 400 g/m^2. A aplicação desta emulsão deve ser efectuada com equipamento que permita a obtenção de um espalhamento transversal uniforme, à taxa indicada, dispondo de dispositivo para aquecimento indirecto do ligante até temperaturas de 60 ºC. É necessário proceder à calibração prévia do equipamento, de modo a comprovar o funcionamento da barra de espalhamento e respectivos difusores.

Após o tratamento da superfície com a emulsão não deve ser permitida a circulação do tráfego de obra, sendo a aplicação da rega coordenada com o espalhamento da mistura rugosa, de modo a que a emulsão já tenha rompido antes da sua aplicação.

O fabrico deste tipo de misturas betuminosas deverá ser efectuado de preferência numa central de tipo descontínua, ou do tipo contínuo desde que com controlo ponderal da dosagem de finos em báscula individual e com a capacidade necessária de dosificação da fracção mais fina, com um rendimento tal que assegure um abastecimento contínuo das misturas às pavimentadoras.

A temperatura de fabrico destas misturas deve ser superior em cerca de 20 ºC à das misturas tradicionais, sendo da ordem de 160 ºC a 180 ºC. Esta exigência resulta da elevada viscosidade do betume modificado. No entanto, a temperatura não deverá exceder os 190ºC, de modo a evitar a degradação do próprio polímero e a oxidação do betume.

Quanto ao transporte destas misturas betuminosas, este deve ser o mais reduzido possível, de modo a evitar a segregação do material, o escorrimento do betume modificado e o arrefecimento da mistura.

O abastecimento das pavimentadoras deve ser contínuo, com a utilização de camiões cobertos, dado que, pelo facto da mistura ser de granulometria descontínua, a perda de temperatura é superior à das misturas convencionais.

A compactação deverá ser realizada com temperaturas da mistura da ordem de

140 °C a 160 °C. A mistura não poderá ser espalhada com temperatura ambiente inferior a 10 °C, tempo chuvoso ou velocidades do vento excessivas (superiores a 30 km/h).

O equipamento de compactação deve ser constituído por cilindros de rasto liso estáticos, de 10 a 12 tf, molhados, de modo a evitar a aderência do ligante betuminoso aos rolos. Geralmente, são necessárias poucas passagens de cilindros, não sendo permitida a utilização de cilindros de pneus. A utilização desta mistura pressupõe que o pavimento existente apresente uma reduzida deformabilidade, logo com boa capacidade estrutural.

5.6. Controlo de Qualidade de Tratamentos Superficiais

Tal como se escreveu para as misturas betuminosas, o controlo de qualidade é sempre realizado de acordo com o tipo e frequência de ensaios definidos nos cadernos de encargos das administrações rodoviárias. Neste caso vão só sublinhar-se algumas das orientações que são geralmente aceites para os materiais destinados a tratamentos superficiais.

No caso dum revestimento superficial, as taxas de ligante betuminoso e agregado são geralmente comprovadas através de pesagem de bandejas ou chapas metálicas, colocadas sobre a superfície do pavimento, durante o espalhamento do agregado ou do ligante em pelo menos cinco pontos distintos. Noutros pontos deverão ser efectuados ensaios tendentes a avaliar a textura superficial do trabalho executado.

No caso dum microaglomerado betuminoso a frio ou de uma lama asfáltica, as taxas de aplicação da mistura comprovar-se-ão pelo quociente entre o peso total dos materiais correspondentes a cada carga, medido por diferença de peso do equipamento de fabrico e espalhamento antes e depois de carregado, e a superfície efectivamente revestida medida em obra. A báscula deverá estar aferida. Em pelo menos cinco pontos distintos, deverão ser efectuados ensaios tendentes a avaliar a textura superficial do trabalho executado.

Para o microbetão betuminoso rugoso, o seu controlo de qualidade é em tudo semelhante ao já descrito para as misturas betuminosas a quente colocadas em camada de desgaste.

5.7. Fabrico e Colocação em Obra de Misturas Aglutinadas com Cimento

As centrais de fabrico de betão de cimento são geralmente descontínuas. A sua capacidade de produção deve poder alimentar uma pavimentadora que deve ter uma velocidade de deslize superior a 60 m por hora. Pavimentando-se duas vias em simultâneo, a capacidade da central deve ser superior a 150 m^3/h.

Todos os componentes do betão devem poder dosear-se em peso, excepto a água e alguns adjuvantes líquidos que o podem ser em volume.

Para a produção, a obra deve dispor de pelo menos metade dos agregados necessários e uma quantidade de cimento superior à necessária a um dia de fabrico.

A execução dum pavimento rígido compreende as tarefas seguintes:

* preparação da superfície existente;
* transporte;
* colocação em obra e vibração do betão de cimento;
* acabamento da superfície;
* execução das juntas.

A preparação da superfície existente deverá ser cuidada, exigindo-se uma boa regularidade e pouca sensibilidade à acção do tráfego de obra. Se a superfície que vai receber a laje de betão de cimento for de uma camada de material tratado com cimento, é habitual estender-se uma tela de plástico sobre ela de modo a evitar que um eventual abrir e fechar das juntas de retracção, por acção das variações climatéricas ou por acção do tráfego de obra, se transmita ao betão fresco. Em geral, o transporte para obra desde a central de fabrico realiza-se em camiões basculantes, utilizando-se lonas de protecção do betão de cimento no caso de condições desfavoráveis (secas e quentes).

A colocação em obra é frequentemente realizada por pavimentadoras de cofragens deslizantes, que estendem, vibram e regularizam a mistura a colocar. Utilizam-se tanto nas lajes superiores de betão como na realização da sub-base, quando esta é realizada em betão pobre vibrado. Geralmente estão dotadas de dispositivos de introdução semi-automática dos varões passadores de carga nas juntas sem que se tenha de parar a pavimentadora. Também os varões de ligação na junta longitudinal podem ser colocados nas mesmas condições. O rendimento duma boa pavimentadora deste tipo pode chegar a um quilómetro por dia para uma largura de colocação de 7,5 metros.

O acabamento da superfície passa pela retirada da leitada de cimento superficial por acção química ou mecânica. O acabamento é, no entanto, geralmente efectuado mecanicamente por dispositivos que produzem um estriado longitudinal ou helicoidal, ou, mais frequentemente, transversal. Finalmente é habitual espalhar-se, também mecanicamente, um produto filmogénico que serve de rega de cura do betão e que deve assegurar uma fina e perfeita camada, contínua e uniforme. Quando as juntas são serradas posteriormente deve voltar-se a aplicar o produto sobre a ranhura formada.

A execução das juntas pode ser feita por moldagem no betão fresco ou por serragem com serras mecânicas automotoras. O tempo que decorre entre a colocação em obra e a serragem depende do tipo de betão (do seu tempo de cura) e da temperatura ambiente. É necessário controlar bem este processo já que em condições excepcionais de tempo quente e seco seguido de noite fria, a não existência da serragem pode dar origem a uma distribuição aleatória de fendilhamento por retracção, o que tem como consequência a substituição de toda a camada nas zonas onde acontece esse fendilhamento. Posteriormente é necessário proceder à selagem das juntas com produtos betuminosos a frio ou a quente, ou ainda recorrendo a um perfil de policloropreno.

No fabrico e colocação duma camada de betão pobre vibrado são de respeitar as prescrições efectuadas anteriormente, com excepção da serragem de juntas e da estriagem superficial.

No caso de camadas com características de base, executadas em agregado britado de granulometria extensa tratado com ligantes hidráulicos e em betão pobre cilindrado, de acordo com o CEJAE (JAE, 1998) deve ser realizado um estudo de composição adequado, onde se definirá:

- a curva granulométrica de referência;
- o teor em água óptimo;
- a baridade seca de referência;
- o teor em ligante (cimento ou cimento + cinzas volantes);
- o teor em eventuais aditivos.

O teor em água óptimo para aplicação do material em obra será o teor óptimo (Wopt) obtido em ensaio com pilão vibrador de acordo com a especificação BS 1924 - Test 5. A baridade seca de referência será a correspondente àquele teor óptimo em água.

O teor em ligante será, em princípio, o correspondente a uma resistência média à tracção em compressão diametral de 1,0 MPa aos 28 dias. Para a composição da mistura (agregados, cimento, água e eventuais aditivos) deverão ser moldados pelo menos 5 provetes.

Os ensaios prévios em obra, a realizar pelo menos 60 dias antes da aplicação do material, em obra, têm por objectivo comprovar que, com o equipamento de fabrico, se obtém uma mistura com as características exigidas.

Após ter sido adoptada uma composição para a mistura por meio dos ensaios prévios em obra, deve realizar-se um trecho experimental com o mesmo tipo de plataforma de apoio, de equipamento, de ritmo de trabalhos e de métodos construtivos que se utilizarão durante a execução da obra.

Durante a realização do trecho experimental será verificado:

- se os meios de transporte e colocação em obra permitem uma boa homogeneidade da camada;
- se os meios de compactação permitem obter uma adequada compacidade da mistura;
- se a espessura da camada e a sua regularidade superficial estão dentro dos limites especificados;
- se o processo de protecção superficial da camada é o adequado;
- se as juntas construtivas são realizadas correctamente.

A aplicação das misturas em obra só poderá ser feita quando a temperatura ambiente, à sombra, for superior a 5 °C, e não se preveja a formação de gelo.

Podem existir limitações para o período de trabalhabilidade quando a temperatura ambiente, à sombra, é superior a 30 °C. Caso chova os trabalhos deverão ser imediatamente suspensos, e deverá ser aplicada a rega de cura.

O fabrico das misturas é feito em central apropriada semelhante à usada para o betão de cimentos. O processo de enchimento dos camiões deve minimizar a segregação e a exposição às condições atmosféricas, devendo o transporte ter a duração compatível com a necessidade do tempo decorrido desde o início da mistura até ao início da compactação não ser superior a 2 horas (1 hora no caso da temperatura ambiente ser superior a 30 ºC).

As misturas deverão ser espalhadas numa largura mínima de 4,5 m por meio de máquina pavimentadora (não deve ser permitido o espalhamento com motoniveladora).

A compactação deve seguir imediatamente o espalhamento da mistura e o equipamento deve incluir, pelo menos, um cilindro vibrador e um cilindro de pneus. O seu número deve, no entanto, ser estabelecido em função do rendimento esperado.

A compactação relativa, referida ao ensaio de compactação realizado de acordo com a especificação BS 1924:1975, deverá ser superior a 98% dada a importância da compactação no comportamento mecânico da mistura a longo prazo.

As juntas de trabalho transversais deverão existir sempre que o processo construtivo se interromper para além do período de trabalhabilidade e no final de cada período de trabalho. As juntas de trabalho longitudinais, entre faixas adjacentes, são necessárias sempre que a largura de espalhamento for inferior à largura a pavimentar e o período decorrido entre o espalhamento de faixas adjacentes for superior ao período de trabalhabilidade.

A técnica de tratamento a dar às juntas deve ser estabelecida aquando da realização do trecho experimental. As juntas transversais devem ser cortadas verticalmente para remoção do material não adequadamente compactado. Sempre que não existir uma cofragem para contenção lateral durante a compactação, as juntas longitudinais serão formadas através da remoção da zona lateral não compactada, criando uma face vertical. Quer no caso das juntas longitudinais quer no caso das transversais, as faces cortadas, expostas às acções ambientais, devem ser protegidas contra a perda de água necessária à cura do material.

À superfície da camada deve ser aplicado um tratamento betuminoso de cura. A superfície deve ser mantida húmida até ao momento da aplicação deste tratamento, que deve ser feito tão cedo quanto possível. Antes da aplicação da camada sobrejacente, dever-se-á remover o tratamento de cura que se apresente desligado da camada.

A circulação de veículos de obra sobre a camada deve ser restringida e será interdita durante 7 dias após construção.

5.8. Controlo de Qualidade de Misturas Aglutinadas com Cimento

O controlo de qualidade neste caso tem os mesmos princípios já enunciados para as misturas betuminosas. Descreve-se seguidamente o que é preconizado pelo CEJAE (JAE, 1998) no que diz respeito à verificação da qualidade após aplicação.

Para o betão de cimento, os valores medidos das espessuras das camadas devem ser iguais ou superiores às espessuras de projecto em pelo menos 95% das carotes extraídas. As restantes devem satisfazer as tolerâncias mostradas no Quadro 5.1.

Os valores relativos ao grau de compactação deverão ser respeitados em 95% das carotes em apreciação. Terá de haver ainda um mínimo absoluto de 3% no que respeita à porosidade.

A superfície acabada deve ficar bem desempenada, com um perfil transversal correcto dimensionalmente e livre de depressões, alteamentos e vincos. A uniformidade em perfil será verificada tanto longitudinalmente como transversalmente, através de uma régua fixa ou móvel de 3 m devendo os valores medidos cumprirem os limites indicados no Quadro 5.2.

Devem ainda ser respeitados os valores admissíveis para o índice IRI definidos no Quadro 5.7, o qual tem um enquadramento semelhante ao descrito para as misturas betuminosas, tal como a classificação da irregularidade mostrada no Quadro 5.8.

Quadro 5.7 – Valores admissíveis de IRI (m/km), calculados por troços de 100 metros, em pavimentos com camadas de desgaste em betão de cimento (JAE, 1998)

Camada	Percentagem da extensão da obra		
	50%	75%	90%
Camada de desgaste	$\leq 2,0$	$\leq 2,5$	$\leq 3,0$

Quadro 5.8 – Classificação de irregularidade segundo o CEJAE (JAE, 1998)

Bom	cumpre os parâmetros exigidos
Razoável	não cumpre as exigências anteriores, apresentando valores de IRI de 2,0; 2,5 e 3,0 em percentagens do traçado superiores a 15, 50 e 80, respectivamente
Mau	não cumpre os parâmetros exigidos nas classificações anteriores

A medição da irregularidade com vista à determinação do IRI tem o enquadramento descrito para as misturas betuminosas. No caso de pavimentos rígidos, a altura de areia (Aa) obtida deverá ser superior a 0,6 mm. Após construção, a camada de desgaste deverá apresentar um coeficiente de atrito superior a 0,55. Se for avaliada através de ensaios de medição do coeficiente de atrito em contínuo com o aparelho SCRIM, os valores a exigir são iguais aos descritos para as misturas betuminosas.

No caso de camadas com características de base, executadas em agregado britado de granulometria extensa tratado com ligantes hidráulicos e em betão pobre cilindrado, ainda de acordo com o CEJAE (JAE, 1998) a espessura indicada em projecto é o valor mínimo a obter em obra. No caso de se obterem espessuras inferiores não será permitida a construção de camadas delgadas.

O controlo de qualidade será realizado de acordo com o tipo e frequência de ensaios definidos no CEJAE, nomeadamente em relação à granulometria e teor em ligante, à espessura das camadas, ao grau de compactação e resistência à tracção.

Quanto à regularidade da superfície da camada depois de compactada, como noutras situações, a superfície da camada não deverá ter, em qualquer ponto, diferenças superiores a 1,5 cm em relação aos perfis longitudinal e transversal estabelecidos, nem apresentar irregularidades superiores a 1 cm, no sentido longitudinal e 1,5 cm no sentido transversal, quando medidas com a régua de 3 m.

Fernando Branco   Paulo Pereira   Luís Picado Santos

5.9. Referências Bibliográficas

Brosseaud, Y., 1994. *Évolution et perspectives d'avenir des enrobés à chaud pour l'entretien des chaussées*. Bulletin de Liaison des Laboratoires des Ponts et Chaussées – Spécial XVII, Gestion de l'entretien de la route, pp 193-206. Ministère de l'Équipement, des Transports et du Tourisme, Paris.

JAE, 1998. *Caderno de Encargos: 03-pavimentação*. JAE (actual IEP), volume V, Almada.

Kraemer, C.; Val, M, 1996. *Caminos y Aeropuertos: firmes e pavimentos*. Departamento de Transportes - E.T.S. de Ingenieros de Caminos, Canales y Puertos, Universidade Politecnica de Madrid, Madrid.

Pinelo, L., 1997. *Revestimentos Superficiais*. Colóquio sobre Conservação. Junta Autónoma de Estradas.

Wright, P.; Paquette, R., 1987. *Highway Engineering*. John Wiley & Sons, 5th edition, New York.

Capítulo 6
CARACTERIZAÇÃO DO TRÁFEGO E DA TEMPERATURA DE SERVIÇO

6.1. Introdução

As acções fundamentais a considerar no dimensionamento de pavimentos rodoviários flexíveis são, como se disse, o tráfego e as que decorrem dos agentes climatéricos, entre as quais a temperatura, nas misturas betuminosas, que depende de agentes como a temperatura do ar, a radiação solar (decisiva no fenómeno de troca de calor por radiação) e a velocidade do vento à superfície do pavimento (determinante no fenómeno de troca de calor por convecção), e ainda a variação do teor em água das camadas não tratadas do pavimento e do solo de fundação, naturalmente por acção da pluviosidade.

A temperatura das camadas betuminosas condiciona a sua rigidez e, portanto, o seu comportamento como elemento da estrutura do pavimento. Ela tem, por isso, que ser tomada em conta ao dimensionar-se o pavimento, como se verá adiante.

A variação do teor em água da fundação dos pavimentos é tida em conta ao fixar as suas características de resistência e deformabilidade, tomando-se em geral as correspondentes às situações de teor em água mais desfavoráveis. Quanto às camadas granulares anota-se que se o sistema de drenagem da estrada estiver a funcionar convenientemente e se não estiverem fendilhadas as camadas betuminosas do pavimento, a variação do teor em água nessas camadas é pouco importante. Por isso esta acção dos agentes climáticos não tem tratamento específico neste capítulo.

No caso de pavimentos semi-rígidos as questões colocam-se sensivelmente do mesmo modo, embora as acções tenham consequências na evolução do comportamento dos pavimentos, diferentes das que acontecem nos pavimentos flexíveis.

Nos pavimentos rígidos a temperatura na camada de betão de cimento não tem uma influência que modifique a forma como ela resiste, em cada momento, à acção do tráfego. No entanto, o pavimento, considerado na sua globalidade, também é afectado pelas variações de temperatura.

No que se segue, vai dar-se maior relevo aos pavimentos flexíveis, por serem os mais usados na rede rodoviária nacional.

Fernando Branco   Paulo Pereira   Luís Picado Santos

6.2. Tráfego

O tráfego é constituído por diversos tipos de veículos, que se encontram agrupados em 11 categorias definidas pela JAE (Quadro 6.1), de "a" a "k". Para efeitos de dimensionamento de pavimentos, só as classes "f" e seguintes (veículos pesados) têm interesse, em virtude das cargas por eixo dos veículos ligeiros terem um efeito desprezável.

Quadro 6.1 – Classificação dos veículos automóveis segundo a JAE (actual EP)

CAT	SILHUETAS	DESCRIÇÃO
a		Velocípedes sem motor auxiliar
b		Velocípedes com motor auxiliar
VELOCÍPEDES		Categorias a + b
c		Motociclos com ou sem "side car"
d		Automóveis com ou sem reboque, incluindo os veículos comportando o máximo de 9 lugares
e		Camionetas até 3000 kg de carga com ou sem reboque
LIGEIROS		Categorias c + d + e
f		Camiões de mais de 3000 kg de carga sem reboque
g		Camiões com um ou mais reboques
h		Tractores com semi-reboque Tractores com semi-reboque e um ou mais reboques Tractores com um ou mais reboques
i		Autocarros e trolleybus
j		Tractores agrícolas
k		Tractores sem reboque ou semi-reboque e veículos especiais (cilindros, bulldozers,...)
PESADOS		Categorias f + g + h + i + j + k
MOTORIZADOS		Ligeiros + pesados
TOTAL GERAL		Velocípedes + ligeiros + pesados
MERCADORIAS		Categorias e + f + g + h

As cargas por eixo dos veículos pesados são diversas, dependendo de diversos factores, desde o tipo de veículo até ao tipo de carga. Em Portugal é a Portaria n.º 1092/97 que fixa, para além doutras características, os pesos máximos para os diversos veículos pesados e para os diferentes tipos de eixo (Quadros 6.2 e 6.3). Esta portaria transcreve a Directiva 96/53/CE de 25 de Julho de 1996, em vigor na União Europeia. É habitual designar estes pesos máximos por "pesos legais" por eixo ou, simplesmente, eixos legais.

Quadro 6.2 – Pesos máximos para diversos veículos pesados (Portaria 1092/97)

Tipo de veículo	Peso máximo (toneladas-força)
A motor	
De 2 eixos	19
De 3 eixos	26
De 4 ou mais eixos	32
Autocarros articulados de 3 eixos	28
Autocarros articulados de 4 ou mais eixos	32
Conjunto tractor – semi-reboque	
De 3 eixos	29
De 4 eixos	38
De 5 ou mais eixos	40
De 5 ou mais eixos transp. um contentor ISO de 40 pés	44
Conjunto motor – reboque	
De 3 eixos	29
De 4 eixos	37
De 5 ou mais eixos	40
Reboques	
De 1 eixo	10
De 2 eixos	18
De 3 ou mais eixos	20

A enorme variedade das cargas dos eixos dos veículos que percorrem uma estrada determina a instalação no pavimento de estados de tensão e de deformação muito variados, difíceis de tratar adequadamente ao dimensionar os pavimentos. Porém, nos anos 50 do séc XX foi realizado em Michigan-EUA um ensaio rodoviário à escala real (HRB, 1962), extremamente importante, designado por ensaio AASHO (American Association of State Highways Officials). Este ensaio, entre muitos outros resultados, permitiu concluir que, para cada tipo de pavimento, há uma relação entre os efeitos destruidores dos eixos com diferentes cargas, a qual pode ser traduzida por uma expressão do tipo

$$\frac{N_1}{N_2} = \left(\frac{P_2}{P_1}\right)^X = f \qquad (6.1)$$

em que N1 é o número de passagens de um eixo simples de carga P1 que provoca no pavimento um dano análogo ao de N2 passagens de um eixo simples de carga P2. O factor f é o "coeficiente de equivalência" entre os eixos, e exprime o número de passagens do eixo P1 que provoca o mesmo dano que uma passagem do eixo P2.

Quadro 6.3 – Pesos máximos para diferentes tipos de eixo (Portaria 1092/97)

Tipo de eixo		Peso máximo (toneladas-força)
Eixo simples da frente (veículos automóveis) (1)		7,5
Eixo simples não motor (1)		10
Eixo simples motor (1)		12
Eixo duplo motor e não motor se a distância (d) entre eixos dos rodados for: (2)	$d < 1,0$m	12
	$1,0$m $\leq d < 1,3$m	17
	$1,3$m $\leq d < 1,8$m	19
	$d \geq 1,8$ m	20
Eixo triplo motor e não motor se a distância (d) entre eixos dos rodados extremos for: (3)	$d < 2,6$m	21
	$d \geq 2,6$m	24

(1) - eixo com um rodado em cada extremidade (o rodado pode ter uma só roda ou duas rodas gémeas; na frente tem em geral uma só roda).

(2) - eixo com dois rodados próximos, um atrás do outro, em cada extremidade; também chamado "eixo tandem".

(3) - eixo com três rodados próximos, uns atrás dos outros, em cada extremidade; também chamado "eixo tridem".

Deduziu-se do ensaio AASHO que, para pavimentos flexíveis, o valor do expoente "x" é aproximadamente 4. Noutros tipos de pavimento têm sido adoptados para a expressão 6.1 outros expoentes. No caso de pavimentos semi-rígidos e rígidos podem assinalar-se, em diversos procedimentos europeus e americano, valores entre 11 e 33 para aquela potência (Quaresma, 1990).

Para serem considerados, os eixos duplos e triplos devem primeiro ser transformados em eixos simples. Decorrendo de diversos estudos, e atendendo à sobreposição de efeitos dos rodados, tem-se considerado que um eixo tandem de peso P corresponde a 1,4 eixos simples de peso P/2 e que um eixo triplo de peso P equivale a 2,3 eixos simples de peso P/3.

Então, considerando as cargas dos eixos, e os respectivos números de passagens, dos diversos veículos que solicitam o pavimento durante o período para que é dimensionado ("vida" ou "vida útil" do pavimento), é possível transformar aquela diversidade no equivalente número de passagens de um único eixo simples, de carga arbitrariamente escolhida, designado por " eixo-padrão", o que facilita os cálculos.

Em Portugal, tal como em muitos outros países, é utilizado frequentemente, no caso dos pavimentos flexíveis, o eixo-padrão de P1= 80 kN que foi o utilizado na análise dos resultados do ensaio AASHO. Outros países (Espanha, França, e também nalgumas situações em Portugal) usam o eixo-padrão de 130 kN, mais próximo das cargas máximas legais dos eixos simples. Usar um ou outro, para o mesmo pavimento, é indiferente porque o número de passagens do eixo-padrão de 80 kN pode converter-se em passagens do de 130 kN, e vice-versa.

No "Manual de Concepção de Pavimentos para a Rede Rodoviária Nacional " (MACOPAV, JAE, 1995) foi adoptado o eixo-padrão de 80 kN para avaliar o tráfego de dimensionamento de pavimentos flexíveis e o eixo-padrão de 130 kN para o de pavimentos semi- rígidos.

Em Portugal não estão divulgados elementos convenientemente fundamentados sobre o espectro das cargas dos eixos dos veículos que percorrem as nossas estradas, apesar de existirem postos de pesagem instalados em vários locais da rede.

Torna-se assim difícil fazer, em cada caso, uma correcta avaliação do tráfego de dimensionamento dos pavimentos, em termos de passagens de eixos-padrão. Esta dificuldade tem sido ultrapassada mediante algumas pesagens de eixos e contagens de veículos pesados em certos pontos da rede.

Com base em tais elementos foi feita, para certos volumes de tráfego, uma estimativa do número e das cargas médias dos respectivos eixos, possibilitando portanto a avaliação do número de passagens de um eixo-padrão equivalente a uma passagem de um veículo pesado. Aquele número é chamado " factor de agressividade" do veículo pesado.

Estes factores são indicados no MACOPAV, para cada classe de tráfego nele considerada. Eles necessitarão, porém, de ajustamentos periódicos, face à evolução que se tem verificado nas características do tráfego.

Num estudo recente (Lima et al., 1999), foi verificada a agressividade dos pesos de eixos registados num certo posto da rede rodoviária principal de Portugal. Deste trabalho resultaram algumas inferências que sugerem que no tratamento da agressividade dos eixos para a transformação em eixos-padrão se deve ser mais conservador do que é geralmente aceite, ou seja, a agressividade de cada tipo de eixo deve ser empolada em relação ao que foi descrito atrás, nomeadamente no que é traduzido pela expressão (6.1) com o expoente 4. Retêm-se as seguintes indicações desse estudo:

- a potenciação da expressão (6.1), para pavimentos flexíveis, deverá ser de 5, o que implica, por exemplo, um aumento da agressividade 62% dum eixo de 130 kN em relação a um eixo padrão de 80 kN;
- a transformação de eixos duplos ou triplos em eixos simples deverá ser directa, isto é, por exemplo, um eixo duplo deverá dar origem a dois eixos simples com peso igual a metade do peso do eixo duplo, o que dá origem a um aumento de 43% do número de eixos simples considerados para representar um eixo duplo;
- podem ser utilizados os factores de agressividade dos veículos pesados definidos no MACOPAV (JAE, 1995), até confirmação das conclusões do estudo, depois da sua aplicação a um maior número de postos de pesagem da rede rodoviária portuguesa.

O tráfego de pesados que solicita o pavimento deve estabelecer-se para a vida útil previsível deste. Geralmente, para pavimentos flexíveis, a vida útil considerada, desde o ano de abertura ao tráfego, é de 20 anos. Em pavimentos rígidos deverá ser, no mínimo, de 30 anos. O último ano da vida útil é geralmente designado por "ano horizonte".

O número de veículos pesados que solicita a estrada durante a vida útil é determinado mediante estudos de previsão de tráfego (ligeiros e pesados) que são realizados não só para dimensionar os pavimentos, mas também para estabelecer as características geométricas das vias e suas intersecções, e para fundamentar estudos económicos. Esses estudos de previsão de tráfego incluem em geral:

- análise do tráfego existente na região com interesse para a estrada em estudo, incluindo, além dos seus volumes, as deslocações a que correspondem (de onde para onde) e as razões dessas deslocações (emprego, comércio, indústria, escola);
- previsão do tráfego que a nova estrada irá atrair ou gerar;
- previsão da evolução futura do tráfego na estrada e nas suas ligações com outras estradas, até ao fim da vida útil do pavimento.

No caso de reabilitação duma estrada existente, em geral, é possível prever o tráfego que já a utiliza e aquele que será atraído pelo facto de passar a haver uma melhoria das condições de circulação.

Para as previsões é frequentemente necessário conhecer os dados relativos à região em causa, designadamente acerca da ocupação do solo (entre outros a distribuição da população por locais de emprego e domicílio, localização dos serviços e dos locais de ensino), das características socio-económicas da população (rendimento familiar, níveis de educação, estrutura dos agregados familiares, taxas de motorização), das características das infra-estruturas de transporte da região e da previsível evolução das suas características (desenvolvimento industrial, instalação de serviços, etc.). Com estes elementos é possível, recorrendo a conhecimentos especializados, criar um modelo que relaciona o tráfego com aqueles dados. Admitindo uma certa evolução no tempo destes indicadores é viável prever a evolução do tráfego, ligeiro e pesado, nos anos seguintes.

Para o conhecimento do tráfego existente e sua evolução recente recorre-se em Portugal às estatísticas quinquenais publicadas pelo IEP (por exemplo, JAE, 1990), por categorias de tráfego (Quadro 6.1) e para postos da rede nacional que se consideram suficientemente representativos. No Quadro 6.4 dá-se um exemplo dos valores de 1990 para o posto 402-A/P da A1 (IP1). Esta informação, em postos relevantes para a zona que será servida pela estrada a construir (ou na própria estrada no caso de uma reabilitação), complementada, como se disse, com contagens apropriadas e inquéritos origem-destino é necessária para construir o modelo que normalmente fornece, a intervalos de cinco anos, o tráfego médio diário anual (TMDA) de veículos motorizados e a percentagem de pesados, desde o ano de abertura ao tráfego (ano 1) até ao ano horizonte. Com base nestes elementos é possível calcular a taxa de crescimento anual do tráfego de pesados t em cada quinquénio (se ela não constar do estudo de tráfego) e o TMDA de pesados em cada ano da vida útil e, consequentemente, o somatório dos veículos pesados, N_{pes}, que solicitam o pavimento durante o número de anos, n, que definem a vida útil.

Fernando Branco   Paulo Pereira   Luís Picado Santos

Quadro 6.4 – Valores do tráfego médio diário anual (TMDA) do tráfego por categorias e para os dois sentidos de circulação, referentes ao posto 402-A/P da A1 (IP1) (JAE,1990)

DISTRITO COIMBRA	EN: A1		KM:192.22		POSTO:402 – A/P		
DESIGNAÇÃO	DIURNO (16H)	NOCTURNO (8H)	VERÃO (24H)	INVERNO (24H)	UTIL (24H)	ANUAL (24H)	MOTOR (%)
A VELOCIPEDES S/ MOTOR							
B VELOCIPEDES C/ MOTOR							
VELOCIPEDES							
C MOTOCICLOS	24	3	37	16	15	27	
D AUTOMOVEIS LIGEIROS	6733	1032	8753	6389	7311	7765	70
E LIGEIROS MERCADORIAS	348	88	542	282	519	436	4
LIGEIROS	7105	1123	9332	6687	7845	8228	74
F PESADOS S/ REBOQUE	1171	355	1383	1769	1853	1526	
G PESADOS C/ REBOQUE	124	45	151	203	200	169	
H TRACTORES C/ REBOQUE	772	226	926	1115	1215	998	
I AUTOCARROS	134	44	213	127	150	178	
J + K TRACTORES AGRICOLAS VEICULOS ESPECIAIS	2			4	3	2	
PESADOS	2203	670	2673	3218	3421	2873	26
MOTORIZADOS	9308	1793	12005	9905	11266	11101	100
TOTAL GERAL	9308	1793	12005	9905	11266	11101	
MERCADORIAS	2415	714	3002	3369	3787	3129	28

Este somatório corresponde à soma dos n termos duma progressão geométrica de razão "1+t". A expressão (6.2), em que $TMDA_1$ se refere ao ano 1, traduz esse somatório para o caso de um período de n anos em que a taxa t seja constante.

$$N_{pes} = TMDA_1 \frac{(1+t)^n - 1}{t} \times 365 \qquad (6.2)$$

Por vezes a taxa t varia no tempo, por exemplo de um quinquénio para outro, sendo então N_{pes} calculado pela soma dos valores determinados em cada período de taxa de crescimento constante.

Conhecido o tráfego total de pesados, N_{pes}, que circulará nos dois sentidos durante a vida útil (n anos) deve prever-se a sua repartição pelas duas, quatro ou mais vias que compuserem as faixas de rodagem, de modo a calcular o tráfego na via que se vai dimensionar, chamada habitualmente "via de projecto".

Para este efeito considera-se em geral que o tráfego total se reparte de igual modo pelas duas vias de uma estrada com uma faixa de rodagem e dois sentidos (qualquer das duas vias será "via de projecto"), e que numa estrada com duas faixas de rodagem, uma em cada sentido de duas vias cada. Para estas vias, 45% do tráfego ocupa a via da direita ("via de projecto") e 5% a via interior.

Fernando Branco   Paulo Pereira   Luís Picado Santos

Nos casos referidos, assumiu-se, o que é usual, que o tráfego é análogo nos dois sentidos. Se tal não acontecer haverá que dar atenção ao sentido mais solicitado.

Conhecido o tráfego total na via de projecto, Np, poder-se-á calcular o número de eixos-padrão empregando a expressão (6.1) ou outra mais ajustada, desde que se conheça em média a distribuição do tráfego de pesados por tipos de veículos, e portanto por tipos de eixos, e as respectivas cargas por eixo.

Acontece, como se disse, que esse conhecimento raramente é possível, e por isso é habitual as administrações rodoviárias definirem as cargas dos veículos pesados pelos seus factores de agressividade, isto é, pelo número de eixos-padrão que representam cada veículo pesado, factores esses estabelecidos por grupos de veículos, cada um correspondendo a certa quantidade de veículos pesados.

De facto, quanto maior for essa quantidade, maior é a possibilidade de haver veículos pesados sobrecarregados a passarem sobre um pavimento, e menor será o tempo de repouso entre cada carregamento e, portanto, menor a possibilidade do pavimento (fundamentalmente os de tipo flexível) recuperar da acção induzida.

A EP define no MACOPAV (JAE, 1995) os grupos, ou classes, com que caracteriza o tráfego (definidos, por sua vez, pelo valor do TMDA de pesados na via de projecto no ano de entrada ao serviço, associado a uma taxa de crescimento anual) e um "factor de agressividade", α, expresso em eixos-padrão por veículo pesado, para cada classe (Quadro 6.5), o qual, como se disse, permite transformar o conjunto de veículos pesados em eixos-padrão.

Considerando a taxa de crescimento anual de tráfego indicada no Quadro 6.5, as classes de tráfego do MACOPAV também podem ser definidas, com recurso à expressão 6.2, pelo número de veículos pesados acumulados em 20 anos indicados no Quadro 6.6.

Como exemplo, admita-se que se pretende determinar o número de eixos-padrão de dimensionamento, N_{80}, para uma estrada com duas faixas de rodagem e duas vias em cada sentido, para a qual se admite um TMDA de pesados de 1600 vp/d no ano de abertura ao tráfego, com uma previsível taxa de 4% de crescimento anual.

Decorre do enunciado que o tráfego de pesados na via de projecto, $TMDA_{vp}$, no ano de abertura ao tráfego será $TMDA_{vp} = 0,45 \times 1600 = 720$ vp/d (como se assinalou, 45% dos pesados utilizarão uma das vias da direita, sendo ambas "via de projecto"). O valor obtido permite identificar a classe T3 no Quadro 6.5. Se a taxa de crescimento anual fosse diferente da adoptada (4%), para definir uma classe pelo MACOPAV ter-se-ia de calcular o número acumulado de veículos pesados durante a vida útil e ver no Quadro 6.6 qual a classe onde se enquadrava. Tendo definida, por exemplo, a classe T3, vem o factor de agressividade $\alpha = 4,5$. O produto deste valor pelo N_{pes} (expressão 4.2) dá o valor de N_{80} pretendido, que é $N_{80} \approx 3,5 \times 10^7$.

Anteriormente mostrou-se como se pode avaliar o número de carregamentos, expressos em passagens de um eixo–padrão, que solicitam o pavimento durante a sua vida útil. Para fazer a análise estrutural do pavimento há, porém, que definir a geometria das cargas que sobre ele actuam.

Quadro 6.5 – Caracterização do tráfego segundo o MACOPAV (JAE, 1995)

Classe	(TMDA)p	Taxa de crescimento médio (t)	Pavimentos flexíveis		Pavimentos semi-rígidos	
			Factor de agressividade (e.p./v.p.)	$N_{dim\,80}$ (20 anos)	Factor de agressividade (e.p./v.p.)	$N_{dim\,130}$ (20 anos)
T_7	< 50		estudo específico			
T_6	50–150	3		2×10^6	0,5	5×10^5
T_5	150–300		3	8×10^6	0,6	2×10^6
T_4	300-500	4	4	2×10^7	0,7	4×10^6
T_3	500–800		4,5	4×10^7	0,8	7×10^6
T_2	800–1200	5	5	7×10^7	0,9	10^6
T_1	1200–2000		5,5	10^8	1,0	2×10^7
T_0	> 2000		estudo específico			

Quadro 6.6 – Classes de tráfego definidas pelo número de pesados acumulados em 20 anos, segundo o MACOPAV (JAE, 1995)

Grupo	N.º de pesados em 20 anos na via de projecto
T6	$0,5 \times 10^6$ - $1,5 \times 10^6$
T5	$1,5 \times 10^6$ - $2,9 \times 10^6$
T4	$3,3 \times 10^6$ - $5,4 \times 10^6$
T3	$5,4 \times 10^6$ - $8,7 \times 10^6$
T2	$9,7 \times 10^6$ - $14,5 \times 10^6$
T1	$14,5 \times 10^6$ - $24,1 \times 10^6$

O eixo-padrão é um eixo simples, tendo em cada extremo um rodado, usualmente considerado como tendo duas rodas gémeas, afastadas uma da outra de uma distância "L". Este rodado é considerado para traduzir a solicitação do tráfego para efeitos de dimensionamento do pavimento. A área "A" de contacto de cada roda com o pavimento é aproximadamente elíptica, com os dois eixos pouco diferentes; por simplicidade considera-se como circular de raio "r". A pressão "p" de contacto toma-se como sendo igual à pressão de enchimento dos pneus. Conhecida a carga "P" do eixo-padrão, cada roda descarrega a carga P/4 distribuída por uma área dada por P/4p (Figura 6.1).

Em dois métodos de dimensionamento empírico-mecanicista de uso comum em Portugal, o Método da Shell (Claessen et al., 1977; Gerritsen et al., 1987) e o Método de Nottingham (Brown et. al., 1985) considera-se, para o eixo-padrão de 80 kN:

- Shell:
  L = 105 mm, p = 0,6 MPa e r ≈ 105 mm;
- Nottingham:
  L = 150 mm, p = 0,5 MPa e r = 113 mm.

Para o eixo-padrão de 130 kN é frequente adoptar:
  L = 125 mm, p = 0,662 MPa e r = 125 mm

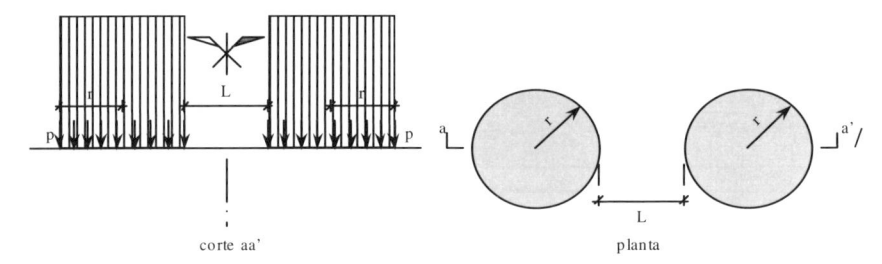

corte aa'   planta

Figura 6.1 – Esquematização geralmente adoptada para a acção de um eixo-padrão
sobre um pavimento

No dimensionamento dos pavimentos flexíveis, procura-se ter em consideração, como se verá a seguir, o efeito simultâneo da temperatura das camadas betuminosas, que condiciona a sua rigidez e varia ao longo do dia, e o efeito do tráfego que actua sobre o pavimento. Nalguns procedimentos de dimensionamento mais precisos tem-se em conta a variação horária da temperatura, o que implica a necessidade de conhecer a variação do tráfego de pesados nos mesmos períodos. Para este efeito, foi desenvolvido (Picado-Santos, 1995) um modelo de determinação da distribuição horária típica daquele tráfego, para a rede rodoviária nacional, traduzida graficamente pela Figura 6.2 e numericamente pelo Quadro 6.7.

Naturalmente que dispondo-se duma distribuição horária para cada pavimento em estudo, proveniente de estudos de tráfego, será mais apropriado utilizá-la.

6.3. Temperatura de Serviço

Nos pavimentos rodoviários flexíveis, é essencialmente a combinação de dois tipos de acções, temperatura e tráfego, que tem como consequência a perda de características essenciais ao desempenho para que foram dimensionados. O módulo de deformabilidade duma mistura betuminosa é muito dependente da temperatura a que se encontra em serviço (Figura 6.3), designada geralmente por "temperatura de serviço". A evolução desta temperatura deve ser conhecida, já que em geral as camadas betuminosas são determinantes do comportamento dum pavimento flexível.

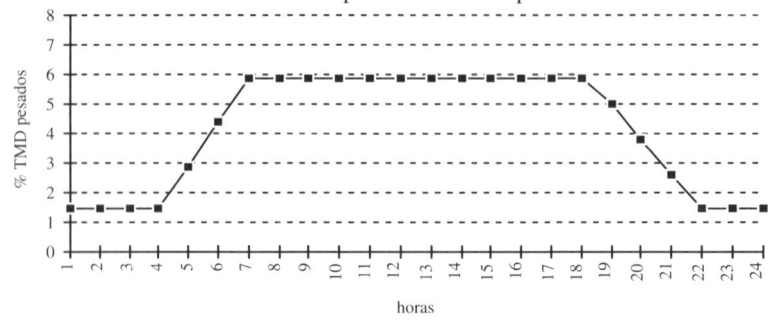

Figura 6.2 – Distribuição horária (hora oficial em Portugal continental) do tráfego de
pesados, em percentagem do TMD, típica para a rede nacional

Quadro 6.7 – Valores horários (hora oficial em Portugal continental) da percentagem em relação ao TMD de pesados

horas	1	2	3	4	5	6	7	8	9	10	11	12
%TMD	1,5	1,5	1,5	1,5	2,9	4,4	5,9	5,9	5,9	5,9	5,9	5,9
horas	13	14	15	16	17	18	19	20	21	22	23	24
%TMD	5,9	5,9	5,9	5,9	5,9	5,9	5,0	3,8	2,6	1,5	1,5	1,5

O procedimento mais usual para ter em conta o efeito da temperatura e portanto para estabelecer a "temperatura de serviço" representativa para efeitos de dimensionamento, é a consideração de uma "temperatura de serviço equivalente anual" para o pavimento, como por exemplo no caso do Método da Shell (Claessen et al., 1977). Esta temperatura é obtida como função da espessura do pavimento e duma "temperatura do ar equivalente anual" que entra como abcissa no ábaco (Claessen et al., 1977) da Figura 6.4 (a "temperatura do ar equivalente anual" não é mais do que uma "temperatura média mensal do ar" para o "mês" representativo do ano, daí que na abcissa da figura venha indicada esta última), o qual traduz a génese do método em análise. Esta temperatura do ar equivalente anual, por sua vez, é determinada aplicando factores de transformação às temperaturas médias mensais do ar às quais, habitualmente, é fácil ter acesso para qualquer região.

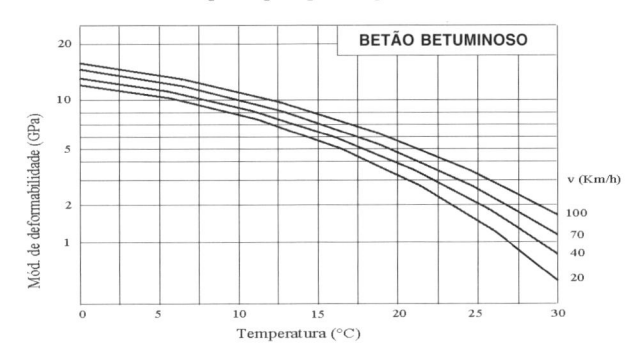

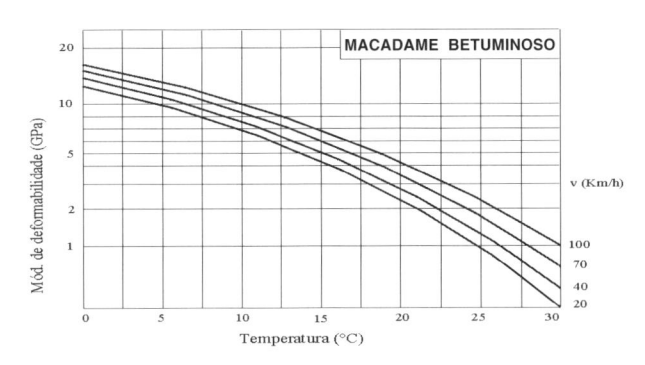

Figura 6.3 – Variação do módulo de deformabilidade de misturas betuminosas com a temperatura a que se encontram e com a velocidade dos veículos pesados (Branco et al., 1985)

Esses factores de transformação são de génese probabilística, resultando de estudos de relacionamento das temperaturas do ar com temperaturas em pavimentos, obtidas geralmente por medição directa. Naturalmente, usando a mesma metodologia também é possível obter uma "temperatura de serviço equivalente mensal" para o pavimento.

Outra metodologia que permite obter uma "temperatura de serviço equivalente mensal" para o pavimento foi originalmente desenvolvida por Witczak (1972), tendo sido empregue aquando da sua inclusão nos procedimentos que estiveram na base da nona edição do "Asphalt Institute Thickness Design Manual (MS-1)", como é relatado em Shook et al., 1982.

A temperatura de serviço é obtida em função da temperatura média mensal do ar e da profundidade no betão betuminoso, através da expressão:

$$T_{mb} = \left(Tmma + 17{,}778\right)\left(1 + \frac{1}{39{,}37.z + 4}\right) - \frac{18{,}889}{39{,}37.z + 4} - 14{,}444 \qquad (6.3)$$

em que:

T_{mb} - temperatura média mensal (°C), de cada um dos meses do ano, no betão betuminoso, à profundidade z;

z - profundidade (m) medida a partir da superfície do pavimento;

$Tmma$ - temperatura média mensal do ar (°C).

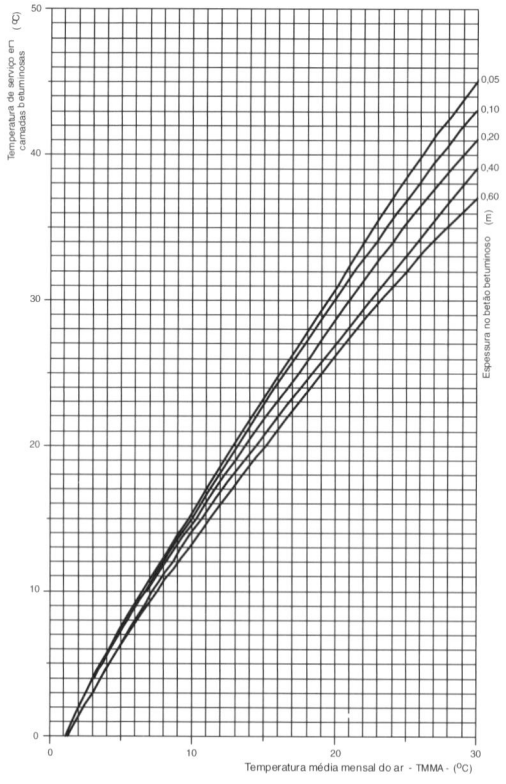

Figura 6.4 – Temperatura de serviço de camadas betuminosas (SHELL,1977)

No caso do Asphalt Institute a expressão foi obtida relacionando temperaturas medidas directamente num pavimento espesso, em três localizações que foram consideradas típicas para os Estados Unidos: New York, Maryland e Arizona, com as temperaturas do ar correspondentes.

Ainda como exemplificação, o valor de Tmb na metodologia de Illinois (May and Witczak, 1992), desenvolvida para condições desse estado americano, é dado pela expressão (6.4), semelhante à anterior.

$$T_{mb} = (16,23.z - 0,944) + (0,656 - 0,327.z)(Tmma.1,8 + 32) - 17,778 \qquad (6.4)$$

Na expressão 6.4 as variáveis têm o mesmo significado que no caso da expressão 6.3.

A utilização duma "temperatura de serviço equivalente anual" (ou de um conjunto de "temperaturas de serviço equivalentes mensais" que traduzam um resultado idêntico) tem como objectivo que a modelação do comportamento das misturas betuminosas no dimensionamento dum pavimento, possa ser equivalente à grande variedade de comportamentos que se pode assinalar num ciclo anual de vida desse pavimento e que este ciclo anual represente bem os ciclos anuais do período em que o pavimento estará em serviço.

A "temperatura de serviço equivalente anual" pretende ainda, por ser uma temperatura única das camadas betuminosas, representar a influência que têm no comportamento global dum pavimento as diferentes temperaturas que ocorrem na realidade a diferentes profundidades nessas camadas.

A utilização duma temperatura que se pretende representativa, mas é referida a um intervalo de tempo demasiado diferente do das variações que na realidade podem ser assinaladas no comportamento real dum pavimento, pode implicar erros importantes, como se procura ilustrar na Figura 6.5 (Picado-Santos, 1989).

No estudo que deu origem à Figura 6.5 comparou-se, para o mesmo período (tipicamente um caso de Verão), o procedimento usual para o método de Nottingham (Brown et al., 1985) de dimensionamento empírico-mecanicista dum pavimento flexível, que será descrito no capítulo 7, cujos resultados representados na Figura 6.5 se designaram por "1ª análise" e que utiliza uma "temperatura equivalente sazonal" (de Verão), com um tratamento hora a hora cujos resultados na mesma figura se designaram por "2ª análise".

Nesta última análise, a temperatura utilizada em cada hora é a do ponto médio das camadas betuminosas do pavimento avaliado no estudo, e a distribuição horária de tráfego corresponde à de um posto de contagem do IEP à entrada de Coimbra (recenseamento de 1985). O resultado da "2ª análise", em termos de dano no pavimento, quando comparado com o da "1ª análise", indica bem a necessidade de estabelecer com mais rigor tanto o tráfego como a temperatura, para que se possa melhorar a sua consideração do desempenho das misturas betuminosas e, consequentemente, a fiabilidade dos resultados de qualquer processo de dimensionamento dum pavimento rodoviário flexível.

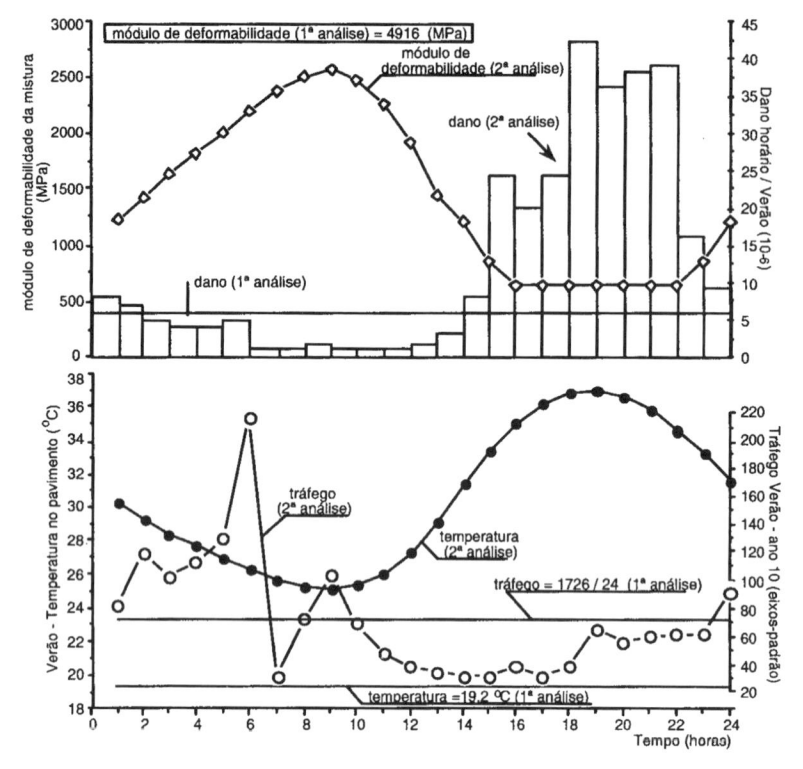

Figura 6.5 – Temperatura nas misturas betuminosas e tráfego utilizados, variação de
módulo de deformabilidade das camadas betuminosas e dano resultante,
para dois tipos de análise, designados por 1ª análise e 2ª análise,
para uma situação típica de Verão (Picado-Santos, 1989)

Do que se assinalou decorre que é muito importante conhecer a temperatura de
serviço para cada hora dum ciclo anual que represente bem o desempenho dum
pavimento rodoviário flexível. Poderá assim definir-se, quase exactamente, o pavimento
novo ou o reforço que virá a ter o comportamento requerido, no que respeita às misturas
betuminosas e no que depende da temperatura.

Para se ter a possibilidade de modelar, o mais aproximadamente possível, uma
temperatura representativa para as camadas betuminosas dum pavimento flexível, foram
desenvolvidos dois métodos de utilização simples (Picado-Santos, 1995).

Num dos métodos, designado por "Processo de Temperatura Equivalente" (PETE),
a modelação das temperaturas horárias a diferentes profundidades nas camadas
betuminosas foi efectuada através da distribuição horária duma "temperatura
equivalente mensal" para todo o conjunto dessas camadas.

No outro método, designado por "Processo de Distribuição de Temperatura
Equivalente" (PATED), a modelação foi efectuada através da distribuição horária duma
temperatura mensal, por cada profundidade nas camadas betuminosas dos pavimentos

utilizados no estudo, considerada significativa para representar bem o seu comportamento.

A distribuição horária para a temperatura mensal significa que se considerou, para cada mês dum ano, uma distribuição representativa de 24 horas, em que o valor em cada hora para a temperatura no pavimento, a cada profundidade, é obtida em função do valor estimado da temperatura do ar para a mesma hora.

A diferença entre os dois processos, PETE e PATED, assenta no facto de no primeiro se admitir que a cada hora existe uma mesma temperatura (temperatura equivalente) para toda a espessura das camadas betuminosas, a qual dá origem ao mesmo dano que o conjunto das temperaturas, utilizado no segundo processo, às diferentes profundidades consideradas representativas.

Decorreu do estudo (Picado-Santos, 1995), para ambos os processos, que não é necessária a utilização de distribuições horárias para os meses de Janeiro, Fevereiro, Março, Novembro e Dezembro. Isto justifica-se pelo reduzido dano que ocorre nos meses mais frios do ano para pavimentos flexíveis em que as camadas betuminosas têm um papel determinante. Para estes meses utiliza-se uma só temperatura mensal (equivalente ou a cada profundidade) como sendo suficientemente representativa.

Com qualquer dos métodos, especialmente com PATED, pode ter-se uma maior aproximação ao comportamento real dos pavimentos, com a consequente maior fiabilidade do processo de dimensionamento (Picado-Santos, 1995 e 2000).

De facto, na Figura 6.6 comparam-se os cocientes entre o dano por deformação permanente obtido com temperaturas de serviço modeladas pelos processos PETE e PATED, e ainda pelos processos do Asphalt Institute (May et al., 1992), de Illinois (Thompson et. al., 1987) e da Shell (Claessen et al., 1977), e o dano obtido com temperaturas de serviço reais, estabelecidas hora a hora para o pavimento analisado, usando um modelo validado para o efeito (Picado-Santos, 1988), que utiliza como dados de entrada valores horários de temperatura do ar, radiação solar global e velocidade do vento.

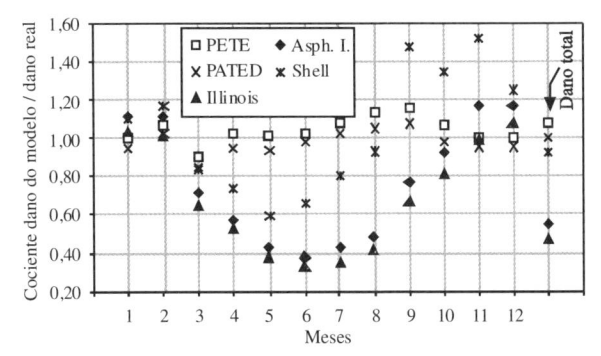

Figura 6.6 – Cociente entre o dano de deformação permanente, calculado com o uso do da "temperatura de serviço" calculada pelos processos PETE, PATED, "Illinois", "Asphalt Institute" e "Shell", e o mesmo tipo de dano, calculado usando temperaturas de serviço reais (Picado-Santos, 1995)

Fernando Branco   Paulo Pereira   Luís Picado Santos

Todos os danos foram calculados com o método de dimensionamento empírico-mecanicista da Shell para os meses assinalados. De facto, a aproximação ao dano real (traduzida por um cociente igual a 1 entre danos) é muito melhor com os processos desenvolvidos, especialmente o PATED, do que com aqueles que são muitas vezes utilizados para fazer o cálculo das temperaturas de serviço (os restantes).

Os processos PETE e PATED podem ser aplicados através dum programa de cálculo automático, PAVIFLEX 2000 (Baptista, 1999). Isto permite definir para cada uma das quarenta localizações mostradas na Figura 6.7, através de PETE ou PATED, qual a temperatura de serviço determinante. Esta só depende da localização, no caso de PATED, ou desta e do método empírico-mecanicista de dimensionamento utilizado, no caso de PETE.

Duma forma mais directa embora menos precisa, também se pode admitir uma "temperatura de serviço" única para cada uma daquelas localizações com os valores expressos nos Quadros 6.8 e 6.9 (Baptista, 1999), calculados usando PATED. Os valores foram estabelecidos para secções de pavimento flexível com sub-base de 20 cm em material britado de granulometria extensa, sendo betuminosas as restantes camadas, e referem-se ao dano por deformação permanente (critério de ruína mais desfavorável em Portugal para aquele tipo de pavimento) calculado pelo método empírico-mecanicista da Shell, para o tráfego do Quadro 6.5 e para as classes de fundação "F2" (módulo de deformabilidade da fundação igual a 60 MPa) e "F3" (módulo de deformabilidade da fundação igual a 100 MPa), definidas no MACOPAV (JAE, 1995).

Figura 6.7 – Ecrã "Localização" do menu de introdução de dados do programa
PAVIFLEX 2000 (Baptista, 1999)

Atendendo a que as características e as espessuras dos materiais não tratados (bases e sub-bases granulares e leito do pavimento) influenciam pouco a "temperatura de serviço" (Picado-Santos, 1988), pode afirmar-se com suficiente aproximação que as temperaturas apresentadas nos Quadros 6.8 e 6.9, servem para traduzir o comportamento das camadas betuminosas de pavimentos do tipo enunciado. Por interpolação ou extrapolação directa com os valores referidos também se pode chegar a temperaturas de serviço para espessuras diversas de materiais betuminosos.

Do ponto de vista de influência no dano em pavimentos flexíveis, o país encontra-se dividido em quatro zonas climáticas, como se mostra na Figura 6.8 (Baptista, 1999). Estas zonas são delimitadas pelas isotérmicas de temperatura máxima do ar no período de Verão, servindo exclusivamente de referência, já que são as temperaturas mais altas do ar no verão que mais condicionam a parte do dano nos pavimentos flexíveis que resulta do comportamento das misturas betuminosas.

O MACOPAV (JAE,1995) admite o país dividido em três zonas climáticas com o intuito de indicar qual o tipo de betume que se deve utilizar (betumes mais viscosos nas zonas mais quentes). A diferença em termos de zonas climáticas para o que está expresso na Figura 6.8 é que o MACOPAV considera a zona média como uma só zona.

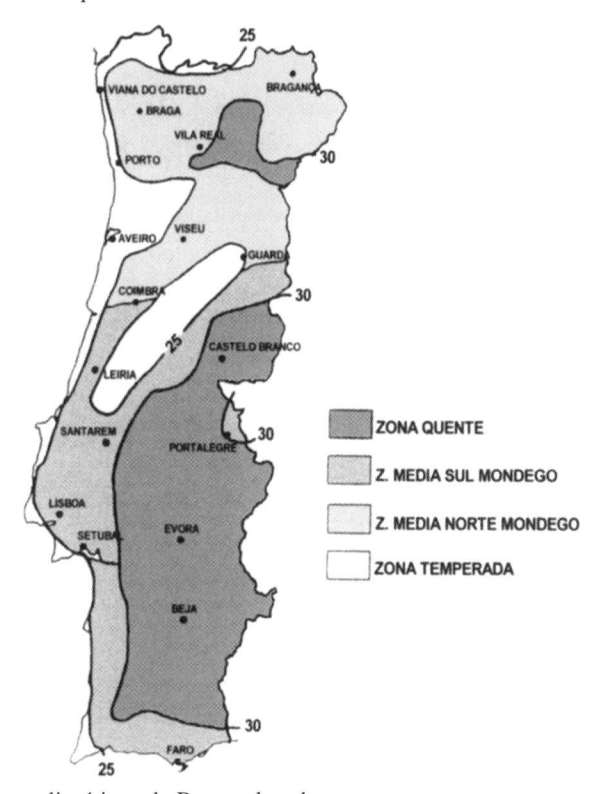

Figura 6.8 – Zonas climáticas de Portugal onde o comportamento em termos de dano em pavimentos flexíveis é semelhante, no que depende da "temperatura de serviço" (Baptista, 1999)

Foi ainda estabelecida uma forma simples (usando também PATED) de calcular as temperaturas de serviço nas camadas betuminosas (Aquino e Picado-Santos, 2001), a qualquer profundidade, no que respeita ao critério de ruína por deformação permanente (critério mais condicionante para pavimentos com espessura superior a 15 cm de misturas betuminosas e sub-base granular de 20 cm de espessura). A formulação é dada por:

$$T_{mb(a)} = 6,846.z^{0,111}.Tmma(a)^{0,297} \tag{6.5}$$

em que:

$T_{mb(a)}$ - temperatura de serviço (°C), no betão betuminoso, à profundidade z;

z - profundidade (mm) medida a partir da superfície do pavimento;

$Tmma(a)$ - temperatura média mensal do ar em Agosto (°C).

A temperatura média do ar no mês de Agosto é dada por (Aquino e Picado-Santos, 2001):

$$Tmma(a) = 0,1835 . Tmmáx + 0,8165 . Tmmin \tag{6.6}$$

em que:

$Tmmax$ – média das temperaturas máximas para o mês de Agosto com pelo menos 20 anos de tempo de recorrência (° C);

$Tmmin$ – média das temperaturas mínimas para o mês de Agosto com pelo menos 20 anos de tempo de recorrência (° C).

Para o nosso país (região continental) aquelas temperaturas ($Tmmax$ e $Tmmin$) para quarenta localizações no país com 20 anos de tempo de recorrência são apresentadas no Quadro 6.10.

É preciso notar que a metodologia descrita chega a um espectro nocturno de temperaturas de serviço no pavimento, que foi validado como representativo das condições médias de funcionamento do pavimento quando analisado pelo critério de deformação permanente da Shell (com uma probabilidade de sobrevivência de 95%). Trata-se, portanto, duma metodologia estabelecida através da ponderação do comportamento nas condições enunciadas, não servindo o espectro de temperaturas no pavimento que estabelece para outras análises em circunstâncias diferentes das enunciadas.

No caso dos pavimentos rígidos, sobretudo os formados por lajes de betão, as solicitações térmicas condicionam o seu comportamento por duas vias.

Por um lado, devido à variação de dimensões das lajes que derivam das variações de temperatura, as quais provocam naquelas dilatação e contracção. Se essas variações de dimensões forem impedidas instalam-se tensões nas lajes que são uniformes ao longo da espessura.

As práticas construtivas normalmente adoptadas prevêem a execução de juntas transversais de contracção a intervalos relativamente pequenos (3 a 7 metros são valores usuais) e de juntas transversais de dilatação a intervalos geralmente maiores (depende do volume de betão colocado e fazem-se geralmente coincidir com o local onde se deveria realizar uma junta de contracção, já que também funcionam como tal).

Quadro 6.8 – Valores de "temperatura de serviço" para as localizações listadas, representativas duma vida útil de 20 anos, obtidos para o dano de deformação permanente, para os grupos de tráfego e para a classe de fundação "F2" (definidos no MACOPAV) (Baptista, 1999)

Localização	T6	T5	T4	T3	T2	T1
Bragança	26,4	27,3	26,9	26,5	26,7	26,4
Viana do Castelo	26,0	26,6	26,3	26,0	26,1	26,0
Chaves	27,2	28,0	27,5	27,0	27,1	26,8
Braga	26,6	27,3	26,9	26,5	26,6	26,4
Mirandela	28,8	29,5	28,7	28,3	28,2	27,2
Miranda do Douro	26,8	27,6	27,2	26,8	26,9	26,7
Vila Real	27,0	27,7	27,3	26,9	27,0	26,8
Porto – P. Rubras	25,0	25,6	25,4	25,3	25,1	25,2
S. Bárbara	29,4	30,0	29,3	29,3	28,9	28,5
Porto – S. Pilar	25,5	26,1	25,9	25,6	25,5	25,6
Bigorne	23,6	24,4	24,3	24,3	24,2	24,1
F. Castelo Rodrigo	27,1	27,8	27,5	27,0	27,1	26,8
Viseu	27,1	27,8	27,4	26,9	27,0	26,7
S. Jacinto	24,4	24,8	24,8	24,7	24,6	24,7
Caramulo	24,6	25,3	25,2	25,0	24,9	25,0
Guarda	23,8	24,6	24,5	24,4	24,3	24,4
Mira	25,5	26,0	25,8	25,5	25,4	25,5
Coimbra	27,5	28,2	27,7	27,3	27,4	27,1
Mont.-o-Velho	26,1	26,7	26,4	26,1	26,2	26,0
Fundão	28,0	28,7	28,2	27,7	27,8	27,6
Castelo Branco	29,2	29,8	29,2	29,1	28,7	28,3
Alcobaça	26,3	26,9	26,5	26,3	26,4	26,2
Tancos	28,5	29,1	28,6	28,0	28,1	27,8
Cabo Carvoeiro	24,1	24,5	24,5	24,4	24,3	24,4
Portalegre	27,8	28,6	28,0	27,6	27,7	27,5
Santarém	28,4	28,9	28,4	27,9	28,0	27,6
Ota	27,8	28,5	27,9	27,4	27,5	27,3
Mora	28,9	29,6	28,8	28,9	28,3	28,1
Elvas	29,9	30,5	29,5	29,7	29,0	28,8
Cabo da Roca	23,9	24,3	24,3	24,3	24,2	24,2
Lisboa	27,5	28,2	27,6	27,4	27,4	27,2
Évora	28,3	28,9	28,4	27,9	28,0	27,6
Setúbal	28,0	28,5	28,0	27,5	27,6	27,5
Sesimbra	26,6	27,2	26,9	26,5	26,7	26,5
Beja	29,5	30,1	29,4	29,4	28,9	28,5
Sines	24,7	25,1	25,0	24,9	24,9	24,9
Zambujeira	25,9	26,4	26,1	25,9	25,7	25,9
V. Real S. António	29,0	29,5	28,8	28,9	28,3	28,1
Praia da Rocha	27,5	28,2	27,6	27,4	27,4	27,2
Faro	28,3	28,8	28,3	27,9	27,9	27,6

Fernando Branco   Paulo Pereira   Luís Picado Santos

Quadro 6.9 – Valores de "temperatura de serviço" para as localizações listadas, representativas duma vida útil de 20 anos, obtidos para o dano de deformação permanente, para os grupos de tráfego e para a classe de fundação "F3" (definidos no MACOPAV) (Baptista, 1999)

Localização	T6	T5	T4	T3	T2	T1
Bragança	25,0	25,8	26,7	26,6	26,4	26,1
Viana do Castelo	25,2	25,5	26,2	26,1	25,9	25,8
Chaves	25,9	26,6	27,5	27,3	26,9	26,7
Braga	25,6	26,0	26,9	26,7	26,5	26,2
Mirandela	27,7	28,0	28,9	28,7	28,2	28,0
Miranda do Douro	25,3	26,1	27,1	26,9	26,7	26,4
Vila Real	25,7	26,3	27,3	27,1	26,7	26,6
Porto – P. Rubras	24,3	24,6	25,2	25,2	25,1	25,0
S. Bárbara	28,6	28,7	29,7	29,2	28,9	28,5
Porto – S. Pilar	24,7	25,1	25,7	25,7	25,5	25,4
Bigorne	22,1	23,0	23,1	23,8	23,8	23,8
F. Castelo Rodrigo	25,6	26,4	27,4	27,2	26,8	26,6
Viseu	25,8	26,4	27,4	27,2	26,8	26,6
S. Jacinto	23,7	24,0	24,0	24,5	24,5	24,4
Caramulo	23,4	24,0	24,0	24,8	24,7	24,7
Guarda	22,1	23,1	23,2	24,0	24,0	24,0
Mira	24,7	25,0	25,6	25,6	25,4	25,3
Coimbra	27,0	27,1	27,9	27,6	27,3	27,0
Mont.-o-Velho	25,4	25,7	26,3	26,2	26,0	25,9
Fundão	27,0	27,3	28,3	28,0	27,7	27,4
Castelo Branco	28,3	28,6	29,4	29,0	28,7	28,3
Alcobaça	25,5	25,8	26,6	26,4	26,2	26,0
Tancos	27,8	27,9	28,8	28,5	28,0	27,8
Cabo Carvoeiro	23,5	23,7	23,7	24,2	24,2	24,1
Portalegre	26,9	27,2	28,1	27,8	27,6	27,3
Santarém	27,7	27,8	28,7	28,3	27,8	27,7
Ota	27,2	27,3	28,1	27,8	27,5	27,2
Mora	28,1	28,2	29,1	28,7	28,3	28,0
Elvas	29,0	29,1	30,1	29,6	29,0	28,9
Cabo da Roca	23,4	23,6	23,6	24,0	24,0	24,0
Lisboa	27,1	27,1	27,8	27,6	27,3	27,1
Évora	27,5	27,7	28,6	28,3	27,8	27,7
Setúbal	27,4	27,5	28,3	27,9	27,6	27,4
Sesimbra	25,8	26,1	26,9	26,7	26,5	26,3
Beja	28,7	28,8	29,8	29,3	28,9	28,6
Sines	24,2	24,4	24,3	24,8	24,7	24,7
Zambujeira	25,2	25,5	26,1	26,0	25,8	25,7
V. Real S. António	28,4	28,5	29,2	28,7	28,4	28,1
Praia da Rocha	27,1	27,1	27,8	27,5	27,3	27,1
Faro	27,8	27,8	28,6	28,3	27,8	27,7

Quadro 6.10 – Valores das temperaturas *Tmmax* e *Tmmin*, para quarenta localizações no país com 20 anos de tempo de recorrência (Aquino e Picado-Santos, 2001)

Local	Alcobaça	Beja	Bigorne	Braga	Bragança	Cabo Carvoeiro	Cabo da Roca	Caramulo	Castelo Branco	Chaves
Tmmáx	26,1	32,2	24,0	27,1	27,9	20,8	20,7	24,4	24,4	28,5
Tmmin	13,9	15,3	11,4	12,8	13,2	16,1	15,4	14,0	14,0	11,4

Local	Coimbra	Elvas	Évora	F. C. Rodrigo	Faro	Fundão	Guarda	Lisboa	M. do Douro	Mira
Tmmáx	28,3	32,5	30,0	29,0	28,8	30,1	23,7	27,7	28,2	24,5
Tmmin	14,9	15,6	16,0	12,1	17,8	14,7	13,1	17,6	13,1	12,7

Local	Mirandela	Mont-o-Velho	Mora	Ota	Portalegre	Porto-P.Rubras	Porto-S. Pilar	Praia Rocha	S. Bárbara	S. Jacinto
Tmmáx	31,1	25,7	30,9	28,4	29,4	23,9	24,7	28,0	31,9	21,9
Tmmin	14,4	14,3	15,2	16,4	16,9	13,6	14,6	17,9	15,7	14,9

Local	Santarém	Sesimbra	Setúbal	Sines	Tancos	V. do Castelo	V.R.S. António	Vila Real	Viseu	Zambujei.
Tmmáx	30,0	27,4	29,2	21,6	30,2	25,5	30,2	28,3	28,7	25,6
Tmmin	14,8	12,6	15,6	16,2	15,2	13,9	17,7	13,5	12,3	13,8

Estas juntas permitem evitar, ou pelo menos atenuar fortemente, a instalação destas tensões de origem térmica. Nos pavimentos rígidos de betão armado contínuo, as tensões instaladas são absorvidas pela armadura.

Por outro lado, devido à incidência do sol, instalam-se gradientes de temperatura através da laje de betão, que determinam o seu encurvamento. Se ele for constrangido, instalam-se tensões que se sobrepõem às das outras solicitações. Aqui também é a existência das juntas referidas com espaçamento adequado que reduz a importância deste fenómeno, de modo a não ser considerado no dimensionamento. Se o pavimento for de betão armado contínuo, a armadura também terá de absorver as tensões referidas.

6.4. Referências Bibliográficas

Aquino, L.; Picado-Santos, L., 2001. *Temperatura de Serviço para Estudos de Deformação Permanente em Pavimentos Rodoviários*. APVP, 1as Jornadas de Estadas e Pontes dos Países de Língua Portuguesa, Vol. I, pp. 159-170, Lisboa.

Baptista, A.; 1999. *Dimensionamento de Pavimentos Rodoviários Flexíveis: Aplicabilidade em Portugal dos Métodos Existentes*. Dept. Engª Civil da F.C.T. da U. de Coimbra, Tese de Mestrado em Engenharia Urbana, Coimbra.

Branco F.; Pinelo A.; Antunes M., 1985. *Capacidade de carga e reforço de pavimentos: notas sobre a experiência do LNEC*. LNEC, Memória 645, Lisboa.

Brown, S.; Brunton J.; Stock A.,1985. *The Analytical Design of Bituminous Pavements*. Proceedings of Institution of Civil Engineering, Vol. 79- Part 2, pp 1-31, London.

Claessen, A.; Edwards, J.; Sommer, P.; Ugé, P., 1977. *Asphalt Pavement Design Manual: the SHELL Method*. Proceedings of 4th International Conference on

Fernando Branco   Paulo Pereira   Luís Picado Santos

Structural Design of Asphalt Pavements, University of Michigan, pp 39-74, Ann Arbor- Michigan.

Gerritsen, A.; Koole, R., 1987. *Seven Years' Experience with the Structural Aspects of the Shell Pavement Design Manual*. Proceedings of 6th International Conference on Structural Design of Asphalt Pavements, University of Michigan, pp 94-106, Ann Arbor- Michigan.

HRB, 1962. *The AASHO Road Test*. Highway Research Board (HRB), Report 5, Report 6, Report 7, Special Report (SR) 61E, SR 61F, SR 61G, Washington.

JAE, 1995. *Manual de Concepção de Pavimentos para a Rede Rodoviária Nacional*. JAE (actual IEP), Almada.

JAE , 1990. *Tráfego 1990: Rede Nacional do Continente*. JAE (actual IEP), Direcção dos Serviços de Conservação, Almada.

Lima, H.; Quaresma, L.; Fonseca, E., 1999. *Caracterização do Factor de Agressividade do Tráfego de Veículos Pesados em Portugal*. JAE e LNEC (Protocolo JAE/LNEC), Proc. 092/16/12991, Lisboa.

May, R.; Witczak, M., 1992. *Integrating Flexible Pavement Mix and Structural Design*. Proceedings of the 5th Inter. Conf. on Structural Design of Asphalt Pavements, Univ. of Michigan and Univ. of Nottingham, vol. 1, pp 141-153, Nottingham.

Picado-Santos, L., 2000. *Design Temperature on Flexible Pavements: Methodology for Calculation*. Hermes Science Publications, International Journal of Road Materials and Pavement Design, Volume1, n.º 3, pp 355-371.

Picado-Santos, L., 1995. *Consideração da Temperatura no Dimensionamento de Pavimentos Rodoviários Flexíveis*. Dept. Engª Civil da F.C.T. da U. de Coimbra, Tese de Doutoramento, Coimbra.

Picado-Santos, L., 1989. *Modelo para o Cálculo da Distribuição de Temperaturas em Pavimentos Rodoviários e seu Interesse no Dimensionamento Estrutural desses Pavimentos*. Actas do Congresso da Ordem dos Engenheiros, Tema 1, pp 9-22, Coimbra.

Picado-Santos, L., 1988. *Modelo Matemático para a Determinação da Distribuição de Temperatura em Pavimentos Rodoviários*. Dept. Engª Civil da F.C.T. da U. de Coimbra, Tese das Provas de Aptidão Científica e Pedagógica, Coimbra.

Quaresma, L., 1990. *Pavimentos Semi-rígidos: Concepção e Dimensionamento; Estruturas-tipo*. JAE e LNEC, Seminário sobre Aplicação de Cimento em Pavimentos, s. p., Lisboa.

SHELL, 1977. *Asphalt pavement design manual*. Shell International Petroleum Company (SHELL), London.

Shook, J.; Finn, F.; Witczak, M.; Monismith, C., 1982. *Thickness Design of Asphalt Pavements: the Asphalt Institute Method.* Proc. 5th Inter. Conf. on Structural Design of Asphalt Pavements, Univ. of Michigan and Delft University of Technology, vol. 1, pp 17-44, Delft.

Thompson, M.; Dempsey, B.; Hill, H.; Vogel, J., 1987. *Characterizing Temperature Effects for Pavement Analysis and Design.* TRB - Transportation Research Record, Nº 1121, pp 14-22, Washington.

Witczak, M.W., 1972. *Design of Full-Depth Asphalt Airfield Pavements.* Proceedings of the 3th Inter. Conf. on Structural Design of Asphalt Pavements, Univ. of Michigan and R.R.L. (U.K.), vol. 1, pp 550-567, London.

Capítulo 7
DIMENSIONAMENTO DE PAVIMENTOS

7.1. Introdução

O dimensionamento racional ou analítico de qualquer estrutura de Engenharia Civil, entre as quais se incluem os pavimentos rodoviários, consiste, genericamente, nos seguintes passos:

- definição das acções;
- adopção de uma estrutura inicial composta por materiais de determinadas características;
- análise do comportamento da estrutura, usando as propriedades mecânicas dos materiais necessárias à resolução dos modelos de comportamento;
- comparação das tensões e extensões resultantes da análise estrutural com aquelas que constituem o limite para o qual os materiais ainda podem resistir em condições de segurança;
- ajustamento da estrutura adoptada nas suas dimensões ou com recurso a materiais com outras características até se conseguir um dimensionamento conveniente.

Apesar do processo ser simples de descrever, a sua aplicação a pavimentos rodoviários é complexa: o tráfego solicitante é extremamente variado e difícil de caracterizar, sendo composto por veículos que vão desde os ligeiros até aos camiões articulados com reboques de diversos eixos e cargas por eixo; as condições climáticas (temperatura e teor em água nas camadas não tratadas do pavimento), determinantes do comportamento dos materiais, também são muito variáveis e difíceis de caracterizar; os modelos de comportamento são complexos e a sua validade depende fortemente da acuidade que se consegue na obtenção das acções (cargas por eixo e condições climáticas); a caracterização mecânica dos materiais constituintes do pavimento ou da sua fundação é difícil, devido à grande gama de comportamentos que pode ser assinalada. Por tudo isto, não foi sequer tentada, durante muitos anos, uma aproximação puramente racional para dimensionamento de pavimentos rodoviários.

Neste capítulo vai descrever-se o enquadramento para o dimensionamento de pavimentos rodoviários, dando especial ênfase aos pavimentos flexíveis, por serem os mais empregues em Portugal e, também, no resto do mundo.

Naturalmente, vai procurar-se fazer aquela descrição de forma mais detalhada para os processos que utilizam a metodologia de dimensionamento mais praticada entre nós. As referências a algumas evoluções daqueles processos de dimensionamento entretanto havidas mas ainda não usadas correntemente como processos validados e de uso frequente, visam mais apontar o caminho dos desenvolvimentos em curso do que descrevê-las em grande pormenor. De qualquer modo, sempre que se justifique, dar-se-ão as referências bibliográficas necessárias para que seja possível a procura de maior detalhe.

A metodologia de dimensionamento que se vai descrever, que é actualmente adoptada em Portugal, resultou de uma lenta evolução dos conhecimentos que ocorreu ao longo do século XX sobre o funcionamento estrutural dos pavimentos e sobre o comportamento mecânico dos materiais. Na secção 7.3 mostra-se resumidamente como se deu essa evolução dos métodos de dimensionamento. Como em parte ela está ligada a um aprofundamento dos conhecimentos sobre o comportamento reológico dos materiais, na secção 7.2 faz-se previamente uma descrição destes aspectos.

7.2. Modelos Genéricos de Comportamento dos Materiais

Neste capítulo, vai muitas vezes falar-se de comportamento dos materiais, utilizando-se expressões como comportamento linear, não-linear, viscoso, visco-elástico e visco-elasto-plástico. Cabe portanto aqui fazer uma clarificação desses conceitos.

Duma maneira geral pode afirmar-se que os materiais que constituem os pavimentos rodoviários seguem modelos de comportamento não-lineares, que podem ser traduzidos pela conjugação de modelos físicos simples.

Um comportamento elástico linear pode ser simulado por uma mola à qual se aplica uma força (Figura 7.1). Aplicando uma força (F), a deformação linear (δ) da mola aumenta proporcionalmente. Quando é retirada a força da mola, esta recupera as dimensões iniciais. Fenómeno análogo ocorre quando a força F é aplicada a uma barra elástica com secção transversal de área "A" e comprimento "l". A força provoca uma tensão "σ"= F/A e um alongamento "d" a que corresponde uma extensão (ou alongamento unitário) "ε"=d/l.

A representação descrita aplica-se a comportamentos elástico linear e a elástico não linear, aos quais correspondem, respectivamente, relações entre a força e a deformação ou a tensão (σ) e a extensão (ε) ilustradas nas Figuras 7.1 a) e b) .

Se a força é proporcional à deformação, a lei constitutiva é a lei de Hooke, a qual na sua forma mais simples é dada pela expressão (7.1).

$$\sigma = E.\varepsilon \qquad (7.1)$$

Nesta expressão, E é o módulo de elasticidade, que traduz a proporcionalidade entre a tensão e a extensão.

Fernando Branco   Paulo Pereira   Luís Picado Santos

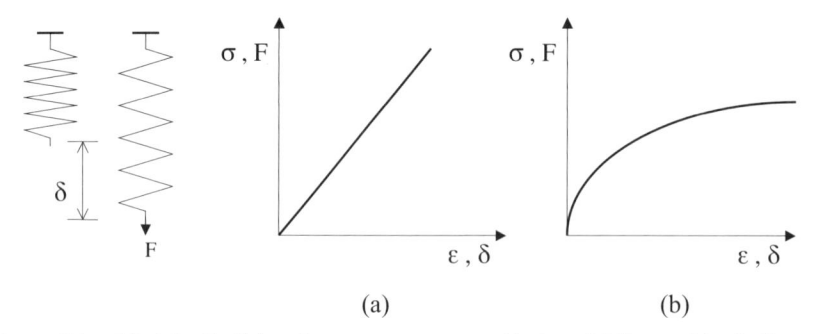

Figura 7.1 – Modelação física do comportamento elástico: (a) linear (b) não linear
(Baptista, 1999)

Para modelar um comportamento viscoso, o amortecedor viscoso é o modelo físico mais característico. Corresponde a um cilindro contendo um líquido e no qual se move um êmbolo com um orifício de pequena abertura (Figura 7.2). Ao aplicar uma força (F) no êmbolo, o líquido passa através do orifício com um caudal que depende da pressão (σ) na parte inferior do êmbolo e que condiciona o movimento deste. Quanto maior for essa força, maior será a pressão, o caudal escoado e portanto a velocidade de deslocamento do êmbolo que pode ser traduzida por $\partial\varepsilon/\partial t$, e é directamente proporcional à tensão exercida na superfície de contacto sendo a constante de proporcionalidade a viscosidade η do líquido.

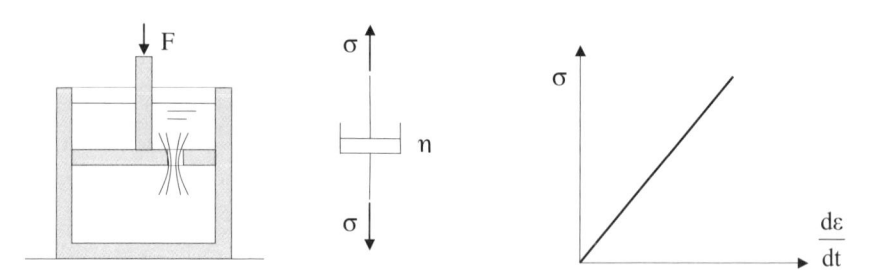

Figura 7.2 – Modelação física do comportamento viscoso

O fenómeno segue a lei de Newton, isto é a tensão é proporcional à variação no tempo da extensão, pelo que pode ser traduzida pela expressão (7.2).

$$\sigma = \eta\frac{\partial\varepsilon}{\partial t} \qquad (7.2)$$

Nesta expressão as variáveis têm o significado já descrito.

Sob tensão constante, a expressão (7.2) pode ser integrada com facilidade, resultando a expressão (7.3) para o instante inicial igual a zero ($t_0 = 0$).

$$\varepsilon = \frac{\sigma.t}{\eta} \qquad (7.3)$$

Para caracterizar um comportamento visco-elástico, que muito aproximadamente traduz o comportamento de misturas betuminosas, são usados vários tipos de associação dos modelos elástico e viscoso descritos.

O designado modelo de Maxwell (Huang, 1993) corresponde à associação duma mola com um amortecedor em série (Figura 7.3).

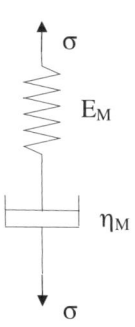

Figura 7.3 – Modelo de Maxwell de representação dum comportamento visco-elástico

Sob uma tensão constante, a extensão total é a soma das extensões da mola e do amortecedor, o que é traduzido pela expressão (7.4), que é obtida pela soma das extensões dadas pelas expressões (7.1) e (7.3).

$$\varepsilon = \frac{\sigma}{E_M} + \frac{\sigma.t}{\eta_M} = \frac{\sigma}{E_M}\left(1 + \frac{t}{T_M}\right) \qquad (7.4)$$

Nesta expressão M é um índice que pretende indicar o modelo de Maxwell e $T_M = \eta_M / E_M$, é o tempo de relaxação.

Se uma tensão inicial σ_0 é aplicada instantaneamente ao modelo, a mola deforma-se também instantaneamente dum valor σ_0 / E_M. Se a extensão é mantida constante, a tensão vai relaxando gradualmente até zero, depois de um período longo de tempo, como pode ser avaliado resolvendo a equação diferencial (7.5).

$$\frac{\partial \varepsilon}{\partial t} = \frac{1}{E_M}\frac{\partial \sigma}{\partial t} + \frac{\sigma}{\eta_M} \qquad (7.5)$$

O primeiro termo do lado direito de (7.5) é a percentagem de extensão devida à mola e o segundo termo corresponde à percentagem de extensão devido ao amortecedor. Sendo a extensão mantida constante, $\partial \varepsilon / \partial t = 0$, ter-se-á a expressão (7.6) para (7.5), depois desta ser integrada em ordem ao tempo.

$$\sigma = \sigma_0.e^{\left(-\frac{t}{T_M}\right)} \qquad (7.6)$$

Da equação (7.6) pode ser inferido que:
- quando $t = 0$, então $\sigma = \sigma_0$;
- quando $t = \infty$, então $\sigma = 0$;
- quando $t = T_M$, então $\sigma = 0,368.\sigma_0$.

Fernando Branco   Paulo Pereira   Luís Picado Santos

Assim, o tempo de relaxação, T_M, no modelo de Maxwell, é o tempo requerido para que a tensão se reduza a 36,8% do valor inicial. Fisicamente é mais sugestivo este tempo de relaxação do que viscosidade, já que um tempo de relaxação (sem que a carga seja de novo repetida) de por exemplo 1 minuto, indica que a tensão reduziu-se para 36,8% do seu valor inicial durante este tempo.

Um outro modelo é o de Kelvin (Huang, 1993), usado também para caracterizar um comportamento visco-elástico. Este modelo é representado fisicamente pela combinação duma mola e dum amortecedor em paralelo (Figura 7.4).

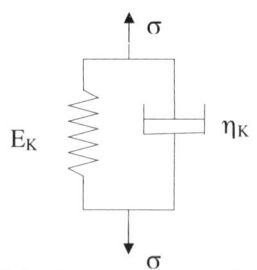

Figura 7.4 – Modelo de Kelvin de representação dum comportamento visco-elástico

Neste caso a mola e o amortecedor ficam sujeitos à mesma extensão, sendo a tensão total igual à soma das duas tensões em cada elemento (equação (7.7) resultante das equações (7.1) e (7.3)).

$$\sigma = E_K . \varepsilon + \eta_K \frac{\partial \varepsilon}{\partial t} \qquad (7.7)$$

Sendo aplicada uma tensão constante resultará a equação (7.8) depois de integrada a equação (7.7).

$$\varepsilon = \frac{\sigma}{E_K} . \left[1 - e^{\left(-\frac{t}{T_K} \right)} \right] \qquad (7.8)$$

Nesta expressão K é um índice que pretende indicar o modelo de Kelvin e $T_K = \eta_K / E_K$, é o tempo de atraso.

Com a expressão (7.8) pode verificar-se que:
- quando $t = 0$, então $\varepsilon = 0$;
- quando $t = \infty$, então $\varepsilon = \sigma / E_K$, o que significa que a mola está sujeita à extensão total que cresceu no tempo desde a aplicação da tensão constante;
- quando $t = T_K$, então $\varepsilon = 0,632 . \sigma / E_K$.

Pode então definir-se o tempo de atraso (na resposta à aplicação da tensão) como o tempo necessário para que a extensão seja 63,2% da extensão total que atingirá quando $t = \infty$.

Ainda um outro modelo é o de Burgers (Huang, 1993), usado também para caracterizar um comportamento visco-elástico. Este é representado fisicamente pela combinação em série dos modelos de Maxwell e de Kelvin (Figura 7.5).

Sob tensão constante, o modelo de Burgers pode ser representado pela equação (7.9), que resulta das equações (7.4) e (7.8).

$$\varepsilon = \frac{\sigma}{E_M}\left(1 + \frac{t}{T_M}\right) + \frac{\sigma}{E_K}.\left[1 - e^{\left(-\frac{t}{T_K}\right)}\right] \qquad (7.9)$$

A extensão total é composta por três parcelas, como pode ser visto na Figura 7.6: uma extensão elástica instantânea; uma extensão viscosa; uma extensão elástica com atraso.

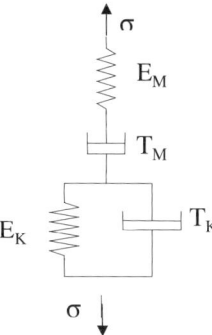

Figura 7.5 – Modelo de Burgers de representação dum comportamento visco-elástico

No modelo de Burgers, um único modelo de Kelvin pode não ser suficiente para representar o período de tempo longo durante o qual tem lugar a extensão elástica com atraso. Esta questão é geralmente resolvida com a associação de mais do que um modelo de Kelvin em série. Assim, a equação (7.9) pode ser escrita como é mostrado na equação (7.10).

$$\varepsilon = \frac{\sigma}{E_M}\left(1 + \frac{t}{T_M}\right) + \sum_{i=1}^{i=n} \frac{\sigma}{E_{Ki}}.\left[1 - e^{\left(-\frac{t}{T_{Ki}}\right)}\right] \qquad (7.10)$$

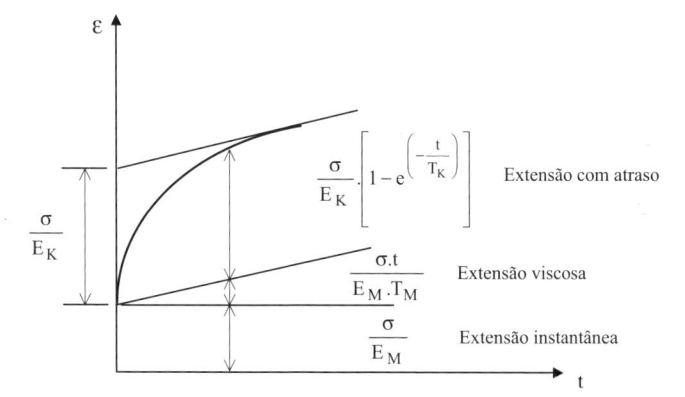

Figura 7.6 – Componentes da extensão representáveis pelo Modelo de Burgers (Huang, 1993)

Fernando Branco   Paulo Pereira   Luís Picado Santos

Este modelo, que se designa por Modelo de Burgers Generalizado, explica melhor o efeito da duração da carga num pavimento flexível, cujo comportamento é sobretudo devido ao comportamento das misturas betuminosas. Para uma aplicação única da carga, predomina a extensão instantânea e a extensão elástica com atraso, enquanto que a extensão viscosa pode ser considerada desprezável. Para um grande número de repetições de carga, a acumulação da extensão viscosa (visco-plástica) é a causa principal da deformação permanente nas misturas betuminosas.

7.3. Evolução dos Processos de Dimensionamento

No início do século XX até sensivelmente duas décadas depois, não se fazia qualquer dimensionamento de pavimentos rodoviários. Este facto devia-se fundamentalmente ao pouco significado das cargas actuantes, pelo que era normal utilizarem-se para realizar os pavimentos sempre as mesmas espessuras de materiais semelhantes.

De qualquer modo, e desde que começaram a existir organismos oficiais a administrar todos os aspectos relacionados com estradas, instalou-se a preocupação de observar o comportamento dos pavimentos. Era necessário saber a contribuição dos materiais componentes para o desempenho do pavimento, em condições diversas, como por exemplo quando suportados por diferentes tipos de solos, como os mais incoerentes e os mais plásticos.

O primeiro grande ensaio rodoviário à escala natural (Yoder, et al., 1975), foi realizado em 1920 em Illinois, nos Estados Unidos da América do Norte (EUA). Construíram-se pavimentos de diversos materiais, desde o tijolo burro até ao betão hidráulico, passando pelo betuminoso.

Com esta experiência obtiveram-se as primeiras indicações das espessuras a utilizar para algumas situações diferenciadas. Estas indicações, que inspiraram durante alguns anos os procedimentos adoptados para a realização de pavimentos, constituíram um verdadeiro "catálogo de estruturas" com objectivos idênticos aos actuais catálogos propostos por Administrações Rodoviárias de diversos países, embora com origens bem diferentes. Estes últimos são o corolário de muitos anos de observação do comportamento dos pavimentos, baseando-se ainda em aproximações analíticas que pretendem explicar o comportamento dos pavimentos.

A forma muito genérica como o dimensionamento de pavimentos era tratado nos primeiros "catálogos de estruturas" levou a que se tentassem desenvolver métodos um pouco mais rigorosos, ainda bastante baseados em observações de comportamento, mas procurando já caracterizar mais objectivamente pelo menos a resistência do solo de fundação.

Um desses métodos mais conhecido e divulgado, utilizado até quase aos nossos dias em estradas pouco importantes, foi o método de CBR, que fornecia a espessura do pavimento em função do índice CBR (California Bearing Ratio) do solo de fundação, o qual resulta do conhecido ensaio de penetração, em que uma haste circular de aço penetra, a uma determinada velocidade, num provete de solo compactado, num molde grande do ensaio de compactação, com o teor em água óptimo.

O índice CBR dum material, que é expresso em percentagem, é o cociente entre a força necessária para obter uma penetração fixa (2,5 mm ou 5 mm) no provete e a força determinada num material padrão (macadame hidráulico) nas mesmas condições de ensaio.

O método de CBR foi desenvolvido por Porter com base em ensaios realizados, entre 1928 a 1929, pela Califórnia Division of Highways (Yoder, et al., 1975).

As primeiras versões do método do CBR tinham alguma fiabilidade, porque as condições de solicitação em estradas e os materiais utilizados eram semelhantes, dum modo geral, em vários países.

Com a II Grande Guerra os aeródromos militares foram pela primeira vez solicitados com cargas por roda (ou pressões de enchimento) excedendo as verificadas para as estradas, o que causava roturas rápidas do pavimento.

Aquele facto depressa impulsionou o desenvolvimento dos métodos empíricos de dimensionamento, de forma a poder-se incluir uma nova variável: a carga por roda.

Uma das adaptações mais conhecidas é a do método do CBR para os aeródromos (Yoder, et al., 1975), desenvolvida pelo Corpo de Engenheiros do Exército dos E. U. A..

O movimento das aeronaves que os sucessivos combates exigiam, muito superior ao que até aí tinha sido verificado, conduziu ao desenvolvimento dos primeiros estudos sobre o efeito de repetição das cargas na capacidade de suporte (UN, 1986).

O esforço de investigação necessário para a adaptação dos procedimentos empíricos às novas situações, levou a que se iniciassem as primeiras tentativas para a obtenção de modelos teóricos, essencialmente baseados na Teoria da Elasticidade, para o cálculo das tensões e extensões num pavimento, de modo a poder encarar qualquer tipo de situação de carregamento ou construtiva, independentemente da experiência que houvesse da sua ocorrência ou construção.

Burmister (1943), baseando-se na teoria de Boussinesq (1885) para o cálculo de tensões num meio semi-indefinido, homogéneo e elástico, deduziu as expressões analíticas que permitem calcular os assentamentos à superfície dum pavimento, no centro da carga, devidos à actuação de cargas verticais uniformemente repartidas sobre um círculo.

O pavimento é considerado primeiro como constituído por duas camadas (1943) e depois por três (1945). Odemark em 1949 apresentou um método que permitiu de forma simples, considerando os materiais com comportamento perfeitamente elástico, calcular o assentamento total à superfície, para um número qualquer de camadas, e ainda a tensão radial (perpendicular ao eixo de carga) na base da camada superior.

Acum e Fox, em 1951, ampliam o trabalho de Burmister de modo a permitir a determinação das tensões instaladas num sistema de três camadas.

Após a II Grande Guerra, perante o grande surto de desenvolvimento económico da década de cinquenta e princípios da de sessenta do século XX, com o consequente

Fernando Branco   Paulo Pereira   Luís Picado Santos

aumento exponencial do tráfego, os E.U.A. deram um grande incremento ao dimensionamento e às técnicas de execução de pavimentos.

O processo adoptado foi o recurso, sobretudo, a grandes ensaios de pavimentos à escala real e com tráfego real, dos quais se destacam os ensaios WASHO (Western Association of State Highways Officials) (HRB, 1955) e AASHO (American Association of State Highways Officials) (HRB, 1962), especialmente este último, do qual ainda hoje são utilizadas algumas das conclusões pelos métodos de dimensionamento mais utilizados.

A Universidade de Michigan nos E. U. A., com sede em Ann Arbor, foi encarregue pela AASHO de sistematizar os resultados do ensaio que promoveu, de modo a que se pudessem extrair conclusões que indicassem caminhos para o dimensionamento.

No que respeita aos pavimentos flexíveis, este trabalho culminou com a realização duma conferência internacional, em Ann Arbor (1962), sobre o seu dimensionamento. Esta foi a primeira duma série de oito já realizadas (geralmente de cinco em cinco anos), quase sempre alternando a responsabilidade da organização entre a Universidade de Michigan e instituições europeias.

A evolução dos procedimentos para dimensionamento de pavimentos flexíveis nos últimos quarenta anos, está em grande parte descrita na compilação das comunicações apresentadas em cada uma daquelas conferências, como aliás é corroborado por Brown em 1997 (Brown, 1997).

Na primeira conferência foi aceite que as fórmulas resultantes do ensaio AASHO, para além de alguns ajustamentos a casos especiais, são uma forma acabada de dimensionar pavimentos rodoviários. Apesar disso, surgiram as primeiras comunicações sobre métodos que racionalizavam o dimensionamento, considerando o pavimento constituído por camadas que se comportam de forma resiliente, nomeadamente num artigo de Dormon (Dormon, 1962), o qual é considerado como um marco do ponto de vista da AASHO.

Ainda em 1962, Jones (Jones, 1962) e Peattie (Peattie, 1962) apresentam uma evolução dos resultados publicados por Acum e Fox (1951), sob a forma de, respectivamente, tabelas e ábacos, o que vinha permitir o tratamento de vários tipos de sistemas de três camadas.

Estes resultados eram extensíveis a sistemas de número superior de camadas, pela introdução do conceito de espessura equivalente, deduzido do ensaio AASHO, segundo o qual a rigidez de uma camada de espessura h de um material de certas características (em geral o módulo de deformabilidade) é equivalente à de uma camada de outro material, com espessura h', desde que h e h' estejam relacionadas por um coeficiente de equivalência, que é uma função da razão entre os módulos. Deste modo, é possível transformar um pavimento de várias camadas de materiais diferentes num outro formado por um material único em camada de espessura igual à soma das espessuras equivalentes das diversas camadas, e vice-versa.

Em Portugal é de referir o trabalho de Nascimento (Nascimento, 1960), que apresentou, em 1960, um método simplificado que permitia calcular as tensões nas superfícies de contacto entre camadas e na fundação, a partir do valor do assentamento à superfície determinado num ensaio de carga com placa.

Na segunda conferência (1967), ainda em Ann Arbor, os resultados dos ensaios AASHO foram questionados, já que, entretanto, se tinha constatado a pouca aplicabilidade prática de algumas das generalizações feitas. Por outro lado, o dimensionamento analítico, baseado na teoria da elasticidade, parecia pouco utilizável, já que o comportamento dos materiais se vinha revelando, nas experimentações feitas em todo o mundo, manifestamente não-linear.

A terceira conferência (1972), agora em Londres, reflecte o extraordinário desenvolvimento que entretanto a cibernética tinha tido, tendo sido apresentados os mais diversos modelos de comportamento dos materiais, agora utilizáveis com mais facilidade, rapidez e tendo maior fiabilidade.

De qualquer modo, os procedimentos para dimensionamento indicados pela maior parte das Administrações Rodoviárias nos países mais desenvolvidos, nomeadamente o Asphalt Institute (AI, 1983) nos E.U.A., e o Road Research Laboratory (RRL, 1970) no Reino Unido, ainda continuavam a ser baseados em observações de comportamento de pavimentos reais e na experiência que provinha da sua construção.

A conferência de Londres constituiu, no entanto, o ponto de viragem. Algumas das comunicações apresentadas à quarta conferência (1977), novamente em Ann Arbor, já previam métodos de dimensionamento que integravam modelos de comportamento dos materiais e do pavimento no seu conjunto (aproximação analítica ou racional do dimensionamento), embora ainda ponderados com a experiência que resultava da observação do comportamento real dos pavimentos. Por esta razão, é habitual designar este tipo de métodos por empírico-mecanicistas.

Os métodos de dimensionamento mais conhecidos, apresentados nessa altura, foram os da Shell (Claessen et al., 1977) e da Universidade de Nottingham (Brown et al., 1977). Além disto, começaram a aparecer os primeiros resultados de estudos realizados em estradas reais (Bleyenberg et al., 1977), confirmando a aplicabilidade de aproximações analíticas ao dimensionamento de pavimentos.

Assim, esta evolução, o tráfego cada vez mais intenso e pesado, e a necessidade de tratar alguns tipos de materiais não tradicionais, tiveram como reflexo a adopção em quase todos os países desenvolvidos, de métodos de dimensionamento empírico-mecanicistas, seja através de procedimentos directos como o método da Shell, seja de métodos indirectos como os catálogos de pavimentos, nos quais as estruturas propostas foram calculadas recorrendo a um método empírico-mecanicista. Entre estes últimos pode-se incluir o indicado pela Administração Rodoviária Portuguesa (JAE, 1978).

Na quinta conferência (1982), realizada em Delft na Holanda, tratou-se mais da apresentação de procedimentos entretanto adoptados. Aparece aqui o método do Asphalt Institute (Shook et al., 1982), mais um método empírico-mecanicista

Fernando Branco   Paulo Pereira   Luís Picado Santos

importante. Também foram apresentadas comunicações sobre a verificação da validade de alguns dos métodos propostos, que apontaram para a melhoria de alguns aspectos menos sustentados.

É ainda reconhecido como um passo importante para uma mais eficaz reabilitação e reforço dos mesmos pavimentos, o tratamento dos resultados da avaliação da capacidade de carga de pavimentos existentes, através de processos já conhecidos, mas agora utilizando as maiores capacidades de análise que muitos dos métodos empírico-mecanicistas colocavam à disposição.

Podia afirmar-se, perante os resultados desta conferência de Delft, que os métodos de dimensionamento empírico-mecanicista estavam implantados como procedimento a ter em conta, restando encetar alguns refinamentos indispensáveis à sua aplicabilidade mais generalizada, como aliás já tinha começado a acontecer com a apresentação dum modelo de comportamento visco-elástico (Battiato et al., 1982) para os materiais betuminosos, que é utilizado num método de dimensionamento simplificado para um sistema de três camadas.

Na sexta conferência (1987), na sétima (1992) e na oitava (1997), os trabalhos divulgados traduziram alguma evolução dos processos de cálculo já conhecidos e das formas de proceder à avaliação da capacidade de carga e de fazer a sua interpretação, para além da divulgação do esforço de investigação na criação de modelos de comportamento dos materiais mais próximos da realidade. Houve uma clara preferência nesta altura por centrar o esforço de desenvolvimento no melhoramento das técnicas de caracterização dos materiais, para uma melhor resposta dos modelos existentes. Isto traduziu-se sobretudo pela consideração de camadas com comportamento elástico mas em que as características dos materiais que as compõem são obtidas por ensaios que reproduzem, quanto possível, a realidade.

No entanto, nas últimas duas décadas, foram divulgados alguns procedimentos que integram análises que possibilitam a consideração de comportamentos não lineares para materiais granulares e misturas betuminosas como, a título de exemplo, é o caso de:

- Thompson (1992), que desenvolve equações de regressão que traduzem o dimensionamento com base em cálculos do estado de tensão-deformação obtidos a partir dum programa de elementos finitos (ILLI-PAVE, Raad et al., 1980);

- o programa KENLAYER (Huang, 1993) que permite a consideração de comportamentos não-lineares para as camadas de pavimento não ligadas, simultaneamente com comportamento visco-elástico para as misturas betuminosas;

- a metodologia SHRP – Superpave, níveis 1, 2 e 3 (Cominsky, 1994) que integra o estudo de formulação de misturas betuminosas com a previsão do seu comportamento e da sua evolução, recorrendo a modelos baseados em ensaios mecânicos;

- o programa PACE (Rowe et al., 1995), que modela o comportamento do conjunto dos materiais como elasto-viscoplásticos;

Fernando Branco   Paulo Pereira   Luís Picado Santos

- o programa VEROAD (Nilsson et al., 1996) em que os materiais são considerados visco-elásticos para resposta ao corte e elásticos-lineares para a variação de volume.

Apesar da grande evolução havida, o facto é que o dimensionamento de pavimentos flexíveis ainda é actualmente realizado recorrendo a métodos empírico-mecanicistas, como acontece em Portugal, essencialmente porque as novas abordagens indicadas, que têm um bom potencial teórico, não são de aplicação prática simples e apresentam algumas fragilidades que recomendam maior validação prática antes da sua aplicação generalizada.

Para além dos métodos empírico-mecanicistas existem alguns procedimentos mais simplificados, ou baseados directamente nesses métodos como é o caso em Portugal do "Manual de Concepção de Pavimentos para a Rede Rodoviária Nacional" (JAE, 1995) ou dos métodos baseados no conceito de "desempenho em serviço", como é o caso do Manual de Dimensionamento da AASHTO (AASHTO, 1993). Neste último manual estão, apesar de tudo, presentes muitos dos conceitos que estruturam um método empírico-mecanicista de análise, embora abordagens probabilísticas da evolução do comportamento dos pavimentos sejam a base para algumas das principais decisões propostas.

No caso dos pavimentos semi-rígidos, estes têm em geral uma abordagem muito semelhante à dos pavimentos flexíveis. Há no entanto algumas abordagens analíticas, geralmente utilizando o método dos elementos finitos, da propagação às camadas betuminosas do fendilhamento da camada de base rígida, que são complementares do processo empírico-mecanicista de análise.

No caso dos pavimentos rígidos pode afirmar-se que os métodos de dimensionamento se estruturam em três abordagens: analítica, numérica e probabilística.

Na abordagem analítica para o cálculo de tensões e deflexões em pavimentos rígidos, o trabalho teórico mais extenso produzido foi realizado por Westergaard (Huang, 1993), que desenvolveu equações para o cálculo daqueles esforços devidos à encurvadura das lajes de betão provocada pelas variações de temperatura e devidos a três casos de carga: carga aplicada perto do canto de uma laje de betão de grandes dimensões; carga aplicada no bordo do mesmo tipo de laje mas afastada do canto; e carga aplicada no interior do mesmo tipo de laje afastada de qualquer bordo.

Com alguns ajustamentos, ainda hoje a teoria desenvolvida por Westergaard é suporte do método da Portland Cement Association (PCA, 1984), o qual é um dos métodos de dimensionamento mais usados em todo o mundo.

Na abordagem numérica são de destacar os métodos e programas desenvolvidos com base no método dos elementos finitos para a determinação do estado de tensão nas zonas mais solicitadas das lajes de betão dum pavimento com juntas de contracção. A título informativo, são de destacar os programas WESLIQUID aplicável a lajes directamente fundadas no solo, WESLAYER aplicável a pavimentos com camadas entre o solo de fundação e a laje de betão, JSLAB desenvolvido pela Portland Cement Association, e o programa RISC (Huang, 1993).

Na abordagem probabilística deve-se citar a expressa pelo manual de dimensionamento da AASHTO (AASHTO, 1993).

Tal como no caso dos pavimentos flexíveis, existem alguns procedimentos mais simplificados, como é o caso português com o "Manual de Concepção de Pavimentos para a Rede Rodoviária Nacional" (JAE, 1995), ou o espanhol com a "Instrucción 6.1-IC y 6.2-IC: Secciones de Firmes" (DGC, 2002).

7.4. Princípios Gerais do Dimensionamento de Pavimentos

Uma roda de um veículo que passa sobre um pavimento transmite a este certos esforços através da superfície de contacto do pneu com o pavimento. A superfície de contacto tem aproximadamente uma forma elíptica e as suas dimensões dependem do tipo de pneu, da pressão de enchimento e da carga descarregada pela roda. Para efeitos de dimensionamento do pavimento a superfície de contacto considera-se, em geral, semelhante a um círculo. De um modo aproximado pode dizer-se que a área A das superfícies de contacto é dada pela expressão (7.11).

$$A = \frac{P}{p} \qquad (7.11)$$

em que:

P - a carga por roda;

p - a pressão de enchimento.

Os esforços transmitidos são acções verticais, associadas ao peso, sob a forma de pressão exercida na superfície de contacto, e forças tangenciais, necessárias ao rolamento do veículo ou então manifestadas durante a ocorrência de derrapagem e travagem.

As acções tangenciais têm sobretudo influência na evolução da textura da superfície (polimento dos agregados, desagregação de agregados da mistura). As acções verticais são as mais determinantes do funcionamento estrutural do pavimento.

Sob a acção das cargas transmitidas pelas rodas, o pavimento (e portanto as suas diferentes camadas) deforma-se, em função do estado de tensão instalado em cada ponto e de acordo com as características de deformabilidade dos materiais das camadas (Figura 7.7). Assim, as camadas dotadas de coesão (camadas betuminosas e camadas ligadas com cimento), estão sujeitas a tensões e extensões horizontais, de tracção ou de compressão consoante o ponto considerado na estrutura do pavimento e as condições de ligação entre as camadas, e ainda a tensões e extensões de corte (Figura 7.8).

As camadas de material não coerente estão sujeitas a tensões de compressão e de corte.

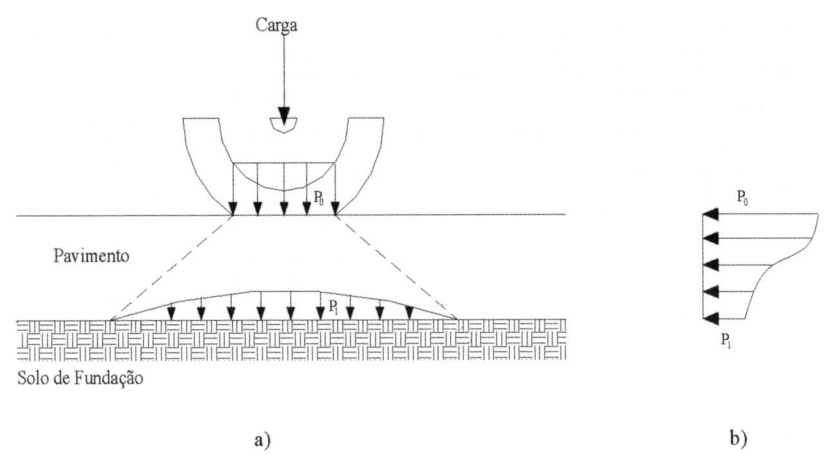

a)   b)

Figura 7.7 – Distribuição de tensões verticais devido à passagem de uma roda (AI, 1981)

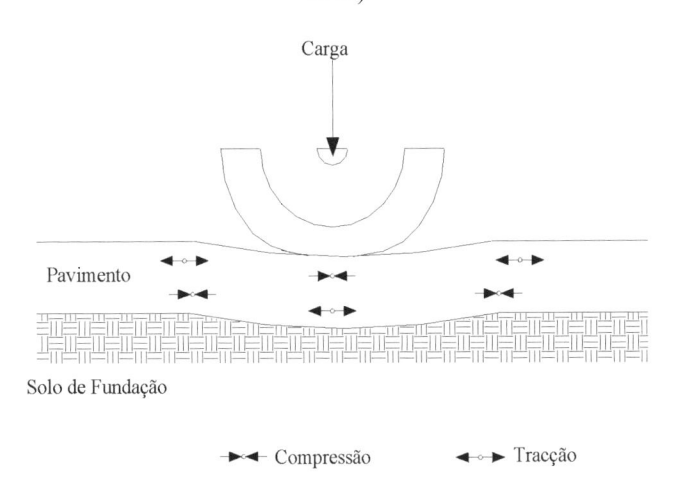

▸◂ Compressão   ◂◦▸ Tracção

Figura 7.8 – Efeito esquemático da deflexão dum pavimento sob acção do tráfego, resultando em tensões de compressão e de tracção nas camadas ligadas (AI, 1981)

Quando a roda se afasta dum ponto de aplicação de carga, as tensões, e respectivas extensões, diminuem e anulam-se e o pavimento recupera praticamente a sua forma inicial. Na realidade, fica em geral uma pequena extensão irrecuperável visto os materiais que constituem o pavimento não serem perfeitamente elásticos. A sucessiva passagem das rodas dos veículos vai repetindo os efeitos descritos e, assim, em cada ponto do pavimento, vão-se repetindo as tensões e as extensões.

Embora o valor da extensão instalada de cada vez seja normalmente bem menor do que o necessário para produzir a rotura do material das camadas coesivas do pavimento, a aplicação sucessiva dessa extensão acaba por produzir a rotura ao fim de um determinado número aplicações. É o conhecido fenómeno de fadiga dos materiais, que pode ser traduzido por uma "lei de fadiga" que, para cada material, relaciona o valor da extensão instalada num carregamento com o número de vezes que ela pode ser repetida até à ruína do material. Por outro lado, embora a deformação permanente (assentamento do pavimento, visível à superfície) associada a cada carregamento seja pequena, a sucessiva aplicação de cargas determina uma acumulação de deformações permanentes que acabam por se traduzir numa indesejável deformação do pavimento. Este fenómeno pode ser traduzido por uma lei análoga à lei de fadiga atrás referida, mas agora considerando, normalmente, as extensões no topo da fundação.

Os fenómenos atrás referidos são justamente os que estão na base dos critérios de ruína que são habitualmente mais considerados nos métodos de dimensionamento de pavimentos de estradas e aeródromos.

Por um lado, pretende-se limitar, dentro de certos valores aceitáveis, o assentamento ocorrido à superfície do pavimento durante a vida de projecto. Por outro lado, pretende-se evitar que, durante a vida de projecto, ocorram fenómenos de fadiga por tracção nas camadas com /coesão, que provoquem o fendilhamento e consequente destruição da camada e do pavimento.

Como, durante a vida de projecto, ocorre um determinado número de carregamentos, que em geral é possível estimar, há que fazer com que as extensões e as tensões correspondentes a cada carregamento não excedam certos valores, em particular nos pontos mais críticos do pavimento.

De acordo com a experiência existente, os pontos críticos dos pavimentos flexíveis são, por um lado, a parte inferior das camadas betuminosas (onde se instalam as maiores extensões de tracção, as quais determinam a rotura por fadiga à tracção dessa camada); e, por outro lado, o solo de fundação, material mais fraco quanto à deformabilidade, e portanto o mais responsável geralmente pela ocorrência de deformações permanentes na superfície do pavimento. As camadas betuminosas espessas também podem contribuir significativamente para esta deformação, mas, quando bem formuladas as misturas, essa situação é atenuada. Ocorrendo rotura por corte nestas camadas, isso contribui para o assentamento total, geralmente de forma decisiva.

No caso dos pavimentos rígidos, os pontos críticos do ponto de vista estrutural são a parte inferior das camadas aglutinadas com cimento, devido a fadiga por repetição de extensões de tracção, tal como nas camadas betuminosas. No entanto, há uma diferença fundamental: o pavimento rígido pode chegar à rotura estrutural (fendilhamento em toda a espessura da camada) só por aplicação duma carga, desde que aquela instale uma tensão superior à tensão resistente do betão de cimento, enquanto que em geral, para a mesma carga, o pavimento flexível deforma-se mas não chega a romper estruturalmente.

Neste tipo de pavimentos, o solo em geral não é determinante por as tensões sobre ele serem muito pequenas e raramente o fenómeno de fadiga é condicionante. Fenómenos como a erosão da sub-base ou da fundação, ou o desgaste superficial por acção do tráfego, nomeadamente em pavimentos formados por lajes de betão com juntas transversais e longitudinais, são decisivos para a saída de serviço dos pavimentos rígidos. Essa erosão, provocada pela água e associada frequentemente a perda de impermeabilidade das juntas potencia a "bombagem de finos" do material erodido, o que provoca a perda de apoio da laje e portanto a perda de capacidade estrutural na zona dessas juntas, conduzindo à ruína dos pavimentos rígidos.

No caso dos pavimentos semi-rígidos os pontos críticos estão em geral também na parte inferior das camadas aglutinadas com cimento. A rigidez destas camadas reduz significativamente a deformação nas camadas betuminosas e na fundação, retirando importância à análise do comportamento do pavimento à deformação permanente. Em geral, verifica-se somente o comportamento à fadiga nas camadas betuminosas (raramente condicionante) e nas camadas aglutinadas com cimento.

O dimensionamento de pavimentos semi-rígidos, não se resolve porém somente com a análise à fadiga, já que este tipo de pavimento tem um funcionamento peculiar. De facto, as camadas hidráulicas sofrem, em geral, fendilhamento por retracção durante a presa, por fadiga nas idades jovens, e ainda durante os ciclos diários de variação da temperatura. Essas zonas de fendilhamento, geralmente na direcção perpendicular à acção do tráfego, são zonas de maior deformabilidade das camadas, o que se repercute na deformação do solo e das camadas betuminosas. Por estas razões, acontece com frequência nos pavimentos semi-rígidos, a transmissão destas fendas às camadas betuminosas, e o seu aparecimento à superfície. Isto implica práticas construtivas especiais tendentes a contrariar ou retardar essa propagação.

Quanto às acções sobre os pavimentos, no capítulo 6 fez-se uma descrição suficientemente detalhada da forma como se quantificam, nomeadamente o tráfego e a temperatura, para efeitos de dimensionamento de pavimentos.

Com as acções definidas, poderá calcular-se a tensão e/ou a extensão correspondente, em diversos pontos da estrutura do pavimento e, em particular nos pontos mais críticos, utilizando um modelo de cálculo ajustado à estrutura a analisar e que permita ter em conta os modelos de comportamento dos materiais que se pretende utilizar.

No caso de pavimentos flexíveis, a tensão e/ou a extensão correspondentes a cada passagem do eixo-padrão permitem determinar, pelas leis de fadiga e de deformação permanente, que traduzem os critérios de ruína adoptados, o número máximo, ou admissível, de passagens do eixo-padrão, o qual se compara com o número de eixos-padrão que previsivelmente solicitarão o pavimento durante a vida útil. Se este for semelhante e ligeiramente inferior ao admissível pode dizer-se que o pavimento está bem dimensionado. Se for muito inferior (menos de 80%) pode considerar-se que a estrutura estará sobredimensionada o que é antieconómico. Se for superior a estrutura estará subdimensionada. Em qualquer destes dois últimos casos é necessário actuar em conformidade, diminuindo ou aumentando a espessura das camadas determinantes ou mesmo mudando de tipo de materiais e/ou de pavimento.

O processo descrito está resumidamente caracterizado na Figura 7.9. A extensão obtida com o modelo de cálculo permite obter nas leis de ruína o número de eixos-padrão, Na, que podem passar a provocar aquela extensão sem que o pavimento entre em ruína. Sabendo o número de eixos padrão, Np, que previsivelmente solicitam a estrutura, pode obter-se a percentagem de resistência que se gasta, ou seja o dano D, pela expressão (7.12).

$$D = \frac{Np}{Na} \times 100 \qquad (7.12)$$

Se D > 100% haverá subdimensionamento e se D < 80% haverá sobredimensionamento.

Para os pavimentos rígidos e para os pavimentos semi-rígidos o processo tem uma orgânica semelhante, embora, como já foi descrito, não se façam verificações à deformação permanente e se possam fazer outras, como as que são conduzidas para avaliação do comportamento das juntas (ou por causa da sua existência).

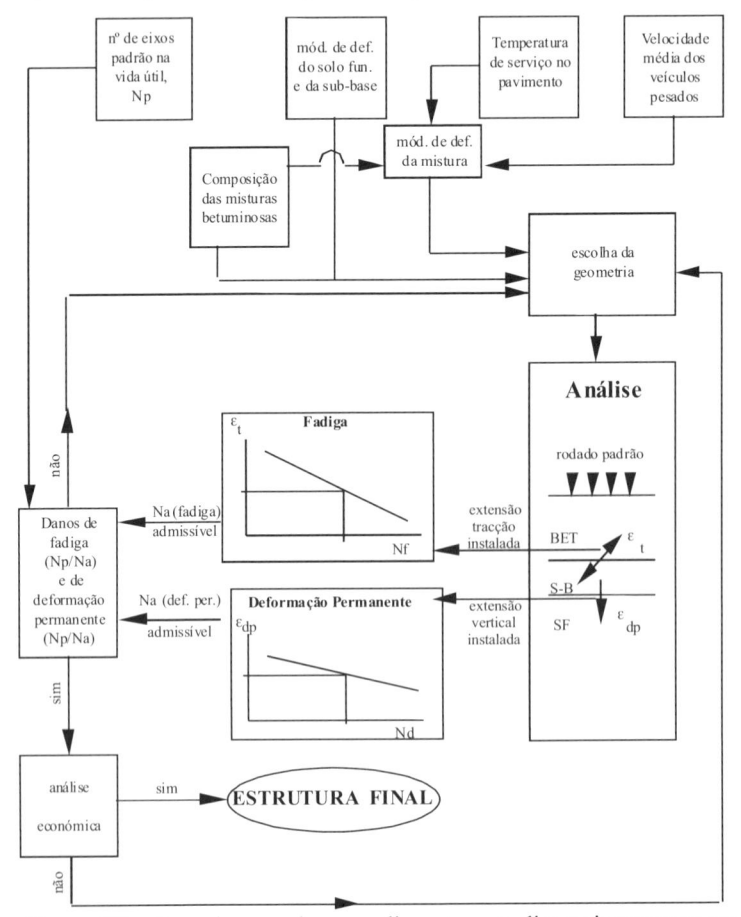

Figura 7.9 – Organigrama do procedimento para dimensionamento empírico-mecanicista dum pavimento flexível

7.5. Modelos de Cálculo de Tensões e Extensões

Os modelos de cálculo do estado de tensão-deformação que permitem fazer a análise estrutural expressa na Figura 7.9, ainda se baseiam actualmente na teoria da elasticidade admitindo comportamento linear para os materiais que compõem as camadas do pavimento, embora estes apresentem muitas vezes comportamento não-linear. Isto é sobretudo verdade quando se utilizam métodos empírico-mecanicistas de dimensionamento de pavimentos.

Genericamente, as simplificações adoptadas para aplicar a um pavimento um sistema de análise baseado na teoria da elasticidade são (Figura 7.10):

- as propriedades do material de determinada camada são homogéneas, considerando-se cada camada como isotrópica;
- cada camada, exceptuando a última, tem uma espessura finita (h_i, da camada i);
- cada camada tem uma dimensão infinita na direcção transversal;
- as camadas podem ser consideradas solidárias entre si (fricção total), ou não;
- a relação tensão-extensão, e portanto o comportamento mecânico dos materiais das camadas, é caracterizada por duas constantes: o módulo de deformabilidade (E_i, da camada i) e o coeficiente de Poisson (υ_i, da camada i).

A falta de adequação do modelo de comportamento linear para traduzir a realidade, já que os materiais não têm geralmente esse comportamento, é em parte ultrapassada fazendo a obtenção das constantes de caracterização mecânica, sobretudo do módulo de deformabilidade, para condições de funcionamento das camadas próximas das reais. É devido a este facto que se dá, preferencialmente, o nome de módulo de deformabilidade à relação entre a tensão e a extensão, já que se procura caracterizar o modo como o material se deforma sob tensão.

No caso de pavimentos flexíveis, o cálculo das tensões e das extensões é razoavelmente correcto em misturas betuminosas "rígidas", ou seja para condições de carregamento rápido e temperaturas não muito altas, nas quais as misturas se comportam de forma muito aproximadamente elástica.

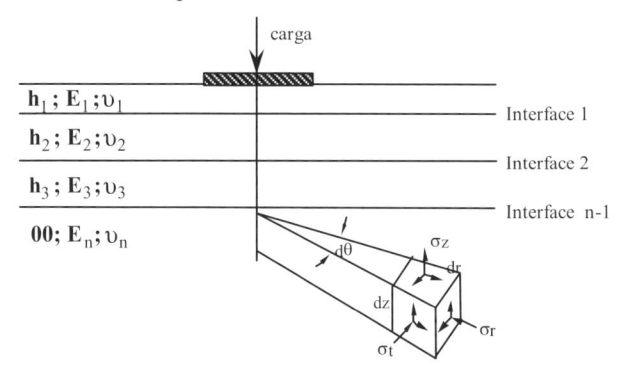

Figura 7.10 – Caracterização de um pavimento para a obtenção das tensões e extensões

No caso de materiais granulares, o comportamento não-linear é sobretudo determinante em pavimentos com espessura de camadas betuminosas inferior a 15 cm (Baptista, 1999). O facto de não ser completa a representatividade do comportamento dos materiais que os métodos de análise utilizam, leva a que, naturalmente, sejam usados coeficientes de segurança no dimensionamento de pavimentos, os quais permitem atenuar o efeito dessa falta de representatividade.

Existem alguns programas de cálculo automático que permitem o cálculo do estado de tensão-deformação num pavimento, de acordo com as condições definidas atrás (Figura 7.10). A título de exemplo, são programas conhecidos, entre muitos outros, o ELSYM5 com origem na Universidade da Califórnia (Kopperman et al., 1986), o BISAR da Shell (De Jong et al., 1973), o DAMA do Asphalt Institute (Hwang et al., 1979), o ANPAD da Universidade de Nottingham (Brown et al., 1995) e o ECOROUTE (Lambert, M., Jeuffroy, G., 1998). Alguns destes, para além de fazerem a análise que conduz ao conhecimento do estado de tensão-deformação, estão integrados em programas de dimensionamento, como os dois últimos.

Quando se pretender simular comportamentos que não os linear-elásticos dos materiais, terá de se recorrer a métodos numéricos, como por exemplo o método dos elementos finitos (MEF).

Duma forma muito simples, para a resolução de problemas bidimensionais não-lineares com carregamento axissimétrico (Figura 7.11) pelo MEF, utiliza-se com vantagem (Baptista, 1999) o elemento rectangular de oito nós e terá de se resolver iterativamente o sistema de equações algébricas (7.13).

$$\{u^n\} = [K^{n-1}]^{-1}.\{F\} \qquad (7.13)$$

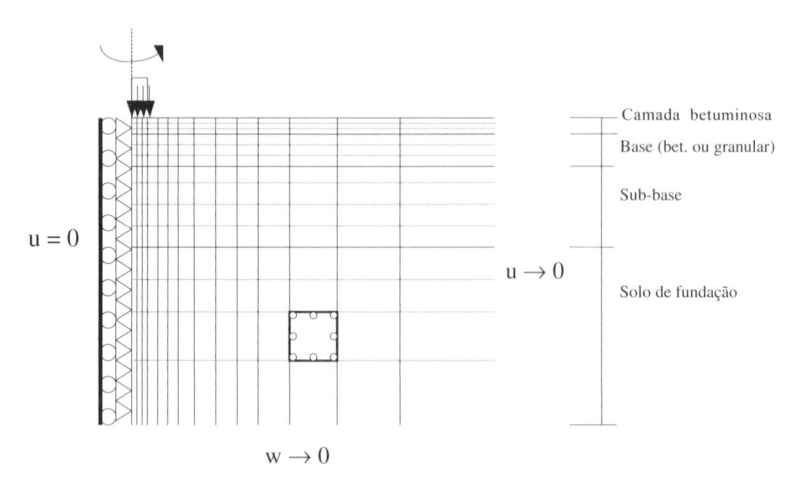

$u = 0$

$u \to 0$

Camada betuminosa

Base (bet. ou granular)

Sub-base

Solo de fundação

$w \to 0$

Figura 7.11 – Condições de fronteira e malha de elementos finitos com elementos infinitos na fronteira, geralmente usados numa análise dum pavimento pelo MEF, para problemas bidimensionais não-lineares com carregamento axissimétrico (Baptista, 1999)

Em (7.13) os vectores e as matrizes têm o seguinte significado:

$\{u^n\}$ - vector de deslocamentos nodais na iteração n;

$[K^{n-1}]^{-1}$ - inversa da matriz de rigidez na iteração n-1;

$\{F\}$ - vector de forças nodais.

Em cada elemento considerado ter-se-á as equações (7.14).

$$\{\sigma_e^{\,n}\} = [D_e^{\,n-1}]\{\varepsilon_e^{\,n}\} \text{ em que } \{\varepsilon_e^{\,n}\} = [B_e]\{u_e^{\,n}\} \qquad (7.14)$$

Nestas, os vectores e as matrizes têm o seguinte significado:

$\{\sigma_e^{\,n}\}$ - vector de tensões do elemento na iteração n;

$[D_e^{\,n-1}]$ - matriz constitutiva do material do elemento na iteração n-1;

$\{\varepsilon_e^{\,n}\}$ - vector de deformações do elemento na iteração n;

$[B_e]$ - matriz de deformação do elemento;

$\{u_e^{\,n}\}$ - vector de deslocamentos nodais do elemento na iteração n.

Com excepção da matriz de deformação do elemento e do vector de forças nodais, tudo varia ao longo do processo iterativo. A matriz de rigidez é função do estado de tensão e dos deslocamentos nodais, considerando o comportamento não-linear dos materiais.

Em geral é indicada a utilização do método secante (Jouve, 1994) como método iterativo adaptado à resolução do tipo de problema definido. No início do cálculo, admite-se que o estado de tensão isotrópico em cada elemento pode definir a matriz constitutiva para n = 0.

O número de iterações necessárias para a convergência e o grau de ajuste depende de vários factores, como a precisão exigida para o acréscimo dos deslocamentos nodais e também o número de camadas, e portanto de elementos, em que se considera um comportamento não-linear.

A definição da malha de elementos finitos (Figura 7.11) deve ser definida de modo a ser mais densa (elementos de menor dimensão) perto da carga, onde se tem maiores valores de tensões e extensões, e menos densa nas zonas mais afastadas dessa carga, onde as tensões e extensões já estão mais atenuadas. Isto corresponde a ter elementos progressivamente de maiores dimensões a partir da zona de carregamento, tanto na direcção axial como radial.

Como condições de fronteira, considera-se que os deslocamentos radiais u e os deslocamentos verticais w tendem para zero, aliás de acordo com os elementos infinitos usados para definir a modelação do pavimento (Figura 7.11).

7.6. Caracterização Mecânica dos Materiais para Dimensionamento Empírico-mecanicista de Pavimentos Flexíveis

7.6.1. Introdução

Vai descrever-se seguidamente as formas de obtenção, ou mais propriamente de previsão, das características "elásticas" (módulo de deformabilidade e coeficiente de Poisson) dos diferentes tipos de materiais que integram um pavimento rodoviário flexível necessárias para efectuar a análise indicada na Figura 7.10.

7.6.2. Fundação dos Pavimentos

A caracterização mecânica da fundação dos pavimentos está tratada no Capítulo 3.

No entanto, relembra-se que o módulo de deformabilidade duma fundação em solo (E_f) pode ser estimado, à falta de processo mais fiável, por fórmulas previsionais, por exemplo o processo referido naquele capítulo usando a expressão,

$$Ef = 5 \text{ a } 6 \text{ x CBR} \tag{7.15}$$

ou ainda, por exemplo, de acordo com a expressão (7.16) (Powell et al., 1984), que resultou dum trabalho realizado sobre solos com alguma coesão (com CBR entre 2 a 12%).

$$Ef = 17,6 \text{ x CBR}^{0,64} \tag{7.16}$$

Nestas expressões, Ef resulta em MPa e o CBR do solo entra em percentagem. A expressão 7.16 é um pouco menos conservadora que o limite superior indicado em 7.15, tendo sido validada para solos semelhantes aos que podem ser encontrados na fundação de pavimentos em Portugal. Para o coeficiente de Poisson da fundação têm sido propostos vários valores, entre 0,35 e 0,45, sendo usual o valor de 0,35 (Brown et al. 1985). O MACOPAV adoptou no seu procedimento o valor 0,40. As diferenças derivam fundamentalmente do modo como os valores são estabelecidos nos ensaios laboratoriais, porque dependem do estado de tensão empregue. Usando os valores na gama referida, e do ponto de vista da caracterização do comportamento, a diferença verificada é desprezável.

7.6.3. Materiais Granulares

No que respeita aos materiais granulares nas camadas de sub-base ou de base, o seu comportamento depende do estado de tensão, evidenciando deste modo uma relação fortemente não-linear.

Este facto é particularmente importante em pavimentos flexíveis com uma elevada espessura daquele tipo de camadas, por oposição à reduzida espessura das camadas realizadas com misturas betuminosas. Encontram-se entre estes pavimentos aqueles em que a espessura das camadas betuminosas é inferior a 15 cm, como já se evidenciou.

Para pavimentos com espessura superior das camadas betuminosas, o comportamento linear-elástico geralmente utilizado nos métodos empírico-mecanicistas é uma aproximação aceitável para as camadas não aglutinadas, já que o comportamento global é comandado pelas camadas ligadas, pelo que a tensão que chega às camadas não-aglutinadas já é muito atenuada.

Mesmo nesta situação há factores que intervêm e que estão relacionados com fenómenos pouco explicáveis pelas abordagens para caracterização mais tradicionais, ou mesmo mais específicas, como a realização de ensaios triaxiais cíclicos. De facto, fenómenos como a sucção provocados por uma certa perda de teor em água no Verão, dão origem a comportamentos deste tipo de camadas granulares pouco identificáveis pelas modelações tradicionais.

Sugere-se, por essas razões e para simplificar, que o módulo de deformabilidade das camadas granulares dos pavimentos (sub-bases ou bases), Eg, possa ser determinado em função do módulo de deformabilidade da fundação Ef, de acordo com a expressão (7.17) proposta por Claessen et al., 1977:

$$Eg = k \, E_f \tag{7.17}$$

em que:

$k = 0,2 \times h_g^{0,45}$;

h_g - espessura da camada granular sobre o solo de fundação, cujo valor deve ser expresso em mm.

A expressão (7.17), que pode ser aplicada entre quaisquer duas camadas não-aglutinadas, tem uma tradução física compreensível. De facto, quanto mais rígido for o suporte duma camada não aglutinada melhor é a sua resposta em termos de capacidade resistente (maior o seu módulo de deformabilidade), já que não resistem à flexão.

Claessen (Claessen et al., 1977) indica ainda que o valor de k a adoptar não deverá ser inferior a 1,5 nem superior a 4. Não deve ser inferior a 1,5 porque neste caso a camada de cima não deverá ser realizada, já que não é suficientemente mais resistente que a de baixo. Por sua vez, k não deve ser superior a 4 porque se demonstrou que só em condições de execução muito controladas se poderá admitir uma resistência quatro vezes superior.

O módulo das camadas granulares do pavimento estabelecido deste modo, para uma análise elástica-linear dum pavimento com mais de 15 cm de espessura de misturas betuminosas, está razoavelmente de acordo com o que consegue ser evidenciado por análises com deflectómetro de impacto efectuadas em pavimentos reais (Luzia e Picado-Santos, 2004).

Para o coeficiente de Poisson das camadas granulares têm sido propostos valores entre 0,30 e 0,40. Quaresma (Quaresma, 1985) e Brown (Brown et al. 1985) sugerem 0,30. O MACOPAV adoptou no seu procedimento o valor 0,35.

7.6.4. Materiais Betuminosos

No caso dos materiais betuminosos (genericamente designados pelo índice "m"), a característica mais condicionante é o módulo de deformabilidade, E_m. Devido a este facto, não há, normalmente, uma preocupação de grande rigor para a escolha do coeficiente de Poisson, υ. Quaresma (Quaresma, 1985) para análises efectuadas com materiais portugueses, propôs $\upsilon = 0{,}35$ para camadas betuminosas, tal como Brown (Brown et al., 1985), o que é seguido pelo MACOPAV no seu procedimento. Por vezes alguns autores utilizam o valor de 0,40 mas estas diferenças de valores, quer nas camadas betuminosas quer nas outras como referido, têm pouca influência nos resultados.

O comportamento tensão-deformação dum material betuminoso é altamente dependente da temperatura a que se encontra, do tempo de carregamento (tempo que a carga demora a actuar), e da sua própria composição. A determinação do módulo de deformabilidade habitualmente é efectuada recorrendo a ensaios de cargas repetidas a temperatura constante, em que se aplica a um provete (em geral prismático) uma tensão que varia ciclicamente ao longo do tempo sob a forma expressa por (7.18).

$$\sigma(t) = \sigma_0.sen(\omega t) \qquad (7.18)$$

Nesta expressão σ_0 é a amplitude da tensão aplicada durante o período $\omega = 2.\pi.f$, sendo f a frequência de aplicação e t a variável tempo. A resposta da mistura betuminosa é uma extensão sinusoidal, $\varepsilon(t)$, com o mesmo período e frequência, mas atrasada em relação à tensão do chamado ângulo de fase ϕ. A extensão $\varepsilon(t)$ é expressa por (7.19).

$$\varepsilon(t) = \varepsilon_0.sen(\omega t - \phi) \qquad (7.19)$$

Na expressão (7.19) ε_0 é a amplitude da extensão correspondente a σ_0. As outras variáveis têm o significado conhecido.

O ângulo de fase tem o seguinte significado físico: tendo um valor próximo de nulo a resposta do material é elástica; tendo um valor próximo de 90° significa que o material é puramente viscoso.

As condições usadas para a realização dos ensaios de cargas repetidas é válida no domínio das deformações relativamente pequenas (material sempre com um comportamento próximo do linear). Se isto se verificar, pode definir-se um módulo complexo dado pela expressão (7.20).

$$E_{comp} = \frac{\sigma_0}{\varepsilon_0}.e^{i.\phi} \qquad (7.20)$$

Para as várias combinações possíveis de realização dos ensaios, pode afirmar-se que o módulo de deformabilidade (σ_0/ε_0), corresponde ao valor absoluto do módulo complexo. O módulo de deformabilidade pode assim traduzir para as misturas betuminosas, de forma aproximada, a forma como o material faz a degradação das cargas (relação entre tensão e extensão), e traduzir a influência da temperatura e da velocidade de carregamento.

Duma maneira geral os métodos de dimensionamento empírico-mecanicista incluem fórmulas de previsão dos módulos de deformabilidade das misturas betuminosas, obtidas por regressão dos resultados de ensaios de cargas repetidas, permitindo o cálculo desses módulos de deformabilidade de forma simples. Para este cálculo pelas fórmulas de previsão, usa-se o conceito de rigidez do betume (Sb) introduzido por Van der Poel em 1954 (Claessen et al, 1977), que define a sua relação entre a tensão e a extensão, sob determinadas condições de temperatura e de tempo de carregamento. Esta definição é expressa através dum ábaco desenvolvido a partir de resultados experimentais e que se mostra na Figura 7.12.

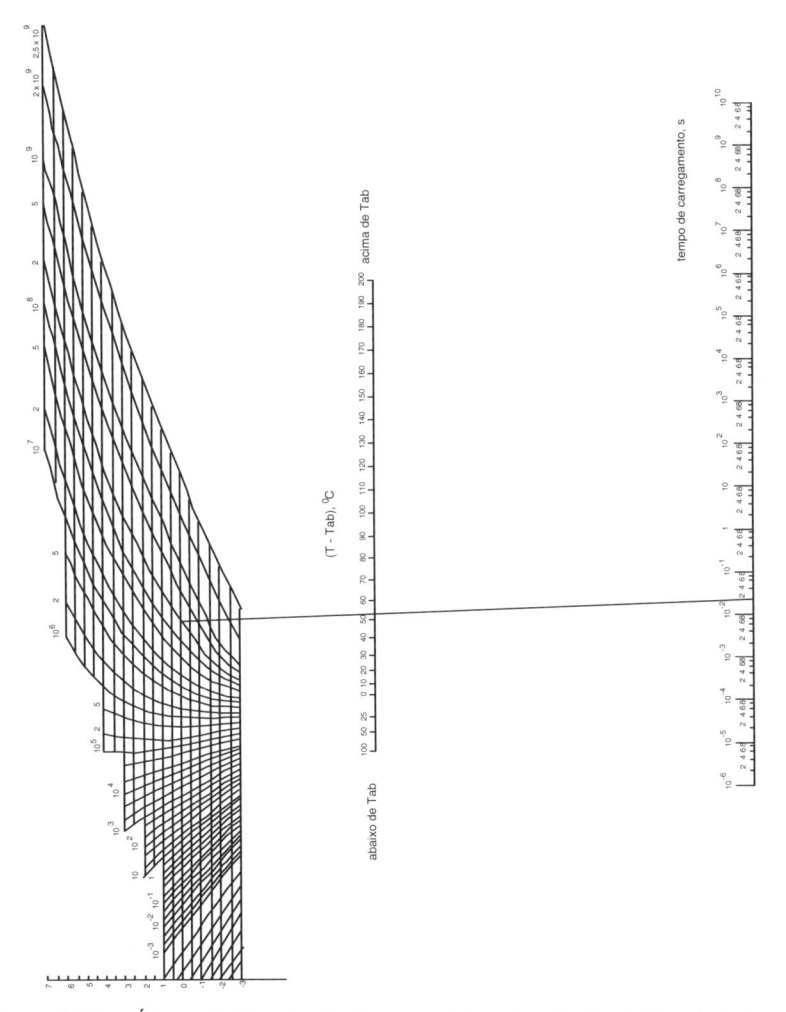

Figura 7.12 – Ábaco de Van der Poel para a determinação da rigidez do betume
(adaptação em Picado-Santos, 1995 de SHELL, 1977)

Fernando Branco   Paulo Pereira   Luís Picado Santos

Para efeito de aplicações práticas, em lugar do ábaco, é mais simples a utilização da expressão (7.21), obtida por Ullidtz e Peattie (Kennedy, 1985), embora esta só possa ser utilizada nalgumas condições.

$$Sb = 1,157x10^{-7} . tc^{-0,368} . 2,718^{-IPen} . (Tab -T)^5 \qquad (7.21)$$

em que:

Sb - rigidez do betume (MPa);

tc - tempo de carregamento (s);

IPen - índice de penetração do betume.

Este IPen pode ser calculado pela expressão (7.22) desenvolvida por Pfeiffer e Van Dormal (citado em (Brown et al., 1985)):

$$IPen = \frac{20 . Tab + 500 . \log(pen25) - 1951,55}{Tab - 50 . \log(pen25) + 120,15} \qquad (7.22)$$

em que:

Tab - temperatura de amolecimento (^{o}C) pelo método de anel e bola, que é uma medida empírica, indirecta, da viscosidade do betume;

pen25 - penetração (10^{-1} mm) do betume a 25 ^{o}C, que é também uma medida empírica da viscosidade do betume;

T - temperatura a que se encontra o material (^{o}C).

A expressão (7.22) só é válida para:

- 20 ^{o}C $\leq$ (Tab -T) $\leq$ 60 ^{o}C;
- 0,01 s $\leq$ t $\leq$ 0,1 s;
- -1 $\leq$ IPen $\leq$ 1.

Quando se usa o ábaco de Van der Poel ou a expressão (7.22) no dimensionamento empírico-mecanicista de pavimentos rodoviários flexíveis, há que ter em conta que a caracterização do betume deve corresponder à situação de serviço, ou seja, depois de ter ocorrido um certo endurecimento associado ao fabrico e colocação em obra das misturas. Aproximadamente, pode adoptar-se a indicação deduzida para condições inglesas (Kennedy, 1985) e também verificada para algumas situações em Portugal:

- pen25$_r$ = 0,65 . pen25;
- Tab$_r$ = 99,13 - 26,35 log(pen25$_r$).

em que o índice "r" significa que a grandeza se refere a betume recuperado de misturas em serviço, em que já ocorreu o envelhecimento correspondente ao fabrico e colocação em obra da mistura.

O tempo de carregamento para determinar a rigidez do betume, pode ser calculado pela expressão (7.23) (UN, 1986).

$$tc = 1 / vt \qquad (7.23)$$

Nesta expressão, vt é a velocidade média da corrente do tráfego de pesados, em km/h. A velocidade média da corrente de tráfego normalmente utilizada é de 50 km/h, o que, a partir da expressão (7.23), resulta t = 0,02 s. Trata-se duma velocidade que em média é corrente para o tráfego de pesados em circulação normal.

Fernando Branco   Paulo Pereira   Luís Picado Santos

Para o tráfego que pode ser denominado de "pára e arranca", o tempo de carregamento apropriado pode variar entre 0,10 s e 1,00 s (UN, 1986). Para parques de estacionamento a variação deverá estar entre 1 minuto e 10 horas (UN, 1986).

No caso do método empírico-mecanicista da Shell (Bonnaure et al., 1977) a previsão do módulo de deformabilidade, E_m, para uma rigidez do betume, Sb, a variar entre 5 MPa e 1000 MPa, é efectuada de acordo com a expressão (7.24).

$$E_m = 10^A \qquad (7.24)$$

com A dado por,

$$A = \frac{S89 + S68}{2}.\left(\log Sb - 8\right) + \frac{S89 - S68}{2}.\left|\log Sb - 8\right| + Sm108$$

A rigidez do betume, a variar entre 1000 MPa e 3000 MPa, é calculada de acordo com a expressão (7.25).

$$E_m = 10^B \qquad (7.25)$$

com B dado por,

$$B = (Sm3109 - Sm108 - S89).\frac{\log Sb - 9}{\log 3} + Sm108 + S89$$

Nas expressões (7.24) e (7.25) é o seguinte o significado das variáveis:

$$S89 = 1,12.\frac{(Sm3109 - Sm108)}{\log 30}$$

$$S68 = 0,6.\log \frac{1,37.v_b^2 - 1}{1,33.v_b - 1}$$

$$Sm3109 = 10,82 - \frac{1,342.(100 - v_a)}{v_a + v_b}$$

$$Sm108 = 8 + 5,68.10^{-3}.v_a + 2,135.10^{-4}.v_a^2$$

v_a - cociente do volume de agregado pelo volume total (%), ou percentagem volumétrica de agregado;

v_b - cociente do volume de betume pelo volume total (%), ou percentagem volumétrica de betume;

E_m - módulo de deformabilidade das misturas betuminosas (Pa);

Sb - rigidez do betume (Pa).

Como se pode verificar, a expressão (7.24) não é válida para valores de Sb < 5 MPa, o que corresponde à situação de comportamento não linear. Também não são exequíveis valores de Sb superiores a 3000 MPa, daqui o limite apresentado para a aplicação da expressão (7.25).

Para valores de Sb < 5 MPa, tal como por exemplo Kennedy (Kennedy, 1985) demonstra, os materiais tem um comportamento não linear como se referiu, pelo que o seu módulo de deformabilidade deveria ser determinado em cada caso recorrendo a ensaios apropriados.

Por razões de aplicabilidade, a previsão de E_m para valores de Sb < 5 MPa deve ser conduzida por um procedimento simples baseado na experiência da Shell, expressa pela relação encontrada entre o módulo de deformabilidade de misturas betuminosas e a rigidez do betume, para as classes típicas desse módulo que apresenta no seu manual de dimensionamento (SHELL, 1977; Picado-Santos, 1993), designadas por S1 e S2 e que representam a generalidade das misturas betuminosas. A relação entre E_m e Sb pode ser vista na Figura 7.13, e traduz-se pelo seguinte: numa escala bilogarítmica essa relação apresenta-se linear, para valores de Sb abaixo de 10 MPa. Assim, pode usar-se a expressão (7.24) quando o valor de Sb < 5 MPa, porque traduz aproximadamente a relação mostrada na Figura 7.13.

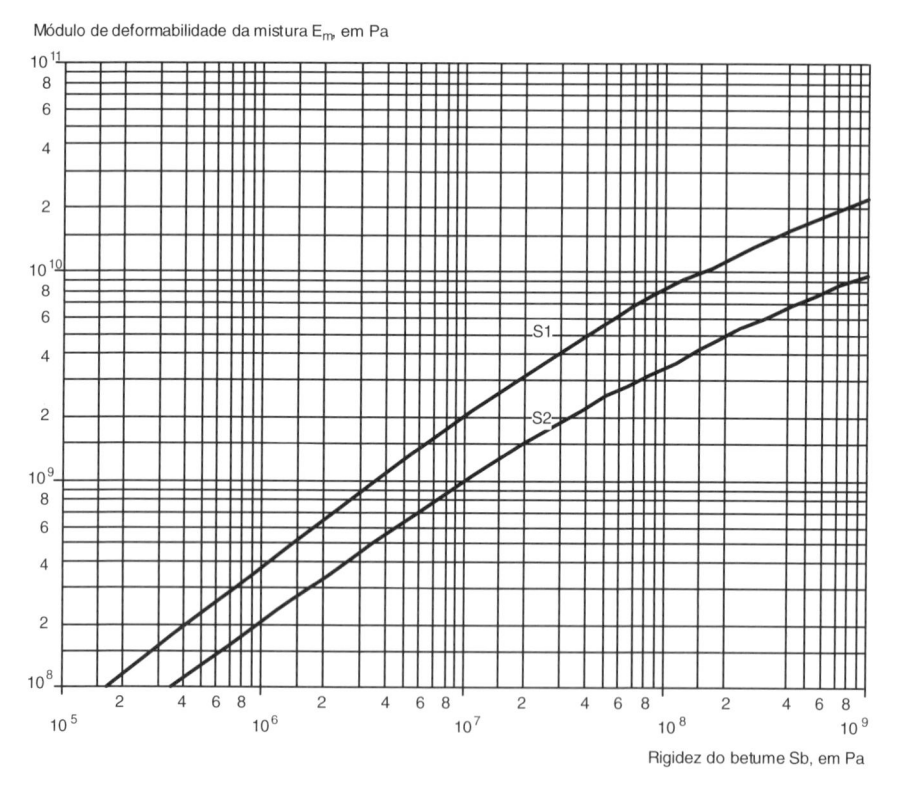

Figura 7.13 – Relação entre E_m e Sb, para as classes de S1 e S2 do manual de dimensionamento da Shell (adaptação em Picado-Santos, 1995 de SHELL, 1977)

De forma sucinta pode dizer-se (Picado-Santos, 1993) que S1 representa as misturas densas, com teor em betume acima de 4,5%, e que S2 representa as misturas abertas, com teor em betume abaixo dos 4%.

Sempre que o valor de E_m determinado pela fórmula previsional for inferior a 100 MPa (caso de temperaturas elevadas nas misturas, ou seja, baixa viscosidade do betume), deve tomar-se como previsão de E_m este valor (Picado-Santos, 1993).

Como alternativa às expressões (7.24) e (7.25), a Shell no seu manual de dimensionamento (Shell, 1977), apresenta um ábaco (Figura 7.14) que ajuda a avaliar o módulo de deformabilidade (designado na figura por módulo de rigidez) das misturas betuminosas, com base nas variáveis assinaladas na figura (Sb, vb, va).

Também para a rigidez do betume superior a 5 MPa, Brown et al., 1995, no âmbito do método empírico-mecanicista da Universidade de Nottingham, indicam que o módulo de deformabilidade das misturas betuminosas, E_m, pode ser estimado pela expressão (7.26).

$$E_m = Sb \cdot \left[1 + \frac{257,5 - 2,5 \cdot VMA}{n \cdot \left(VMA - 3 \right)} \right]^n \tag{7.26}$$

em que:

E_m - módulo de deformabilidade das misturas betuminosas (MPa);

$$n = 0,83 . \log \frac{4.10^4}{Sb}$$

VMA - volume de vazios (%) no esqueleto de agregado da mistura (o seu valor deverá estar entre 12% e 30%);

Sb - rigidez do betume (MPa).

As fórmulas apresentadas para a previsão do módulo de deformabilidade das misturas betuminosas são representativas do que geralmente é utilizado pelos métodos empírico-mecanicistas, embora possam ser assinaladas diferenças por vezes apreciáveis para as mesmas condições de partida, no que respeita a materiais e temperatura de serviço (Picado-Santos, 1995). Isto acontece porque integram por vezes diferenças de apreciação dos resultados dos ensaios experimentais de base e, sobretudo, da sua transposição para a realidade.

A utilização das fórmulas previsionais, deve efectuar-se no âmbito dos respectivos métodos, porque só assim se cumprem todas as condições de previsão do comportamento que foram consideradas por quem desenvolveu a totalidade do método de dimensionamento.

7.7. Critérios de Ruína de Pavimentos Flexíveis

Os critérios de ruína, situações limite em relação às quais os pavimentos são analisados nos métodos empírico-mecanicistas de dimensionamento, como se teve oportunidade de descrever anteriormente, são os seguintes: critério de fadiga (fendilhamento excessivo com início nas zonas mais traccionadas das camadas ligadas), controlado pela extensão radial de tracção, ε_t, na base das camadas betuminosas, zona geralmente mais traccionada; critério de deformação permanente (assentamento excessivo à superfície do pavimento), controlado pela extensão vertical de compressão, ε_{dp}, no topo do solo de fundação.

Outras formas de degradação dos pavimentos, como o fendilhamento a partir da superfície do pavimento em pavimentos de camadas betuminosas espessas (Brown, 1997) ou outras formas de descrição dos comportamentos, como a forma de contabilização da contribuição de todas as camadas para a deformação permanente, são extremamente importantes no caminho que ainda há a percorrer para a obtenção de métodos de dimensionamento mais fiáveis que estejam mais de acordo com os fenómenos observados.

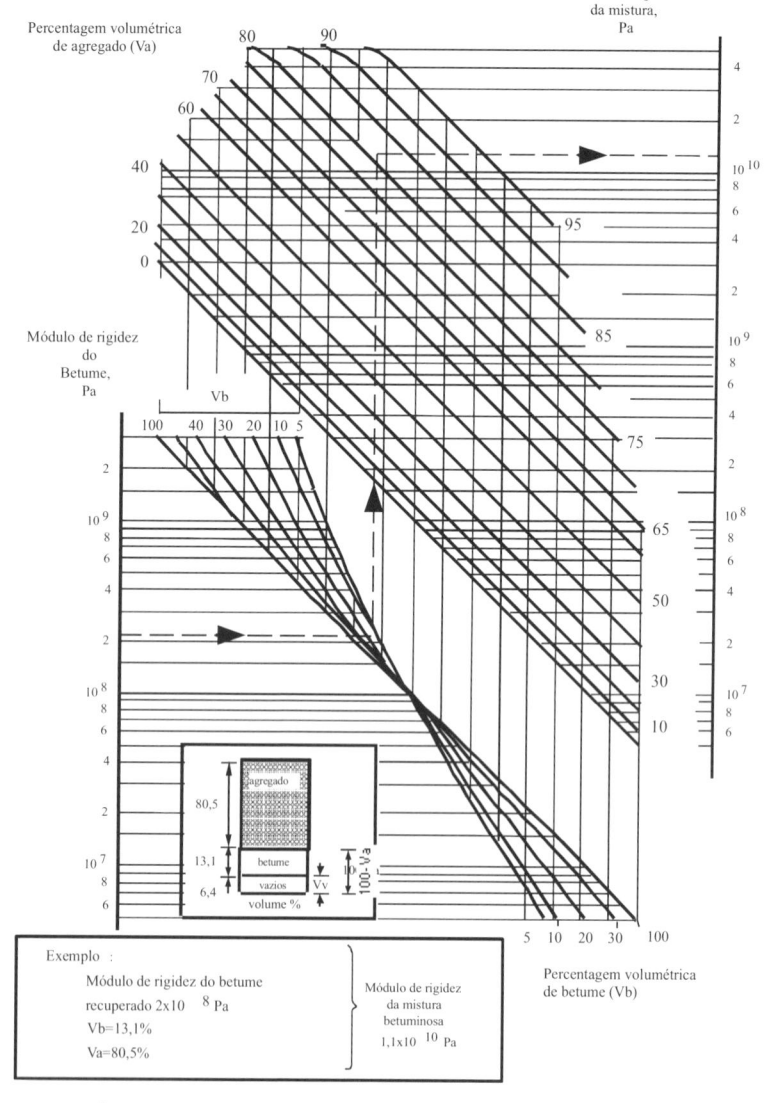

Figura 7.14 – Ábaco para a previsão do módulo de deformabilidade das misturas betuminosas, segundo o manual de dimensionamento da Shell (adaptação em Picado-Santos, 1995 de SHELL, 1977)

Estas questões não estão ainda consolidadas de forma a que possam influenciar os métodos de dimensionamento existentes, pelo que se vai dar atenção somente à forma como actualmente se procede.

A caracterização do comportamento à fadiga e à deformação permanente das camadas de pavimento, é geralmente efectuado recorrendo à realização de ensaios que permitam traduzir um comportamento próximo do real.

No caso da caracterização à fadiga podem ser utilizadas diversas técnicas, enquadradas por ensaios acelerados à escala real em pista de ensaios e/ou ensaios de laboratório (de flexão e de tracção indirecta ambos com carregamentos repetidos).

Para a deformação permanente pode dizer-se igualmente que a previsão das leis de comportamento ou da dimensão da rodeira (expressão do assentamento à superfície) se faz com apoio em ensaios acelerados à escala real em pista de ensaios e/ou ensaios de laboratório (de fluência dinâmica, em simulador de tráfego, "wheel tracking" em terminologia anglo-saxónica, ou de corte com altura variável).

Azevedo, 1993, Capitão, 1996, e Pais, 1999, fazem uma descrição suficientemente detalhada sobre os vários processos que conduzem ao estabelecimento da resistência à fadiga e à deformação permanente em pavimentos flexíveis. Nesta publicação vai fazer-se a descrição das leis adoptadas pelo método empírico-mecanicista de Nottingham (Brunton et al., 1987, com base em anteriores trabalhos efectuados por Brown et al., 1985), e pelo método empírico-mecanicista da Shell (Claessen et al., 1977 e Gerritsen et al., 1977).

Para o critério de fadiga, e no caso do método de Nottingham, a relação entre a extensão radial de tracção, ε_t, e a vida útil, N_{80}, que expressa aquele critério, é dada pela expressão (7.27).

$$\log \varepsilon_t = \frac{14,38.\log v_b + 24,2.\log \text{Tab} - c - \log N_{80}}{5,13.\log v_b + 8,63.\log \text{Tab} - 15,8} \qquad (7.27)$$

Nesta expressão, o significado das variáveis é o seguinte:

ε_t - extensão de tracção (em micro unidades – $\times 10^{-6}$);

N_{80} - número de eixos padrão de 80 kN (em milhões – $\times 10^6$);

v_b - percentagem volumétrica de betume no volume total;

Tab - temperatura de amolecimento pelo método do anel e bola ($^\circ$C);

c = 46,82, para N provocando estado crítico;

c = 46,06, para N provocando estado de ruína.

São admitidas duas hipóteses (Brunton et al., 1987) para o estado limite do pavimento no fim da sua vida útil, a seguir definidas.

- Estado de ruína, caracterizado, para condições inglesas, por 20 mm de profundidade de rodeira ou fendilhamento generalizado (pele de crocodilo) no rasto das rodas. Uma vez atingido este estado, o pavimento já não é recuperável, tendo de ser substituído no todo. Este estado corresponde a uma probabilidade de sobrevivência de 50% a 60% (Brown, 1985), isto é, há uma probabilidade de

50% a 60% de o pavimento ter um comportamento de acordo com o previsto, desde que se verifiquem as condições usadas no dimensionamento.

• Estado crítico, caracterizado, para condições inglesas, por 10 mm de profundidade de rodeira ou fendilhamento ramificado no rasto das rodas. Define o ponto onde a deterioração estrutural começa a acelerar, ou seja, a última oportunidade para proceder a uma recuperação da estrutura com recurso a uma camada de reforço. A adopção deste critério corresponde à probabilidade de 85% de o pavimento não necessitar de reforço antes do fim da vida útil considerada (Brown, 1985).

A equação (7.27) inclui ajustamentos (Brunton et al., 1987) que têm em conta as diferenças existentes entre as condições de determinação das características de fadiga em laboratório e as reais. Para o estado de ruína, a vida útil = 440 x vida em laboratório; para o estado crítico, a vida útil = 77 x vida em laboratório.

Estes factores resultam da consideração, para um pavimento real, dos períodos de repouso (factor = 20 para ambas as situações terminais), do tempo que o fendilhamento demora a propagar-se através das camadas de betão betuminoso (factor = 20 para o estado de ruína e factor = 3,5 para o estado crítico) e da distribuição lateral dos rodados (factor = 1,1 para ambas as situações terminais) que atende ao facto dos rodados não passarem todos exactamente no mesmo sítio.

Ainda para o critério de fadiga, mas para o método da Shell, a expressão usada para a relação entre a extensão radial de tracção, ε_t, e a vida útil, N_{80}, e que expressa aquele critério, é a (7.28).

$$\varepsilon_t = \left(0{,}856 \cdot v_b + 1{,}08\right) \cdot E_m^{-0,36} \cdot N_{80}^{-0,2} \qquad (7.28)$$

Nesta expressão, o significado das variáveis é:

ε_t - extensão de tracção (adimensional);

N - número de eixos padrão de 80 kN;

v_b - percentagem volumétrica de betume no volume total;

E_m - módulo de deformabilidade da mistura betuminosa (em Pa).

Segundo a Shell (Claessen, et al., 1977), os ajustamentos necessários para aproximar os resultados de (7.28) à realidade, podem ser resumidos do seguinte modo, levando em linha de conta os fenómenos apontados:

• distribuição lateral do tráfego: deve multiplicar-se a vida útil por 2,5;

• tempo de recuperação da deformação/carregamento não continuado: para misturas densas com grande teor em betume deve multiplicar-se a vida útil por 10 e para misturas abertas e pobres em betume deve multiplicar-se a vida útil por 1,25;

• efeito dos gradientes de temperatura (uma vez que no método original a temperatura é considerada numa forma equivalente anual): deve dividir-se a vida útil por 2 no caso de temperaturas altas e/ou camadas de betão betuminoso espessas.

Para os casos dos pavimentos mais espessos deve considerar-se a "distribuição lateral" ($2,5 \times N_{80}$) mais uma situação intermédia para o "tempo de recuperação da deformação/carregamento não continuado" ($5 \times N_{80}$). Se a temperatura for determinada por um dos métodos indicados no capítulo 4 e que podem ser aplicados pelo programa automático PAVIFLEX (Baptista, 1999), os quais já utilizam uma previsão suficientemente aproximada da realidade, não é necessário fazer a correcção devido à forma de determinação da temperatura de serviço.

Para os pavimentos menos espessos, em que a camada estruturalmente determinante é uma mistura betuminosa densa para camada de regularização, enquanto nos outros casos é geralmente um macadame betuminoso, deve considerar-se um desempenho melhor para a situação correspondente ao "tempo de recuperação da deformação/carregamento não continuado", fazendo ($6 \times N_{80}$). Os restantes comentários mantêm-se válidos.

Para o critério de deformação permanente e para o método de Nottingham, a relação entre a extensão vertical de compressão, ε_{dp}, no topo do solo de fundação, e a vida útil, N_{80}, a qual expressa aquele critério, é a dada pela expressão (7.29).

$$\varepsilon_{dp} = \frac{A}{\left(\dfrac{N_{80}}{fr}\right)^{c1}} \tag{7.29}$$

Nesta expressão, o significado das variáveis é:

ε_{dp} - extensão vertical de compressão no topo do solo de fundação (em micro unidades – $x\ 10^{-6}$);

N_{80} - número de eixos padrão de 80 kN (em milhões – $x\ 10^{6}$);

fr - factor de indução de assentamento dependendo do tipo de mistura betuminosa;

A - constante -igual a 250 para N_{80} provocando estado crítico e igual a 451,29 para N_{80} provocando estado de ruína;

c1 - constante igual a 0,27 para N_{80} provocando estado crítico e igual a 0,28 para N_{80} provocando estado de ruína.

Deve utilizar-se para fr valores aplicáveis a Portugal, tomados para o material da camada determinante em cada pavimento. A adopção dos valores utilizados é feita por analogia com os indicados por Brown, 1985, para o "hot rolled asphalt" (típica mistura betuminosa inglesa utilizada em camadas de desgaste) à qual é atribuído um fr = 1,0, e para o "dense bitumen macadam" (típica mistura betuminosa inglesa utilizada em camadas de base) à qual é atribuído um fr = 1,56.

Considerando a composição dos materiais ingleses e dos materiais geralmente empregues na construção rodoviária em Portugal, geralmente utiliza-se fr = 1,5 para macadame betuminoso, fr = 1,3 para mistura betuminosa densa para camada de regularização, e fr = 1,0 para betão betuminoso para camada de desgaste. Este factor de indução de assentamento pretende traduzir a preocupação pela consideração das camadas betuminosas para o assentamento total verificado para as condições de serviço.

Fernando Branco   Paulo Pereira   Luís Picado Santos

Ainda para o critério de deformação permanente, mas agora para o método da Shell (Claessen et al., 1977) que estabeleceu a sua análise para deformação permanente com base nos resultados do AASHO Road Test (HRB, 1962), a relação entre a extensão vertical de compressão, ε_{dp}, no topo do solo de fundação, e a vida útil, N_{80}, é dada pela expressão (7.30).

$$\varepsilon_{dp} = K_s . N_{80}^{-0,25} \qquad (7.30)$$

Nesta expressão, o significado das variáveis é:

ε_{dp} - extensão vertical de compressão no topo do solo de fundação (adimensional);

N_{80} - número de eixos padrão de 80 kN;

K_s - parâmetro que depende da probabilidade de sobrevivência atribuída no âmbito do dimensionamento do pavimento. Toma o valor de $2,8.10^{-2}$ para 50% de probabilidade de sobrevivência, $2,1.10^{-2}$ para 85% e $1,8.10^{-2}$ para 95%.

O método da Shell na sua versão total, faz ainda uma verificação complementar à deformação permanente (Claessen et al., 1977, e Picado-Santos, 1993), para tomar em consideração, principalmente, a influência, na expressão da rodeira no fim da vida útil, dos períodos em que as camadas betuminosas têm um comportamento não linear.

De facto, quando se verifica o critério da deformação permanente traduzido pela expressão (7.30), admite-se que todo o assentamento é só devido à contribuição do solo de fundação, pelo que se compreende a preocupação dos autores do método, indicando a necessidade de se efectuar aquela verificação complementar. Acontece que a formulação prática desta verificação é bastante discutível o que torna irrelevante a preocupação conduzida desse modo. Geralmente, esta questão ultrapassa-se considerando uma probabilidade de sobrevivência elevada (95%) quando se faz a análise por este critério no âmbito dum dimensionamento para a rede rodoviária nacional.

7.8. Orgânica do Dimensionamento Empírico-mecanicista de Pavimentos Flexíveis

Embora já se tenha definido globalmente (Figura 7.9) a orgânica do dimensionamento empírico-mecanicista, faz-se aqui uma descrição do processo, utilizando os elementos entretanto definidos (características mecânicas e leis de comportamento).

Um processo de dimensionamento empírico-mecanicista compreende, na prática, os passos a seguir descritos.

a) Para a estrutura a avaliar, estabelecimento das espessuras das camadas e composição dos materiais que as constituem, nomeadamente para as misturas betuminosas, com a definição dos parâmetros, percentagem volumétrica do betume, v_b, percentagem volumétrica dos agregados, v_a, e volume de vazios no esqueleto do agregado, VMA. É ainda necessário conhecer o tipo de betume utilizado, para que se possa definir a penetração a 25 ºC, pen25, e a temperatura de amolecimento de anel e bola, TAB. As estruturas novas mais comuns na pavimentação rodoviária portuguesa são constituídas por:

- camada de desgaste em betão betuminoso (geralmente com 5 cm de espessura, embora possa ter 4 cm para tráfego leve, classes T5 e T6 ou inferiores do MACOPAV, ou 6 cm para tráfego intenso, classes T2 e T1 ou superiores do MACOPAV);
- camada de regularização ou de base (depende da espessura) em mistura betuminosa densa ou macadame betuminoso;
- camada de sub-base constituída por uma ou duas camadas granulares de agregado britado de granulometria extensa, geralmente com espessuras de 15 ou 20 cm (total de 30 ou 40 cm no caso da existência de duas camadas).

Essa estrutura assenta no solo de fundação, que em caso de necessidade pode ter características melhoradas no topo, executando-se um leito de pavimento, como descrito no capítulo 3.

b) Definição do número de eixos-padrão, Np, que vai solicitar o pavimento durante a vida útil considerada (geralmente admite-se 20 anos para pavimentos flexíveis novos) e a temperatura de serviço, de acordo com o descrito no capítulo 6, para o local de dimensionamento.

c) Cálculo da rigidez do betume pela expressão (7.22), tendo para isso de adoptar, para além das variáveis já indicadas nos passos anteriores, uma velocidade para a corrente de tráfego pesado, a qual toma geralmente os valores de 40, 50 ou 60 km/h para a situação de secção em estrada corrente, respectivamente para estradas com tráfego intenso, médio e reduzido.

d) Cálculo do módulo de deformabilidade, Em, das misturas betuminosas, recorrendo às expressões (7.24) ou (7.25) utilizando o método da Shell, ou à expressão (7.26) utilizando o método de Nottingham. Assumir o valor do coeficiente de Poisson, geralmente considerado como 0,35.

e) Fixação do módulo de deformabilidade da fundação pela expressão (7.15) ou pela (7.16) ou estabelecido levando em conta o explicitado no Capítulo 3. Assumir o valor do coeficiente de Poisson, frequentemente considerado como 0,35.

f) Cálculo do módulo de deformabilidade da sub-base usando a expressão (7.17), que tem como variáveis o módulo de deformabilidade da fundação, estabelecido no passo anterior, e a espessura da própria sub-base. Quando esta é constituída por duas camadas (ou mais) poder-se-á usar a expressão (7.17) sucessivamente, isto é, com o módulo de deformabilidade da fundação calcular o mesmo parâmetro para a camada contígua de sub-base, com este calcular o da camada que lhe está colocada por cima e assim sucessivamente. Esta prática conduz por vezes a módulos de deformabilidade das

Fernando Branco   Paulo Pereira   Luís Picado Santos

assim sucessivamente. Esta prática conduz por vezes a módulos de deformabilidade das camadas superiores demasiado elevados e irrealistas. Deverá procurar-se que a deformabilidade do conjunto das camadas granulares sobrepostas, não seja exageradamente superior à de uma só camada com a espesura total do conjunto. Assumir o valor do coeficiente de Poisson, geralmente considerado como 0,30 para as camadas de agregado britado de granulometria extensa.

g) Com as camadas completamente caracterizadas mecanicamente e conhecendo as suas espessuras de partida, efectuar o cálculo do estado de tensão-deformação usando um dos programas indicados na secção 7.5, como por exemplo o ELSYM5. Obtém-se com este cálculo as extensões relevantes: extensão de tracção na base das camadas betuminosas, ε_t, no sentido da progressão do tráfego; extensão vertical de compressão, ε_{dp}, no topo da fundação (calculada com a tensão da interface entre a camada de sub-base e a fundação, mas com as características mecânicas desta).

h) Com as extensões determinadas no passo anterior, calcular o número de eixos padrão que o pavimento suporta (eixos-padrão admissíveis, Na) para o critério de fadiga (expressão (7.27) para o método de Nottingham; expressão (7.28) para o método da Shell) e para o critério de deformação permanente (expressão (7.29) para o método de Nottingham; expressão (7.30) para o método da Shell). Em geral o dimensionamento de pavimentos de estradas da rede rodoviária nacional em Portugal, são efectuados com a utilização dos critérios da Shell (com o da deformação permanente para uma probabilidade de sobrevivência de 95%) no caso de se querer assumir um risco normal, e com a utilização dos critérios de Nottingham, situação de condições críticas, no caso de se pretender assumir um risco muito mais baixo que o normal, já que este último procedimento é muito conservador (de acordo com o indicado pelos autores, um pavimento dimensionado deste modo terá ao fim da vida útil uma rodeira de 10 mm e fendilhamento não interligado).

i) Conhecendo o número de eixos padrão N_{80} que previsivelmente solicitam a estrutura (passo b)) e o número de eixos-padrão admissíveis, Na, pode obter-se a percentagem de resistência que se gasta, ou seja o dano D, pela expressão (7.12). Tal como já foi descrito, se D > 100% haverá subdimensionamento e se D < 80% haverá sobredimensionamento. Em qualquer destes casos haverá que voltar ao passo a), alterando ou a espessura das camadas, ou o tipo de materiais ou ainda o tipo de pavimento.

Geralmente, intervém-se na espessura da camada que se dimensiona, camada de regularização ou a camada de base, já que a espessura das outras é habitualmente fixa. Com isto altera-se a temperatura de serviço nas misturas betuminosas, que é diferente para diferentes profundidades. Com este novo valor repetem-se os passos c) e seguintes até chegar a um dimensionamento conveniente.

7.9. Métodos Expeditos de Dimensionamento de Pavimentos Flexíveis

A maior parte dos métodos expeditos que existem baseiam-se em procedimentos como o explicitado na secção anterior. Duma forma geral estão bastante condicionados quer em termos de materiais que são passíveis de ser utilizados, quer em termos da definição das condições de partida, ou seja, o tráfego solicitante e por vezes as condições de fundação.

São por isso métodos que sobretudo servem como indicação de pré-dimensionamento ou para os estudos-prévios ou estudos de viabilidade, geralmente ainda mais simples que os anteriores.

No caso do Asphalt Institute (AI, 1981), para o caso da utilização de misturas betuminosas a quente, o dimensionamento é baseado em ábacos que têm como elementos de definição da espessura da totalidade das camadas betuminosas, o número acumulado de eixos padrão de 80 kN (em abcissas), o módulo de deformabilidade do solo de fundação (em ordenadas), e a espessura das camadas granulares. No capítulo 11, o "Procedimento Baseado nas Espessuras Efectivas" é um procedimento indicado pelo Asphalt Institute (AI, 1983) que utiliza para o estabelecimento do pavimento novo um ábaco como o descrito.

No caso do MACOPAV já se viu como se trata o tráfego (capítulo 6) e a caracterização das condições de fundação através da definição duma classe de fundação (capítulo 3).

As estruturas de pavimento são indicadas em função do Grupo (ou Classe) de Tráfego (a variar de T1 a T6) e da Classe de Fundação (a variar de F1 a F4). É possível ainda estabelecer estruturas flexíveis (vida útil de 20 anos); semi-rígidas (vida útil de 20 anos) e rígidas (vida útil de 30 anos). Na Figura 7.15 pode ver-se um exemplo dum quadro de estruturas para um pavimento flexível constituído por misturas betuminosas (BD – betão betuminoso para camada de desgaste, e MB – macadame betuminoso ou MBD – mistura betuminosa densa para camada de regularização) e por uma sub-base (SbG – material britado de granulometria extensa).

Nestas formas mais simples de obter as estruturas há, no entanto, algumas como são o procedimento espanhol (DGC, 2002), o procedimento francês (LCPC, 1998) e o inglês (HA, 2001), que devido ao enquadramento com que foram estabelecidas, são a referência para dimensionamento dos pavimentos nos respectivos países.

Tem algum interesse conhecer o procedimento espanhol, ainda que de forma não profunda, já que se trata dum país que tem uma utilização da rede viária semelhante à de Portugal. No essencial, este procedimento caracteriza a fundação atribuindo-lhe uma resistência em função do módulo de reacção obtido no segundo ciclo de um ensaio de carga com placa (Quadro 7.1), define uma série de condições de execução com determinados materiais e considera o tráfego definido pelo número de veículos pesados no ano de entrada ao serviço na via de projecto (Quadro 7.2), como acontece com o MACOPAV (JAE, 1995).

Fernando Branco

Paulo Pereira

Luís Picado Santos

PAVIMENTO FLEXÍVEL
CLASSE DE PLATAFORMA F₃

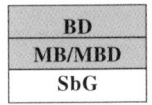

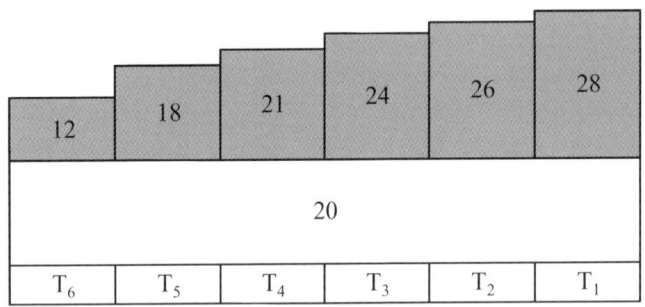

As espessuras são indicadas em cm

Correcção de espessura total de misturas betuminosas para outras classes de plataforma

F_1	não adequado
F_2	+ 4 cm
F_4	- 2 cm

Figura 7.15 – Estrutura de pavimento flexível indicada pelo MACOPAV (JAE, 1995)

As estruturas que se determinam são mostradas nas Figuras 7.16 e 7.17, que são os quadros originais (DGC, 2002). Nestas figuras também se pode ver o que é preconizado para os materiais de pavimentação a usar.

Quadro 7.1 – Classes de fundação do procedimento espanhol (DGC, 2002)

Classe de Fundação	E1	E2	E3
Módulo de reacção (MPa)	≥ 60	≥ 120	≥ 300

Quadro 7.2 – Classes de tráfego do procedimento espanhol (DGC, 2002)

Classe de tráfego	T00	T0	T1	T2
Veículos pesados por dia	≥ 4000	< 4000	< 2000	< 800
		≥ 4000	≥ 800	≥ 200
Classe de tráfego	T31	T32	T41	T42
Veículos pesados por dia	< 200	< 1800	< 50	< 25
	≥ 100	≥ 50	≥ 25	

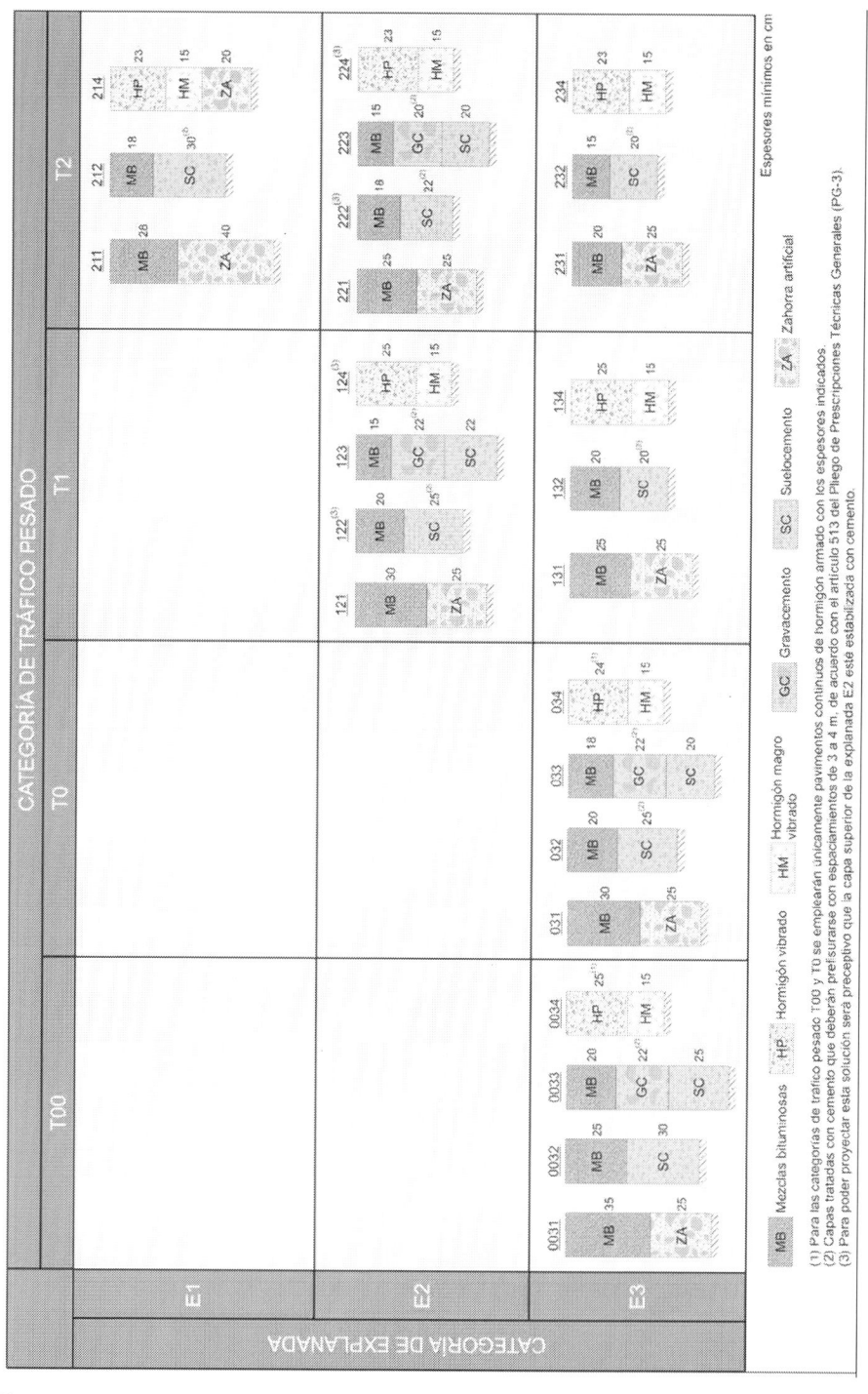

Figura 7.16 – Estruturas para tráfego pesado segundo o procedimento espanhol (DGC, 2002)

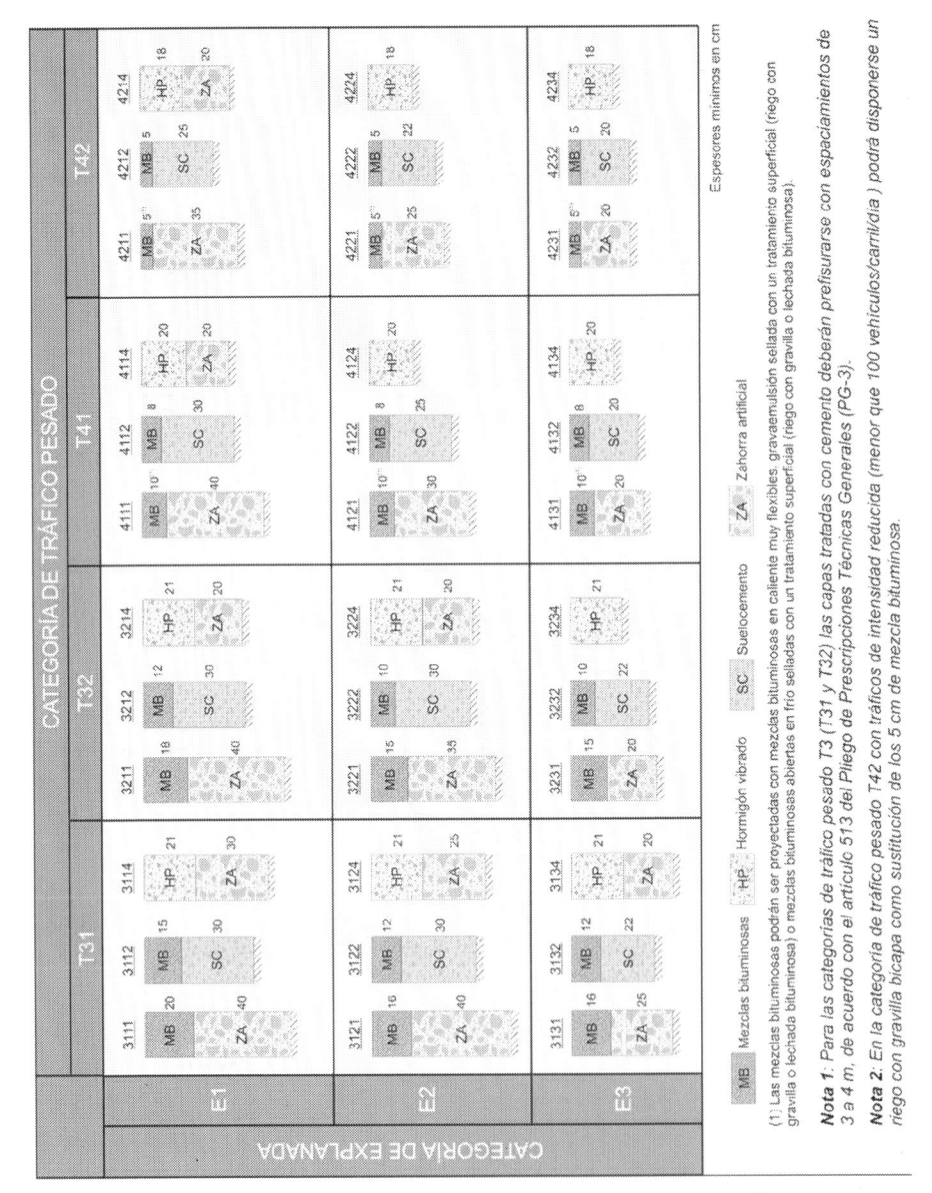

Figura 7.17 – Estruturas para tráfego leve segundo o procedimento espanhol (DGC, 2002)

7.10. Considerações Finais Sobre o Dimensionamento de Pavimentos Flexíveis

Os métodos de dimensionamento empírico-mecanicista actualmente utilizados e descritos neste capítulo, com base em dois dos métodos mais usados em Portugal, têm procedimentos na sua estrutura em relação aos quais está demonstrado que não constituem a forma mais fiável de abordagem. Numas situações porque não modelam bem o comportamento dos materiais, como ficou dito neste capítulo. Noutras situações porque o funcionamento do próprio pavimento não é adequadamente tido em conta.

Pode afirmar-se que ainda há alguns passos a dar até que se possam utilizar procedimentos mais apropriados. Pode identificar-se alguns dos desafios futuros no sentido de se conseguir estar mais perto do comportamento real dos pavimentos e portanto de melhores métodos de dimensionamento.

Tendo como referência a experiência acumulada e algumas reflexões mais recentes (Brown, 1997; acção COST 333, 1999), os principais desafios são:

- potenciar as novas possibilidades de modelação do comportamento dos materiais (onde se inclui a micro-modelação ao nível da estrutura microscópica dos componentes) e construir modelos simples de a aplicar, procurando, ao mesmo tempo, que as características dos materiais possam ser facilmente obtidas com ensaios simples;
- conseguir substituir de forma coerente e aplicável, conceitos antigos e desajustados em muitas situações, como por exemplo a caracterização mecânica de materiais não-aglutinados com base no índice de CBR e o critério de deformação permanente exclusivamente baseado no controlo da deformação no topo do solo de fundação;
- implementar novos critérios de ruína que levem em conta fenómenos como o fendilhamento a partir da superfície, verificável em pavimentos com camadas betuminosas espessas, a influência da variação do teor em água no comportamento das camadas granulares (especialmente importante em pavimentos mais deteriorados que deixam entrar água a partir da superfície ou em pavimentos sem sistemas de drenagem eficientes), e a evolução da propagação nas camadas betuminosas do fendilhamento estrutural;
- testar e validar a utilização de camadas granulares construídas de forma mais eficiente do ponto de vista estrutural, como por exemplo recorrendo ao reforço dessas camadas com geogrelhas;
- desenvolver conceito de Pavimento Inteligente, o qual é instrumentado de modo a obter a informação suficiente para ajustar os tempos de intervenção de conservação ou reabilitação, e assim conseguir também ir ajustando os modelos de comportamento entretanto desenvolvidos;
- reconhecer a grande diferença entre pavimentos para tráfego pesado intenso e para tráfego leve, desenvolvendo e caracterizando melhor, no âmbito dos métodos de dimensionamento, o conceito de risco que sempre se terá de usar.

Evidentemente que até estas questões estarem solucionadas, o dimensionamento de pavimentos continuar-se-á a efectuar com base nos métodos empírico-mecanicistas do tipo dos descritos.

De qualquer modo, pode-se afirmar que a larga experiência acumulada por largo número de utilizadores em todo o mundo, faz destes métodos instrumentos que sendo

Fernando Branco   Paulo Pereira   Luís Picado Santos

usados com bom senso, conhecendo as limitações e definido bem o risco, proporcionam indicações suficientemente fiáveis para que possam continuar a determinar o dimensionamento de pavimentos rodoviários flexíveis.

7.11. Dimensionamento de Pavimentos Rígidos

Como no caso dos pavimentos flexíveis, um dimensionamento mecanicista de pavimentos rígidos envolve a utilização de modelos estruturais de comportamento para estabelecer a resposta dos pavimentos.

Na secção 7.4 descreveu-se sucintamente as possibilidades de abordagem do dimensionamento de pavimentos rígidos, considerando-as distribuídas por abordagens analíticas, numéricas e probabilísticas. Todas estas abordagens têm como objectivo estabelecer as respostas dum pavimento às principais formas de deterioração que contribuem para a perda das qualidades necessárias ao bom desempenho. As principais formas de deterioração incluem o fendilhamento por fadiga, a bombagem de finos, as irregularidades superficiais, deterioração e escalonamento das juntas para pavimentos de betão vibrado formado por lajes separadas por juntas, ou a perda de material na superfície da laje dum pavimento de betão armado contínuo.

Não se tratando dum pavimento muito utilizado na rede nacional rodoviária, já que só 4% da extensão desta rede tem pavimento rígido, o tema do dimensionamento deste tipo de estrutura vai ser tratado de forma menos detalhada. Por isto, vai sobretudo fazer-se uma descrição sucinta do método da Portland Cement Association (PCA), publicado em 1984 (PCA, 1984), provavelmente o procedimento mais utilizado em todo o mundo. Este método aplica-se a diferentes tipos de pavimentos rígidos, nomeadamente aos pavimentos de betão vibrado formado por lajes separadas por juntas e aos pavimentos de betão armado contínuo, que são os tipos correntes em Portugal.

No método PCA, o cálculo do estado de tensão-deformação crítico foi efectuado por um programa de elementos finitos (Tayabji et al., 1986), o qual, juntamente com os critérios de dimensionamento, foi usado para estabelecer as tabelas e ábacos que permitem a aplicação do método.

À semelhança do que acontece nos métodos empírico-mecanicistas para pavimentos flexíveis, os critérios de dimensionamento foram estabelecidos usando abordagens mecanicistas do comportamento dum pavimento e os resultados da observação do comportamento, entre os quais se inclui os resultados do desempenho dos pavimentos rígidos envolvidos no ensaio AASHO (HRB, 1962).

Os critérios de dimensionamento considerados são a fadiga (fendilhamento excessivo) e a erosão do apoio das lajes. A fadiga enquadra o facto de, em determinadas circunstâncias, um pavimento rígido poder entrar em rotura por fendilhamento devido às extensões de tracção induzidas pela repetição de cargas. A erosão pretende contemplar a ocorrência de outras deficiências que o pavimento rígido pode apresentar devido a perda ou deslocação de material erodido na camada de apoio das lajes, fenómeno esse causado pela acção da água e do tráfego, conjugada com perda de impermeabilização das juntas, ocorrendo assim perda de finos por expulsão (bombagem) através das juntas, acumulação de finos sob uma das lajes contíguas a uma junta provocando o seu desnivelamento (escalonamento) e, eventualmente, falta de apoio no bordo longitudinal das lajes junto às bermas. Na Figura 7.18 apresenta-se uma folha de cálculo (Valverde-Miranda, 1988) que reproduz a do método do PCA e sistematiza as operações necessárias para a verificação da espessura duma laje de betão, através da análise à fadiga e à erosão (desgaste). Os dados a introduzir na folha de cálculo estão descritos no Quadro 7.3.

O módulo de reacção do solo pode ser estimado com base no índice CBR, de acordo com um ábaco incluído no método de PCA. A sua avaliação não é determinante na análise a efectuar, uma vez que as tensões que chegam ao solo de fundação são já muito atenuadas devido à sua distribuição em profundidade proporcionada pela laje de betão. A influência do tráfego na imposição duma espessura de laje é muito maior que a capacidade resistente do solo de fundação ou até da sub-base, ao contrário do que se passa com um pavimento flexível.

O módulo de reacção global, que pretende traduzir a resistência oferecida pelo "conjunto de camadas de pavimento abaixo da laje de betão mais o solo de fundação", e que constitui o parâmetro de resistência que caracteriza o suporte dessa laje de betão no estabelecimento da espessura desta, depende do tipo daquelas camadas (tratadas, por exemplo com aglutinantes hidráulicos, ou não tratadas) e da sua espessura, podendo ser obtido também em tabelas incluídas no método de PCA. Como se compreende, quanto mais rígida for a sub-base maior é o chamado módulo de reacção global.

A tensão característica de rotura por tracção na flexão aos 28 dias tem um papel importante, sobretudo na análise à fadiga. O procedimento PCA inclui nas tabelas e ábacos de dimensionamento um coeficiente de variação de 15% para a utilização daquele valor, que essencialmente significa o assumir de que haverá um razoável a bom controlo de qualidade na produção e colocação em obra do betão.

O coeficiente de segurança relativo à solicitação (tráfego) pode tomar os valores 1,2 (tráfego intenso, por exemplo classes T1 ou superior e T2 do MACOPAV), 1,1 (tráfego médio, por exemplo classes T3 e T4 do MACOPAV) e 1,0 (tráfego leve, por exemplo classes T5 e T6 ou inferior do MACOPAV).

Por vezes poderá ser utilizado um coeficiente de segurança de 1,3, quando se pretende dimensionar um pavimento para o qual se necessita que haja uma probabilidade grande de estar em serviço durante toda a vida útil considerada. Será o caso de estradas de tráfego muito intenso, em que qualquer intervenção de reabilitação tem implicações muito importantes na fluidez do tráfego.

O período de vida útil a considerar para o caso dum pavimento rígido terá de ser no mínimo de 30 anos, podendo ir até 40 anos. Trata-se essencialmente de potenciar o primeiro investimento (custo inicial) durante um maior período. Este investimento inicial é muito maior quando comparado com o caso dum pavimento flexível.

Fernando Branco   Paulo Pereira   Luís Picado Santos

Quadro 7.3 – Folha de cálculo do método do PCA (Valverde-Miranda, 1988)

VERIFICAÇÃO DA ESPESSURA DA LAJE

PROJECTO _____

ESPESSURA CONSIDERADA _____in.   JUNTAS PROTEGIDAS SIM__ NÃO__

MÓDULO DE REACÇÃO DO SOLO,K _____pci   BERMAS EM BETÃO SIM__ NÃO__

TIPO DE SUB-BASE _____   PERÍODO DE VIDA DO PROJECTO ____ANOS

ESPESSURA DA SUB-BASE _____in

MÓDULO DE REACÇÃO GLOBAL,K _____pci

TENSÃO CARACTERÍSTICA DE ROTURA POR TRACÇÃO NA FLEXÃO, MR _____psi

COEFICIENTE DE SEGURANÇA RELATIVO A SOLICITAÇÃO, LSF _____

CARGAS POR EIXO Ton.	MULTIPLICADAS POR LSF (kips)	REPETIÇÕES PREVISTAS	ANÁLISE À FADIGA		ANÁLISE AO DESGASTE	
			REPETIÇÕES ADMISSÍVEIS	PERCENTAGEM DE FADIGA	REPETIÇÕES ADMISSÍVEIS	PERCENTAGEM DE DESGASTE
1	2	3	4	5	6	7

EIXOS SIMPLES

8. TENSÃO EQUIVALENTE _____   10. FACTOR DE DESGASTE _____

9. FACTOR DE TENSÃO_____

EIXOS TANDEM

11. TENSÃO EQUIVALENTE _____   13. FACTOR DE DESGASTE _____

12. FACTOR DE TENSÃO _____

		TOTAL:		TOTAL:	

Fernando Branco   Paulo Pereira   Luís Picado Santos

O tráfego deve ser calculado por tipo de eixo (simples, tandem ou duplo e triplo), estimando o número de repetições de cada um que previsivelmente ocorrerá durante a vida útil.

O cálculo do número de pesados por cada tipo pode ser efectuada recorrendo à previsão dos tipos de veículos que potencialmente constituem o tráfego pesado que passará (a partir da informação contida nas contagens publicadas pelo IEP), considerando que cada tipo de eixo descarrega a máxima carga legal em vigor. Conhecendo-se que os veículos pesados carregam geralmente mais do que a carga legal, poderão adoptar-se alguns procedimentos para majoração do valor das cargas previsivelmente transportadas (Valverde-Miranda, 1988), para além da utilização do coeficiente de segurança em relação ao tráfego.

No método do PCA, os eixos triplos são tratados como eixos simples que descarregam a carga total do eixo triplo dividida por 3.

A análise feita à fadiga é baseada nas tensões máximas previsíveis (tensão equivalente) para o bordo longitudinal, junto à berma (rodado de referência localizado junto a esse bordo, com o veículo localizado a meio da dimensão longitudinal). Porque o nível de tensão junto ao bordo é maior no caso de bermas sem betão (desligadas do pavimento) do que no caso de bermas que ofereçam uma boa continuidade estrutural, o método do PCA utiliza duas tabelas diferentes para estimar a tensão equivalente: uma para bermas em betão e outra sem bermas de betão. A tensão equivalente é, para além disso, função do módulo de reacção global e da espessura da laje de betão.

No Quadro 7.4 mostra-se um exemplo duma tabela de cálculo (eixos simples e duplos) para a tensão equivalente. Os eixos triplos têm uma tabela específica para o cálculo da tensão equivalente. Uma vez obtida a tensão equivalente é necessário determinar o Factor de Tensão, o qual consiste em dividir a tensão equivalente pela tensão característica de rotura do betão por tracção na flexão aos 28 dias. Finalmente, para cada tipo de eixo e com o Factor de Tensão, é possível determinar, em ábaco próprio (Figura 7.18), o número de repetições admissíveis. Para que um pavimento possa estar bem dimensionado à fadiga, é necessário que o somatório do dano (número de repetições previstas sobre o número de repetições admissíveis, expresso em percentagem) provocado por cada tipo de eixo analisado seja inferior a 100%.

O dano pelo critério de erosão ocorre principalmente junto aos bordos, transversais e longitudinais, pelo que é afectado pelo tipo de juntas, se têm ou não barras de transferência de carga e se as juntas são ou não impermeabilizadas. Para o cálculo do Factor de Desgaste ou de Erosão, também função do módulo de reacção global e da espessura da laje de betão, o método do PCA apresenta tabelas para os casos de:
(i) ausência de bermas em betão e juntas com barras de transferência de carga;
(ii) ausência de bermas em betão e juntas sem barras de transferência de carga;
(iii) existência de bermas em betão e juntas com barras de transferência de carga;
(iv) existência de bermas em betão e juntas sem barras de transferência de carga.

Quadro 7.4 – Tabela de cálculo da Tensão Equivalente do método do PCA, no caso de
existência das bermas de betão (Valverde-Miranda, 1988)

(eixo simples / eixo tandem)

Espessura da laje, (in.)	Módulo de reacção global (solo/sub-base), pci						
	50	100	150	200	300	500	700
4,0	640/534	559/468	517/439	489/422	452/403	409/388	383/384
4,5	547/461	479/400	444/372	421/356	390/338	355/322	333/316
5,0	475/404	417/349	387/323	367/308	341/290	311/274	294/267
5,5	418/360	368/309	342/285	324/271	302/254	276/328	261/231
6,0	372/325	327/277	304/255	289/241	270/225	247/210	234/203
6,5	334/295	294/251	274/230	260/218	243/203	223/188	212/180
7,0	302/270	266/230	248/210	236/198	220/184	203/170	192/162
7,5	275/250	243/211	226/193	215/182	201/168	185/155	176/148
8,0	252/232	222/196	207/179	197/168	185/155	170/142	162/135
8,5	232/216	205/182	191/166	182/156	170/144	157/131	150/125
9,0	215/202	190/171	177/155	169/146	158/134	146/122	139/116
9,5	200/190	176/160	164/146	157/137	147/126	136/114	129/108
10,0	186/179	164/151	153/137	146/129	137/118	127/107	121/101
10,5	174/170	154/143	144/130	137/121	128/111	119/101	113/95
11,0	164/161	144/135	135/123	129/115	120/105	112/95	106/90
11,5	154/153	136/128	127/117	121/109	113/100	105/90	100/85
12,0	145/146	128/122	120/111	114/104	107/95	99/86	95/81
12,5	137/139	121/117	113/106	108/99	101/91	94/82	90/77
13,0	130/133	115/112	107/101	102/95	96/86	89/78	85/73
13,5	124/127	109/107	102/97	97/91	91/83	85/74	81/70
14,0	118/122	104/103	97/93	93/87	87/79	81/71	77/67

No Quadro 7.5 mostra-se um exemplo duma tabela para o cálculo do Factor de
Desgaste, para eixos simples ou duplos (os eixos triplos têm um conjunto de tabelas
específico), para o caso da existência de bermas em betão e juntas com barras de
transferência de carga. Calculado o Factor de Desgaste é necessário determinar em
ábaco próprio (Figura 7.19), para cada tipo de eixo, o número de repetições admissíveis.
Para que um pavimento possa estar bem dimensionado à erosão, é necessário que o
somatório do dano (número de repetições previstas sobre o número de repetições
admissíveis, expresso em percentagem) provocado por cada tipo de eixo analisado seja
inferior a 100 %.

O método do PCA (PCA, 1984) também pode ser aplicado de forma mais simples,
quando não existe uma caracterização suficiente do tráfego. Em Valverde-Miranda,
1990, pode encontrar-se uma interpretação desta simplificação, adaptada a condições
que se encontram com frequência na prática construtiva.

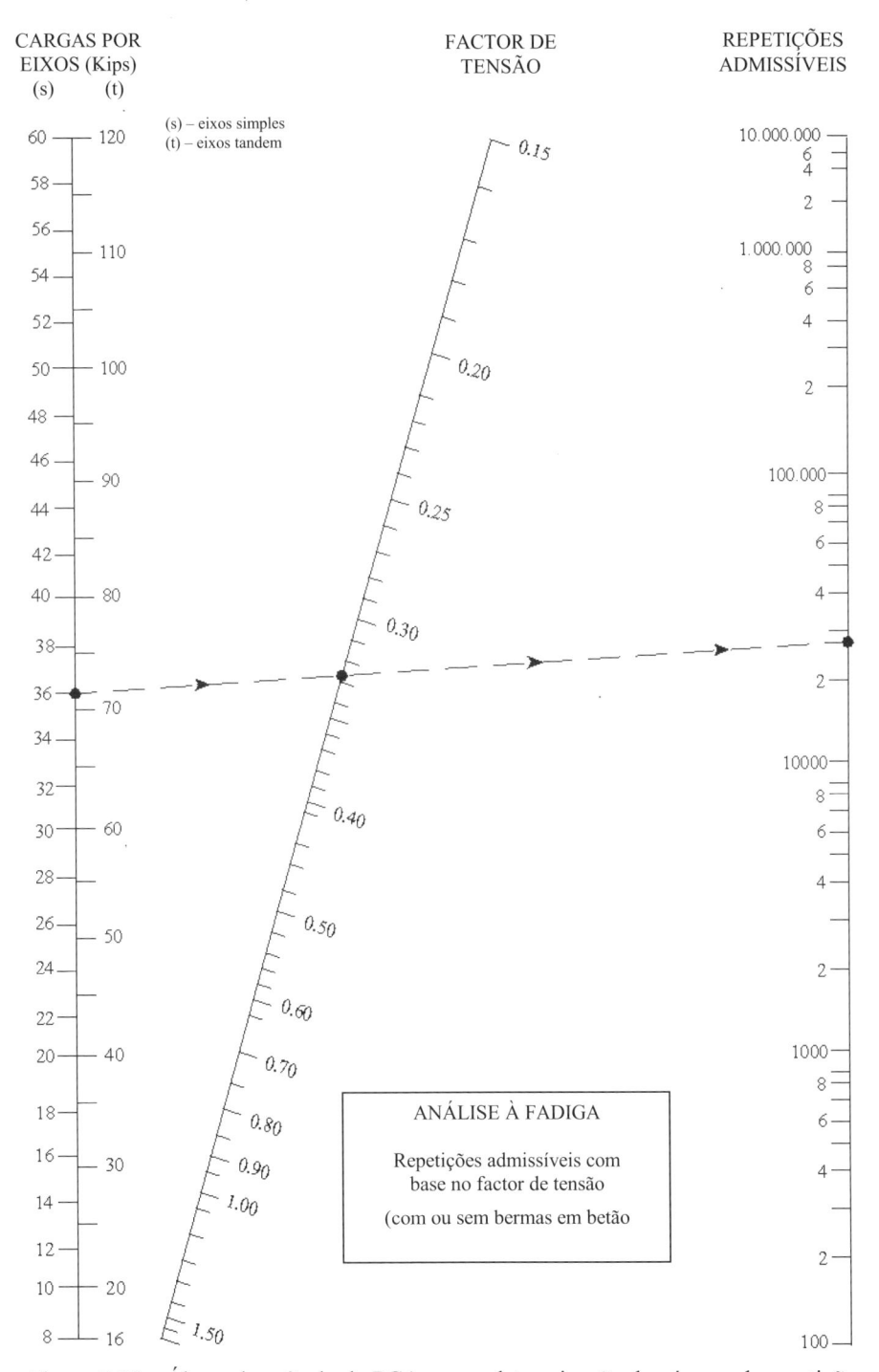

Figura 7.18 – Ábaco do método do PCA para a determinação do número de repetições admissíveis de cada eixo para a análise à fadiga (Valverde-Miranda, 1988)

Esta interpretação, considera as seguintes condições: (i) tráfego é caracterizado pelo valor acumulado em 30 anos de veículos pesados na via mais solicitada (via de projecto); (ii) dois tipos de sub-base (uma tratada com cimento e outra em agregado britado de granulometria extensa); (iii) dois tipos de resistência do solo de fundação caracterizada pelo valor de CBR (um para CBR entre 2% e 10%, outro para CBR entre 10% e 20%); (iv) dois tipos de betão (resistência à tracção sob flexão aos 28 dias de 4,5 MPa e 4 MPa); (v) pavimento com e sem barras de transferência de carga.

Quadro 7.5 – Tabela de cálculo do Factor de Desgaste do método do PCA, para a existência das bermas de betão e juntas com barras de transferência de carga (Valverde-Miranda, 1988)

(eixo simples / eixo tandem)

Espessura da laje, (in.)	Módulo de Reacção global (solo/sub-base), pci					
	50	100	200	300	500	700
4,0	328/330	324/320	321/313	319/310	315/309	312/308
4,5	313/319	309/308	306/300	304/296	301/293	298/291
5,0	301/309	297/298	293/289	290/284	287/279	285/277
5,5	290/301	285/289	281/279	279/274	276/268	273/265
6,0	279/293	275/282	270/271	268/265	265/258	262/254
6,5	270/286	265/275	261/263	258/257	255/250	252/245
7,0	261/279	256/268	252/256	249/250	246/242	243/238
7,5	253/273	248/262	244/250	241/244	238/236	235/231
8,0	246/268	241/256	236/244	233/238	230/230	227/224
8,5	239/262	234/251	229/239	226/232	222/224	220/218
9,0	232/257	227/246	222/234	219/227	216/219	213/213
9,5	226/252	221/241	216/229	213/222	209/214	207/208
10,0	220/247	215/236	210/225	207/218	203/209	201/203
10,5	215/243	209/232	204/220	201/214	167/205	195/199
11,0	210/239	204/228	199/216	195/209	192/201	189/195
11,5	205/235	199/224	193/212	190/205	187/197	184/191
12,0	200/231	194/220	188/209	185/202	182/193	179/187
12,5	195/227	189/216	184/205	181/198	177/189	174/184
13,0	191/223	185/213	179/201	176/195	172/195	170/180
13,5	186/220	181/209	175/198	172/191	172/191	165/177
14,0	182/217	176/206	171/195	167/188	164/180	161/174

Para as combinações destas variáveis é possível encontrar a espessura a utilizar para a laje de betão. Para o estabelecimento de estruturas de pavimentos rígidos também existem métodos mais expeditos, como é o caso do MACOPAV (JAE, 1995). Na Figura 7.20 dá-se um exemplo de um quadro de estruturas para o caso de pavimento rígido formado por uma laje de betão (BC na designação do MACOPAV) sobre uma camada de sub-base em betão pobre (no caso BP1, betão pobre de reduzida erodibilidade, um dos tipos considerados no MACOPAV).

Fernando Branco   Paulo Pereira   Luís Picado Santos

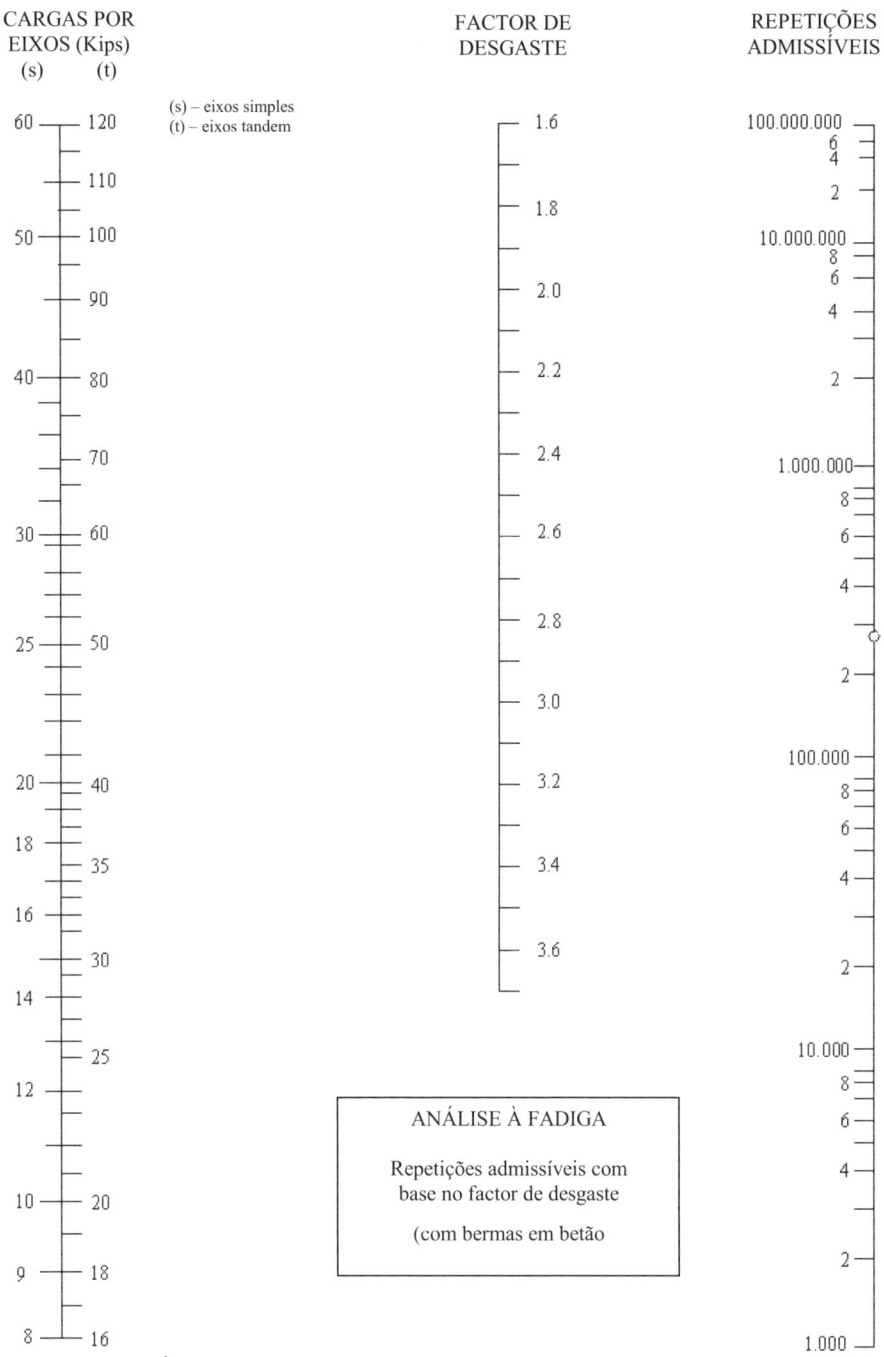

Figura 7.19 – Ábaco do método do PCA para a determinação do número de repetições admissíveis de cada eixo para a análise à erosão (desgaste), no caso da existência de bermas de betão (Valverde-Miranda, 1988)

PAVIMENTO RÍGIDO COM JUNTAS COM PASSADORES (1)
CLASSE DE PLATAFORMA F$_2$

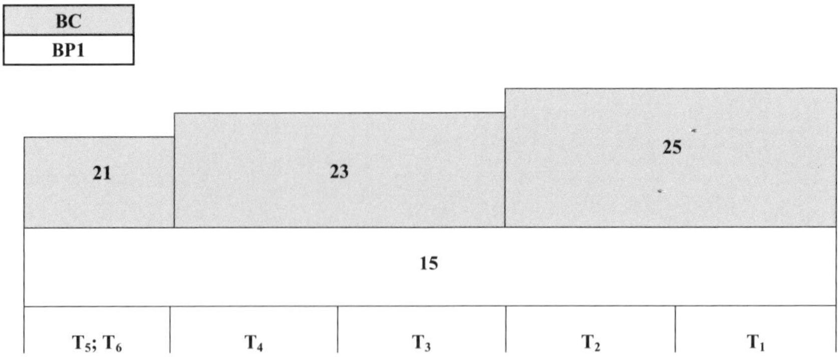

BC
BP1

T$_5$; T$_6$	T$_4$	T$_3$	T$_2$	T$_1$
21	23		25	
	15			

As espessuras são indicadas em cm

Correcção da camada de betão de cimento para outras classes de plataforma

F$_1$	+ 2 cm (2)
F$_3$	- 2 cm
F$_4$	- 3 cm

(1) No caso de classes de tráfego T$_4$, T$_5$ e T$_6$ poderá ponderar-se a não colocação de passadores.

Esta solução apenas respeita às classes de tráfego T$_5$ e T$_6$ e inclui ainda um aumento de 5 cm na espessura da camada de betão pobre.

Figura 7.20 – Pavimento rígido indicado pelo MACOPAV (JAE, 1995)

Os dados de entrada são a classe de tráfego e a classe de fundação (Figura 7.20), cujo estabelecimento já foi descrito neste capítulo.

7.12. Dimensionamento de Pavimentos Semi-rígidos

No que respeita ao dimensionamento, o pavimento semi-rígido é em geral tratado de forma idêntica ao pavimento flexível. As abordagens mais comuns são do tipo empírico-mecanicista, tendo a mesma sistematização que foi descrita para o caso dos pavimentos flexíveis.

No entanto, existem algumas especificidades que importa sublinhar e que tornam o processo de dimensionamento de pavimentos semi-rígidos num processo com algumas particularidades.

A existência duma camada de base rígida, formada geralmente por um betão pobre cilindrado ou vibrado fabricado em central, conduz a uma repartição muito atenuada de tensões para as camadas inferiores, fazendo com que o assentamento à superfície ("deformação permanente" nos pavimentos flexíveis), a ocorrer, seja sobretudo devido à má execução das camadas betuminosas superiores, o que não é geralmente admitido em dimensionamento, pelo que a "deformação permanente" não é um critério de ruína que se considere. A ocorrência de fendilhamento transversal na camada de betão pobre por retracção termo-higrométrica, induz uma concentração de tensões de tracção nas suas imediações, seja por acção do tráfego, seja por acção da abertura e fecho desse fendilhamento, fenómeno provocado por variação diária de temperatura nessa zona. Essa concentração de tensões de tracção é responsável pela indução de fendilhamento nas camadas betuminosas.

Este tipo de fendilhamento pode ser considerado a nível de dimensionamento, geralmente obtido o estado de tensão e deformação nessas zonas recorrendo a métodos numéricos (como o método de elementos finitos), dimensionando de seguida as camadas betuminosas de modo a que possam suportar esse fendilhamento durante a vida útil programada. Dado que este procedimento conduz em geral a espessuras de camadas betuminosas muito elevadas, recorre-se habitualmente a dispositivos de retardamento ou eliminação da transmissão do fendilhamento descrito às camadas betuminosas, de modo a reduzir a espessura necessária para estas camadas.

O pavimento semi-rígido inverso é uma solução comum quando se procura proceder ao retardamento ou eliminação da transmissão do fendilhamento às camadas betuminosas. Por exemplo, em França, é uma solução usada para os pavimentos semi-rígidos. Existem outras soluções mas que têm tido uma utilização menos frequente. São exemplos a interposição de membranas anti-transmissão de fendilhamento (geotêxteis embebidos em betume ou geogrelhas) e outro tipo de camadas (argamassa betuminosa muito rica em betume modificado com elastómeros ou uma camada betuminosa muito aberta com menos de 3% de betume), que não a granular, como no pavimento semi-rígido inverso.

Na acção do tráfego, tal como no caso dos pavimentos rígidos, tem particular relevância a acção dos eixos mais pesados, o que aliás foi corroborado pelos resultados aquando do ensaio rodoviário AASHO (HRB, 1962) e se encontra expresso no capítulo 6. Pode admitir-se como suficientemente aproximada a metodologia do MACOPAV (Quadro 6.5, capítulo 6) para o estabelecimento do tráfego de dimensionamento em número acumulado de eixos padrão de 130 kN durante a vida útil considerada, geralmente também de 20 anos como para os pavimentos flexíveis.

A orgânica do dimensionamento dos pavimentos semi-rígidos, de forma sucinta, compreende os passos a seguir descritos.

a) Para a estrutura a avaliar, estabelecimento das espessuras das camadas e composição dos materiais que as constituem, nomeadamente para as misturas betuminosas, o que é efectuado tal como para os pavimentos flexíveis, e para a camada de base, geralmente em betão pobre. As estruturas novas são constituídas em geral por:
- camada de desgaste em betão betuminoso (geralmente com 5 cm de espessura);
- camada de regularização em mistura betuminosa densa ou macadame betuminoso (depende da espessura);

- camada de base em betão pobre cilindrado ou vibrado, geralmente com espessuras entre 20 e 25 cm;
- camada de sub-base constituída por uma camada granular de agregado britado de granulometria extensa, geralmente com espessura de 15 cm, podendo também ser constituída por uma camada de solo-cimento com a mesma espessura;
- no caso do pavimento semi-rígido inverso, não é usual a realização de sub-base (a não ser no caso de dificuldades de execução da camada de base sobre o solo de fundação, e a existir é constituída como se descreveu), realizando-se sim uma camada granular anti-transmissão de fendilhamento entre a camada de base e as camadas betuminosas, com espessura a variar entre 12 e 15 cm, sendo geralmente esta última a espessura utilizada.

A estrutura assenta no solo de fundação, que em caso de necessidade pode ter características melhoradas no topo, executando-se um leito de pavimento.

b) Definir o número de eixos-padrão de 130 kN, N_{130}, que vai solicitar o pavimento durante a vida útil considerada e a temperatura de serviço para o local de dimensionamento. Isto pode ser efectuado recorrendo ao descrito no Capítulo 6.

c) Caracterizar as camadas betuminosas, granulares não tratadas e solo de fundação, exactamente do modo que se já descreveu para os pavimentos flexíveis.

d) Caracterizar o betão pobre da camada de base, para o qual geralmente se considera o valor de 20000 MPa para o módulo de deformabilidade e de 0,20 para o valor do coeficiente de Poisson (JAE, 1995). No caso da sub-base ser em solo-cimento os valores usuais são de 2000 MPa para o módulo de deformabilidade e de 0,30 para o coeficiente de Poisson. Utilizando-se este tipo de sub-base, é de assinalar que as tensões máximas de tracção na camada de base se reduzem, pelo que a espessura total desta se pode reduzir de 1 ou 2 cm.

e) Com as camadas caracterizadas mecanicamente e conhecendo as suas espessuras de partida, efectuar o cálculo do estado de tensão-deformação usando um dos programas indicados na secção 7.5, como por exemplo o ELSYM5. Obtém-se com este cálculo a extensão relevante de tracção na base das camadas betuminosas no sentido da progressão do tráfego, e a tensão de tracção máxima na camada de base de betão pobre.

f) Com a extensão e a tensão relevantes determinadas no passo anterior, calcular o número de eixos padrão que o pavimento assumido suporta (eixos-padrão admissíveis, Na) para o critério de fadiga das camadas betuminosas (tal como já se descreveu) e para o critério de fadiga da camada de base. Neste caso, usa-se geralmente a expressão (7.31) (JAE,1995).

$$\sigma_t = R_f.(1 - p.\log Na) \qquad (7.31)$$

em que:

σ_t - valor máximo da tensão de tracção na camada em MPa;

R_f - valor da tensão característica de resistência à tracção sob flexão do material aos 28 dias em MPa (no caso deste valor ser obtido em ensaios de compressão diametral pode admitir-se que R_f é 1,5 vezes a resistência determinada desse modo);

Na - número de eixos-padrão (de 130 kN) admissíveis;

p - constante que depende do material, sendo correntes valores entre 0,06 e 0,1, sendo os menores valores para materiais com maior quantidade de cimento e maior controlo de qualidade na produção.

g) Conhecendo o número de eixos padrão N_{130} que previsivelmente solicitam a estrutura e o número de eixos-padrão admissível, Na, pode obter-se a percentagem de resistência que se gasta, ou seja o dano D, pela expressão (7.12). Tal como já foi descrito, se D > 100% haverá subdimensionamento e se D < 80% haverá sobredimensionamento. Em qualquer destes casos haverá que voltar ao passo a), alterando ou a espessura das camadas, ou o tipo de materiais ou ainda o tipo de pavimento. Geralmente intervém-se na espessura da camada de base ou na sua composição (com maior quantidade de cimento R_f aumenta, aumentando Na), já que a espessura das outras ou é fixa (camada de desgaste e de sub-base) ou tem pouca influência no comportamento global (se a aderência entre as camadas betuminosas e a de base for bem realizada, as extensões de tracção nas camadas betuminosas são reduzidas, fora da zona de fendilhamento por retracção da camada de base). Com as novas condições repetem-se os passos descritos até chegar a um dimensionamento conveniente.

Tal como para os pavimentos flexíveis e rígidos, para o estabelecimento de estruturas de pavimentos semi-rígidos também existem métodos mais expeditos, como é o caso do MACOPAV. Na Figura 7.21 dá-se um exemplo de um quadro de estruturas para o caso de pavimento semi-rígido directo formado por misturas betuminosas sobre uma camada de base em betão pobre (no caso BP2, betão pobre com agregado recomposto em central, um dos tipos considerados no MACOPAV), e esta sobre uma sub-base granular britada de granulometria extensa com 15 cm de espessura (SbG na terminologia usada no MACOPAV). Os dados de entrada são a classe de tráfego e a classe de fundação, cujo estabelecimento já foi descrito.

PAVIMENTO SEMI-RÍGIDO
CLASSE DE PLATAFORMA F₃

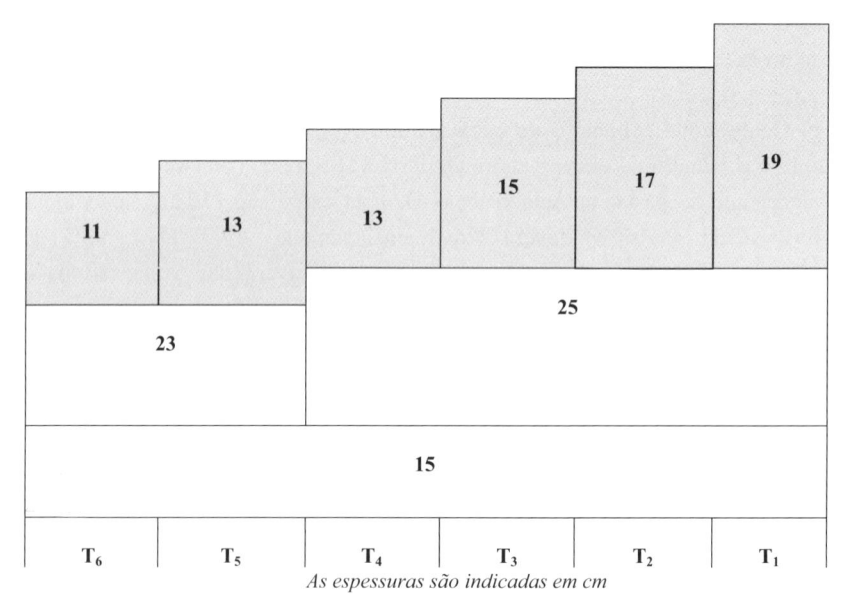

As espessuras são indicadas em cm

Correcção da espessura da camada de betão pobre para outras classes de plataforma

F_1	+ 4 cm (T5; T6)
F_2	+ 2 cm
F_4	- 2 cm

Figura 7.21 – Pavimento semi-rígido indicado pelo MACOPAV (JAE, 1995)

7.13. Referências Bibliográficas

AASHTO, 1993. *AASHTO Guide for Design of Pavement Structures*. American Association of State Highway and Transportation Officials (AASHTO), Washington.

Acum, W.A.; Fox, L., 1951. *Computation of load stresses in a three-layer elastic system*. Géotechnique, vol.2, nº4, 1951.

AI, 1981. *Thickness design - asphalt pavements for highways and streets*. Asphalt Institute (AI), Manual series n.º 1 (MS-1), Maryland.

AI, 1983. *Asphalt Overlays for Highway and Street Rehabilitation*. Asphalt Institute (AI), Manual series n.º 17 (MS-17), Maryland.

Azevedo, C., 1993. *Características Mecânicas de Misturas Betuminosas para Camadas de Base de Pavimentos*. Dept. Engª Civil da F.C.T. da U., IST, Universidade Técnica, Tese de Doutoramento, Lisboa.

Baptista, A., 1999. *Dimensionamento de Pavimentos Rodoviários Flexíveis: Aplicabilidade em Portugal dos Métodos Existentes*. Dept. Engª Civil da F.C.T. da U. de Coimbra, Tese de Mestrado em Engenharia Urbana, Coimbra.

Battiato, G.; Verga, C., 1982. *The AGIP Visco-elastic Method for Asphalt Pavement Design*. Proc. 5th Inter. Conf. on Structural Design of Asphalt Pavements, Univ. of Michigan and Delft University of Technology, vol. 1, pp 59-66, Delft.

Bleyenberg W.; Claessen, A.;Gorkon, F.; Heukelom, W.; Pronk, A., 1977. *Fully Monitored Motorways Trials in the Netherlands, Corroborate Linear Elastic Design Theory*. Proceedings of the 4th Inter. Conf. on Structural Design of Asphalt Pavements, Univ. of Michigan, vol. 1, pp 75-100, Ann-Arbor, Michigan.

Bonnaure, F.; Gest, G.; Gravois, A., Ugé, P., 1977. *A new method of predicting the stiffness of asphalt mixtures*. Proc. of the Association of Asphalt Paving Thecnologists, vol. 46, pp 64-104.

Boussinesq, J., 1885. *Application des potenciels a l' étude d' equilibrium et du movement des solides élastiques*. Gauthier-Villars, Paris.

Brown, S., 1997. *Achievements and Challenges in Asphalt Pavement Engineering*. Proceedings of the 8th Inter. Conf. on Asphalt Pavements, Keynote Address, Seattle.

Brown, S.; Brunton J.; Stock A.,1985. *The Analytical Design of Bituminous Pavements*. Proceedings of Institution of Civil Engineering, vol. 79, Part 2, pp 1-31, London.

Brown, S.; Pell, P.; Stock, A., 1977. *The application of simplified fundamental design procedures for flexible pavements*. Proceedings of the 4th Inter. Conf. on Structural Design of Asphalt Pavements, Univ. of Michigan, vol. 1, pp 327-341, Ann-Arbor, Michigan.

Brunton, J. M.; Brown, S.; Pell P. S., 1987. *Developments to the Nottingham analytical design for asphalt pavements*. Proceedings of the 6th Inter. Conf. on Structural Design of Asphalt Pavements, Univ. of Michigan, vol. 1, pp 368-377, Ann Arbor-Michigan.

Burmister, D., 1943. *The theory of stresses and displacements in layered systems and applications to the design of airport runways*. Proc. Highway Research Board, vol.23, Washinghton.

Capitão, S., 1996. *Misturas Betuminosas de Alto Módulo de Deformabilidade: Contribuição para a Caracterização do seu Comportamento*. Dept. Engª Civil da F.C.T. da U. de Coimbra, Tese de Mestrado em Engenharia Urbana, Coimbra.

Claessen, A.; Edwards, J.; Sommer, P.; Ugé, P., 1977. *Asphalt Pavement Design Manual: the SHELL Method*. Proceedings of 4th International Conference on Structural Design of Asphalt Pavements, University of Michigan, pp 39-74, Ann Arbor- Michigan.

Cominsky, R., 1994. *Mix Design: materials selection, Compaction and Conditioning*. National Research Council, SHRP-A-408: level one, Washington.

COST 333, 1999. *Development of New Bituminous Design Method*. European Union, COST Action no. 333, Luxemburg.

De Jong, D.; Peatz, M.; Korswagen, A., 1973. *Computer program Bisar, Layered Systems Under Normal and Tangential Loads*. Shell Laboratorium, External Report AMSR.0006.73, Amsterdam.

DGC, 2002. *Orden circular 10/2002 sobre secciones de firme (Instrucción 6.1 y 2-IC de Secciones de firme) y capas estructurales de firmes*. Dirección General de Carreteras (DGC), Madrid.

Dormon, G, 1962. *The Extension to Practice of a Fundamental Procedure for the Design of Flexible Pavements*. Proceedings of the 2nd Inter. Conf. on Structural Design of Asphalt Pavements, Univ. of Michigan, vol. 1, pp 785-793, Ann-Arbor, Michigan.

Gerritsen, A.; Koole, R., 1987. *Seven Years' Experience with the Structural Aspects of the Shell Pavement Design Manual*. Proceedings of 6th International Conference on Structural Design of Asphalt Pavements, University of Michigan, vol. 1, pp 94-106, Ann Arbor- Michigan.

HA, 2001. *Pavement Design*. Highways Agency (HA), Design Manual for Roads and Bridges, HD 26/01, Volume 7, Part 3-Section 2, London.

HRB, 1955. *The WASHO Road Test, Part2: Test Data Analysis and Findings*. Highway Research Board (HRB), Special Report 22, Washington.

HRB, 1962. *The AASHO Road Test*. Highway Research Board (HRB), Report 5, Report 6, Report 7, Special Report (SR) 61E, SR 61F, SR 61G, Washington.

Huang, Y., 1993. *Pavement Analysis and Design*. Prentice Hall, Inc., Englewood Cliffs.

Hwang, D.; Witczak, M., 1979. *Program DAMA (Chevron), User's Manual*. University of Maryland, Dept. of Civil Engineering, Maryland.

JAE, 1978. *Normas de projecto: P/788*. JAE (actual IEP), Almada.

Fernando Branco   Paulo Pereira   Luís Picado Santos

JAE, 1995. *Manual de Concepção de Pavimentos para a Rede Rodoviária Nacional.* JAE (actual IEP), Almada.

Jones, A., 1962. *Tables of stresses in three-layer elastic systems.* Highway Research Board (HRB), Bulletin 342. Washington.

Jouve, P, 1994. *Application de modèles non linéaires au cálcul des chaussés souples.* LCPC - Bulletin de Liaison, n.º 190, pp 39/55, Paris.

Kennedy, C., 1985. *Analytical flexible pavement design: a critical state of the art review 1984.* Proc. of Institution of Civil Eng., Part 1, Vol. 78, pp 897-917, Londres.

Kopperman, S.; Tiller, G.; Tseng, M., 1986. *ELSYM5, Interactive Microcomputer Version, User's Manual.* Federal Highway Administration, Report no. FHWA-TS-87-206, Washington.

Lambert, M., Jeuffroy, G., 1998. *Ecoroute.* Presse de l'ENPC, logiciel, Paris

LCPC, 1998. *Guide Technique LCPC-SETRA, Catalogue des Structures Types des Chaussées Neuves.* LCPC et SETRA (edition), Paris.

Luzia, R. C. E Picado Santos, L., 2004. *Ensaios Triaxiais Cíclicos na Caracterização Mecânica de Agregados Britados.* Actas do 3º Congresso Rodoviário Português – Estrada 2004, em CD (pavimentos_06.pdf), Lisboa.

Nascimento, U., 1960. *Método analítico simplificado para o dimensionamento de pavimentos de estradas e aeródromos.* LNEC, Lisboa.

Nilsson, R.; Oost, I.; Hopman, P., 1996. *Viscoelastic analysis of full-scale pavements: validation of VEROAD.* TRB, Transportation Research Record No. 1539, pp 81-87, Washington.

Odemark, N., 1949. *Investigations as to the elastic properties of soils and design of pavements according to the theory of elasticity.* Statens Vaginstitut, Estocolmo.

Pais, J., 1999. *Consideração da Reflexão de Fendas no Dimensionamento de Reforços de Pavimentos Flexíveis.* Dept. Engª Civil, Universidade do Minho, Tese de Doutoramento, Braga.

PCA, 1984. *Thickness Design for Concrete Highways and Street Pavements.* Portland Cement Association (PCA). Skokie-Illinois.

Peattie, K., 1962. *Stresses and strain factors for three-layer elastic systems.* Highway Research Board (HRB), Bulletin 342.

Picado-Santos, L., 1988. *Dimensionamento Analítico de Pavimentos Rodoviários Flexíveis.* Dept. Engª Civil da F.C.T. da U. de Coimbra, Aula das Provas de Aptidão Científica e Pedagógica, Coimbra.

Fernando Branco   Paulo Pereira   Luís Picado Santos

Picado-Santos, L., 1993. *Método de dimensionamento da SHELL para pavimentos rodoviários flexíveis: adaptação às condições portuguesas.* Departamento de Eng^a Civil da F.C.T. da U. de Coimbra, 2ª edição, Coimbra.

Picado-Santos, L., 1995. *Consideração da temperatura no dimensionamento de pavimentos rodoviários flexíveis.* Dept. Eng^a Civil da F.C.T. da U. de Coimbra, Tese de Doutoramento, Coimbra.

Powell, W.; Potter, J.; Mayhew, H.; Nunn, M., 1984. *The structural design of bituminous roads.* Transport and Road Research Laboratory, TRRL LR 1132, Crowthorne-Berkshire.

Quaresma, L., 1985. *Características mecânicas de camadas de pavimentos rodoviários e aeroportuários constituídas por materiais granulares.* LNEC, Rel. 232/85-NPR-DVC, Lisboa.

Raad, L.; Figueiroa, J., 1980. Load Response of Transportation Support Systems. ASCE, Transportation Engineering Journal, vol. 106, no. TE1, pp 111-128.

Rowe, M.; Brown, F.; Sharrock, M.; Bouldin, M., 1995. *Visco-elastic analysis of hot mix asphalt pavement structures.* TRB, Transportation Research Record No. 1482, pp 44-51, Washington.

RRL, 1970. *A guide to the structural design of pavements for new roads.* Road Research Laboratory (RRL), Road Note 29, London.

SHELL, 1977. *Asphalt pavement design manual.* Shell International Petroleum Company (SHELL), London.

Shook, J.; Finn, F.; Witczak, M.; Monismith, C., 1982. *Thickness Design of Asphalt Pavements: the Asphalt Institute Method.* Proc. 5th Inter. Conf. on Structural Design of Asphalt Pavements, Univ. of Michigan and Delft University of Technology, vol. 1, pp 17-44, Delft.

Tayabji, S.; Colley, B., 1986. *Analysis of Jointed Concrete Pavement.* Federal Highway Administration, Report no. FHWA-RD-86-041, Washington.

UN, 1986. *Bituminous pavements: materials, design and evaluation.* University of Nottingham (UN), "Residential Course", Nottingham.

Valverde-Miranda, C., 1988. *Dimensionamento de Pavimentos Rígidos.* ATIC, Jornada Técnica, Maia.

Valverde-Miranda, C., 1990. *Catálogo para Dimensionamento Expedito de Pavimentos Rígidos em Vias Secundárias.* ATIC Magazine, n.º 7, Lisboa.

Yoder, E.; Witczak, M., 1975. *Principles of pavement design.* John Wiley & Sons, New York.

Fernando Branco   Paulo Pereira   Luís Picado Santos

Capítulo 8
PATOLOGIA DOS PAVIMENTOS RODOVIÁRIOS

8.1. Introdução

Os pavimentos rodoviários, logo após a sua construção, começam a ser submetidos a acções diversas que, continuamente, contribuem para a sua degradação, ou seja, para a redução progressiva da sua qualidade inicial. Mesmo antes de "entrar em serviço", as acções dos agentes atmosféricos provocam solicitações nos pavimentos, mais ou menos severas de acordo com a sua constituição e localização.

Tendo em conta o conjunto de factores influentes no comportamento de um pavimento rodoviário (tráfego, materiais e condições climáticas), o respectivo processo de evolução da sua qualidade é muito complexo.

De acordo com o esquema da Figura 8.1, a acção A_i (tráfego) quando actua sobre o pavimento com determinadas propriedades dos materiais constituintes (P_i) e geometria da estrutura (G_i), em determinadas condições climáticas, origina nos materiais as solicitações S_i (σ_t e σ_z). Estas solicitações, por sua vez, modificam as propriedades iniciais dos materiais (Pereira e Miranda, 1999).

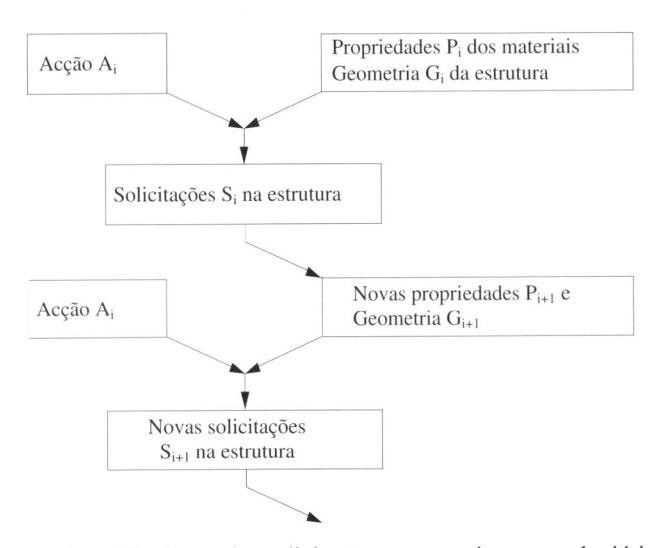

Figura 8.1 – Evolução das solicitações num pavimento rodoviário
(Pereira e Miranda, 1999)

Fernando Branco   Paulo Pereira   Luís Picado Santos

Consequentemente, novas solicitações, ainda que mesmo com igual valor das anteriores, vão actuar sobre um "novo material", com novas propriedades P_{i+1}, originando solicitações S_{i+1}, e assim sucessivamente. Desenvolve-se deste modo um processo contínuo de alteração das propriedades resistentes dos materiais, devido à repetição da aplicação das cargas (fenómeno de fadiga) e à acção contínua dos agentes climáticos, que promove a degradação dos materiais e, consequentemente, reduz a capacidade resistente do pavimento, modificando o seu comportamento global, nomeadamente a deformação.

O processo de evolução das degradações, aparentes ou não, de um pavimento, apoia-se no "princípio da cadeia de consequências", segundo o qual uma degradação não evolui isoladamente no tempo, antes dá origem a novos tipos de degradações, as quais, por sua vez, interferem com as características das primeiras. Gera-se deste modo uma actividade em ciclo, onde as diferentes degradações interferem mutuamente.

Considera-se assim o processo de degradação de um pavimento dependente de dois grupos de factores: os *factores passivos*, característicos do pavimento construído (espessura das camadas, materiais utilizados, qualidade de construção), e os *factores activos*, principais responsáveis pelo processo de degradação, compreendendo as acções do tráfego e dos agentes climáticos.

A evolução do comportamento dos pavimentos tem uma componente aleatória muito mais elevada do que no caso de outras estruturas, tendo em atenção os diferentes factores influentes e a capacidade existente para os caracterizar devidamente. Além dos factores passivos e activos de degradação há ainda a considerar a fiabilidade da modelação dos pavimentos nos métodos de dimensionamento, a qual constitui mais um factor adicional de incerteza no comportamento do pavimento.

A partir da análise dos resultados de ensaios sobre pavimentos rodoviários, realizados pela AASHO na década de 50, foi observada uma elevada dispersão na duração da vida de pavimentos iguais ensaiados. Sendo N o número de passagens de eixos previsto no dimensionamento, essa duração apresentou uma variação entre N/k e k.N, onde k é igual ao produto de três factores: k_1, k_2 e k_3. O factor k_1 representa a influência das variações sazonais nos efeitos das cargas (influência preponderante do estado hídrico da fundação e das camadas granulares, na capacidade do pavimento). O factor k_2 está relacionado com a qualidade de construção, enquanto que o factor k_3 representa a influência da fiabilidade do modelo de representação do pavimento, utilizado no processo de dimensionamento do pavimento. Nesses ensaios determinaram-se os seguintes valores para esses factores: $k_1 = 1,2$; $k_2 = 2,0$; $k_3 = 1,5$. Deste modo resulta um factor k igual a 3,5. Considerando, por exemplo, um pavimento projectado e construído para suportar a passagem de um milhão de eixos, verificar-se-ia uma variação das durações de vida entre 0,286E+06 e 3,500E+06 eixos. O factor k_1 resulta do facto de naquela época os pavimentos não apresentarem uma adequada protecção contra as variações do estado hídrico das camadas granulares e fundação.

Quanto à sua evolução, os materiais aglutinados (betuminosos e hidráulicos) distinguem-se dos não aglutinados, incluindo o solo de fundação.

Por exemplo, no caso dos materiais betuminosos, a sua evolução está sobretudo relacionada com o envelhecimento do ligante, por acção da luz solar e das variações de temperatura, de forma mais severa para a camada de desgaste, com consequências directas para a mistura de que faz parte, para além da evolução normal por fadiga, traduzida no aparecimento do fendilhamento.

A acção da luz solar provoca um aumento da viscosidade do betume, traduzindo-se no aumento da rigidez e na consequente fragilização da mistura betuminosa.

As variações de temperatura determinam diferentes condições de solicitação para a mistura betuminosa. Assim, as temperaturas muito elevadas, reduzindo a viscosidade do ligante, provocam uma redução da rigidez da mistura, aumentando a sua susceptibilidade para sofrerem deformações plásticas.

Com as temperaturas muito baixas, aumenta a rigidez da mistura, logo a sua capacidade de suportar maiores esforços, tornando-se em contrapartida a mistura mais frágil, além de se incrementar a propensão para uma possível formação de fendas de retracção, embora este seja um fenómeno sobretudo sensível em países de clima frio.

Relativamente às camadas betuminosas há ainda a considerar a acção de produtos químicos acidentalmente derramados sobre a camada de desgaste (acção da poluição), nomeadamente os combustíveis.

Os materiais granulares, não aglutinados, incluindo o solo de fundação, para além de sofrerem a acção acumulada das cargas rodoviárias, são sensíveis à acção da água, e menos sensíveis às variações de temperatura.

O tráfego contribui, ao longo do tempo, para o adensamento das camadas do pavimento e solo de fundação, por acção de desgaste mútuo da componente granular, e pós-compactação do conjunto das camadas. Deste modo êle contribui para a formação de assentamentos irreversíveis.

A acção da água tem como efeito imediato uma diminuição do atrito interno dos materiais granulares, o que, sob a acção das cargas, facilita um novo arranjo das partículas constituintes. A contribuição da água para as deformações geradas será função da sensibilidade à água por parte do solo de fundação e das camadas granulares.

A seguir, neste capítulo, caracterizam-se as diferentes famílias de degradações para os três principais tipos de pavimentos; pavimentos flexíveis, pavimentos semi-rígidos e pavimentos rígidos, analisando-se as principais causas do seu aparecimento e da sua evolução.

8.2. Degradações dos Pavimentos Flexíveis

8.2.1. Famílias e Tipos de Degradações dos Pavimentos Flexíveis

Um pavimento flexível apresenta ao longo da sua vida uma evolução que, em geral, se traduz no aparecimento de uma vasta diversidade de degradações, as quais contribuem para uma contínua redução da qualidade do pavimento.

As degradações mais relevantes compreendem o aparecimento de deformações permanentes e o desenvolvimento de fendilhamento nas camadas betuminosas.

No entanto, para os pavimentos flexíveis a diversidade de degradações pode ser mais vasta, podendo verificar-se o desenvolvimento de parte, ou do conjunto das seguintes degradações (Pereira e Miranda, 1999):

- Deformações;
- Fendilhamento;
- Desagregação da camada de desgaste;
- Movimento de materiais.

Estas famílias de degradações têm uma localização no pavimento, e uma sequência e interacção mútua que pode ser esquematizada pelo gráfico da Figura 8.2.

Quanto à localização das diferentes degradações, verifica-se que as deformações observadas à superfície da camada de desgaste resultam da contribuição preponderante do solo de fundação e das camadas granulares e também das camadas betuminosas.

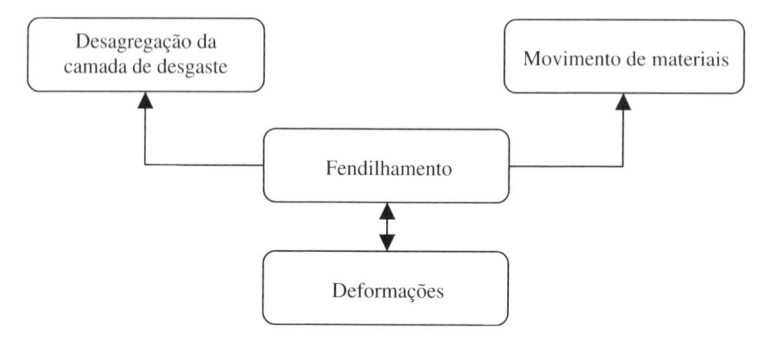

Figura 8.2 – Sequência e interacção das degradações (Pereira e Miranda, 1999)

No caso de uma fundação com elevada capacidade de suporte e de um tráfego muito intenso, poderá resultar um pavimento constituído por camadas granulares pouco espessas, e por camadas betuminosas com grande espessura global. Nesta situação poder-se-á observar a ocorrência de deformações permanentes cuja origem preponderante será nas camadas betuminosas.

O fendilhamento apenas ocorre nas camadas constituídas por misturas betuminosas.

O movimento de materiais pode desenvolver-se apenas nas camadas betuminosas, caso da exsudação, ou abranger todas as camadas e o solo de fundação, quando se tratar da subida de finos.

Quanto à interacção e sequência destas degradações, a principal interacção verifica-se entre as deformações e o fendilhamento, embora as duas também tenham origem noutras causas, como será referido a seguir. Assim, apesar de uma deformação excessiva poder contribuir para a evolução do fendilhamento, também um fendilhamento contribuirá decisivamente para o aumento da deformação em geral.

Quanto às outras duas famílias de degradações, existe uma interacção evidente entre o fendilhamento e a subida de finos das camadas granulares e solo de fundação. Quanto à desagregação da camada de desgaste, estará relacionada essencialmente com a qualidade dos materiais e com a agressividade do tráfego, podendo também ser resultante da evolução do fendilhamento.

As quatro famílias de degradações dos pavimentos flexíveis contêm em si vários tipos de degradações, de acordo com o Quadro 8.1. Mais adiante, para cada família descrevem-se os diferentes tipos de degradações.

Quadro 8.1 – Famílias e tipos de degradações (Pereira e Miranda, 1999)

FAMÍLIAS DE DEGRADAÇÕES	TIPOS DE DEGRADAÇÕES
Deformações	Abatimento $\begin{cases} \text{- longitudinal} \begin{cases} \text{- berma} \\ \text{- eixo} \end{cases} \\ \text{- transversal} \end{cases}$ Deformações localizadas Ondulação Rodeiras $\begin{cases} \text{- grande raio (camadas inferiores)} \\ \text{- pequeno raio (camadas superiores)} \end{cases}$
Fendilhamento	Fendas $\begin{cases} \text{- fadiga} \\ \text{- longitudinais} \begin{cases} \text{- eixo} \\ \text{- berma} \end{cases} \\ \text{- transversais} \\ \text{- parabólicas} \end{cases}$ Pele de crocodilo $\begin{cases} \text{malha fina } (\leq 40\,\text{cm}) \\ \text{malha larga } (> 40\,\text{cm}) \end{cases}$
Desagregação da camada de desgaste	Desagregação superficial Cabeça de gato Pelada Ninhos (covas)
Movimento de materiais	Exsudação Subida de finos

Fernando Branco   Paulo Pereira   Luís Picado Santos

Em geral, verifica-se que as principais causas das degradações dos pavimentos flexíveis são, por um lado a intensidade do tráfego e as acções climáticas (factores activos de degradação), por outro as deficiências dos materiais e da qualidade de execução (factores passivos de degradação).

A observação sistemática de pavimentos em serviço, assim como a análise detalhada do comportamento de trechos experimentais, permite estabelecer relações "causa-efeito", podendo traduzir-se sob a forma de uma matriz como a apresentada no Quadro 8.2.

Quadro 8.2 – Classificação das relações entre as degradações e os factores de degradação

DEGRADAÇÕES	FACTORES DE DEGRADAÇÃO									
	Condições de drenagem	Sub-dimensões da camada de desgaste	Sub-dimensões das camadas inferiores	Capacidade de suporte da fundação	Qualidade dos materiais	Deficiências de fabrico e execução	Ligação entre camada de base e de desgaste	Agressividade do tráfego	Acções climáticas	Camadas estruturais de reduzida compacidade
Deformações	***	*	**	***	*	**		*	*	***
Rodeiras	***	*	**	***	**	*		**	**	***
Fendas	**	**	**	**	***	**	**	***	***	***
Fendas parabólicas	*	**			**	**	***	***	***	**
Pele de crocodilo	**	**	**	**	***	**	**	***	***	***
Pelada		***	*		**	**	***	***	**	**
Ninhos		**	*		***	***	**	**	**	***
Cabeça de gato					***	**		***	*	**
Desagregação superficial					***	***		**	***	**
Exsudação					***	**		***	***	

*** - Muito importante; ** - Importante; * - Pouco Importante

Neste quadro estabelece-se uma ponderação da relação entre os diferentes tipos de degradações ("efeitos") e os vários factores de degradação ("causas"), através de um determinado número de asteriscos (*). Uma relação "causa – efeito" mais forte é classificada com três asteriscos. Esta classificação pretende apenas dar uma indicação aproximada daquelas relações. Entretanto, o diagnóstico de casos reais deve resultar sempre de uma observação "in situ" das condições envolventes de qualquer patologia em estudo.

A seguir, para cada das famílias de degradações, são caracterizados os diferentes tipos de degradações que podem ocorrer num pavimento flexível, procurando-se estabelecer a relação entre cada um e os factores activos e passivos de degradação.

8.2.2. Deformações

A família das deformações permanentes observáveis na superfície de um pavimento (Quadro 8.1) pode ser subdividida nos seguintes tipos:
- Abatimento (longitudinal, transversal);
- Ondulação;
- Deformações localizadas;
- Rodeiras.

O abatimento é uma deformação com uma extensão significativa, podendo apresentar-se ao longo do pavimento ou na direcção transversal. O abatimento longitudinal pode localizar-se ao longo do pavimento junto à berma, ou ao longo do eixo da faixa de rodagem. Quando o abatimento se verifica junto à berma pode resultar de uma redução da capacidade de suporte das camadas granulares e do solo de fundação, relacionada com a entrada de água através da berma ou da interface berma-pavimento.

O abatimento ao longo do eixo pode ocorrer quando exista um fendilhamento ao longo do eixo, resultando uma redução da capacidade de suporte por infiltração de água até às camadas inferiores granulares e ao solo de fundação.

O abatimento transversal tem uma localização dependente da ocorrência de situações patológicas ao nível das camadas inferiores, em particular no solo de fundação e camadas granulares.

Uma deformação de outro tipo é a que se verifica numa pequena área do pavimento (deformação localizada), geralmente acompanhada de rotura do pavimento.

A ondulação é uma deformação transversal que se repete com uma determinada frequência ao longo do pavimento. Pode ocorrer nas camadas de desgaste constituídas por revestimento superficial, devido a deficiências na distribuição do ligante. Pode verificar-se também em camadas de betão betuminoso em que ocorra o arrastamento da mistura por excessiva deformação plástica, devido à acção do tráfego. Noutros casos resulta de deformação da fundação, originando-se uma ondulação suave do pavimento.

Para um pavimento correctamente projectado e construído, com adequada conservação ao longo da sua vida, este tipo de deformações não deverá ocorrer.

As rodeiras são deformações longitudinais, desenvolvendo-se na banda de passagem dos pneus dos veículos (rodeiras). Este tipo de degradação é o mais significativo da família das deformações, podendo assumir, como se vê pelo perfil transversal do pavimento, duas configurações típicas: as rodeiras de pequeno raio (Foto 8.1) e as rodeiras de grande raio.

Foto 8.1 – Rodeiras de pequeno raio

8.2.3. Fendilhamento

Esta família de degradações é a mais frequente nos pavimentos flexíveis, resultando, na maioria dos casos, da fadiga dos materiais das camadas betuminosas, devido à repetição dos esforços de tracção por flexão desta camadas. Constitui em geral um dos primeiros sinais aparentes da franca redução da qualidade estrutural de um pavimento.

O fendilhamento pode integrar um número elevado de tipos de degradações, quer sejam as fendas isoladas ou ramificadas, classificadas quanto à sua localização e origem, quer sejam as fendas formando uma malha, a "pele de crocodilo", resultante da evolução das outras fendas. No primeiro grupo distinguem-se as fendas resultantes da fadiga do pavimento (fendas de fadiga), as fendas longitudinais (junto à berma ou junto ao eixo), as fendas transversais e as fendas parabólicas.

As fendas parabólicas aparecem na zona da passagem dos pneus, com o eixo da parábola orientado no sentido longitudinal, e são em geral resultantes de problemas de estabilidade da camada de desgaste e da sua ligação às camadas betuminosas inferiores.

As fendas mais comuns são as resultantes da fadiga do pavimento, em particular das camadas betuminosas, podendo quanto à sua fase de desenvolvimento ser classificadas em isoladas (Figura 8.2), geralmente orientadas no sentido longitudinal, e ramificadas (Foto 8.3). Estas fendas, quanto ao afastamento dos seus bordos, podem ainda classificar-se em fechadas e abertas.

Outro tipo de fendilhamento que nos últimos anos tem vindo a ser observado nos pavimentos de elevada espessuras das camadas betuminosas é o "fendilhamento com origem à superfície", o qual se inicia na superfície do pavimento e progride em profundidade, sem, no entanto, atingir a base das camadas betuminosas.

Para a sua origem podem ser indicadas diversas causas, como as deficiências do processo construtivo (deficiente compactação e segregação das misturas betuminosas) e a agressividade do tráfego pesado (pneus de base larga e elevada pressão de enchimento) traduzida por elevadas tensões de tracção na superfície (Freitas, 2004). Estas condições associadas a temperaturas elevadas podem dar origem a deformações elevadas e, consequentemente, ao início de fendilhamento com origem à superfície.

Apesar de não ser um tipo de fendilhamento muito frequente, mas porque está associado a pavimentos destinados a tráfego intenso, trata-se de uma degradação que deve ser devidamente considerada, quer na observação de pavimentos, quer nas estratégias da sua conservação.

Acresce ainda considerar as fendas resultantes de processos de fractura térmica, muito menos frequentes no país, e de deformabilidade global excessiva do pavimento, por incompatibilidade das características específicas das camadas betuminosas.

O mais importante grupo de fendilhamento é constituído pela pele de crocodilo, resultante da evolução das fendas ramificadas, que passam a formar uma malha ou grelha, com fendas mais ou menos abertas. A pele de crocodilo, tendo em conta a sua fase de desenvolvimento, quanto à abertura da malha, pode classificar-se em malha estreita (lado da malha ≤ 40 cm) ou em malha larga (lado da malha ≥ 40 cm) e, quanto à abertura dos bordos das fendas, em aberta e fechada.

Foto 8.2 – Fendas isoladas

A Foto 8.4 representa a pele de crocodilo aberta, de malha larga, correspondendo a um pavimento em avançado estado de degradação no qual, além da perda de capacidade das camadas betuminosas se verificará uma redução da qualidade das camadas granulares.

Fernando Branco   Paulo Pereira   Luís Picado Santos

Foto 8.3 – Fendas ramificadas

Foto 8.4 – Pele de crocodilo de malha larga

A Foto 8.5 apresenta um pavimento com pele de crocodilo, de malha estreita e fendas abertas, no estado de ruína estrutural.

Quanto às causas do aparecimento e evolução do fendilhamento, no Quadro 8.2 apresentam-se os diferentes factores relevantes.

Além do fenómeno de fadiga, é de salientar a acção das condições climáticas (temperaturas muito reduzidas), a deficiente qualidade das misturas betuminosas e o solo de fundação com reduzida capacidade de suporte (estado hídrico desfavorável), factores que contribuem para que a camada betuminosa inferior assuma parte importante da distribuição da carga. Assim, esta camada fica submetida a elevados esforços de tracção, favorecendo o início do fendilhamento na sua face inferior, ou mesmo na superior (película superficial muito rígida).

Foto 8.5 – Pele de crocodilo de malha estreita

O fendilhamento de uma camada de desgaste betuminosa, apoiada noutra camada betuminosa, poderá ter origem na propagação das fendas, entretanto formadas na camada inferior. Além desta causa principal, em climas muito frios pode verificar-se fendilhamento da camada de desgaste por retracção do material, mais ou menos intenso segundo as características de retracção térmica e resistência à tracção do material e temperatura da camada. Por vezes, quando estas fendas têm uma abertura muito reduzida, conseguem desaparecer durante o Verão.

A pele de crocodilo, como se disse atrás, resulta da evolução das fendas ramificadas, correspondendo a uma fase de evolução rápida do estado de degradação do pavimento. Quanto mais fendilhadas estiverem as camadas betuminosas do pavimento, mais severa é a acção das cargas, devido a uma concentração de tensões nos bordos das fendas, como se comprova através da "mecânica da fractura".

A evolução desta fase também será acelerada devido à entrada de água exterior no pavimento, através das fendas existentes, originando-se uma redução da capacidade de suporte do solo de fundação e do desempenho das camadas granulares. Por sua vez, esta redução conduz a um maior esforço de tracção por flexão das camadas betuminosas, acelerando-se o processo de degradação.

Conclui-se que para a pele de crocodilo contribuem as causas já referidas para o fendilhamento em geral (Quadro 8.2) além da ausência de uma conservação preventiva, a qual poderá ser constituída, por exemplo, por uma simples camada de impermeabilização. Esta camada evitaria a entrada de água no pavimento, reduzindo a velocidade de degradação do pavimento. A pele de crocodilo evolui de malha larga para malha estreita, enquanto que as fendas evoluem de "fechadas" para "abertas", podendo na fase final dar origem aos ninhos e, em certos casos, à formação de peladas.

As fendas parabólicas na camada de desgaste podem ter origem preponderante, numa ou no conjunto das seguintes causas: (i) deficiente ligação entre a camada de desgaste e a camada betuminosa inferior, (ii) condições severas de aplicação das cargas (elevados esforços tangenciais), (iii) acções climáticas desfavoráveis (temperatura elevada) e (iv) reduzida espessura e resistência da camada de desgaste. Estas fendas podem evoluir até à formação de peladas.

8.2.4. Desagregação da Camada de Desgaste

Esta família de degradações reflecte-se essencialmente na perda de qualidade superficial da camada de desgaste, devido à evolução da própria camada, resultante da falta de estabilidade da ligação entre os materiais constituintes da mistura.

Quando na superfície da camada de desgaste se verifica a perda da componente mais fina da mistura betuminosa, os agregados grossos ficam mais salientes, designando-se a degradação resultante por "cabeça de gato", devido ao aumento da macrotextura da superfície. Esta degradação tem efeitos negativos ao nível do ruído e do desgaste dos pneus, embora beneficiando a capacidade drenante da superfície do pavimento.

Uma das degradações mais importantes desta família é a desagregação superficial (Foto 8.6), resultante do desprendimento dos agregados grossos, em parte resultante da evolução da degradação anterior.

Outra degradação desta família designa-se por "pelada" (descamação), correspondendo a um desprendimento de pequenas placas da camada de desgaste desligadas da camada subjacente.

A evolução natural da pele de crocodilo conduz à desagregação dos bordos das fendas, dando origem ao início da formação de ninhos ou covas (Foto 8.6). Este tipo de degradação pode também ter início numa desagregação localizada da camada de desgaste que evolui através da sua espessura.

A desagregação da camada de desgaste resulta da deficiente ligação entre os diferentes componentes de uma mistura betuminosas, ou da falta de estabilidade dessa ligação (Quadro 8.2). No entanto, a desagregação pode ter, como causas directas, além das deficiências na qualidade dos materiais, deficiências na execução da camada de desgaste. Pode ainda resultar de uma segregação dos inertes em central, durante o transporte, ou na sua colocação. Pode também ter origem num betume deficiente, na presença de água (insuficiente secagem de inertes), além de condições de temperatura desfavoráveis na fase de execução (temperaturas muito reduzidas), afectando a compacidade da camada.

A cabeça de gato (Quadro 8.2) é devida a um desgaste rápido do mastique (finos, filer e ligante betuminoso) que envolve os agregados grossos, deixando estes à vista, originando uma profundidade de textura elevada (Quadro 8.2). Na sua origem estará uma deficiente qualidade dos materiais constituintes e da mistura, ao nível da adesividade "agregado-betume" e, eventualmente, também uma deficiente dosagem em ligante. Além disso, esta degradação pode desenvolver-se em condições severas de tráfego, traduzidas por acções tangenciais muito elevadas (fortes descidas, curvas de reduzido raio).

Foto 8.6 – Ninhos (covas)

Com esta degradação os agregados são expostos a uma severa acção de corte e esmagamento por parte dos pneus. A fase seguinte da evolução desta degradação pode ser a formação de ninhos ou covas.

A pelada, pode ter causas idênticas às fendas parabólicas, sendo muitas vezes um estádio posterior da evolução dessas fendas. No entanto, para a pelada podem referir-se como causas mais influentes: (i) a espessura reduzida da camada de desgaste, (ii) uma deficiente ligação entre esta camada e a camada betuminosa seguinte e (iii) falta de estabilidade da camada de desgaste.

Os ninhos ou covas são dos estádios últimos no processo de degradação de um pavimento, com efeitos severos sobre os veículos, sofrendo ao mesmo tempo a acção acrescida destes, acelerando assim a evolução da degradação do pavimento.

Fernando Branco   Paulo Pereira   Luís Picado Santos

Os ninhos podem ainda resultar de uma zona localizada com deficiente capacidade de suporte (bolsada de argila, drenagem deficiente), ou de um defeito localizado na camada de desgaste ou camada de base (má qualidade de fabrico ou colocação).

8.2.5. Movimento de Materiais

Esta família de degradações refere-se às patologias resultantes de movimentação de materiais constituintes das camadas (betuminosas ou granulares), ou da fundação através das camadas do pavimento.

Num pavimento com problemas de drenagem, pode ocorrer um nível freático muito elevado, atingindo a camada superior do solo de fundação, ou mesmo as camadas granulares do pavimento.

Considere-se, por exemplo, um pavimento com as camadas betuminosas fendilhadas e com água retida no seu interior e no solo de fundação. Nestas condições, com a passagem dos veículos, devido à compressão exercida sobre o pavimento, provoca-se, como já se disse, a expulsão dessa água do interior do pavimento ou do solo de fundação para a sua superfície, através das fendas existentes. Esta água transporta normalmente finos das camadas atravessadas, designando-se esta situação por "subida ou bombagem de finos" (Foto 8.7).

A subida de finos verifica-se quando um pavimento tem as suas camadas betuminosas fendilhadas, ao mesmo tempo que as acções climáticas e as condições de drenagem contribuem para um nível freático muito elevado.

Outro tipo de degradação desta família é o resultante da alteração da composição da camada de desgaste, devido à migração para a superfície de um excesso de ligante, com o consequente envolvimento dos agregados grossos e redução da macrotextura. Esta degradação designa-se por "exsudação".

Foto 8.7 – Subida de finos

A exsudação, conforme se indica no Quadro 8.2, tem origem numa deficiente formulação da camada de desgaste (excesso de ligante, ligante de reduzida viscosidade, excesso da fracção fina dos agregados), associada a condições severas de tráfego (tráfego pesado e lento) e a acções climáticas desfavoráveis (temperaturas elevadas).

8.3. Degradações dos Pavimentos Rígidos

8.3.1. Famílias e Tipos de Degradações dos Pavimentos Rígidos

As principais degradações dos pavimentos rígidos constituídos por lajes, resultantes da existência de juntas longitudinais e transversais, são as seguintes:
* fendilhamento das lajes;
* desagregação superficial;
* escalonamento das lajes (bombagem).

8.3.2. Fendilhamento das Lajes

Referem-se a seguir as origens mais significativas do fendilhamento das lajes.

• Fadiga
A fadiga das lajes de betão é devida à repetição das tensões de tracção provocadas pelas cargas dos veículos, ao longo da vida do pavimento. Para um pavimento correctamente dimensionado, o fendilhamento por fadiga apenas ocorrerá na fase final da vida do pavimento.

Porém, quando houver insuficiência estrutural da laje de betão, seja por sub-dimensionamento, seja por deficiente qualidade dos materiais ou da execução, as fendas de fadiga podem ocorrer prematuramente.

• Retracção
O fendilhamento das lajes pode também ter como causa a retracção das lajes por acção da temperatura, quando, por qualquer razão, essa retracção for impedida. De facto, mesmo num pavimento correctamente projectado e com juntas bem executadas, ainda poderão aparecer fendas de retracção, embora distribuídas na superfície da laje, e sem influência no comportamento estrutural ou funcional do pavimento.

• Encurvamento das lajes
A ocorrência de gradientes de temperatura entre as faces superior e inferior da laje de betão, provoca o "encurvamento" das lajes, o que conduz a esforços suplementares na laje, quer na face inferior, quer na face superior, de acordo com o período considerado (Figura 3.3).

Assim, durante o dia pode ocorrer um encurvamento para o exterior, resultando numa eventual falta de contacto entre laje e o suporte respectivo, e consequentemente originando um acréscimo de esforço de tracção na face inferior da laje, quando são aplicadas as cargas do tráfego.

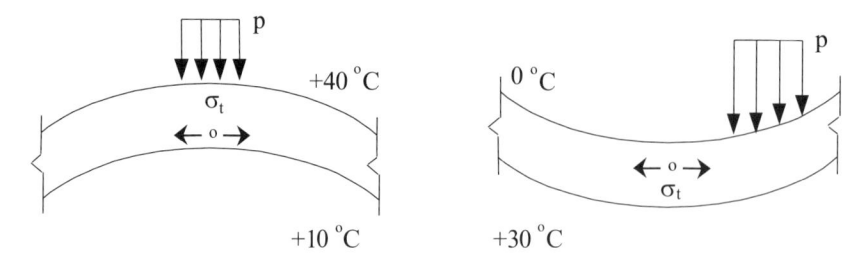

Figura 8.3 – Encurvamento das lajes (Pereira e Miranda, 1999)

Durante o período nocturno, o encurvamento será na direcção oposta, originando esforços de tracção na face superior da laje, em princípio mais severos nos bordos e cantos das lajes.

Estes movimentos são no entanto limitados pelas disposições construtivas das juntas, através da colocação de "barras de transferência de carga".

8.3.3. Desagregação Superficial

A desagregação superficial pode ocorrer ao longo das juntas ou em plena laje, referindo-se a seguir as causas para as duas situações.

• **Desagregação nas Juntas**

A desagregação ao longo das juntas pode verificar-se devido ao facto de as juntas serem demasiado estreitas ou a deficiente selagem, que permite a entrada e incrustação de agregados e o posterior esmagamento do betão por acção mecânica dos pneus. Ainda podem ocorrer fenómenos de expansão de certos inertes, devido à acção do gelo.

A desagregação nas juntas também ocorrerá quando se verifica o escalonamento das lajes devido ao fenómeno de bombagem de finos.

• **Desagregação na Laje**

A desagregação ao nível da superfície das lajes pode compreender o arranque de agregados ou ainda o desprendimento de placas (pelada), tendo como causas possíveis, além da acção de desgaste do tráfego, a utilização de materiais de qualidade deficiente.

8.3.4. Escalonamento das Lajes

O mecanismo designado por escalonamento das lajes ocorre quando, sob a acção repetida das cargas, se reúnem as seguintes situações:
• camada de sub-base ou solo de fundação com materiais erodíveis;
• acesso da água às camadas de sub-base e do solo de fundação;
• insuficiente protecção das juntas.

De acordo com a Figura 8.4, numa primeira fase, uma das lajes sob a acção da carga do pneu deforma gradualmente a fundação humedecida (fase 1). Com a passagem do pneu para a laje seguinte, a primeira recupera bruscamente a sua posição inicial, ao mesmo tempo que produz a aspiração de água, eventualmente misturada com finos , enquanto que a segunda laje por sua vez deforma bruscamente o respectivo suporte (fase 2), impulsionando a saída da água e materiais finos (bombagem de finos). Numa próxima passagem do pneu este vai actuar sobre a primeira laje, deformando a fundação e expulsando a água existente por debaixo dela, o que cria desde logo condições para que quando o pneu passa para a laje seguinte, continue o fenómeno de bombagem.

Com a repetição da actuação das cargas, provoca-se uma continuada alteração da granulometria da fundação na proximidade das juntas, contribuindo para a acumulação de agregados debaixo do bordo da primeira laje e eventual falta dos mesmos sob a segunda, provocando-se um desnível gradual dos bordos das duas lajes (fase 3).

As lajes submetidas a esta acção de flexão alternada acabam por fendilhar, enquanto que os bordos das lajes se desagregam por acção de desgaste e choque dos pneus nos bordos mais elevados.

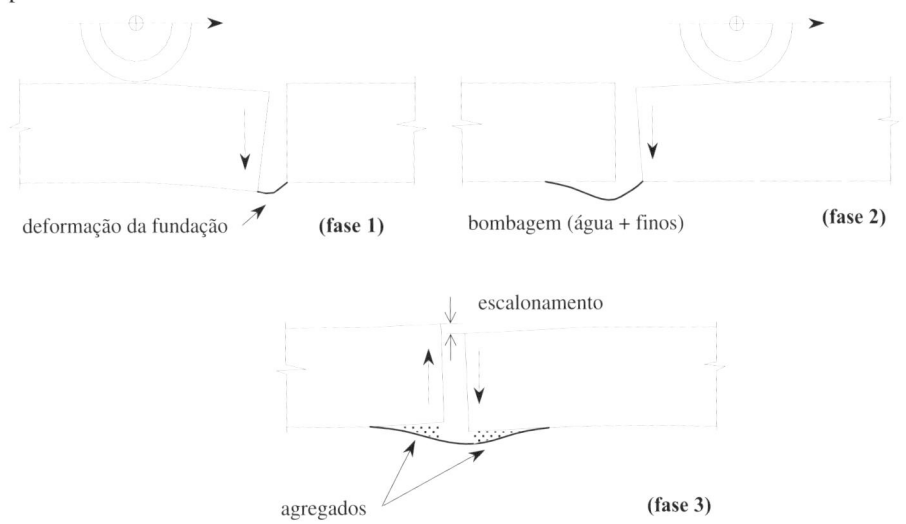

Figura 8.4 – Fenómeno de bombagem num pavimento rígido
(Pereira e Miranda, 1999)

Na prática, tendo em conta as disposições construtivas adoptadas para este tipo de pavimentos, esta degradação já quase não se verifica, a não ser em situações anómalas, resultantes, por exemplo, de uma deficiente qualidade de construção, e/ou uma evolução anormal da fundação.

8.3.5. Deficiências do Processo Construtivo

A maior parte das deficiências observadas em pavimentos rígidos, bem concebidos e dimensionados, durante o respectivo período de vida útil de exploração é associável a deficiências construtivas. Destas deficiências destacam-se os defeitos na realização das juntas, entre os quais os resultantes do mau alinhamento das barras de transferência de carga, que por vezes não ficam paralelos ao eixo da estrada. Esta situação provoca fendilhamento transversal na proximidade das juntas transversais, com a consequente afectação da projectada condição de "junta protegida" pelos passadores.

8.4. Degradações dos Pavimentos Semi-rígidos

8.4.1. Famílias e Tipos de Degradações dos Pavimentos Semi-rígidos

Neste tipo de pavimento podem considerar-se três mecanismos principais de degradação (Pereira e Miranda, 1999): o fendilhamento por fadiga; o fendilhamento por retracção; mais raramente, o fendilhamento por ocorrência de níveis de tracção superiores à resistência do material estabilizado com ligante hidráulico. Estas degradações ocorrem geralmente sem perda de coesão deste material.

Além destas degradações referem-se ainda as resultantes da perda de coesão do "material hidráulico", estas normalmente relacionadas com a degradação das condições de interface entre a camada de regularização betuminosa e da "camada de base hidráulica".

8.4.2. Fendilhamento por Fadiga

A fadiga da "camada hidráulica" tem como causa principal a acção do tráfego, combinada eventualmente com as acções de origem térmica. De referir que estas acções, devidas aos gradientes de temperatura, são tanto maiores quanto menor for a espessura total das camadas betuminosas (falta de protecção da camada hidráulica).

Tal como nos pavimentos rígidos, para um pavimento semi-rígido bem dimensionado este tipo de fendilhamento não deverá ocorrer durante a maior parte da vida do pavimento, correspondendo apenas à sua fase final. As fendas neste caso evoluem até à pele de crocodilo em malha larga, correspondendo a um fendilhamento da camada em blocos, mantendo-se no entanto o material com coesão.

8.4.3. Fendilhamento por Retracção

As fendas de retracção não constituem uma evolução anormal do pavimento, antes são uma consequência intrínseca da evolução do material utilizado (material hidráulico). Este tipo de fendilhamento é função da composição da mistura, das características dos constituintes, com destaque para o ligante, e da qualidade de execução da camada.

Qualquer fenda (de fadiga ou de retracção) numa camada hidráulica provoca, na sua vizinhança, uma distribuição de tensões desfavorável ao bom comportamento mecânico da camada superior. Esta distribuição de tensões conduz, como se disse, à propagação das fendas ate à superfície, através das camadas betuminosas (reflexão de fendas). A este aumento de tensões junto ao bordo das fendas pode juntar-se a acção do movimento da camada hidráulica, devido às variações térmicas.

A reflexão de fendas à superfície é associável às estruturas "directas" e conduz à perda de impermeabilidade da camada de desgaste o que, em geral, contribui para a redução da capacidade de suporte da fundação e das camadas granulares. Além disso, esta situação também contribui para o desenvolvimento do mecanismo de bombagem, contribuindo para a rápida degradação da estrutura do pavimento.

As estruturas "inversas" começaram a utilizar-se com o objectivo de controlar o processo de reflexão das fendas. No entanto, há que salientar que a camada granular e as camadas betuminosas suprajacentes se comportam globalmente como um pavimento flexível em condições de boa fundação, devendo este facto ser tido em consideração quando do processo de concepção e dimensionamento.

A entrada de água através das fendas das camadas betuminosas contribui também para o descolamento das camadas betuminosas relativamente à camada hidráulica (estruturas "directas"), acelerando deste modo o processo de degradação de todas as camadas.

Assim, conclui-se que para este tipo de pavimento a selagem das fendas de fadiga e, em particular, as fendas de retracção, é um imperativo da sua conservação de modo a reduzir a velocidade de evolução das degradações.

8.4.4. Degradação com Perda de Coesão

A perda de coesão do material da "camada hidráulica" manifesta-se através do aparecimento de pele de crocodilo, em malha estreita, ao nível da camada de desgaste, eventualmente acompanhada de subida de finos. Esta degradação pode estar associada a subdimensionamento, a uma qualidade deficiente da "camada hidráulica" (deficiente teor em água ou sub-dosagem de ligante), a uma compactação incorrecta ou a camadas inferiores muito deformáveis.

Por vezes, esta degradação tem como causa principal a perturbação da presa das camadas hidráulicas, devido à circulação do tráfego de obra, ou do tráfego real, nos primeiros dias de vida do pavimento. Nestas condições, o material hidráulico pode comportar-se pior que um material granular.

8.4.5. Degradação de Interface

A interface da camada betuminosa de regularização com a "camada hidráulica" nas estruturas "directas", em princípio, deve ser colada. Assim, ao nível desta interface sob a acção do tráfego e das acções térmicas, verificam-se deslocamentos e tensões verticais iguais, sendo ainda iguais, as extensões de tracção em ambas a camadas.

A alteração destas condições de interface conduz ao aumento das tensões instaladas nas camadas betuminosas, podendo contribuir para o aparecimento de fendas, pele de crocodilo e, eventualmente, pelada.

Como causas mais correntes para este defeito de interface podem referir-se as seguintes:

Fernando Branco   Paulo Pereira   Luís Picado Santos

- falta de limpeza da interface;
- deficiente rega de colagem;
- compacidade e espessura insuficientes das camadas betuminosas;
- permeabilidade excessiva da camada de desgaste;
- acção dos movimentos da camada hidráulica de base, de origem térmica;
- acção do gelo na interface das camadas.

8.5. Referências Bibliográficas

Freitas, E., 2004. *Contribuição para o Desenvolvimento de Modelos de Comportamento dos Pavimentos Rodoviários Flexíveis – Fendilhamento com Origem na Superfície.* Tese de Doutoramento, Departamento de Engenharia Civil da Universidade do Minho, Guimarães.

Pereira, P.; Miranda, C., 1999. *Gestão da Conservação dos Pavimentos Rodoviários.* Universidade do Minho, Braga.

Fernando Branco   Paulo Pereira   Luís Picado Santos

Capítulo 9
OBSERVAÇÃO DE PAVIMENTOS

9.1. Introdução

A informação sobre o estado da superfície e da estrutura dos pavimentos constitui um requisito essencial à eficaz gestão de uma rede rodoviária. A avaliação da segurança e conforto de circulação, assim como da capacidade de carga, conjuntamente com a ajuda de apropriados modelos de desempenho de pavimentos e de análise económica constituem os elementos necessários ao desenvolvimento de estratégias de conservação para diferentes categorias de redes rodoviárias.

A observação de pavimentos, constituindo a actividade essencial à manutenção de qualquer base de dados, deve ser obrigatoriamente incluída nos sistemas de gestão de pavimentos, os quais apenas serão eficazes se apoiados em dados adequados, suficientes e fiáveis, permitindo estabelecer a representação do comportamento da rede rodoviária em cada fase da sua vida.

No entanto, além da observação da qualidade dos pavimentos ao longo da sua fase de exploração, também é fundamental a sua observação nas fases de construção, ou reabilitação, como elemento essencial do controlo de qualidade do trabalho realizado.

Os objectivos fundamentais da avaliação dos pavimentos são:
- verificar a conformidade das características de um pavimento – construído ou reabilitado – com as especificações dos respectivos cadernos de encargos;
- permitir a programação das acções de conservação;
- fornecer dados para a melhoria das técnicas de construção e manutenção;
- verificar e aperfeiçoar os métodos de dimensionamento;
- fornecer dados para o desenvolvimento de modelos de previsão do comportamento dos pavimentos.

A avaliação da qualidade dos pavimentos rodoviários compreende um conjunto de actividades que permite conhecer o estado do pavimento num determinado instante, designada em geral como a qualidade residual do pavimento quando se trata de um pavimento em serviço.

A definição da qualidade dos pavimentos baseia-se em critérios objectivos que têm em conta a interacção entre o estado do pavimento, a respectiva capacidade estrutural e o utente da estrada.

Fernando Branco   Paulo Pereira   Luís Picado Santos

O processo de avaliação daquela qualidade compreende duas fases fundamentais:

- a observação de pavimentos, também designada, relativamente a certos aspectos, por auscultação;
- o tratamento dos dados obtidos, com vista à produção de informação a ser utilizada nas fases posteriores de um sistema de gestão.

A fase mais importante desse processo é a observação dos pavimentos, com a finalidade de recolher periodicamente um conjunto de dados relativos ao respectivo estado. Assim, é necessário definir o equipamento adequado à observação dos diferentes parâmetros de caracterização do estado dos pavimentos, além de se definir as respectivas metodologias de observação. O tratamento e a análise posterior dos dados obtidos têm por objectivo final classificar os diferentes pavimentos segundo determinados critérios de avaliação da qualidade.

A avaliação da qualidade global dos pavimentos pode ser subdividida em dois domínios fundamentais: a avaliação estrutural e a avaliação funcional.

A avaliação estrutural procura definir o nível de desempenho mecânico do pavimento, tendo em conta o tráfego passado e as condições climáticas, sendo correntemente quantificável através da "vida residual", expressa em termos de número de passagens de um determinado eixo-padrão que ele ainda pode suportar. A avaliação funcional tem por objectivo definir a qualidade do pavimento, tendo por base as exigências dos utentes da estrada quanto ao conforto e segurança de circulação.

De acordo com os diferentes tipos de pavimentos é necessário definir parâmetros que caracterizem objectivamente o seu estado, estrutural e funcional, num determinado instante. Estes parâmetros são designados por "parâmetros de estado".

Para a observação dos dados necessários à avaliação dos pavimentos torna-se necessário definir uma metodologia de observação. Esta poderá ser de rotina, patológica ou ainda com fins particulares como a investigação. No essencial, há que definir critérios de selecção dos trechos a analisar, a sua extensão e a frequência da observação.

Para que possam servir os diferentes domínios de gestão rodoviária, os dados a observar devem ser recolhidos periodicamente ao longo da vida do pavimento. Deste modo é necessário estabelecer um plano de observação a longo prazo, o qual deve compreender a identificação do uso para cada tipo de dado e ainda a definição de directivas completas sobre a frequência das medições e o tratamento dos dados.

Em conclusão, a avaliação da qualidade dos pavimentos, quer na fase de construção/reabilitação, quer ao longo da fase de exploração, tem um papel preponderante na gestão da rede rodoviária. Ela pode mesmo ser o factor chave da melhoria tecnológica em todas as fases da gestão rodoviária. A ineficácia desta fase pode comprometer a viabilidade de qualquer sistema de gestão, o qual permanecerá apenas como uma realização informática, sem utilidade na rentabilização dos recursos e na melhoria da qualidade rodoviária.

A seguir, analisam-se os diferentes parâmetros de estado que devem ser adoptados para a avaliação da qualidade dos pavimentos, sendo depois apresentadas as principais técnicas de observação dos parâmetros de estado em geral considerados no processo de controlo de qualidade dos pavimentos. A abordagem desta matéria teve em conta o trabalho que tem sido desenvolvido a nível europeu, nomeadamente no âmbito do projecto FORMAT (2004).

9.2. Parâmetros de Estado

9.2.1. Introdução

As necessidades de informação rodoviária são muito diversas e vastas, em função dos diferentes responsáveis pela actividade rodoviária e outras actividades com estas relacionadas.

Assim, de acordo com o projecto FORMAT (2004), para uma completa avaliação do estado dos pavimentos rodoviários e também do impacto da actividade rodoviária sobre o ambiente, podem ser considerados os seguintes parâmetros:

- qualidade estrutural;
- qualidade funcional (ou da superfície da camada de desgaste);
- atrito transversal;
- ruído (interior e exterior);
- visibilidade;
- resistência ao movimento;
- poluição atmosférica (embora também se deva considerar a poluição da água);
- vibrações.

Entretanto, ao nível da administração rodoviária, pública ou privada, o tipo e número de parâmetros de estado para apoiar a classificação do estado dos pavimentos e a correspondente precisão das medidas efectuadas, a considerar em cada caso, estão relacionados com factores, tais como; tipo de utilização, capacidade financeira, equipamentos de medida existentes ou disponíveis.

Em geral, os parâmetros mais correntemente adoptados para a avaliação da qualidade dos pavimentos, quer ao nível da recepção de pavimentos novos e reabilitação dos existentes, quer relativamente à observação periódica de pavimentos em fase de exploração, são os seguintes:

- Capacidade estrutural;
- Estado superficial;
- Regularidade longitudinal;
- Regularidade transversal;
- Atrito transversal.

A seguir faz-se uma análise de cada um destes parâmetros de estado, nomeadamente quanto à sua relação com a qualidade estrutural e funcional e ao tipo de evolução que normalmente é observada para cada um nos pavimentos flexíveis.

Fernando Branco   Paulo Pereira   Luís Picado Santos

9.2.2. Capacidade Estrutural

As deflexões, ou assentamentos observáveis à superfície dos pavimentos quando é submetido a um carregamento, constituem no seu conjunto o melhor indicador da qualidade estrutural do corpo do pavimento e, em particular, das camadas granulares e da capacidade de suporte do solo de fundação no caso dos pavimentos flexíveis.

Pode afirmar-se que uma deflexão elevada pode corresponder potencialmente a um mau pavimento. No entanto, o inverso pode não ser verdadeiro. De facto, podem observar-se deflexões reduzidas em pavimentos degradados, nomeadamente ao nível da camada de desgaste. Neste caso, apesar da capacidade estrutural poder ser considerada satisfatória, verifica-se que o pavimento está degradado, necessitando de uma intervenção com carácter funcional e, indirectamente, estrutural (Pereira e Miranda, 1999).

A partir do conhecimento das deflexões é possível caracterizar a capacidade global do conjunto "pavimento-fundação", identificando também a contribuição de cada tipo de camada para as deflexões medidas a várias distâncias do ponto de aplicação da carga (centro da deformada).

A deflexão tem sido utilizada desde há muitos anos como um dado de entrada em muitos métodos de dimensionamento dos reforços de pavimentos. No entanto, a utilização da deflexão como parâmetro de estado para a avaliação da qualidade estrutural dos pavimentos, ao nível de rede, já não é tão universal.

Alguns sistemas de gestão não a consideram indispensável para a avaliação da evolução da qualidade a este nível, utilizando-a apenas a nível de projecto.

A análise da evolução da deflexão ao longo do tempo e com o tráfego, permite concluir que os seus valores não apresentam uma evolução muito significativa durante a maior parte do período de vida do pavimento.

Considere-se por exemplo o caso de um pavimento degradado, em que a deflexão atingiu um valor muito elevado. De acordo com a Figura 9.1, ao longo da vida deste pavimento podem distinguir-se várias fases, a seguir definidas (Pereira e Miranda, 1999).

A fase inicial, fase A, corresponde à execução do reforço, em que se verifica o maior aumento da capacidade estrutural do pavimento devido à construção de novas camadas.

Após a realização do reforço, verifica-se normalmente uma melhoria do estado hídrico das camadas granulares e do solo de fundação, devido à impermeabilização do pavimento, com o consequente aumento da resistência da fundação e das camadas granulares, com redução da deformabilidade global do pavimento (fase B). Nesta fase também se verifica o aumento da rigidez das camadas betuminosas do reforço, sobretudo da camada de desgaste, com a consequente redução das tensões verticais transmitidas às camadas inferiores.

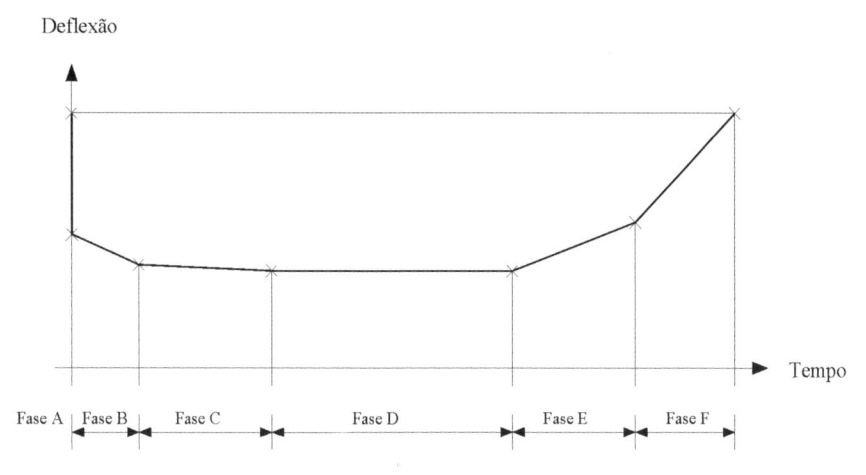

Figura 9.1 – Evolução da deflexão com o tempo (Pereira e Miranda, 1999)

A fase C compreende ainda uma recuperação das características mecânicas das camadas granulares e do solo de fundação, devido à estabilização do seu estado hídrico, assim como a um aumento mais sensível da rigidez das camadas betuminosas.

Na fase seguinte, fase D, em regra a mais longa, pode considerar-se que a deflexão se mantém aproximadamente constante, sem variações significativas. A duração desta fase de manutenção da deflexão está essencialmente dependente de dois factores: (i) a adequação da estrutura ao tráfego e às condições climáticas; (ii) a continuidade de funcionamento eficaz do sistema de drenagem, especialmente do interno.

Na fase seguinte, fase E, o pavimento já começará a apresentar sinais de fadiga, com o desenvolvimento das primeiras fendas, aparentes ou não à superfície da camada de desgaste, com a consequente redução da rigidez e penetração de água através das camadas betuminosas até às camadas granulares e solo de fundação. Em consequência, verifica-se nesta fase um aumento significativo da deformabilidade do pavimento.

Quando o pavimento atingir esta fase de início da sua degradação, seria desejável que fosse realizada alguma acção de conservação preventiva, nomeadamente a aplicação de uma camada de impermeabilização. Esta camada, com custos reduzidos, teria como objectivo a manutenção do estado hídrico de equilíbrio e a deformabilidade característicos do período estável, garantindo que as degradações entretanto iniciadas evoluiriam mais lentamente no período seguinte. Porém, se a política de conservação não incluir esse tipo de acção de conservação preventiva, as degradações iniciadas evoluirão rapidamente, verificando-se um rápido aumento da deflexão, fase F, esta já correspondente a um estado de ruína do pavimento.

A análise de casos concretos de evolução da qualidade estrutural de pavimentos flexíveis, sobretudo no respeitante às degradações, permite concluir que a velocidade da sua evolução é, em geral, dependente do nível de deflexão inicial.

Assim, conclui-se que este parâmetro é fundamental para julgar da maior ou menor rapidez da "evolução potencial" da qualidade estrutural de um pavimento.

Dois pavimentos com deflexões diferentes e com uma qualidade estrutural aparentemente igual (nível das degradações e constituição da estrutura similar) não suportarão da mesma forma o mesmo volume de tráfego; a mesma conclusão já não será válida caso as estruturas sejam bastante diferenciadas. No entanto, de entre todos os parâmetros de estado considerados relevantes para a avaliação da qualidade estrutural de um pavimento, a deflexão é aquele que tem um custo mais elevado.

Assim, têm sido realizados alguns estudos no sentido de se avaliar o estado estrutural do pavimento ao nível da gestão sem incluir a deflexão, utilizando, por exemplo, apenas a irregularidade longitudinal e as degradações observáveis como parâmetros de estado.

Os resultados desses estudos não têm sido ainda muito satisfatórios, concluindo-se que o conhecimento do parâmetro deflexão é fundamental para prever o comportamento dos pavimentos ao longo do tempo, ainda que seja apenas avaliado na fase inicial da vida do pavimento e em duas ou três vezes durante o respectivo período de vida útil do pavimento (fases D e F).

9.2.3. Estado Superficial

Em todos os sistemas ou métodos de avaliação da qualidade dos pavimentos, as degradações observáveis à superfície, constituem o parâmetro preponderante em todo processo de análise.

Há um consenso geral quanto à relação entre a inspecção visual dos pavimentos, envolvendo observações correctas, objectivas e completas, e uma eficaz manutenção da qualidade dos pavimentos.

Os sistemas mais completos compreendem um Catálogo de Degradações bem preciso, permitindo uma correcta identificação das degradações existentes, de modo a retirar alguma da subjectividade inerente a dados obtidos por levantamentos realizados com base em observações visuais.

Quanto aos diferentes tipos de degradação e ao modo de observação a considerar na sua avaliação, deve ser ponderada a relevância de cada um dos tipos de degradação para a tomada de decisões (utilidade da observação, relação entre acções de conservação e tipos de degradação). Além disso, a metodologia adoptada deve ser adaptada às capacidades mobilizáveis (técnica e financeira) para observar e analisar os dados referentes às degradações.

O estudo da patologia dos pavimentos rodoviários em geral, e dos pavimentos flexíveis em particular, permite distinguir um conjunto de famílias dentro das quais são identificáveis diversos tipos de degradação.

Em geral, uma avaliação de cada tipo de degradação deve considerar a respectiva extensão (densidade) e o nível de gravidade. Deste modo, o número de casos de estado dos pavimentos, quanto às diferentes degradações a considerar, será muito elevado.

Por isso, na avaliação das degradações superficiais dos pavimentos, considera-se o fendilhamento como a família fundamental, em diferentes estados de desenvolvimento, incluindo a "pele de crocodilo".

Quanto às outras degradações, nos sistemas de gestão ou não são consideradas, ou é adoptada uma frequência de observação reduzida; por outro lado, algumas delas, ainda relevantes para a avaliação da qualidade do pavimento, são avaliadas através de outros parâmetros com os quais estão relacionadas. Este é o caso das rodeiras (a segunda família de degradação mais importante), as quais devem ser avaliadas através da obtenção do perfil transversal, utilizando-se equipamentos de grande rendimento, que permitem obter perfis com reduzido espaçamento entre si. No entanto, verifica-se que este tipo de deformação não é muito frequente, podendo eventualmente não ser considerado na avaliação ao nível de rede.

O movimento de materiais designado por "subida de finos" está associado à existência de fendilhamento. A exsudação, aparente na camada de desgaste, interfere com o coeficiente de atrito, cuja observação deve ser realizada.

A desagregação da camada de desgaste contribui para o aumento de desgaste dos pneumáticos, assim como para o aumento do ruído de circulação, determinando ainda uma evolução do coeficiente de atrito. No entanto, trata-se de uma degradação com reduzida frequência durante o período de vida do pavimento, sobretudo quando se utiliza um adequado sistema de gestão da conservação.

9.2.4. Irregularidades da Superfície – Textura Superficial

A textura da superfície da camada de desgaste de um pavimento desempenha um papel determinante para a sua qualidade funcional, nomeadamente para: (i) o desenvolvimento das forças de atrito no contacto pneu-pavimento em estado húmido e molhado; (ii) a resistência ao movimento (consumo de combustível); (iii) o desgaste dos pneus por micro-deslizamento da borracha no contacto pneu-pavimento; (iv) o ruído de baixa frequência, no interior e no exterior dos veículos; (v) as vibrações transmitidas pela coluna de direcção ao volante e ao interior dos veículos.

A textura tem uma influência directa sobre a segurança (Delanne, 1993), o custo de operação dos veículos, o conforto e o ambiente, sendo fundamental adoptar métodos fiáveis de avaliação desta característica. A textura compreende diferentes domínios, correspondentes a diferentes bandas na representação espectral em comprimento de onda de um perfil (AIPCR / PIARC, 2003).

O termo comprimento de onda tem sido usado no campo da acústica (para as ondas sonoras) assim como no domínio da electrónica (ondas electromagnéticas). Para o domínio dos pavimentos, o termo comprimento de onda da textura (unidade: metros ou milímetros) designa os comprimentos de onda das irregularidades ou ondulações de um perfil da camada de desgaste.

Fernando Branco   Paulo Pereira   Luís Picado Santos

A seguir, em função do comprimento de onda da textura considerado, apresenta-se a definição dos diferentes domínios da textura (Figura 9.2).

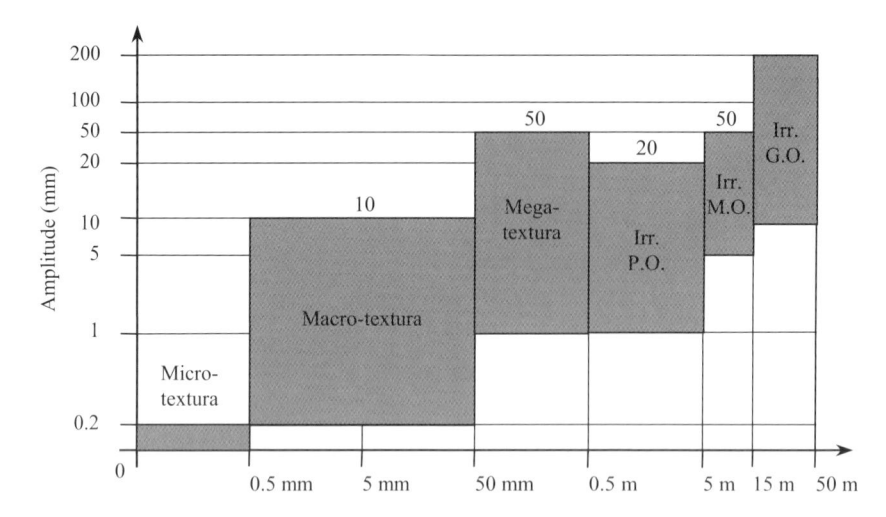

Figura 9.2 – As irregularidades da superfície de um pavimento (AIPCR / PIARC, 2003)

Microtextura

A microtextura corresponde ao domínio de comprimento de onda compreendido entre 1 μm e 0,5 mm, com uma amplitude entre 1 μm e 0,2 mm, podendo ser avaliada indirectamente através da medição do coeficiente de atrito. Esta escala de textura permite caracterizar uma superfície mais ou menos rugosa, mas suficientemente lisa para ser observada a olho nu.

Macrotextura

A macrotextura de uma camada de desgaste corresponde ao domínio de comprimento de onda compreendido entre 0,5 mm e 50 mm, com uma amplitude vertical compreendida entre 0,1 mm e 20 mm. Esta escala de textura pode ser medida por um método volumétrico (mancha de areia) ou por um método perfilométrico sem contacto, relacionando-se com os comprimentos de onda da mesma ordem de grandeza do relevo da superfície dos pneus e dos agregados.

Megatextura

A megatextura da camada de desgaste de um pavimento corresponde ao domínio de comprimento de onda compreendido entre 50 mm e 500 mm, com uma amplitude vertical compreendida entre 0,1 mm e 50 mm.

Esta característica, que geralmente não é avaliada, relaciona-se com os comprimentos de onda da mesma ordem de grandeza dos que intervêm no contacto pneu-pavimento.

Em geral é o resultado das deformações e degradações de comprimento reduzido da superfície da camada de desgaste (ninhos, deformações localizadas), estando compreendida num domínio situado entre a macrotextura e os defeitos de regularidade. Trata-se assim não de uma característica intrínseca da superfície de uma camada de desgaste, mas antes o resultado de uma evolução anormal.

Esta evolução provoca deformações localizadas dos pneus em comprimentos que estão relacionadas com a produção de vibrações. Estas vibrações são transmitidas pela coluna de direcção ao volante e em consequência são captadas como desconforto de condução.

Por outro lado estas vibrações conduzem à radiação de um ruído de baixa frequência que se propaga ao exterior e interior do veículo. Estas vibrações podem provocar redução da carga dinâmica aplicada pelos pneus, tendo como consequência o aumento da distância de paragem. As zonas de estagnação de água correspondem a zonas de deformação do domínio da megatextura. Estas zonas, em caso de precipitação, conduzem também a variações da altura de água, alterando o potencial instantâneo local de aderência da camada de desgaste.

Irregularidade

As características da camada de desgaste que apresentam irregularidades geométricas de comprimento de onda superiores a 0,5 m não são consideradas no domínio da textura do revestimento, sendo designadas pelo termo "irregularidade". A esta designação correspondem as designações de "uni"; "unevenness"; "roughness", na terminologia francesa, britânica e americana, respectivamente. A irregularidade corresponde a defeitos geométricos da camada de desgaste que, provocando vibrações, alteram a segurança de condução e de conforto dos utentes.

Entretanto, além da irregularidade no sentido longitudinal da estrada, também interessa estudar e avaliar a irregularidade observada no sentido transversal, face à sua influência nas condições de segurança e conforto de circulação.

A seguir, analisa-se em particular os parâmetros de estado "regularidade longitudinal", "regularidade transversal" e "atrito transversal", uma vez que são os mais utilizados para a avaliação da qualidade funcional de um pavimento

9.2.5. Regularidade Longitudinal

Quando se executam trabalhos rodoviários existe sempre um desvio entre o perfil realizado e o perfil de projecto (perfil de referência ou perfil teórico). Este desvio, designado por irregularidade geométrica da superfície do pavimento, é em geral aleatório, ou seja, a curva de desvio, representada por uma função y(x), entre o perfil verdadeiro e o perfil de referência, apresenta características de superfície aleatória (Figura 9.3).

Fernando Branco   Paulo Pereira   Luís Picado Santos

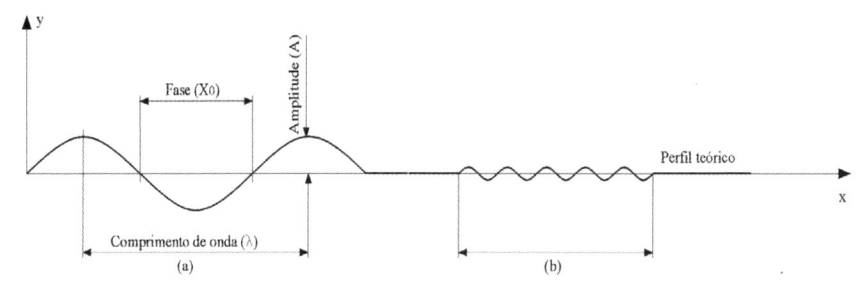

Figura 9.3 – Caracterização da irregularidade longitudinal (Delanne, 1997)

Em certas situações, por exemplo com a ocorrência de problemas construtivos, a irregularidade pode apresentar um carácter periódico (Pereira & Delanne, 1999).

A irregularidade do perfil longitudinal pode ser analisada sob dois aspectos:

- geométrico (variações da geometria existente relativamente à geometria ideal);
- efeitos físicos provocados pela irregularidade.

Estes dois tipos de análise definem a irregularidade longitudinal de modos diferentes.

No primeiro caso, a irregularidade longitudinal é considerada como sendo o conjunto de desnivelamentos da superfície do pavimento em relação ao seu perfil longitudinal teórico.

No segundo caso, a noção de irregularidade compreende todos os defeitos da superfície do pavimento passíveis de provocar vibrações nos veículos.

A avaliação da irregularidade, de acordo com cada um dos dois tipos de análise, realiza-se com equipamentos de medida diferenciados.

A análise da irregularidade é bastante complexa, dado que compreende duas dimensões, envolvendo a variação altimétrica de um perfil ao longo do seu desenvolvimento. Assim, não se pode falar da irregularidade de um determinado ponto, antes é necessário considerar um determinado comprimento de avaliação, ou seja, é necessário considerar um intervalo de avaliação da irregularidade (Delanne, 1997).

A caracterização da irregularidade longitudinal pode ser realizada através da análise das sinusóides, as quais se caracterizam através de uma função y(x), de acordo com a equação (9.1):

$$Y = A.\text{sen}\left(\frac{2\pi}{\lambda}(X - X_o)\right) \qquad (9.1)$$

em que:

Y - desnivelamento;

A - amplitude da irregularidade;

X - distância na horizontal;

λ - comprimento de onda;

X_o - fase.

Assim, de acordo com a Figura 9.3, ao longo de um itinerário podem ser encontrados diferentes defeitos de regularidade para os quais, além dos parâmetros anteriormente referidos, ainda deve ser definida a correspondente frequência de ocorrência. Os defeitos do tipo (a) são classificados de irregularidade de elevado comprimento de onda e de reduzida frequência, enquanto que os defeitos do tipo (b) são defeitos que ocorrem em reduzida extensão (reduzido comprimento de onda) e, consequentemente, com uma elevada frequência.

Estes defeitos (desvios do perfil real relativamente ao teórico) podem aumentar ao longo da vida do pavimento, devido a assentamentos irreversíveis e diferenciais. A irregularidade longitudinal interfere fundamentalmente com as condições de circulação para o utente (conforto e segurança), podendo ainda traduzir uma evolução da qualidade estrutural ou afectá-la indirectamente.

Entretanto, é de salientar que os veículos pesados, particularmente quando tenham suspensão rígida, circulando num pavimento com irregularidade longitudinal bastante elevada, provocam importantes sobrecargas dinâmicas à superfície (Markov, 1988). No caso de um pavimento com elevada irregularidade longitudinal, a carga dinâmica aplicada por um eixo pode atingir duas ou mais vezes a carga estática.

Quando se analisa a irregularidade longitudinal, é necessário distinguir esta da eventual heterogeneidade do perfil longitudinal, a qual, sendo uma deficiência de concepção, não é um defeito a considerar na avaliação da qualidade do pavimento num determinado instante. Essa distinção é realizada através da definição dos comprimentos de onda correspondentes aos tipos de defeitos observados. Assim, na gama de comprimentos de onda de 0,7 a 50,0 metros incluem-se todos os defeitos classificáveis como irregularidade longitudinal. A partir de 50 metros considera-se que se trata de uma deficiência de concepção do perfil longitudinal.

A irregularidade do tipo (a) provoca desconforto para os utentes, enquanto a irregularidade do tipo (b) é responsável pelas oscilações e vibrações dos veículos, as quais, por sua vez, produzem desconforto, além de aumentar as cargas dinâmicas dos veículos pesados. Além disso, a irregularidade do tipo (b) pode ainda ser responsável pela redução do atrito, como resultado da redução da carga dinâmica em certos pontos.

A irregularidade longitudinal é o factor que afecta mais fortemente a opinião do utente sobre a qualidade do pavimento (qualidade funcional). Assim, qualquer que seja o equipamento utilizado para avaliar a irregularidade, os valores das diferentes classes a considerar no processo de classificação terão de ser calibradas com a "informação paralela" do utente sobre a qualidade de circulação.

A análise dos diversos sistemas de gestão de pavimentos, particularmente os desenvolvidos nos EUA, permite concluir que a grande maioria dá uma importância preponderante à utilização da irregularidade, sobretudo tendo em atenção a sua influência sobre os custos de circulação dos veículos (Janoff, 1990).

O peso ou importância que a irregularidade pode ter num sistema de gestão de pavimentos, não é independente da política rodoviária adoptada ou das prioridades tomadas em conta. Um sistema em que a irregularidade é privilegiada em relação a outros parâmetros, tais como as degradações ou a deflexão, favorece a qualidade funcional do pavimento. Por outro lado, um sistema que dá prioridade a parâmetros como a deflexão e as degradações pretende, acima de tudo, preservar o "capital estrutural do pavimento".

9.2.6. Regularidade Transversal

O perfil transversal de um pavimento é um importante factor na avaliação da qualidade global de uma estrada. As deficiências do perfil transversal podem afectar o conforto e a segurança da condução, em particular quando se está em presença de camada de desgaste molhada. Nestas condições, ainda mais grave para a segurança será a ocorrência de formação de gelo.

Além desta relação com as condições de circulação, este parâmetro pode fornecer indicações para a qualidade estrutural, através da profundidade das rodeiras.

O perfil transversal de um pavimento, mesmo na ausência de deficiências de projecto, materiais ou construção, evoluirá ao longo da vida do pavimento, apresentando assentamentos na banda de passagem dos rodados dos veículos pesados, designados por rodeiras.

A evolução destes assentamentos, como já foi referido no capítulo "Patologia dos Pavimentos Rodoviários", conforme a predominância da sua origem, podem dar lugar a rodeiras de pequeno raio ou rodeiras de grande raio.

Em geral, o objectivo da avaliação deste parâmetro consiste em medir a profundidade máxima das rodeiras, a partir da análise do perfil transversal. Dado que este tipo de patologia ocorrerá ao longo da vida do pavimento, mesmo na presença de um adequado projecto e construção, a avaliação do parâmetro regularidade transversal deve ser adoptada num plano de observação periódica de uma rede rodoviária.

A análise do tipo de rodeiras (pequeno ou grande raio) permitirá apoiar um adequado diagnóstico do estado funcional e estrutural do pavimento, apoiando deste modo uma proposta sustentada de reabilitação.

9.2.7. Atrito Transversal

O atrito entre os pneumáticos e a superfície do pavimento é um parâmetro que interessa essencialmente à segurança de circulação dos veículos e, consequentemente, aos custos de circulação destes, tendo em atenção a sua influência directa em factores como a velocidade de circulação e os acidentes.

Trata-se de um parâmetro evolutivo no tempo em função de vários factores, dos quais se destacam os seguintes (Pereira e Miranda, 1999):

- desgaste dos agregados, devido à acção de polimento provocada pelos pneus;
- exsudação na camada de desgaste;
- aparecimento de descontinuidades devidas ao fendilhamento;
- redução da porosidade do pavimento, devido à densificação da

camada de desgaste;

- existência de rodeiras, provocando a acumulação de água, com produção do fenómeno de aquaplanagem e a formação de gelo;
- poluição devida ao derrame de combustíveis que afectam os materiais da camada de desgaste.

O atrito de um pavimento pode ser avaliado através da medição de dois parâmetros: o coeficiente de atrito longitudinal (CAL) e o coeficiente de atrito transversal (CAT). O primeiro interessa sobretudo à distância de paragem, enquanto que o segundo avalia a segurança da circulação em curva.

Ambos estes parâmetros têm importância para a segurança da circulação, mas é o segundo, o atrito transversal, que mais influencia o nível de acidentes e a velocidade de circulação, logo, os custos de circulação. Por isso a ele tem sido dedicado o maior esforço nos estudos e aplicações práticas.

A evolução do atrito pode dar-se num curto espaço de tempo, devido à queda de chuva (Figura 9.4), ou ao longo da vida do pavimento, em função do número acumulado de passagens dos veículos (Figura 9.5).

À superfície de um pavimento seco, existe sempre uma fina camada de pequenas partículas, resultantes do desgaste dos pneus, do desgaste do próprio pavimento e da acumulação de poeiras. Quando chove, forma-se inicialmente uma pasta fluída muito fina, resultante da mistura daquelas partículas com água. Nesta fase o pavimento apresenta o seu menor atrito, devido à presença desta pasta (Figura 9.4 – Zona A).

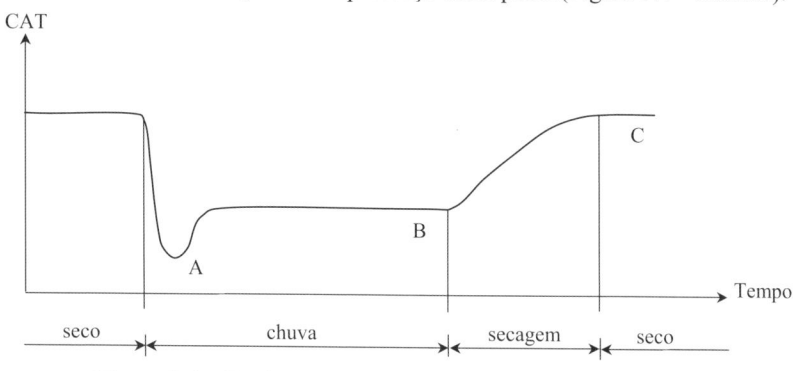

Figura 9.4 – Evolução do atrito num curto intervalo de tempo
(Pereira e Miranda, 1999)

Decorridas algumas horas ou minutos, dependendo da intensidade da chuva e do estado do pavimento, aquela pasta é removida pela própria chuva e pelos veículos.

Uma vez terminada a queda de chuva, a água começa a escoar-se da superfície do pavimento e o coeficiente de atrito transversal passa a ter o valor C, ou seja o valor normal em período seco.

O valor do CAT em período molhado (valor B), assim como o tempo necessário para a superfície do pavimento ficar seca, depende de vários factores, entre os quais podem referir-se os seguintes:

- perfil transversal do pavimento;
- macrotextura do pavimento;
- permeabilidade da camada de desgaste.

Uma vez que o problema do atrito é crítico na situação de pavimento molhado, aqueles factores devem ser considerados na formulação da mistura para a camada de desgaste e na definição do perfil transversal tipo do pavimento.

Quanto à evolução do atrito ao longo do tempo, a Figura 9.5 apresenta a tendência geral verificada, em função do número de veículos passados. Podem distinguir-se genericamente dois períodos de evolução, sensivelmente diferentes. O período A, em que se verifica uma redução lenta e gradual do CAT e o período B, no qual se pode assistir a um aumento do CAT.

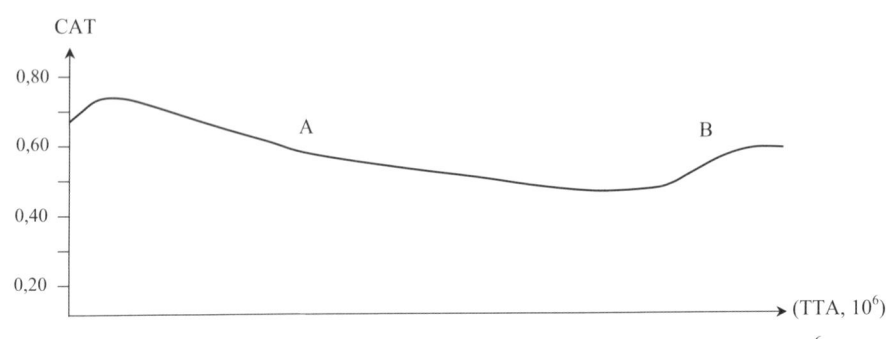

Figura 9.5 – Evolução do CAT com o tráfego total acumulado, TTA (10^6)
(Pereira e Miranda, 1999)

A fase final do pavimento, em que pode ocorrer um aumento do CAT, coincide com o estado do pavimento em que este apresenta uma superfície com uma degradação muito avançada (fendilhamento generalizado em pele de crocodilo aberta). Este estado do pavimento contribui para um aumento da sua macro-textura, assim como para o aumento da permeabilidade da camada de desgaste.

Dentro do período A, pode ainda distinguir-se uma fase inicial, de alguns meses, em que o CAT cresce devido ao desgaste da película betuminosa superficial, devido à acção dos pneus dos veículos, resultando assim acréscimos na macro-textura que, de seguida, vão diminuindo devido ao desgaste dos inertes mais grossos, bem como o aparecimento mais evidente da micro-textura.

A observação do atrito transversal interessa aos seguintes domínios (Pereira e Miranda, 1999):

- identificação de zonas com atrito insuficiente ("pontos negros");
- programação da recuperação das características superficiais;

- avaliação e estudo dos diferentes tipos de materiais e técnicas de construção, quanto à textura superficial resultante.

Os diferentes sistemas de gestão existentes não integram sistematicamente o parâmetro atrito transversal. Alguns consideram o atrito transversal apenas para analisar "pontos negros", face ao nível de acidentes. Noutros casos realiza-se a sua avaliação periódica, sendo o CAT integrado no sistema de decisão, relativamente a certos trabalhos de recuperação das características superficiais.

Tendo em conta o tipo de evolução com o tempo (Figura 9.4) e as consequências para os custos de circulação, este parâmetro deve ser observado periodicamente, mesmo que não seja integrado num sistema de gestão. No entanto, neste caso, este parâmetro deve ser considerado num método de avaliação da qualidade funcional de um pavimento, como um factor a ter em conta na definição de trabalhos de reabilitação das características superficiais.

9.3. Técnicas de Avaliação da Capacidade Estrutural

9.3.1. Introdução

A capacidade estrutural do conjunto "pavimento – solo de fundação" (capacidade de carga do pavimento) pode ser avaliada com base em determinados parâmetros, tais como: (i) os módulos de elasticidade dos materiais de cada camada; (ii) a vida residual; (iii) a espessura requerida para um novo período de vida; (iv) a deformação vertical da superfície, considerada como a resposta do pavimento quando este é submetido à aplicação de uma carga em determinadas condições. O valor desta deformação é designado, como se disse, por deflexão.

De um modo geral procura-se medir a componente elástica da deformação do pavimento. Alguns sistemas medem apenas a deformação total do pavimento. No entanto, para os pavimentos correctamente dimensionados, a deformação permanente é insignificante relativamente à deformação elástica, também designada por deformação reversível.

A informação da capacidade de carga de um pavimento é utilizada a dois níveis diferentes: (i) ao nível de rede para apoiar os gestores da rede rodoviária, através de uma imagem genérica do seu estado estrutural; (ii) ao nível de projecto para estabelecer uma imagem mais precisa do estado do pavimento, apoiando a realização de um projecto de reabilitação. Assim, a capacidade de carga de um pavimento tem uma relação estreita com o valor económico de um pavimento.

Os resultados da avaliação da capacidade estrutural de um pavimento – podem ser utilizados com diversos objectivos:

- caracterização da deformabilidade global de um pavimento, que, uma vez conhecida a composição da estrutura do pavimento, pode ser utilizada para avaliar a capacidade estrutural (vida residual), no momento da observação;

- calibração dos modelos analíticos, com o objectivo de determinar o estado de tensão e de deformação produzido por uma determinada carga;
- apoiar o dimensionamento das camadas de reforço, cuja eficácia quanto à capacidade de aumentar a rigidez do pavimento pode ser avaliada através da redução do valor da deflexão medida, após a realização desse reforço;
- definição da qualidade estrutural de diferentes trechos de pavimentos, de modo a determinar classes de deflexão para posterior utilização em sistemas de gestão.

Correntemente, a capacidade de carga é avaliada a partir de medições feitas com equipamentos que medem a deflexão em modo estacionário ou em movimento de reduzida velocidade, designados geralmente por deflectómetros ou deflectógrafos.

Os equipamentos mais antigos têm sido aqueles em que a carga é aplicada lentamente de forma estática ou quase-estática, por um pneu geminado de um veículo pesado.

Outros equipamentos, embora estacionados num ponto, aplicam uma carga rápida resultante do impacto de uma massa, que cai de uma certa altura sobre uma placa assente na superfície do pavimento (Molenaar, 1994).

Entre os vários equipamentos de utilização corrente na medição da capacidade estrutural dos pavimentos, referem-se, como mais representativos, os seguintes:

- Viga Benkleman;
- Deflectógrafo FLASH;
- Curviâmetro;
- Deflectómetro de Impacto (FWD).

Todos estes equipamentos tem uma velocidade de observação muito reduzida, desde a avaliação estacionária (Viga Benkleman; FWD) até à velocidade de 3 a 18 km/h conseguida pelos equipamentos Deflectógrafo FLASH e Curviâmetro.

Este tipo de equipamentos, face à sua reduzida velocidade de observação, apresenta as seguintes desvantagens: (i) tem um custo de observação muito elevado devido ao baixo rendimento (10 a 50 km por dia); (ii) perturbam as normais condições de circulação, quer em termos de velocidade média, quer particularmente quanto às condições de segurança (para os utentes rodoviários e para os operadores dos equipamentos); (iii) tendo em conta as propriedades visco-elásticas dos materiais constituintes dos pavimentos flexíveis, os resultados obtidos não são representativos das condições de serviço (velocidades muito mais elevadas que as de ensaio).

Face a estas limitações dos actuais equipamentos operacionais de observação da deflexão, ao longo dos últimos anos tem vindo a ser desenvolvidos equipamentos de observação da deflexão a elevada velocidade, com o principal objectivo de se integrarem no fluxo normal do tráfego, sem o perturbarem, ou seja com velocidades de observação da ordem dos 90 km/h.

Relativamente a este tipo de pavimentos, ainda em fase de protótipo, destacam-se essencialmente dois:

- High Speed Deflectograph (HSD – Dinamarca);

- Road Deflection Tester (RDT – Suécia).

Tendo em conta que se trata de equipamentos ainda em fase experimental de utilização, ao nível de protótipo, a seguir faz-se apenas uma referência sucinta à sua constituição e princípio de medida.

O Road Deflection Tester (RDT – Suécia) é um equipamento que utiliza um camião para a aplicação da carga de ensaio e para o sistema de medição, aquisição e tratamento da informação obtida. A velocidade de ensaio é da ordem de 90 km/h, integrando-se na corrente normal do tráfego, sendo operado por duas pessoas (o condutor e o operador do equipamento), permitindo observar uma extensão de pavimento superior a 300 km por dia.

O princípio de medida consiste no registo da superfície do pavimento deformada (bacia de deflexão) devida à aplicação da carga de ensaio, através de dois conjuntos de 20 sensores laser. Além destes quarenta sensores laser, o equipamento dispõe de velocímetros ópticos, com o objectivo de medir a velocidade longitudinal e transversal do camião, além de acelerómetros e células de carga para medir a carga aplicada pelas rodas do camião. Com todo este equipamento determina-se, de forma precisa, o modo como o equipamento se movimenta e aplica as cargas, assim como a resposta do pavimento.

Através da interpretação da área da deflexão, correlacionada com os parâmetros clássicos da deflexão, como os resultados do FWD, é possível deduzir os valores da capacidade de carga do pavimento.

Trata-se de um equipamento de utilização preferencial para a observação dos pavimentos ao nível de rede.

High Speed Deflectograph (HSD – Dinamarca) também utiliza um camião para aplicação da carga e para conter toda a componente de aquisição e tratamento de informação. A velocidade de operação também é idêntica à do tráfego normal, da ordem de 90 km/h.

O seu princípio de medida consiste na utilização de sensores laser Dopler (Format, 2004), os quais, em vez de medirem um deslocamento da superfície do pavimento, medem antes a velocidade desse deslocamento. Como a velocidade de deflexão é dependente do deslocamento, a partir do conhecimento daquele é possível calcular este. A carga aplicada ao pavimento provoca o assentamento da sua superfície; por sua vez, os sensores laser montados numa viga rígida do camião, situada na frente de um dos eixos, emitem um raio para a superfície de deflexão, medindo a velocidade do seu deslocamento.

A seguir descreve-se de forma mais extensa os quatro equipamentos acima referidos correntemente utilizados, nomeadamente quanto à sua constituição, princípio de medida e parâmetros obtidos. Além disso, avalia-se a adequação de cada equipamento para os dois níveis de gestão da rede geralmente considerados; o "nível de rede" e o "nível de projecto".

Fernando Branco   Paulo Pereira   Luís Picado Santos

9.3.2. Viga Benkleman

A viga Benkleman (desenvolvida em 1953 por A.C. Benkleman) é um equipamento destinado a medir a deflexão de um pavimento, quando sobre este se aplica uma carga quase estática através dum pneu de camião (Figura 9.6), com a seguinte constituição:

- uma "base", constituída por uma estrutura metálica rígida, a qual se apoia no pavimento através de dois pés, mantendo-se fixa durante o ensaio;
- uma "viga", que roda em torno de um eixo solidário com a base e que se apoia no pavimento por uma das extremidades ("ponta apalpadora" - P).

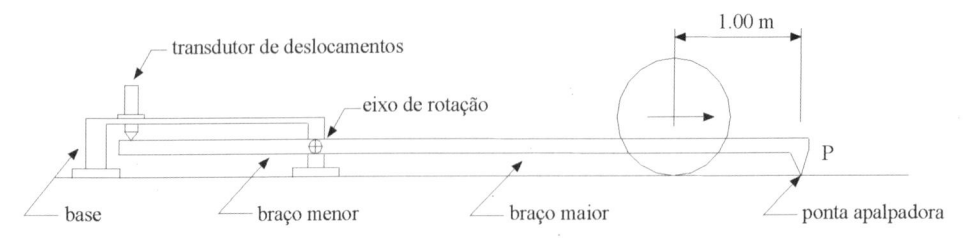

Figura 9.6 – Esquema da constituição da Viga Benkleman (Pereira e Miranda, 1999)

Na extremidade livre do braço menor apoia-se a haste de um deflectómetro (ou transdutor de deslocamentos) solidário com a base, sendo esta considerada como referência para a medição. A relação entre o comprimento dos braços é usualmente de 2/1, tendo o braço maior cerca de 2.4 metros de comprimento.

Em Portugal, nos anos 60, o Laboratório Nacional de Engenharia Civil desenvolveu a primeira viga com registo automático da deformada, constituindo o equipamento "deflectógrafo de pavimentos", tendo sido em paralelo desenvolvidos ábacos e tabelas para apoiar a interpretação dos deflectogramas.

O ensaio pode ser realizado em dois ciclos; o "ensaio de carga e descarga", ou o "ensaio de descarga" que é o mais utilizado. Nesta última modalidade de ensaio, o veículo estaciona de modo a que o rodado traseiro fique colocado cerca de 1.0 metro atrás do ponto de ensaio. A ponta apalpadora é então colocada entre os pneus do rodado, sobre o ponto do pavimento onde se pretende medir a deflexão.

O ensaio realiza-se com o camião a deslocar-se em sentido contrário à localização da viga, passando pela vertical do ponto a medir, onde é registado o valor máximo da deflexão, continuando a afastar-se até que a deflexão se estabilize. A diferença entre o valor máximo e o valor final é a deflexão elástica (Figura 9.7), que normalmente se utiliza como o parâmetro a "nível de rede".

A análise da curva "deflexão-distância" ("linha de influência dos assentamentos" ou "bacia de deflexão"), para além da deflexão máxima reversível (deflexão elástica), relacionada com a capacidade estrutural, permite determinar outros parâmetros usados na avaliação da contribuição de cada uma das camadas e do solo de fundação para a deflexão medida, caracterizando-as do ponto de resistência mecânica.

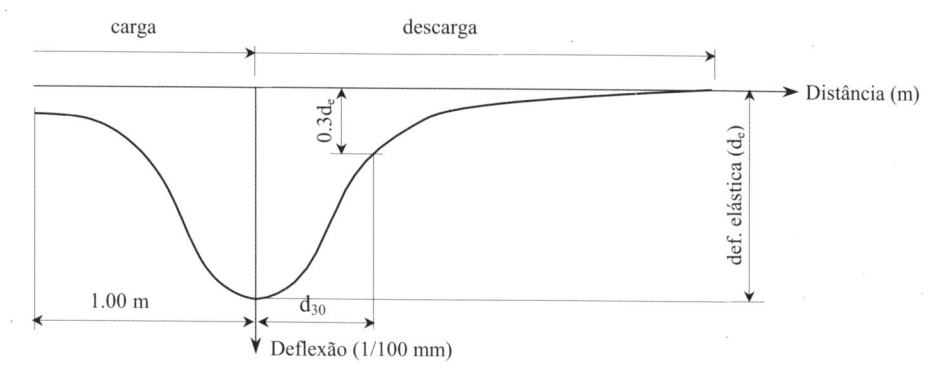

Figura 9.7 – Ensaio com a Viga Benkleman: "linha de influência"
(Pereira e Miranda, 1999)

Entre esses parâmetros, utilizados a "nível de projecto, refere-se a distância entre o ponto a observar e o ponto da linha de influência correspondente a 30 % da deflexão reversível máxima, d_{30}, o raio de curvatura mínimo da deformada, Rc, e as deflexões medidas às distâncias de 30 e 90 cm do ponto de deflexão máxima, d(30) e d(90).

Trata-se de um ensaio pontual bastante lento, cujo interesse actual reside apenas nas observações de pequenos trechos de pavimento ou na realização de estudos de investigação pormenorizados. Pode ainda concluir-se que actualmente já não é um equipamento adequado para observar a capacidade de suporte ao "nível de projecto", a menos que outros equipamentos mais expeditos não estejam disponíveis.

O elevado tempo de operação deste equipamento não é compatível com a medição da deflexão em um elevado número de pontos do pavimento, ao longo de um determinado trecho de estrada, os quais são indispensáveis a uma análise estatística (Pereira e Miranda, 1999).

9.3.3. Deflectógrafo FLASH

Tendo em conta as limitações da viga Benkleman, e em particular o interesse em se apreciar a capacidade estrutural ao longo de cada itinerário, foi desenvolvido no LCPC (Laboratoire Central des Ponts et Chaussées), em França, um equipamento de medição da deflexão praticamente em contínuo, sob a acção da carga quase estática dos rodados do eixo traseiro de um camião.

Este equipamento é actualmente designado por Deflectógrafo FLASH, tendo resultado da evolução do anterior equipamento designado por Deflectógrafo Lacroix.

Este equipamento tem como principais aplicações as seguintes:

- a observação da capacidade de carga dos pavimentos e da sua evolução ao longo do tempo, em função do tráfego e das condições climáticas;
- a detecção de zonas deficientes, com necessidade de reforço estrutural;
- o controlo da execução e da eficácia da reabilitação estrutural (reforços) dos pavimentos.

Quanto à sua constituição, o Deflectógrafo FLASH tem as seguintes componentes principais (Figura 9.8):

- um camião de chassis de dois eixos, com um afastamento da ordem de 5,0 m, descarregando o eixo traseiro de rodas duplas, quando carregado, uma carga até 130 kN;
- uma viga metálica, situado por baixo do camião, constituindo um plano de referência com três pontos de apoio sobre o pavimento, fora da área de influência da carga, dois braços captores que podem rodar, segundo um plano vertical, em torno do plano de referência; uma caixa junto à articulação de cada braço, contendo o equipamento electrónico de registo, que transforma em sinal eléctrico o deslocamento devido à rotação dos braços;
- um sistema de tracção e de guiamento da viga de referência, comandado electronicamente pelo sistema de controlo do ensaio;
- dois inclinómetros, montados sobre cada braço captor, para medir o raio de curvatura da linha de influência;
- um termómetro de infravermelhos para medir a temperatura à superfície;
- um sistema electrónico-informático de aquisição e tratamento dos dados.

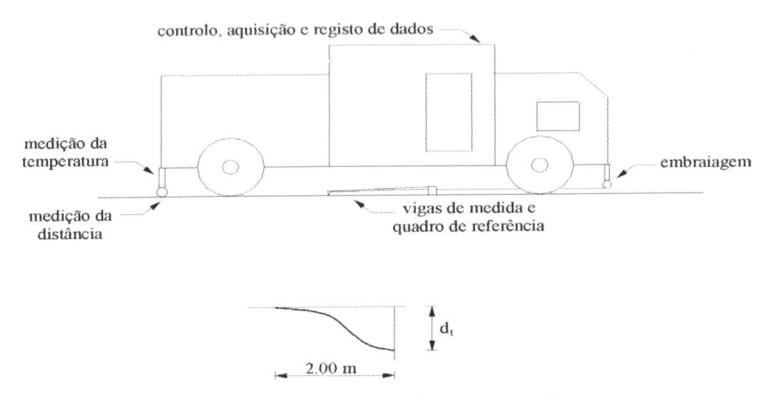

Figura 9.8 – Deflectógrafo FLASH

Através do sistema de tracção, que é comandado por células fotoeléctricas e feixes de raios infravermelhos, a viga de referência é rebocado pela camião para uma determinada posição de medida (afastada da anterior de 5 a 10 metros) e deixada imóvel durante a medição; uma vez esta terminada, o sistema de tracção desloca novamente a viga para nova posição de medida e assim sucessivamente. A deflexão é medida no espaço entre as rodas duplas através dos braços captores, quando os pneus do eixo traseiro estão na vertical da ponta apalpadora, obtendo-se assim a deflexão do lado da "berma" num rodado e a deflexão do lado do "eixo" no outro.

Logo que o quadro está imobilizado inicia-se o ciclo de medida: o eixo traseiro, sempre em movimento, aproxima-se dos patins captores, registando-se o valor máximo da deflexão quando atinge o perfil transversal que os contém. O deslocamento vertical da superfície do pavimento provoca a rotação dos braços captores, a qual é transformada em sinal eléctrico, sendo este por sua vez "transformado" no valor da deflexão.

O Deflectógrafo FLASH realiza a medição da deflexão quase em contínuo, à velocidade de 3 a 8 km/h, com um intervalo de medida de 5 a 10 metros, permitindo deste modo auscultar cerca de 20 a 40 km por dia. A precisão das medidas, variável com o modelo utilizado, pode atingir nos equipamentos mais modernos valores da ordem de ±0,01 mm. A amplitude de deslocamento da ponta apalpadora é de 80 mm. A correlação com as medidas clássicas de deflexão (carga estática) obtidas com a viga Benkleman é elevada, mesmo para as pequenas deflexões.

O Deflectógrafo FLASH permite obter os seguintes dados:

- deflexão máxima;
- raio de curvatura da linha de influência;
- temperatura da superfície do pavimento;
- área sobre a linha de influência.

Este equipamento mede, como se disse, a deflexão máxima na fase de carga. Assim, a sua utilização poderá não ser a mais adequada para a obtenção de informação a "nível de projecto", onde se requer uma elevada precisão na avaliação da capacidade estrutural e porque se pretende conhecer a deflexão elástica do pavimento e da forma da deformada.

Considerando as suas características – observação do pavimento com um reduzido intervalo entre pontos, permitindo uma observação pormenorizada dos pavimentos (intervalos de 5 a 10 metros) – é um equipamento mais aconselhável a "nível de rede".

9.3.4. Curviâmetro

O equipamento Curviâmetro permite observar a deflexão de um pavimento, a uma velocidade máxima de 18 km/h, através de uma corrente que capta as alterações da superfície do pavimento na zona de aplicação da carga das rodas do eixo traseiro do camião de ensaio.

A deflexão observada é a deflexão total do pavimento, a intervalos da ordem dos 5,00 metros, permitindo uma relativamente rápida avaliação da capacidade estrutural de uma rede rodoviária.

Considerando as características do Curviâmetro, pode classificar-se este equipamento como mais adequado para a observação de pavimentos ao "nível de rede".

9.3.5. Deflectómetro de Impacto (Falling Weight Deflectometer - FWD)

O Deflectómetro de Impacto (Falling Weight Deflectometer – FWD) é um equipamento destinado a avaliar a capacidade estrutural de um pavimento através da medição da sua resposta a uma carga de impacto.

O equipamento propriamente dito está montado num reboque. Este reboque é atrelado a um veículo ligeiro, o qual contém o equipamento informático de controlo do ensaio, de aquisição, tratamento e restituição da informação obtida, constituído por um micro-computador e uma impressora.

O equipamento compõe-se de um sistema mecânico comportando um eixo vertical, ao longo do qual se desloca uma massa solidária com uma estrutura metálica, que na base tem um conjunto de amortecedores, que por sua vez transmitem a carga resultante da queda da massa a uma placa rígida de 300 ou 400 mm de diâmetro (Figura 9.9).

Para medir a resposta da superfície do pavimento, o reboque suporta vários acelerómetros a determinadas distâncias do centro de aplicação da carga, alinhados na direcção do eixo do reboque. O afastamento dos acelerómetros pode ser alterado em função da rigidez do pavimento, o mesmo sucedendo quanto à dimensão das placas.

O ensaio realiza-se quando a massa cai de uma determinada altura sobre os amortecedores, transmitindo uma força ao pavimento através da placa rígida, simultaneamente são medidos os deslocamentos verticais da superfície nos pontos de apoio dos acelerómetros.

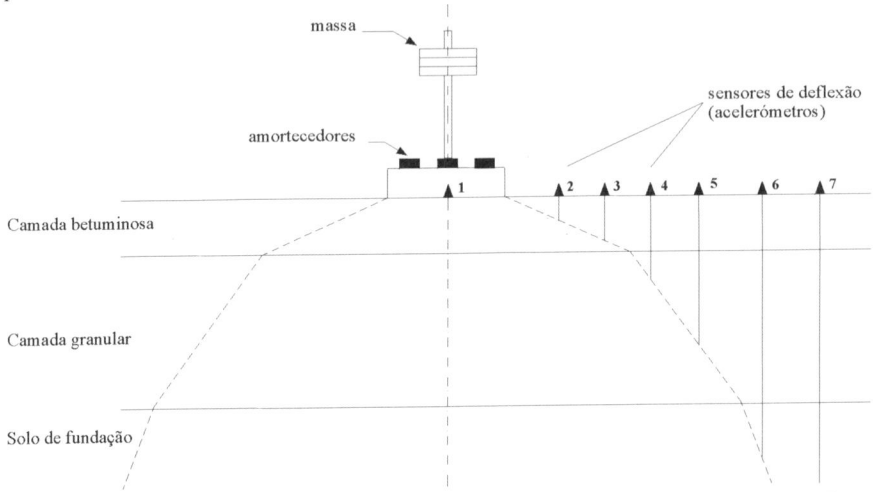

Figura 9.9 – Deflectómetro de impacto (FWD) e zonas de tensão (Freitas, 1999)

Este equipamento também realiza a medição da temperatura da superfície do pavimento, a qual é fundamental para a correcta interpretação dos resultados, com vista à análise do comportamento do pavimento.

A velocidade de aplicação da força de ensaio é tal que simula a passagem de um veículo a 60 – 80 km/h. Através de 4 alturas de queda diferentes e variando o valor da massa cadente, podem obter-se forças de impacto entre 30 e 240 kN.

A observação dos pavimentos com o Deflectómetro de Impacto realiza-se por amostragem, com um espaçamento entre pontos observados de 50 a 100 metros, de acordo com a homogeneidade da capacidade estrutural do pavimento.

Este equipamento permite realizar a avaliação da capacidade estrutural com maior precisão do que o Deflectógrafo Lacroix, dado que, devido à velocidade de aplicação da carga, pode considerar-se que a a deformada do pavimento traduz a sua reposta elástica à solicitação.

Esta informação sobre a deformada é fundamental para estabelecer o modelo de comportamento estrutural de um pavimento, nomeadamente ao nível dos estudos de reabilitação estrutural, pois permite a caracterização dos módulos de deformabilidade dos materiais das diferentes camadas do pavimento e da fundação.

Assim, pode concluir-se que o Deflectómetro de Impacto é um equipamento mais indicado para a observação da capacidade de suporte ao nível de projecto. No entanto, para uma rede de características bem conhecidas, em que a observação deste parâmetro possa ser realizada através de amostragem, aquele equipamento também pode ser utilizado ao "nível de rede", permitindo uma adequada e rápida caracterização da capacidade estrutural das camadas do pavimento, bem como da capacidade de suporte atribuível aos solos de fundação.

A análise da deformada de um pavimento, e, consequentemente, a análise das tensões instaladas nas diferentes camadas, só é possível quando se conhecem os seguintes parâmetros: (i) as condições de carregamento (carga, frequência, velocidade); (ii) a estrutura do pavimento e os respectivos materiais constituintes; (iii) o estado superficial; (iv) as condições climáticas (Freitas, 1999). Estes parâmetros condicionam a resposta do conjunto do pavimento e solo de fundação.

No caso do FWD as condições de carregamento são normalizadas, permitindo a sua alteração e adaptação, tendo como resultado a produção de tensões e de extensões relativamente comparáveis.

As tensões produzidas num pavimento devido à queda duma massa proveniente dum FWD, degradam-se com a profundidade tal como se ilustra esquematicamente na Figura 9.9. A cada sensor de deflexão (acelerómetro) corresponde um valor do assentamento da superfície do pavimento, o qual reflecte a contribuição específica dum certo conjunto de camadas. No exemplo apresentado, o sensor de deflexão 1 mede a deformação reversível máxima do conjunto pavimento-solo de fundação, enquanto que o sensor 7 mede apenas a deformação reversível relativa ao solo de fundação.

Na Figura 9.10 apresentam-se dois tipos de estruturas e as contribuições respectivas de cada camada, a uma determinada distância do centro de aplicação da carga, para a deflexão total do pavimento.

Neste exemplo, a espessura e os módulos de deformabilidade das camadas granulares são iguais nas duas estruturas, diferindo apenas a espessura da camada superficial, com 50 mm e 200 mm. A primeira consideração importante a fazer-se quanto à contribuição de cada camada no valor da deflexão refere-se à forte influência do solo de fundação em todos os pontos, especialmente no caso da estrutura a).

Fernando Branco   Paulo Pereira   Luís Picado Santos

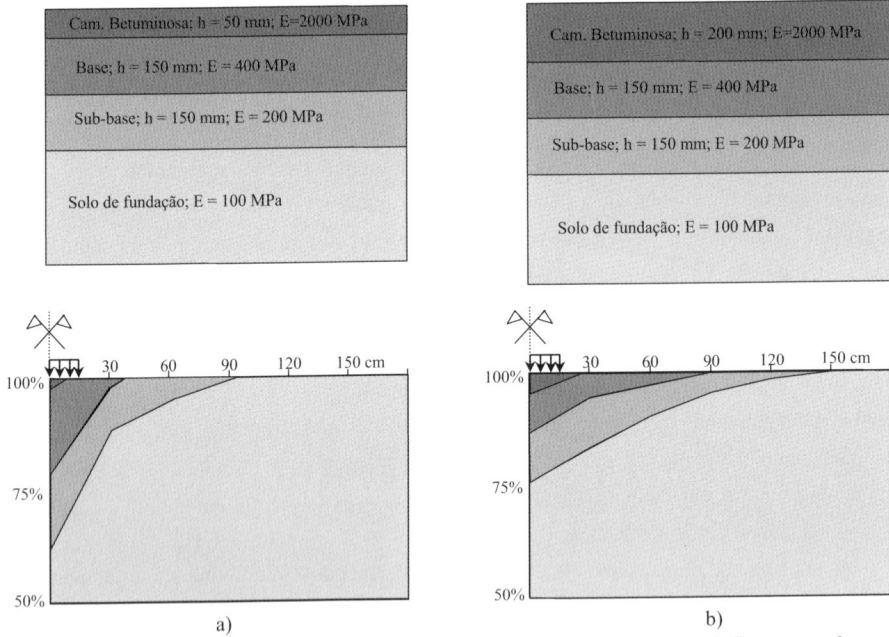

Figura 9.10 – Contribuição das camadas dum pavimento na sua deflexão total
(adaptado de Molenaar, 1994)

Em pavimentos espessos (estrutura b)), a influência da camada superficial é perceptível até cerca de 30 cm do centro de aplicação da carga. Quanto à base e à sub-base, observa-se a influência do carregamento nestas, desde o centro de aplicação da carga até cerca de 90 cm e 120 cm, respectivamente. Embora neste caso a área de influência da carga seja superior, a contribuição destas camadas para o valor total da deflexão é inferior. Porém, na realidade esta análise só é válida se o pavimento não apresentar degradações superficiais.

Dentro das famílias de degradações, aquela que mais influencia tanto o valor da deflexão máxima como a forma da bacia de deflexão é o fendilhamento.

As fendas existentes num pavimento funcionam como um elemento de descontinuidade, verificando-se por isso, nas proximidades destas, uma redução elevada de rigidez dependente da actividade das fendas, que por sua vez é influenciada pelo seu tipo. A medição da deflexão em estruturas descontínuas tem outra consequência importante, que é a redução da área de distribuição de cargas, que se traduz num aumento de tensão e, consequentemente, de deformação, em todas as camadas do pavimento.

Contudo, é necessário distinguir as fendas estruturais das fendas com origem na superfície do pavimento, de modo a poder-se determinar com fiabilidade a evolução da deterioração do pavimento.

As fendas são ainda um ponto de entrada de água. O aumento do teor em água das camadas granulares e do solo de fundação tem como consequência a diminuição da capacidade de suporte do pavimento, o que se reflecte num aumento da deflexão.

A deflexão, isoladamente, não permite caracterizar adequadamente a estrutura dos pavimentos. O seu valor máximo é muitas vezes utilizado para avaliar o estado dos pavimentos; no entanto ao mesmo valor máximo de deflexão podem corresponder diversas estruturas de pavimentos, quer quanto ao valor dos módulos, quer quanto ao estado de degradação.

A resposta estrutural dum pavimento relaciona-se melhor com o índice de curvatura da superfície (SCI)[1] ou com o raio da bacia de deflexão do que com a deflexão máxima. A forma da bacia de deflexão traduz mais realisticamente o comportamento estrutural dos pavimentos, do que a magnitude da deflexão (Roque, 1998). Deste modo, ambos permitem apoiar a atribuição de valores aos módulos de deformabilidade.

Assim, só analisando a bacia de deflexão, medida a uma determinada temperatura, conjuntamente com o estado superficial e conhecendo a estrutura do pavimento se pode determinar duma forma precisa o estado estrutural dos pavimentos.

Tendo em conta os factores que influenciam a forma duma bacia de deflexão, a sua análise, considerando todas combinações de factores, é uma tarefa bastante complexa.

Apresenta-se a seguir a análise de duas estruturas de pavimentos; uma em que a componente betuminosa tem uma influência preponderante no seu comportamento (espessura betuminosa elevada – Figura 9.11), e outra com maior influência da componente granular (espessura granular elevada – Figura 9.12) (Freitas, 1999).

Nesta análise considera-se que o estado superficial se encontra sem degradação, e que as condições climáticas às quais estão submetidas as estruturas respectivas correspondem a uma temperatura de serviço de cerca de 25 ºC.

Considera-se também a análise nas condições de Verão e nas condições de Inverno, uma vez que em Portugal ainda não se efectuaram estudos onde se definisse com alguma confiança a época do ano em que a deflexão toma valores mais desfavoráveis para o pavimento (Freitas, 1999).

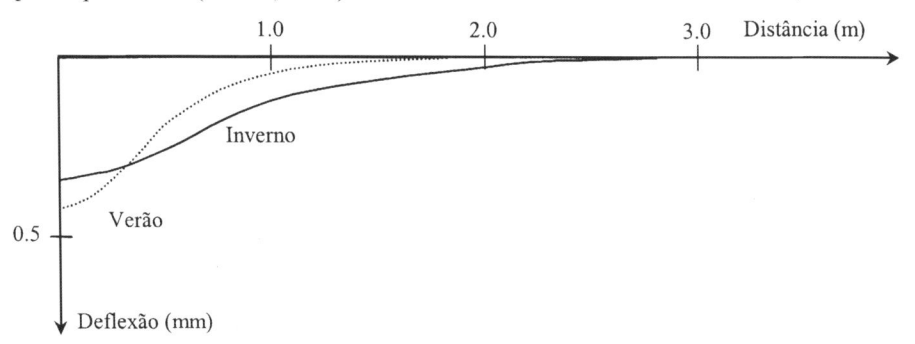

Figura 9.11 – Bacias de deflexão tipo em pavimentos de espessura betuminosa elevada

---

[1] SCI = D_0 - D_{200}, sendo D_0 e D_{200} a deflexão à distância 0 cm e 200 cm do centro de aplicação da carga

Fernando Branco   Paulo Pereira   Luís Picado Santos

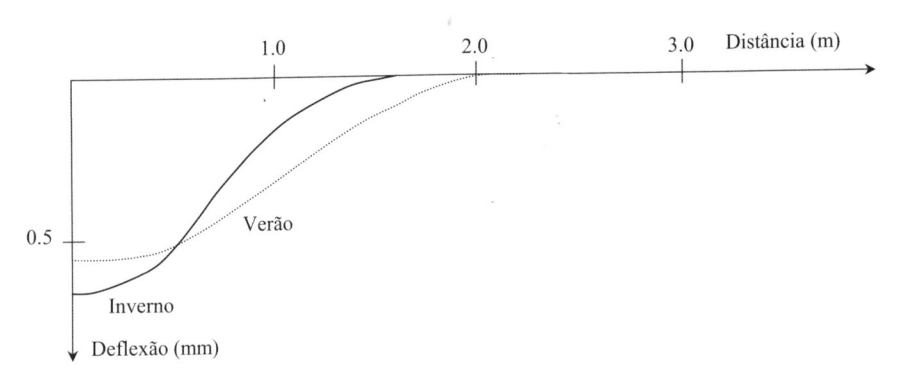

Figura 9.12 – Bacias de deflexão tipo em pavimentos de espessura granular elevada

Durante o Inverno, com a diminuição da temperatura, as misturas betuminosas tornam-se mais rígidas tendo como consequência quer um aumento da área de influência do carregamento, quer a diminuição do valor das tensões verticais transmitidas às camadas granulares.

Assim, no caso da Figura 9.11, devido à elevada espessura betuminosa do pavimento, a deflexão deverá ser reduzida (valores próximos a 0,3 mm) e a influência do carregamento dever-se-á sentir para além de 2 m do seu centro de aplicação.

No caso da Figura 9.12, embora o efeito da temperatura seja o mesmo, a rigidez da camada betuminosa é sempre inferior devido à sua menor espessura. Deste modo, o valor da deflexão em qualquer ponto da bacia é superior, uma vez que são as camadas granulares, com uma rigidez bastante inferior, que mais contribuem para o seu valor.

Por sua vez, o aumento natural do teor em água no interior do pavimento tem um efeito significativo no valor da rigidez, que não se faz sentir na presença de espessuras betuminosas elevadas.

Durante o Verão, o efeito da temperatura nas misturas betuminosas é inverso. O aumento da temperatura nas misturas betuminosas tem como consequência a diminuição da sua rigidez, assim como a diminuição da área de influência da bacia de deflexão (Figura 9.11).

Deste modo, como as camadas granulares dos pavimentos com elevada espessura betuminosa não sofrem alterações significativas no valor do seu módulo, o valor da deflexão aumenta principalmente devido à maior deformação da camada betuminosa, mas também devido ao aumento generalizado do valor das tensões verticais resultante da diminuição da área da bacia de deflexão.

No caso dos pavimentos de espessura granular elevada, a diminuição do teor em água no interior do pavimento tem como consequência um significativo aumento do valor do módulo de rigidez das camadas correspondentes, o qual se traduz na diminuição da deflexão e num pequeno aumento da área de influência da bacia de deflexão.

No processo de análise inversa, a interpretação da bacia de deflexão, nomeadamente quanto à contribuição de cada camada no valor global da deflexão, constitui apenas uma parte das dificuldades que se podem encontrar.

Outro problema que se pode encontrar, é a possibilidade de, com diversos conjuntos de módulos que constituem a solução dum problema, se poder obter o mesmo valor de deflexão, significando que para o mesmo problema não existe apenas uma solução. Além disso, o grau de rigor das espessuras das camadas tem um efeito considerável no valor do módulo (Molenaar, 1994).

9.4. Técnicas de Observação do Estado Superficial

9.4.1. Introdução

As degradações observáveis à superfície dos pavimentos constituem um parâmetro imprescindível em qualquer sistema de gestão ou método de avaliação da qualidade estrutural e funcional. No entanto, trata-se do parâmetro de mais difícil observação no respeitante à fiabilidade dos resultados e à rapidez de observação.

As degradações podem ser observadas essencialmente por dois métodos: observação visual, com registo do estado observado em diferentes suportes para posterior tratamento, e observação através de equipamento de tipo vídeo ou fotográfico. Também existem algumas tentativas de utilizar raios laser para detectar as degradações, em particular o fendilhamento.

A observação visual é realizada por um operador que se desloca ao longo da estrada, a pé ou a bordo de um veículo, registando os diferentes tipos de degradações, segundo a respectiva gravidade, em formulários específicos, ou introduzindo em suporte informático o que vai observando, através de uma codificação previamente estabelecida (Pereira e Miranda, 1999).

Em qualquer das metodologias de observação visual, o principal inconveniente é a subjectividade inerente a qualquer julgamento humano. As mesmas degradações podem ser observadas de modo diferente, por dois operadores diferentes. Por vezes, o mesmo operador pode observar o mesmo estado de degradação com resultados diferentes, quando se depara com condições diferentes (incidência da luz, presença de água).

Outro importante inconveniente da observação visual refere-se ao reduzido rendimento deste tipo de observação. Um operador experiente, considerando uma faixa de rodagem com duas vias de tráfego, poderá observar entre 10 a 20 km por dia, dependendo do número de degradações diferentes e das densidades respectivas, além do rigor pretendido com a observação.

Para reduzir a subjectividade e aumentar a reprodutibilidade do processo de observação, é fundamental que os operadores tenham uma formação adequada, abrangendo a compreensão dos diferentes tipos de degradação e fases do seu desenvolvimento (níveis de gravidade), bem como a definição dos respectivos critérios de apreciação e registo.

Assim, torna-se indispensável dispor do apoio de um documento de referência, compreendendo, para cada tipo de pavimento e tipo de degradação, a respectiva descrição, níveis de gravidade e modo de medição aplicável. Para cada degradação e nível de gravidade deve haver exemplos de pavimentos nessas condições, constituídos por fotografias. Os documentos deste tipo, designados por Catálogos de Degradações, constituem uma peça chave para qualquer tipo de observação, em particular para a visual, independentemente do suporte utilizado.

Um Catálogo de Degradações permitirá, para além do aumento do rendimento de observação (menor tempo de decisão quanto à classificação de determinada degradação), reduzir a respectiva subjectividade.

A observação visual, em que um operador se desloca ao longo da estrada, a pé ou em viatura, a reduzida velocidade (2 a 4 km/h), coloca alguns problemas de segurança, quer para o observador, quer para os utentes da estrada. Assim, diversas entidades promoveram o desenvolvimento de equipamentos de registo automático da imagem do pavimento, para posterior análise visual ou informática em gabinete.

Estes equipamentos são constituídos essencialmente por um veículo do tipo furgão, com um equipamento fotográfico ou vídeo instalado no tejadilho, registando em contínuo a imagem da estrada, e em particular do pavimento, à velocidade de 40 a 60 km/h. As imagens registadas, devidamente referenciadas à localização e extensão da estrada, são posteriormente observadas e tratadas em gabinete, de modo a permitirem realizar a classificação e quantificação do estado de degradação do pavimento. Estas técnicas têm a principal vantagem de não perturbarem a circulação, reduzindo os custos de observação e aumentando a segurança de operadores e utentes.

Quanto ao factor subjectividade, aplica-se aqui o que foi referido para a observação visual por parte de um operador que se desloca ao longo da estrada, dado que em gabinete também é necessário que um técnico "observe" a estrada através do respectivo registo vídeo ou fotográfico.

No entanto, com esta metodologia, além de se proporcionar uma referenciação mais fiável e eficiente, há também a grande vantagem de ser possível observar várias vezes o pavimento sem necessidade se de repetir a observação "in situ", contribuindo deste modo para reduzir a subjectividade e melhorar a reprodutibilidade do processo de observação.

Entretanto, de modo a aumentar o rendimento e a fiabilidade da observação do estado superficial, em particular do fendilhamento, têm vindo a ser desenvolvidos equipamentos alternativos, utilizando a tecnologia laser.

Os equipamentos laser procuram criar uma imagem tridimensional da superfície do pavimento, através do princípio da "triangulação laser" (Format, 2004), medindo distâncias a partir de um plano de referência do equipamento, com o máximo número de pontos (sensores laser), com reduzido espaçamento, de modo a aumentar a fiabilidade da imagem observada da superfície do pavimento.

Os sistemas de avaliação automática do estado superficial podem ser divididos em três grupos (PIARC, 2003):

- Vídeo tradicional, analógico ou digital (equipamentos PAVUE e ARAN);
- "Vídeo linear" (HARRIS);
- Câmaras laser medidoras de distâncias (analógico ou digital; HARRIS).

O uso do vídeo para captar informação do estado superficial, em particular do fendilhamento, requer um adequado sistema de iluminação, de modo a reduzir a influência da luz ambiente, normalizando as condições envolventes de observação do pavimento. A iluminação segundo um determinado ângulo, relativamente à superfície do pavimento, melhora a visibilidade das fendas, enquanto que uma iluminação vertical reduz a respectiva visibilidade. Entretanto, a posição de observador e da fonte de iluminação, natural ou artificial, também é determinante para a capacidade e rigor da observação. Esta é maximizada quando observador e fonte de iluminação estão em lados opostos relativamente à zona a observar.

A largura mínima da abertura da fenda que pode ser detectada é dependente da textura e cor da superfície, assim como da iluminação e resolução do equipamento.

A técnica com observação com câmaras vídeo pode ser classificada como um método bidimensional, com uma pseudo terceira dimensão, em função da "escala de cinzentos" que é registada na imagem.

A técnica com "vídeo linear" é um sistema de aquisição de imagens em que um sensor produz uma linha com elementos fotográficos, onde a superfície do pavimento é o resultado da associação em paralelo de várias linhas. Trata-se também de um método bidimensional, com uma pseudo terceira dimensão através dos níveis da escala de cinzentos.

O último método que utiliza vários sensores laser é classificado na categoria de técnica tridimensional, onde a partir de um plano de referência, se medem tantos pontos da superfície quanto os necessários a uma predefinida precisão da observação. Neste caso, na utilização para observação do fendilhamento, as condições de iluminação já não são tão relevantes como nos processos anteriores.

Durante a operação os sensores laser medem em contínuo a distância ao plano de referência. Quando esta distância diverge da distância normal, detecta-se uma descontinuidade, que poderá ser interpretada como uma fenda. De modo a compensar a textura da superfície do pavimento, os dados registados tem de ser filtrados, após processo adequado de calibração (Arnberg et al., 1991).

Uma limitação desta técnica resulta do facto dos sensores laser não cobrirem toda a largura do pavimento. Deste modo, em função da densidade de observação (número de sensores laser) pode resultar a perda de captação de várias fendas longitudinais. No entanto, para optimizar a fiabilidade de observação os sensores disponíveis devem concentrar-se na banda de rolamento dos pneus, onde é expectável haver maior

Fernando Branco   Paulo Pereira   Luís Picado Santos

densidade de fendilhamento sendo também o mais relevante para a análise do estado do pavimento.

Apesar dessas limitações, a principal vantagem da observação e aquisição com sistemas automáticos é a sua elevada reprodutibilidade por comparação com os métodos manuais.

A seguir, para além da análise dos Catálogos de Degradação, apresentam-se as técnicas de observação mais utilizadas e os respectivos equipamentos.

9.4.2. Catálogo de Degradações

Para a organização responsável pela gestão de uma rede rodoviária interessa que, para além da fiabilidade da informação obtida, haja homogeneidade no resultado das observações. Para se obter essa fiabilidade e homogeneidade é fundamental que existam documentos de referência, a ser utilizados por todos os intervenientes no processo de gestão da rede.

Actualmente, os Catálogos de Degradações são parte integrante da maioria dos sistemas de avaliação da qualidade dos pavimentos, como meio de aumentar a fiabilidade da observação.

Um Catálogo de Degradações deverá compreender, para cada tipo de degradação e por tipo de pavimento, a seguinte informação:

- definição ou descrição sumária do tipo de degradação, para apoiar a identificação das degradações observadas;
- definição dos níveis ou classes de gravidade, de modo a permitir a quantificação das degradações;
- indicação do modo de medir ou avaliar as degradações;
- indicação das causas possíveis e correspondentes evoluções mais prováveis.

Estes documentos apoiam o observador, quer este efectue o registo das degradações percorrendo o pavimento, quer observando em gabinete as imagens obtidas com meios vídeo ou fotográfico.

Sempre que o operador tenha alguma dúvida sobre a identificação ou sobre o nível de gravidade, recorrerá às fotos do catálogo e à respectiva descrição para decidir sobre o nível da gravidade observada.

A seguir (Figura 9.13 e Figura 9.14) apresenta-se um extracto do catálogo de degradações desenvolvido e utilizado pelo programa SHRP (Strategic Highway Research Program - USA) para o seu sub-programa LTPP (Long-Term Pavement Performance) (SHRP - P- 338, 1993). Para cada tipo de pavimento (flexível ou rígido), a estrutura deste catálogo compreende a definição prévia dos diferentes tipos de degradações.

Para cada tipo de degradação, o catálogo faz a descrição da degradação, define os diferentes graus de gravidade (em geral considera 3 graus), fornecendo indicações quanto ao modo de medir ou avaliar a degradação. Além disso, o catálogo apresenta fotografias ilustrativas dos diferentes casos de gravidade previamente definidos. Nas Figuras 9.13 e 9.14 apresenta-se o caso do fendilhamento por fadiga.

9.4.3. Observação Visual das Degradações

A observação visual das degradações realiza-se com o operador percorrendo a estrada, transcrevendo o estado de degradação do pavimento (e, eventualmente, das bermas) para uma ficha contendo os diferentes tipos de degradações.

A transcrição para a ficha pode fazer-se continuamente, à medida que o observador se desloca, ou por trechos com determinada extensão de modo a permitir uma correcta referenciação das degradações, como é o caso da ficha adoptada pelo CETUR – França no seu documento "Dégradations des chaussées urbaines. Quantification – Guide pratique" (LCPC, 1990).

A utilização deste tipo de ficha requer a definição prévia de um "passo de medida", correspondendo à extensão de pavimento a observar de uma só vez quanto às diferentes degradações.

Após a observação de um trecho, por exemplo de 10 metros de extensão, o operador escreve na "célula" correspondente a esse trecho, para cada tipo de degradação, a sua existência ou não e o respectivo nível de gravidade (em geral adoptam-se três níveis).

Quando se concluir a observação de todos os segmentos de 10 metros calcula-se a densidade superficial de cada tipo de degradação (extensão relativa da área afectada, expressa em percentagem), tendo em conta o número de células onde foram registadas degradações.

A quantificação das degradações de cada secção de pavimento realiza-se através do cálculo de uma nota, N, constituindo uma "média ponderada" de cada degradação.

Para qualquer sistema de gestão é fundamental a possibilidade de se dispor de toda a informação da forma mais acessível possível. Deste modo, é indispensável transferir os dados observados sobre a estrada para um suporte informático, compatível com o sistema informático utilizado pelo sistema de gestão.

No respeitante à observação do estado de degradação, mesmo quando realizada visualmente, há todo o interesse em desenvolver um ficheiro informático correspondente ao ficheiro em suporte papel. Deste modo, uma vez terminada a observação na estrada, deve ser possível utilizar a informação obtida através de programas informáticos, integrando-a numa base de dados rodoviária.

Nos últimos anos a observação visual, com registo em suporte de papel, tem vindo a ser substituída pela observação visual com registo em sistema informático.

FATIGUE CRACKING

Description

Occurs in areas subjected to repeated traffic loadings (wheel paths).

Can be a series of interconnected cracks in early stages of development. Develops into many-sided, sharp-angled pieces, usually less than 0.3 m (1 ft) on the longest side, characteristically with a chicken wire/alligator pattern, in later stages.

Must have a quantifiable area.

Severity Levels

LOW
An area of cracks with no or only a few connecting cracks; cracks are not spalled or sealed; pumping is not evident.

MODERATE
An area of interconnected cracks forming a complete pattern; cracks may be slightly spalled; cracks may be sealed; pumping is not evident.

HIGH
An area of moderately or severely spalled interconnected cracks forming a complete pattern; pieces may move when subjected to traffic; cracks may be sealed; pumping may be evident.

How to Measure

Record square meters (square feet) of affected area at each severity level.

If different severity levels existing within an area cannot be distinguished, rate the entire area at the highest severity present.

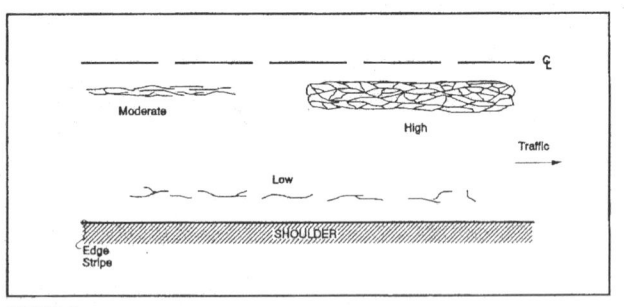

FIGURE 3
ACP 1. Fatigue Cracking

ASPHALT CONCRETE SURFACES

8

Figura 9.13 – Catálogo de Degradações do programa SHRP (SHRP - P- 338, 1993)

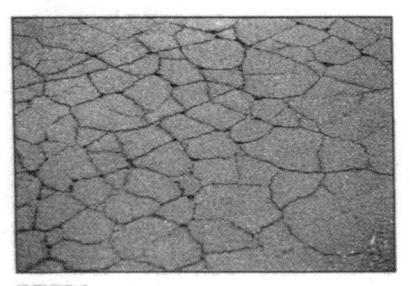

FIGURE 4
ACP 1. Chicken Wire/Alligator Pattern
Cracking Typical in Fatigue Cracking

FIGURE 5
ACP 1. Moderate Severity Fatigue Cracking

FIGURE 6
ACP 1. High Severity Fatigue Cracking

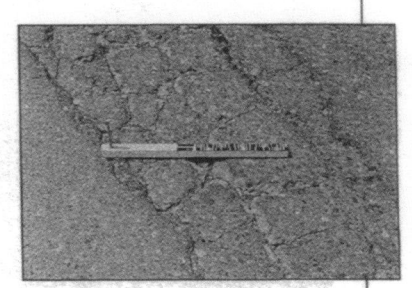

FIGURE 7
ACP 1. High Severity Fatigue Cracking
With Spalled Interconnected Cracks

Cracking

9

Figura 9.14 – Catálogo de Degradações do programa SHRP (SHRP - P- 338, 1993)

Este tipo de sistema, adoptando uma certa metodologia para representar informaticamente as degradações, permite o registo informático dos diferentes tipos de degradações observadas visualmente. Esta metodologia de observação visual, assistida por computador, compreende a utilização de um micro-computador com os necessários programas informáticos de controlo, aquisição e restituição da informação, além de um sistema de medição da distância percorrida.

9.4.4. Observação Visual das Degradações Assistida por Computador

Para registar as degradações observadas existem sistemas informáticos, constituindo uma interface informática com o utilizador. A interface informática pode ser constituída por teclados complementares, onde cada tecla, através de configuração informática específica, pode ser associada a um determinado tipo e gravidade de degradação.

Noutras opções, utiliza-se uma pequena mesa digitalizadora com várias células associadas às diferentes degradações e respectivos níveis de gravidade a registar. Quando o operador valida uma dessas células, está a dar indicações ao sistema de aquisição para registar a ocorrência de uma dada degradação, associada a um determinado ponto do pavimento. A informação registada pode ser tratada informaticamente, por exemplo para calcular índices de degradação de um determinado trecho, ou ser transferida para a base de dados de um sistema de gestão.

O LCPC (Laboratoire Central des Ponts et Chaussées) desenvolveu um processo assistido por computador (DESY), destinado à colheita da informação de natureza rodoviária, observada visualmente por um operador. O DESY é constituído por um micro-computador com dois teclados adicionais integrados no mesmo "hardware".

Este equipamento é instalado num veículo ligeiro, no qual também é instalado um medidor de distâncias, o qual é ligado ao micro-computador (Pereira e Miranda, 1999).

Um equipamento idêntico ao DESY no princípio de funcionamento é constituído pelo VIZIROAD, no qual os dois teclados de introdução dos dados constituem duas unidades autónomas a serem ligadas a um micro-computador, no qual serão instalados os programas informáticos de utilização do equipamento.

Após a instalação do equipamento no veículo, e durante o deslocamento deste último ao longo da estrada, o operador vai premindo nas teclas dos teclados adicionais, correspondentes à informação que vai observando. Obtém-se assim um registo destes dados em suporte magnético, onde cada dado está referenciado através da distância em relação ao início do ensaio.

A utilização destes equipamentos permite pré-tratar os dados recolhidos, de modo a adaptá-los às aplicações a jusante, nomeadamente à sua transferência para a base de dados, ou à produção de esquemas gráficos representativos do itinerário observado e respectivos dados, designados por "esquemas de itinerário".

A estrutura de funcionamento do sistema DESY é representada na Figura 9.15. A utilização do DESY compreende 3 fases: (i) a aquisição de dados, (ii) o pré-tratamento dos resultados, e (iii) as saídas de "esquemas de itinerário", para as quais o operador tem à sua disposição um conjunto de opções que lhe permite escolher a sua opção de trabalho.

A restituição da informação pode ser feita sob a forma gráfica em "esquemas de itinerário". A saída de "esquemas de itinerário" poderá ser feita em páginas de formato A3 ou A4, à escala definida pelo utilizador. A quantificação das degradações observadas visualmente, registadas em suporte informático através do sistema DESY, realiza-se utilizando algoritmos referentes aos cálculos a efectuar.

Através de programas informáticos específicos faz-se o cálculo da densidade de cada tipo de degradação e da respectiva densidade, relativamente a uma dada extensão, ou superfície de referência, determinando por exemplo um índice de degradação para cada secção observada.

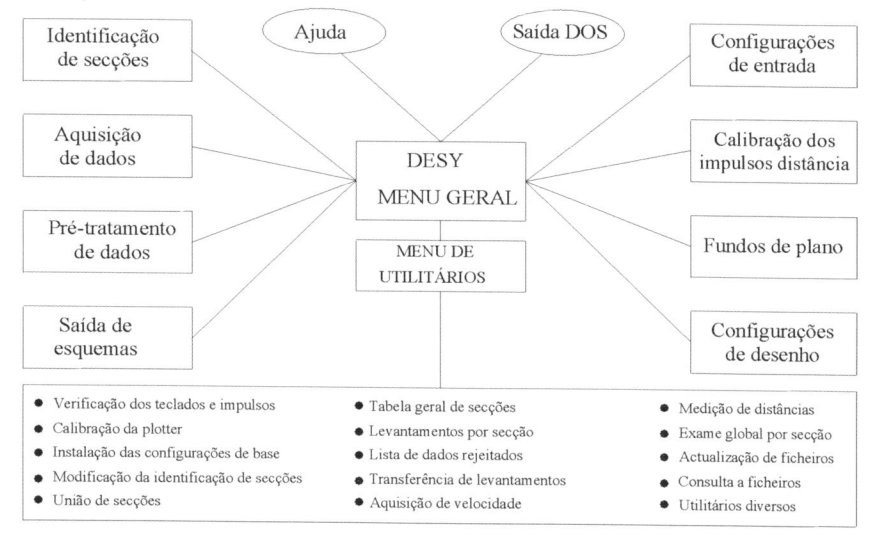

Figura 9.15 – Estrutura de funcionamento do sistema DESY (Pereira e Miranda, 1999)

Os índices calculados podem conter a informação da densidade (Di) e a gravidade respectiva (Gi), considerando um certo conjunto de degradações fundamentais para a avaliação das degradações como, por exemplo, o fendilhamento e a pele de crocodilo.

O sistema DESY constitui um equipamento de observação visual de dados, não só relativos às degradações, mas de qualquer tipo de dado de uma infraestrutura apoiada na rede rodoviária (rede de esgotos, distribuição de água, entre noutras infraestruturas).

9.4.5. Observação das Degradações com Equipamentos Fotográficos

O objectivo de se realizar uma observação precisa e objectiva das degradações e com elevado rendimento, conduziu o LCPC a desenvolver o sistema GERPHO. O GERPHO (Groupe d'Examen Routier par PHOtographie) é um equipamento constituído por um veículo munido de uma câmara fotográfica, de saída contínua, apoiada em suporte mecânico de modo a permitir fotografar o pavimento na vertical, à velocidade de 60 km/hora (Figura 9.16).

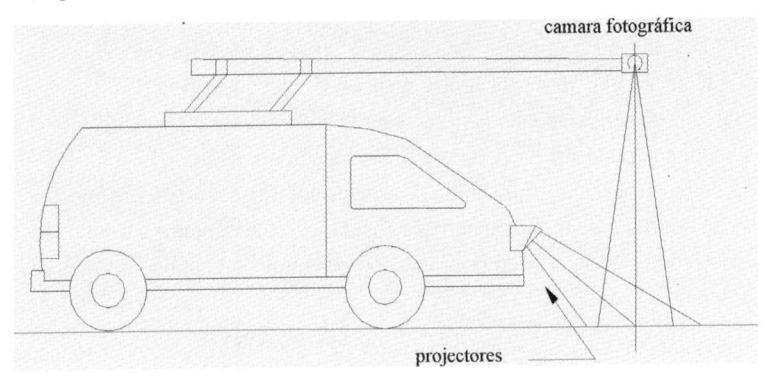

Figura 9.16 – GERPHO (Pereira e Miranda, 1999)

Este equipamento é constituído pelos elementos seguintes (Pereira & Miranda, 1999):

- veículo tipo comercial, munido de suporte mecânico da câmara fotográfica;
- câmara fotográfica de 35 mm, de saída contínua;
- dispositivo de sincronização do avanço do filme com a velocidade do veículo;
- fonte luminosa para o pavimento;
- dispositivo de ajustamento da iluminação à velocidade do veículo;
- consola de comando e sinalização;
- quadro de bordo agrupando os comandos e controlo;
- grupo eléctrico de 10 KVA.

O levantamento é realizado durante a noite para se obter uma luminosidade constante do pavimento.

O filme obtido é um negativo para se ganhar em precisão, podendo no entanto ser revelado em positivo e em cor.

A análise do filme é realizada numa consola com visor de apresentação de dois filmes ao mesmo tempo. A imagem do pavimento aparece no ecrã à escala 1:50.

É possível efectuar a análise de duas vias de tráfego, ou então observar dois levantamentos da mesma via de tráfego, realizados em datas diferentes, e comparar os dois estados para se avaliar a evolução do pavimento. O avanço do filme é comandado manualmente, efectuando-se imagem por imagem, correspondendo cada uma à extensão de 20 metros de pavimento.

A quantificação das degradações é realizada segundo uma codificação pré-estabelecida, apoiada num Catálogo de Degradações, sendo as informações transcritas, através do teclado da consola, para suporte magnético, para posterior utilização.

Relativamente ao levantamento manual, o GERPHO apresenta a vantagem de ser muito mais rápido e objectivo, não perturbando a circulação normal na estrada.

Quanto à precisão do levantamento, o filme GERPHO não permite detectar deformações importantes como as rodeiras, assim como o microfendilhamento. Trata-se de degradações que só a observação visual poderá detectar, ou através da utilização de equipamento específico.

A objectividade do levantamento GERPHO é apenas parcial. De facto, quando um operador observa os filmes no visor de apresentação e os pretende codificar e registar através do teclado, está a introduzir a mesma subjectividade que no caso de uma observação visual "in situ".

Este tipo de equipamento tem vindo a ser substituído por outros equipamentos, em que a observação da superfície do pavimento é realizada com equipamento vídeo, logo sem a necessidade da posterior revelação.

9.4.6. Equipamentos Multifunções

A observação do conjunto de dados necessários à avaliação da qualidade de um pavimento, requer em geral a utilização de vários equipamentos, representando um elevado investimento em recursos materiais, e principalmente humanos (motoristas, operadores).

Assim, têm sido desenvolvidos, nos últimos anos, equipamentos que integram um determinado conjunto de operações diferenciadas, destinadas a observar parâmetros considerados essenciais para integrar uma base de dados rodoviária.

Em geral, a maioria dos equipamentos integra componentes destinadas a observar os principais parâmetros de caracterização do estado dos pavimentos (estado superficial, irregularidade longitudinal e irregularidade transversal), além das características geométricas do perfil longitudinal e transversal, excepto a observação da capacidade estrutural. Entre os vários equipamentos já desenvolvidos referem-se os seguintes: (i) o equipamento ARAN desenvolvido no Canadá, (ii) o RST desenvolvido na Suécia, e (iii) o equipamento designado CALAO desenvolvido em França pelo LCPC.

O aparelho CALAO é constituído por um veículo tipo furgão, compreendendo o seguinte equipamento e funções (Pereira e Miranda, 1999):

- câmara de vídeo de grande abertura para registar os vários elementos constituintes da estrada e da sua envolvente (pavimento, bermas, taludes, obras de arte, sinalização horizontal e vertical);
- câmara de vídeo de menor abertura e mais próxima da vertical, destinada a observar a superfície do pavimento;
- barra transversal com sensores de ultra-sons, destinados a observar o perfil transversal quanto à sua inclinação e irregularidade (rodeiras);
- "Bump Integrator" destinado a medir a irregularidade longitudinal;

- giroscópio para medir a inclinação longitudinal do perfil;
- sistema ligado à coluna da direcção para registar o raio de curvatura;
- sistema vídeo de registo de imagens vídeo exteriores, e posterior tratamento;
- sistema DESY destinado a integrar informação complementar;
- sistema informático de controlo, registo e restituição da informação produzida.

Uma das câmaras de vídeo visualiza o pavimento segundo uma direcção oblíqua e não vertical, como no caso do GERPHO. O levantamento é realizado durante o dia, o que constitui uma vantagem em termos do custo de operação, mas uma desvantagem quanto à sensibilidade para as degradações do pavimento.

Trata-se de um equipamento ligeiro que permite obter uma imagem mais abrangente do pavimento e do seu ambiente, mas menos precisa do que a obtida com o GERPHO. No entanto, ao mesmo tempo que realiza uma observação rápida e fiável, tem custos de operação muito inferiores aos do GERPHO.

9.5. Técnicas de Observação da Regularidade Longitudinal

9.5.1. Introdução

A observação da irregularidade pode ser realizada com vários equipamentos e várias metodologias. Os métodos de "medição" da irregularidade devem ser abordados a dois níveis: primeiro ao nível do princípio e da técnica adoptada para observar o perfil, depois ao nível dos "cálculos" dos índices de irregularidade do perfil medido.

Estas noções são importantes, devendo não ser confundidos equipamentos com índices de irregularidade.

Por vezes a irregularidade é associada aos resultados de um equipamento específico. No entanto, a irregularidade de um pavimento só pode ser avaliada de forma independente (ou reproduzida) quando a sua medição é baseada num determinado perfil do pavimento.

A avaliação da irregularidade dos pavimentos tem sido realizada com recurso a diferentes equipamentos, os quais utilizam diferentes técnicas e princípios de medida. O perfil longitudinal tem sido também classificado por referência à resposta dinâmica de um sistema de medida ou por índices determinados sobre imagens aproximadas deste perfil.

Neste domínio, uma das exigências fundamentais é o estabelecimento de uma referência para medição do perfil real, relativamente à qual deverá ser possível classificar as observações feitas por outros equipamentos. Actualmente, ainda é difícil a comparação da "imagem" obtida da superfície do pavimento de um determinado trecho de estrada, quando obtida por diferentes equipamentos.

Ao longo das últimas décadas foram sendo desenvolvidos diferentes tipos de equipamentos, sendo de referir os seguintes:

- equipamentos baseados na resposta dinâmica de um veículo;
- equipamentos de referência geométrica simples;
- equipamentos baseado na obtenção de uma "imagem" do perfil da superfície do pavimento.

Entretanto, a evolução destes equipamentos permite afirmar que: (i) os equipamentos de referência geométrica simples, tal como uma régua de 3 metros, tem uma utilização cada vez mais reduzida e restrita face ao seu rendimento, (ii) os equipamentos baseados na resposta dinâmica de um veículo, devido à dificuldade de manter a fiabilidade ao longo do tempo, também estão a deixar de ser utilizados. Assim, pode concluir-se que os equipamentos baseados na obtenção de uma "imagem" do perfil do pavimento, os perfilómetros, em diferentes versões, são os mais utilizados.

Uma das características mais importantes dos diferentes tipos de equipamentos é a sua "função de transferência". A "função de transferência da amplitude" é a razão entre os valores reais da amplitude dos defeitos existentes e os valores que são registados para diferentes frequências de ondulação dos pavimentos. Consequentemente, de acordo com os equipamentos utilizados, encontram-se diferentes funções de transferência da amplitude. A função de transferência permite definir quais os comprimentos de onda mais significativos. Verifica-se que à medida que a velocidade cresce aumentam também os comprimentos de onda mais inconvenientes. A observação da superfície de um pavimento quanto à respectiva irregularidade apenas se torna útil se permitir atribuir uma determinada classificação ao pavimento, estável no tempo, com vista a apoiar um determinado objectivo. Entre esses objectivos podem referir-se o controlo de qualidade da construção e o acompanhamento da evolução do desempenho dos pavimentos, com vista a apoiar a tomada de decisão quanto à avaliação das estratégias de conservação.

Entretanto, cada equipamento, em função do respectivo princípio de medida, permite a determinação de um ou vários índices. Tem sido com base em cada um dos equipamentos de medida que têm sido estabelecidos, de modo empírico, modelos "regularidade-conforto". Este modo de proceder explica a disparidade dos critérios utilizados nos diferentes países e a impossibilidade de os comparar. Assim, um dos problemas que actualmente ainda se coloca à utilização dos diferentes índices de classificação da irregularidade longitudinal é a dificuldade da sua comparação e por outro lado o da adopção de um equipamento e índice de referência.

Assim, o tema da harmonização, mais do que o da normalização está actualmente a ser estudado no âmbito do projecto FILTER, em desenvolvimento no âmbito do Comité de Características Superficiais da AIPCR (AIPCR, 1999). A seguir são apresentados, ainda que de forma sucinta, os equipamentos mais utilizados dos dois principais grupos: os que são baseados na resposta dinâmica de um veículo e os que se apoiam na obtenção de uma "imagem" do perfil.

Fernando Branco   Paulo Pereira   Luís Picado Santos

9.5.2. Equipamentos Baseados na Resposta Dinâmica dum Veículo

Os equipamentos baseados na resposta dinâmica de um veículo, designados na terminologia inglesa por equipamento RTRRMS ("Response-type road roughness measuring systems" ou "response-type systems"), conhecidos em geral pela designação "equipamentos do tipo resposta", medem os deslocamentos relativos entre as massas suspensas e as massas não suspensas de um veículo de medida. Entre os vários modelos existentes referem-se: Bump Integrator e Mays Meter (Sayers, 1995).

Em geral, o veículo de ensaio é constituído por um veículo ligeiro adaptado para o efeito. Todos os equipamentos deste tipo seguem o conceito do "Roughmeter" do "Bureau of Public Roads – BPR", os quais acumulam os movimentos da suspensão do veículo à medida que este se desloca ao longo da estrada, à velocidade de 80 km/h.

O BPR Roughmeter (Figura 9.17) é um atrelado, apenas com uma roda, com um mecanismo que acumula os movimentos ascendentes da suspensão (num só sentido).

A medida de irregularidade obtida é o valor acumulado dos movimentos da suspensão, expressos em polegadas. Esta medida é geralmente substituída por outras grandezas, tais como: polegadas/milha ou m/km, ou ainda "contagens/milha".

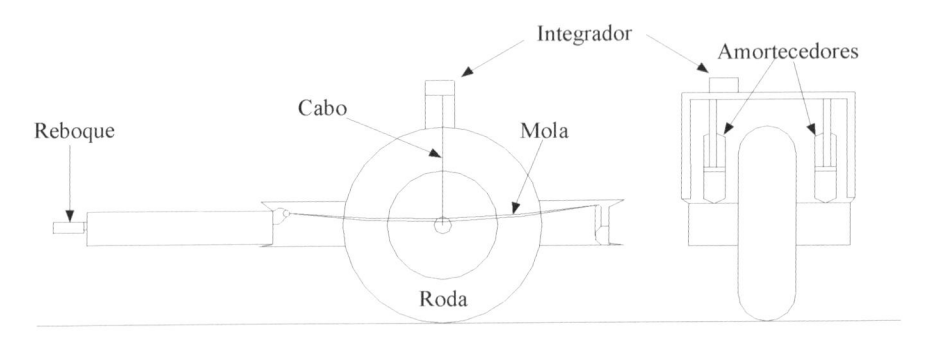

Figura 9.17 – Equipamento "Roughmeter - BPR" (Sayers, 1995)

Os sistemas que pretendem medir os efeitos do pavimento sobre o sistema vibratório do veículo, ou seja as principais componentes do veículo, e particularmente o respectivo sistema vibratório, devem ser mantidos em estado o mais estável possível. De facto, verifica-se que os equipamentos "tipo-resposta" apresentam resultados dependentes do estado do veículo de ensaio.

Assim, para que os seus resultados apresentem alguma validade, devem ser calibrados periodicamente. Consequentemente, estes equipamentos estão cada vez mais a ser substituídos pelos designados por "perfilómetros", os quais apresentam resultados independentes do tipo de veículo utilizado.

9.5.3. Equipamentos de Levantamento do Perfil do Pavimento

Para se descrever o estado de regularidade de um pavimento, em termos de conforto e de custo de operação dos veículos, é indispensável dispor da representação do perfil verdadeiro ou de alguma representação fidedigna desse perfil (pseudo-perfil).

As medições do perfil são realizadas através de uma variada gama de equipamentos, desde o mais simples (mira e nível) até ao mais complexo, como são os equipamentos de referência inercial e os que utilizam técnicas laser.

Estes equipamentos são os equipamentos do futuro, com uma elevada eficácia e fiabilidade, integrando-se perfeitamente no fluxo do tráfego. Trata-se de equipamentos que permitem um exame detalhado de um perfil da superfície do pavimento, ou mesmo de vários perfis paralelos em simultâneo, permitindo diferentes análises, tais como:

- conhecer a distribuição em frequência dos comprimentos de onda das ondulações do pavimento;
- fornecer dados para prever a resposta dos veículos;
- avaliar a influência das forças dinâmicas sobre o pavimento.

Com os perfilómetros podem ser definidos vários objectivos, dos quais se destacam:

- acompanhar a evolução do estado de um pavimento ao nível de rede;
- avaliar a qualidade de um pavimento recentemente construído ou reconstruído;
- diagnosticar o estado de uma zona específica e determinar as medidas de correcção;
- investigar o estado de secções específicas para investigação.

Cada uma destas aplicações poderá requerer diferentes níveis de qualidade das observações feitas por cada equipamento, nomeadamente a avaliação periódica ao nível de rede e a observação de secções específicas no âmbito da investigação.

Um perfilómetro não mede exactamente um perfil verdadeiro. Ele mede as componentes de um perfil que são consideradas relevantes para um dado objectivo. No entanto, a relação entre o perfil verdadeiro e os índices produzidos por um perfilómetro deve seguir uma especificação previamente definida.

Um perfilómetro é considerado válido para captar as propriedades de um perfil se os dados estatísticos obtidos das suas medições são comparáveis com os dados que podem ser obtidos a partir do perfil real. A operação de um perfilómetro compreende a combinação das seguintes componentes:

- uma referência para a cota;
- uma altura relativa à referência;
- uma distância horizontal.

Inicialmente, o perfilómetro AASHO media a variância da inclinação do perfil do pavimento. Com esta grandeza e integrando outras características superficiais (rodeiras, reparações e deformações), tendo por referência a avaliação subjectiva de um "painel de utentes", foi desenvolvido um índice "Índice de Aptidão ao Serviço" (IAS) (PSI - Pavement Serviceability Index).

O PSI constitui, de facto, uma estimativa da qualidade de serviço, porque além das características da irregularidade longitudinal, inclui outras relativas ao estado do pavimento (fendilhamento, rodeiras e reparações), sendo definido de acordo com a equação (9.2):

$$PSI = 5,03 - 1,91 \log (1 + \overline{SV}) - 1,38\overline{RD}^2 - 0,01\sqrt{C + P} \qquad (9.2)$$

em que:

$\overline{SV}$ - média da variância da inclinação;

$\overline{RD}$ - profundidade média das rodeiras;

$\sqrt{C + P}$ - área de fendilhamento e de reparações.

O perfilómetro da General Motors foi desenvolvido nos anos 60, sendo constituído por um veículo ligeiro que comporta o equipamento de medida (Figura 9.18). Este equipamento é basicamente constituído por um acelerómetro, um sensor laser de medição da distância entre o acelerómetro e o pavimento, um medidor de distância e um computador para aquisição e tratamento dos dados observados (Sayers, 1995).

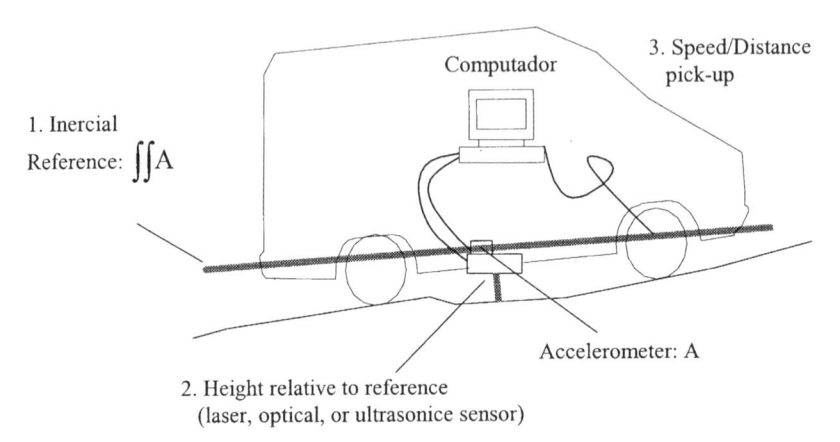

Figura 9.18 – Perfilómetro General Motors (Sayers, 1995)

A alternativa aos equipamentos do tipo do perfilómetro GM é constituída pelos equipamentos com uma referência inercial, como é o caso do equipamento designado por "Analisador do Perfil Longitudinal – APL" (em francês, "Analiseur du Profil en Long") (Jendrika, 1992).

O APL é constituído por um veículo ligeiro que comporta o equipamento de aquisição e tratamento dos dados e, essencialmente, por um reboque que contém o equipamento de "observação" do perfil e de medição da distância (Figura 9.19).

O reboque de medida é constituído por um chassis que comporta o seguinte equipamento:

- um amortecedor e uma mola;

- uma roda de medição;
- a ligação ao veículo;
- o pêndulo inercial.

De acordo com o esquema representado na Figura 9.20, as oscilações devidas às elevações do perfil da estrada fazem variar o ângulo medido entre o braço suporte da roda e a referência constituída pelo pêndulo inercial. Este ângulo é convertido por um captor numa tensão directamente proporcional às elevações do perfil.

Para efectuar correctamente uma medida de perfil são asseguradas duas funções: a medida das elevações em relação ao perfil médio (referencial inercial) e a referenciação espacial deste valor ao longo da medida.

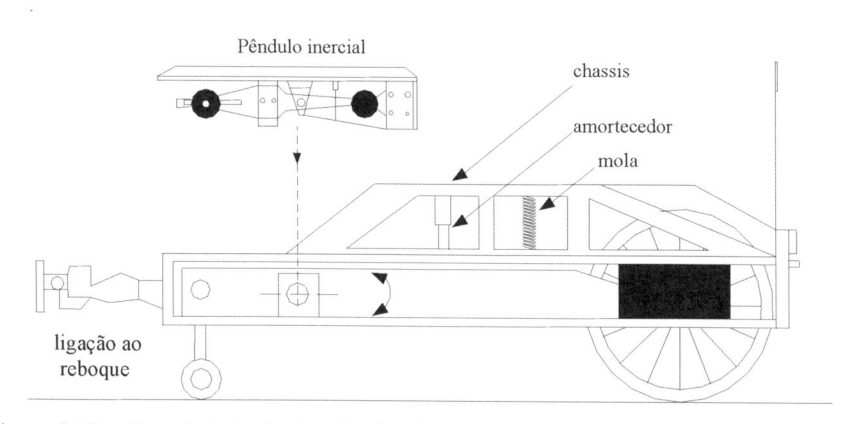

Figura 9.19 – Constituição do Analisador do Perfil Longitudinal (APL) (Jendrika, 1992)

A função de referenciação exige uma elevada precisão, com uma elevada influência na localização dos defeitos de perfil. Esta função é obtida através de um captor de proximidade e uma roda dentada, montada na roda de medida. Os actuais conhecimentos sobre o APL, confirmam a obtenção de uma boa função de transferência, a qual apresenta uma resposta quase unitária na gama de 0,4 a 30 Hz (Figura 9.20).

O APL, baseado na observação de um "pseudo-perfil" do pavimento, pode calcular diversos índices de irregularidade, como por exemplo o IRI (International Roughness Index), desenvolvido pelo Banco Mundial, e o NBO (Notation par Bandes d'Ondes), este desenvolvido pelo LCPC. A classificação por NBO considera uma escala de 1 (muito irregular) a 10 (boa regularidade).

O IRI é actualmente o índice mais utilizado, sendo obtido por uma transformação matemática específica do perfil real levantado com base num modelo que constitui uma simulação de um veículo-tipo circulando a 80 km/h; na prática com este modelo "calculam-se" os deslocamentos acumulados da suspensão simulada, divididos pela distancia percorrida, exprimindo-se em m/km.

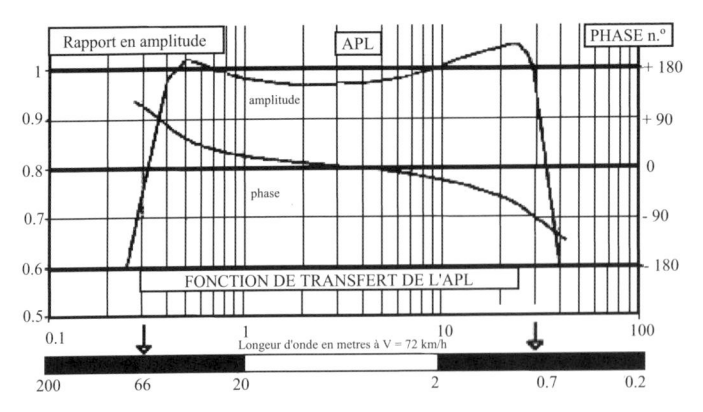

Figura 9.20 – Função de transferência do APL (Corté, 1999)

Actualmente o processo mais utilizado para a análise do perfil longitudinal é o que utiliza perfilómetros com tecnologia laser. Este equipamento está descrito em 9.6.3, para a análise da regularidade transversal. Para a análise do perfil longitudinal usam-se apenas um ou dois emissores-captores de raios laser, que levantam os perfis numa ou nas duas rodeiras.

9.6. Técnicas de Observação da Regularidade Transversal

9.6.1. Introdução

A observação da irregularidade transversal consiste na obtenção do perfil transversal do pavimento numa determinada época.

A medição dos perfis transversais tem interesse para (Pereira e Miranda, 1999):
- avaliar se a inclinação transversal se ajusta à do projecto (controlo de qualidade);
- detectar zonas onde possa verificar-se acumulação de água;
- avaliar a evolução do comportamento do pavimento quanto a fenómenos de pós-compactação, deformações plásticas e assentamentos diferenciais.

Para observar a irregularidade transversal, podem ser utilizados equipamentos de referência geométrica simples, os mais antigos, ou equipamentos com tecnologia laser ou de ultra-sons.

9.6.2. Equipamentos de Referência Geométrica Simples

Um dos equipamentos deste grupo é a chamada "régua de três metros", referida ainda em muitos cadernos de encargos. Esta régua pode ser utilizada para avaliar a regularidade transversal, medindo-se a deformação máxima na zona de passagem dos rodados dos veículos pesados. Esta medição, manual, será realizada com uma régua graduada em milímetros.

Este tipo de "equipamento" tem como principal inconveniente o elevado custo de observação, tendo em atenção o tempo necessário para a observação de cada perfil.

Quando se pretende apenas observar o chamado "cavado de rodeiras" ou, mais simplesmente, as rodeiras, utiliza-se actualmente uma régua de 1.5 m, medindo-se neste caso apenas a deformação máxima do pavimento, quando se coloca a régua na posição transversal sobre as rodeiras. Numa estrada de duas vias mede-se a deformação na rodeira mais junto ao eixo da faixa de rodagem e na do lado da berma, considerando-se a máxima profundidade observada nas duas rodeiras.

Interessa por vezes obter uma informação mais completa, quer para a avaliação corrente da forma do perfil transversal, quer em particular para fins de investigação da deformação permanente dos pavimentos. Nestes casos, pode utilizar-se um transversoperfilógrafo, o qual resulta da evolução de uma régua de 3 metros, permitindo medir de forma mais rápida o perfil transversal duma via de tráfego.

Um transversoperfilógrafo é constituído por uma régua metálica, com o comprimento de 3,5 metros, graduada em centímetros, com dois apoios, com um cursor que suporta uma roda, a qual apoia na superfície da camada de desgaste do pavimento.

O Departamento de Engenharia Civil da Universidade do Minho desenvolveu um transversoperfilógrafo (TUM), cuja constituição básica é representada na Figura 9.22.

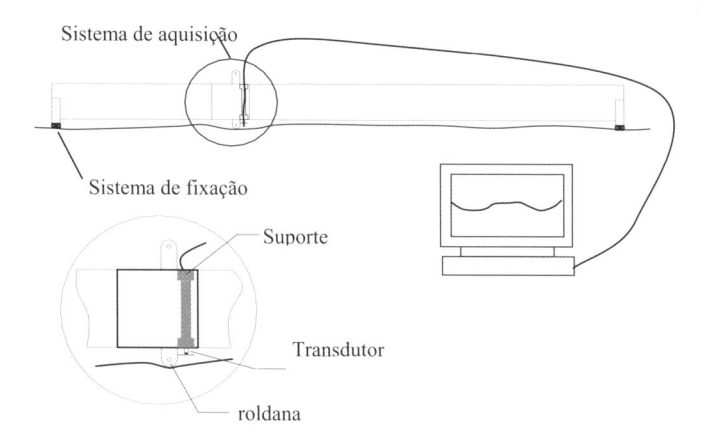

Figura 9.21 – Constituição do Transversoperfilógrafo TUM (Pereira e Miranda, 1999)

Este equipamento compreende um medidor electrónico da distância ao longo da régua (medição da abcissa), um transdutor de deslocamento vertical (medição da deformação da superfície do pavimento), além de possuir um nível de bolha de ar para procurar manter uma referência horizontal para cada medida.

O modo de operação consiste na "colocação do transversoperfilógrafo em estação" (colocação num determinado perfil transversal e nivelamento dos apoios), e "observação" do perfil transversal, com aquisição informática contínua, com um computador portátil, do perfil transversal do pavimento (Figura 9.22).

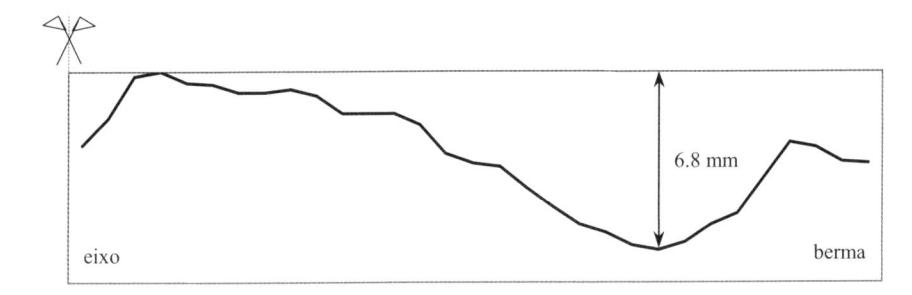

Figura 9.22 – Perfil transversal obtido com o Transversoperfilógrafo TUM
(Pereira e Miranda, 1999)

A partir do tratamento dos dados de cada perfil obtido pode avaliar-se a evolução da superfície do pavimento ao longo do tempo, assim como obter a profundidade de rodeiras em cada alinhamento de passagem dos rodados (direita ou berma e esquerda ou eixo). O inconveniente deste tipo de equipamento reside ainda no facto de interferir com o tráfego e realizar uma medida pontual, logo com um rendimento muito baixo, sendo apenas compatível com estudos e observações pontuais.

9.6.3. Equipamentos de Tecnologia Laser e Ultra-sons

O objectivo da maioria dos equipamentos de observação, quanto à velocidade da sua utilização, é permitir a sua normal integração na corrente de tráfego enquanto realizam os ensaios.

Assim, nas últimas décadas têm sido desenvolvidos diversos tipos de equipamentos que, além de integrarem as novas capacidades de observação e de tratamento informático, conseguem realizar os ensaios a velocidade elevada, sem qualquer perturbação do tráfego normal.

Em geral estes equipamentos são constituídos por um veículo do tipo furgão, o qual integra uma barra transversal, junto ao pára-choques dianteiro, a qual suporta emissores-captores de raios laser ou de ultra sons. Cada emissor-captor emite um sinal para o pavimento, possibilitando com a aquisição da resposta e face ao afastamento entre captor-emissor e o pavimento, a reconstituição do perfil transversal do pavimento. Os emissores-captores têm um afastamento entre si de 10 a 20 cm, abrangendo a largura de uma via de tráfego.

A informação obtida em cada captor é registada em ficheiro informático, sendo possível determinar vários factores característicos do perfil transversal. Assim, por exemplo, pode determinar-se a profundidade máxima de cada rodeira e uma área aproximada do perfil transversal de reperfilamento, permitindo definir um "índice de reperfilamento" de grande interesse para determinar de forma mais rigorosa o volume dos trabalhos.

A observação do perfil transversal e dos parâmetros associados (profundidade de rodeiras) pode ser realizada por vários modelos de equipamentos, em geral integrando a observação de vários parâmetros de caracterização do estado dos pavimentos, designados multifunções, como é o caso dos equipamentos ARAN e RST, sem estarem dependentes da operação a uma velocidade constante (Pereira e Miranda, 1999).

Outros equipamentos destinam-se a observar essencialmente o perfil transversal do pavimento, como é o caso do equipamento monofunções francês do LCPC, designado por PALAS (Figura 9.23).

Registo de imagem e tratamento informático

Câmaras vídeo de registo da intercepção do plano luminoso com a superfície do pavimento

giroscópios

Zona de emissão do raio laser formando o plano luminoso

Figura 9.23 – Equipamento PALAS (Pereira e Miranda, 1999)

O equipamento PALAS apresenta as seguintes características:

- largura de observação: 4,00 m;
- resolução transversal: 256 pontos altimétricos observados;
- resolução da rodeira observada: < 2 mm;
- intervalo das observações: 10 metros;
- velocidade de observação: 0 a 90 km/h.

Além da observação do perfil transversal em 256 pontos, com o espaçamento de 10 metros, este equipamento mede ainda a inclinação transversal dos pavimentos, além da medição do raio de curvatura do traçado em planta.

Com estes dados, o sistema PALAS, além de fornecer os valores das rodeiras máximas, do lado da berma e do lado do eixo e da inclinação transversal, calcula ainda a *"altura de água"* potencialmente acumulável na zona das rodeiras.

Este cálculo é realizado através da simulação da colocação da régua de 3 metros sobre cada rodeira. Trata-se de uma informação importante para avaliar o risco de circulação nas zonas de rodeiras elevadas.

Na Figura 9.24 apresenta-se um perfil observado com este equipamento, correspondente a um pavimento com elevada deformação permanente, com profundidade máxima de rodeira de 30,1 mm.

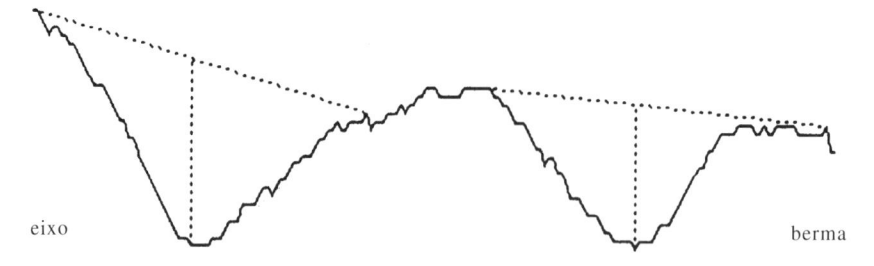

Figura 9.24 – Perfil transversal observado com o equipamento PALAS

9.7. Técnicas de Observação da Textura Superficial

9.7.1. Introdução

A textura superficial de um pavimento constitui uma das suas mais relevantes propriedades para a qualidade funcional, quer quanto à resistência ao deslizamento quer no respeitante à produção de ruído.

A avaliação destas características pode ser realizada através de vários ensaios, dos quais se destacam dois: o ensaio de "mancha de areia" e o ensaio com raios laser, geralmente realizado com equipamentos de designação genérica "Rugolaser".

A seguir descreve-se o essencial de cada um destes ensaios de caracterização da textura superficial de um pavimento.

9.7.2. Avaliação Pontual da Textura – Ensaio da Mancha de Areia

O ensaio da mancha de areia aplica-se a qualquer tipo de pavimento, com camada de betão betuminoso ou betão hidráulico, tendo por objectivo a determinação da profundidade média da macrotextura da superfície da camada de desgaste.

Como macrotextura da superfície de um pavimento considera-se o seguinte: os desvios entre a superfície de um pavimento e uma superfície plana de referência

O ensaio consiste no espalhamento de um determinado volume de material (areia fina, ou esferas de vidro) sobre a superfície do pavimento, determinando-se a profundidade média das depressões da superfície da camada de desgaste do pavimento, uma vez conhecida a área da superfície de espalhamento da areia (Figura 9.25).

Trata-se de um ensaio que não permite avaliar as características da microtextura da superfície do pavimento.

O material necessário para realizar este ensaio é o seguinte:

- recipiente com determinado volume de areia (ou esferas de vidro);
- placa de madeira, circular, com suporte vertical para manuseamento;
- régua ou compasso, para medir um raio até 200 mm.

Para cada zona a caracterizar, o ensaio é realizado em 5 pontos alinhados ao longo do eixo da estrada, afastados 1 metro entre si, devendo-se observar as indicações e passos seguintes:

- o volume e granulometria do material de espalhamento a adoptar é função da textura da superfície do pavimento, de tal forma que o raio do círculo resultante do espalhamento esteja compreendido entre 5 e 18 cm, com o tamanho máximo do agregado não superior à profundidade média obtida;
- quando a superfície do pavimento está húmida, esta deve ser seca com uma chama de aquecedor a gás, por exemplo;
- a superfície a ensaiar deve ser limpa com uma escova, num raio de 25 cm;
- o recipiente do material deve ser preenchido com ligeiro excesso, sendo a seguir compactado com três pancadas laterais; a seguir retira-se o material que ainda esteja em excesso;
- a seguir verte-se todo o material do recipiente no ponto a ensaiar, resultando um volume de forma cónica;
- com a placa de madeira, com movimentos circulares, espalha-se o material procurando-se obter uma superfície aproximadamente circular, com a areia a preencher todas as depressões da superfície do pavimento, até que não seja possível aumentar a superfície de espalhamento;
- finalmente mede-se o raio do círculo obtido para o material espalhado, com a aproximação de 1 mm.

O resultado do ensaio é constituído pela profundidade média de material espalhado, Aa, obtido com a aproximação de 0,05 mm, através da equação 9.3:

$$Aa=V/\pi x R^2 \tag{9.3}$$

em que:

Aa - profundidade média da textura superficial, em mm;

V - volume de material espalhado, em mm^3;

R - raio médio do círculo obtido com o espalhamento do material, em mm.

O resultado do ensaio de uma determinada zona do pavimento é o valor médio de cinco pontos ensaiados.

O ensaio da mancha da areia não fornece uma indicação directa do atrito pneu-pavimento, mas constitui um bom indicador do seu valor potencial, em particular para a circulação em estradas de velocidade elevada, dado que constitui uma medida directa da megatextura da superfície da camada de desgaste do pavimento.

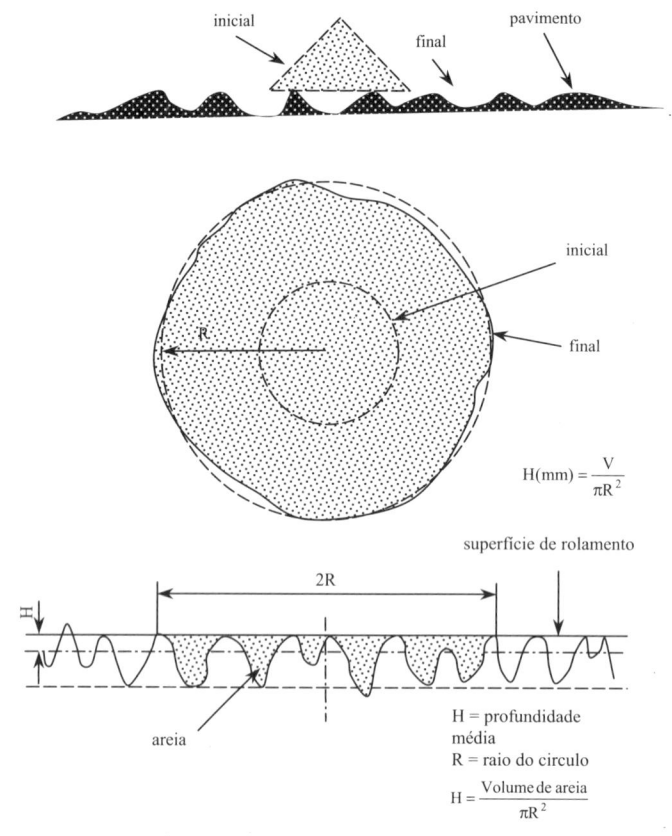

Figura 9.25 – Ensaio da mancha de areia

9.7.3. Avaliação da Textura com Laser

A medição da textura superficial de um pavimento pode ser realizada em contínuo, com equipamento integrado no fluxo normal do tráfego, com velocidade entre 40 e 90 km/h. Um dos vários equipamentos utilizando a tecnologia laser é o RUGO, desenvolvido pelo Laboratoire des Ponts et Chaussées, França.

O equipamento apoia-se num veículo comercial, sendo basicamente constituído por uma fonte emissora de raios laser e por um potenciómetro óptico, que no essencial medem distâncias relativamente à superfície do pavimento.

O princípio de medida consiste em medir e memorizar a cadência elevada a distância entre o equipamento (o emissor laser) e o pavimento no alinhamento das rodas do lado direito do veículo. A medição da textura tem de ser realizada com superfície seca, de modo a não perturbar a aquisição da informação.

O tratamento estatístico dos dados observados permite deduzir as características de rugosidade Rq. A partir destes valores é possível também deduzir o parâmetro "altura de areia" HS (Figura 9.26).

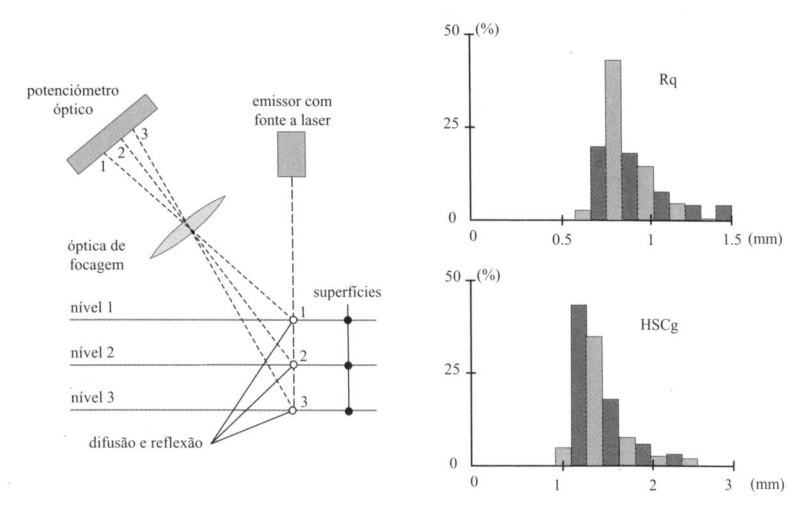

Figura 9.26 – Rugolaser: princípio de medida e resultados

Os resultados obtidos pelo equipamento, com uma precisão da ordem de 90%, correspondem a um valor médio numa extensão de 10 metros (podendo programar-se o equipamento para extensões superiores).

9.8. Técnicas de Observação do Atrito Transversal

9.8.1. Introdução

A medição do atrito proporcionado pela superfície de uma camada de desgaste realiza-se em geral segundo três métodos:
- medição do atrito pontual, sem utilização de pneu;
- medição do atrito longitudinal em contínuo, com pneu bloqueado;
- medição do atrito transversal em contínuo, com pneu livre.

A medição do atrito pontual pode ser realizada com vários métodos, sendo mais utilizado o Pêndulo Britânico e interessa a estudos de pontos localizados do pavimento, ou ainda estudo de agregados em laboratório.

O atrito longitudinal é apreciado através do coeficiente de atrito longitudinal, medido com reboques traccionados a elevada velocidade, com bloqueamento da roda do reboque durante alguns instantes. Neste ensaio mede-se a força desenvolvida na interface pavimento-pneu. Interessa sobretudo à aptidão dos pavimentos à travagem e tem um maior interesse em aeroportos.

O atrito transversal é de maior importância para os pavimentos rodoviários, sendo medido com equipamentos que utilizam pneus fazendo um certo ângulo com a direcção do deslocamento do veículo de ensaio.

Fernando Branco   Paulo Pereira   Luís Picado Santos

É conhecido que o coeficiente de atrito é dependente da velocidade de ensaio e também da macrotextura. Assim, no âmbito da harmonização dos parâmetros de caracterização dos pavimentos, a AIPCR promoveu estudos conducentes ao desenvolvimento de um Índice Internacional de Atrito (IFI), o qual integra o coeficiente de atrito medido à velocidade de referência de 60 km/h (FR60) e uma medida da macrotextura (Sp), de acordo com o modelo apresentado na Figura 9.27.

Assim, considera-se inicialmente um valor do coeficiente de atrito do pavimento, FRS, obtido com um determinado equipamento, a uma dada velocidade de ensaio, S, e um valor da textura, Tx. Com estes dados, através da equação (9.4) corrige-se o valor de FRS em função da velocidade (S) e da textura (Sp), determinando FR60 (velocidade de referência de 60 km/h).

$$FR60=FRS.e^{(S-60)/Sp} \qquad (9.4)$$

com

$$Sp=a+b.Tx, \qquad (9.5)$$

sendo a e b parâmetros específicos da textura e do equipamento e Tx a altura de areia.

Depois, com o valor de FR60 e da textura Tx, através da equação (9.6) determina-se o IFI (F60).

$$IFI=F60=A+B.FR60+C.Tx \qquad (9.6)$$

onde A, B e C são parâmetros específicos de cada equipamento.

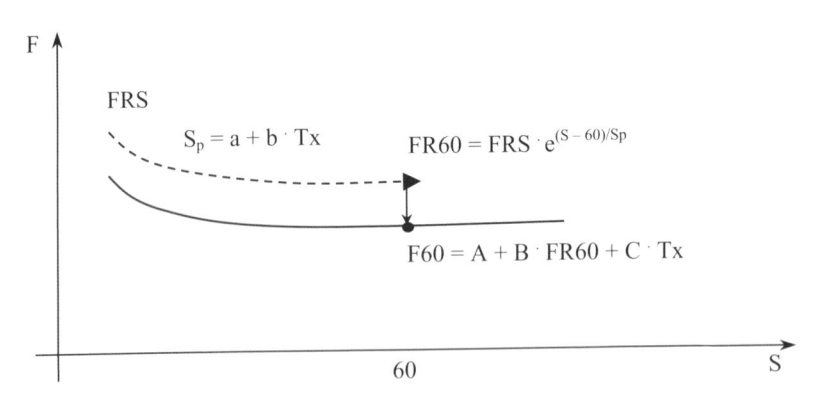

Figura 9.27 – Determinação do IFI (AIPCR / PIARC, 2003)

O parâmetro C é considerado igual a zero para os equipamentos que utilizam um pneu de ensaio liso.

Considerando um determinado equipamento SCRIM encontrou-se o seguinte modelo de cálculo do IFI:

$$IFI=F60=-0,0141+0,875.FR60.e^{(-39,5/Sp)} \qquad (9.7)$$

com

$$Sp=17,63+93.Tx \qquad (9.8)$$

9.8.2. Observação Pontual do Atrito – Pêndulo Britânico

Um dos primeiros equipamentos destinados a avaliar, ainda que pontualmente, o atrito pneu-pavimento foi o Pêndulo Britânico (Figura 9.28) já referido no Capítulo 4. Trata-se de um ensaio do "tipo pendular", permitindo a medição, localizada, do coeficiente de atrito cinemático, através da avaliação da energia absorvida por atrito, quando uma superfície de borracha do pêndulo desliza sobre o pavimento, ou sobre uma amostra de material a ensaiar.

As características do pêndulo permitem que este simule o desempenho de um veículo a travar numa superfície de pavimento molhada, à velocidade de 50 km/h.

A grandeza obtida com este ensaio é o valor BPN (British Pendulum Number), representando indirectamente o atrito transversal que se obteria entre pneu e pavimento.

Os valores mínimos que devem ser obtidos, de acordo com a Road Note 27 (RRL, 1963) devem situar-se entre 45 (para estradas em geral) e 65 (para zonas particulares, como rotundas e trechos de forte inclinação, aproximação a semáforos).

A constituição básica deste equipamento é a seguinte:

- base horizontal de apoio e nivelamento, e coluna de suporte do pêndulo e do quadrante da escala de medida;
- pêndulo com braço de rotação articulado na coluna vertical fixa na base, com o deslizador na extremidade livre, simulador da superfície de um pneu;
- quadrante vertical, fixo na coluna vertical, contendo a escala de medida.

Os resultados obtidos com este equipamento não são necessariamente proporcionais aos resultados da resistência ao deslizamento obtidos com outros equipamentos.

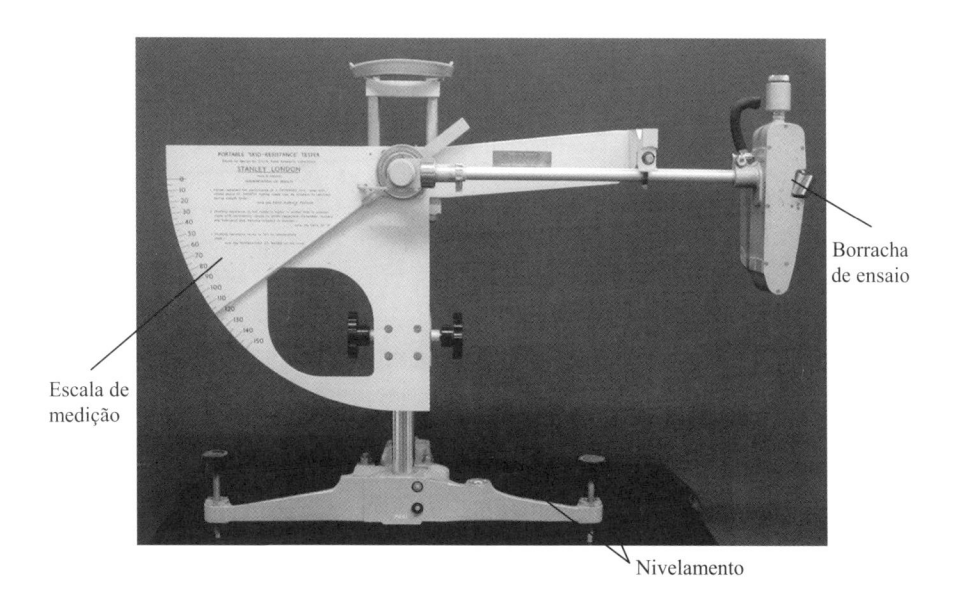

Figura 9.28 – Pêndulo Britânico

O procedimento de ensaio consiste em deixar tombar o braço do pêndulo, a partir da sua posição horizontal, e registar o valor da escala correspondente à sua altura máxima depois de ter rodado em torno do seu eixo horizontal de apoio e ter actuado sobre a superfície do pavimento. O atrito entre a borracha do pêndulo e a superfície do pavimento provoca uma perda de energia do pêndulo, a qual será proporcional às características de rugosidade (microrugosidade) dessa superfície.

O pavimento a ensaiar deve ser previamente inspeccionado, para uma caracterização completa do seu estado de conservação.

Para cada ponto do pavimento, realiza-se uma série de cinco ensaios, registando-se em cada um a leitura da escala do equipamento, arredondada para o valor inteiro mais próximo. Para cada um destes ensaios, previamente deve molhar-se a superfície do pavimento.

Quando a diferença entre as cinco leituras for superior a três unidades BPN continua-se a repetir o ensaio até que se verifiquem três observações consecutivas com o mesmo valor, adoptando-se este valor como o resultado do ensaio, o qual se expressa em percentagem.

O coeficiente de atrito de um pavimento é mais elevado no Inverno que no Verão, quer devido à variação das características da superfície do pavimento, quer devido à variação do desempenho dos pneus.

A variação observada depende das características dos materiais e das condições climáticas. Por estas razões em cada ensaio deve ser medida a temperatura da água à superfície do pavimento, de modo a permitir a normalização dos resultados obtidos, considerando a temperatura de referência do ensaio de 20 °C.

Assim, a norma deste ensaio define um coeficiente de correcção do resultado de ensaio, o qual é positivo para temperaturas de ensaio superiores a 20 °C e negativo para temperaturas inferiores a 20 °C.

9.8.3. Observação em Contínuo do Atrito

Nos últimos anos tem havido uma tendência generalizada para desenvolver equipamentos de medida do coeficiente de atrito (atrito potencial), os quais se integram normalmente no fluxo normal de tráfego, obtendo-se deste modo valores com maior representatividade da situação normal de circulação.

Dentro desse tipo de equipamentos o mais utilizado tem sido o SCRIM (Sideway Force Coefficient Routine Investigation Machine). Este equipamento permite medir o coeficiente de atrito transversal (CAT) do pavimento, em contínuo, à velocidade de 60 km/h nas estradas e de 100 km/h nas auto-estradas. A precisão do aparelho, tendo em conta todas as causas de erro, conduz a um erro de 5 a 10% (Pereira e Miranda, 1999).

O coeficiente de atrito transversal é a razão entre a força N horizontal, perpendicular ao plano de rotação da roda de medida e a acção vertical F, normal ao pavimento, que a massa suspensa exerce sobre a roda com o valor de 200 kgf (Figura 9.29).

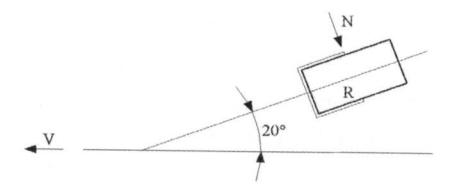

V - sentido de deslocação do equipamento
N - acção transversal
R - reacção vertical (200 Kg)

Figura 9.29 – SCRIM: Princípio de medida do atrito transversal
(Pereira e Miranda, 1999)

A partir do momento que um pavimento está molhado, o atrito decresce rapidamente e varia muito em função do tipo de pavimento. Assim, e para tornar a medida mais selectiva, o pavimento é molhado na zona de contacto da roda de medida com uma película de água de 0.50 mm. Para aumentar a selectividade e obter dados independentes do estado do pneu de medida, este é liso, obtendo-se assim também uma boa reprodutibilidade das medições.

O pavimento é ensaiado com um passo de 20 metros (podendo ser de 5,1 a 20 m). O sistema de aquisição determina para cada intervalo de 20 metros, durante oito intervalos de tempo iguais, os valores do CAT, a velocidade de medida, assim como a média destes valores. Estes dados, assim como outros relativos à referenciação das medidas são registados em suporte magnético.

Os valores correntemente obtidos com o SCRIM, para pavimentos com camadas de desgaste constituídas por misturas betuminosas tradicionais, podem variar numa gama de 0,65 a 0,8 para pavimentos em bom estado, sendo possível obter valores muito inferiores, até mínimos de 0,20, em pavimentos muito polidos.

Baseado em princípio análogo ao do SCRIM, existem outros equipamentos, como o Mu-meter concebido especialmente para ensaios em aeródromos.

Também há equipamentos para medição do atrito longitudinal, usando para isso uma roda parcialmente bloqueada, que rola no sentido do movimento. O equipamento Grip-tester é representativo deste sistema de medição.

9.9. Metodologia de Observação

9.9.1. Introdução

A observação de um pavimento deve ser realizada segundo um plano bem definido tendo em devida conta, entre outros factores, dois fundamentais: os objectivos da observação e os meios humanos e materiais disponíveis.

Em função dos diversos objectivos, poder-se-á definir uma metodologia de observação periódica ou preventiva, ou uma metodologia de observação patológica.

Além destas duas metodologias principais ainda pode ser considerada outra, a observação de investigação, esta definida especificamente para determinado projecto de investigação. No primeiro caso trata-se da recolha sistemática de dados, para avaliar periodicamente o estado de conservação dos pavimentos da rede rodoviária e a sua evolução, utilizando-se também esses dados em estudos de investigação.

Para a metodologia de observação patológica, a partir de informações gerais da metodologia anterior, o que se pretende é a realização de estudos mais aprofundados de certos trechos da rede rodoviária, com vista ao apoio ao estudo de soluções de conservação. Trata-se afinal de duas metodologias que no seu conjunto constituem um todo, interessando a todas as fases de análise do pavimento rodoviário.

Um aspecto fundamental de uma metodologia de observação periódica são os dados iniciais do pavimento, ou seja o conjunto de medidas ou informações que permitem caracterizar objectivamente o estado inicial do pavimento, quer se trate de um pavimento novo ou de um pavimento existente que entretanto foi objecto de uma acção de reabilitação.

Estes dados constituem uma informação essencial para a interpretação dos dados que forem sendo obtidos ao longo da vida do pavimento. A este conjunto de dados chama-se por vezes "ponto zero" do pavimento (Pereira e Miranda, 1999)

Uma questão fundamental que se coloca à observação dos pavimentos rodoviários é a escolha entre duas opções: (i) observar toda a extensão de um itinerário, ou (ii) proceder à observação por amostragem. Nesta segunda opção procede-se a uma observação mais completa dos trechos escolhidos que terão de ser representativos da rede rodoviária. Trata-se de uma questão que de modo algum é pacífica.

A limitação de meios humanos e materiais e a necessidade de um compromisso entre o custo da observação e a sua precisão, conduzem a adoptar em geral a observação por amostragem, particularmente quando se trata de redes rodoviárias muito extensas.

Os principais aspectos a analisar numa metodologia de observação, são os seguintes:

- selecção dos trechos a observar;
- frequência das observações;
- dados complementares.

A seguir analisam-se cada uma das componentes da metodologia de observação.

9.9.2. Selecção dos Trechos a Observar

O desenvolvimento de um "plano de observação da rede" requer a identificação de trechos homogéneos relativamente a um determinado conjunto de factores, a seguir definidos. Numa primeira fase delimitam-se diferentes trechos no interior de cada itinerário ou estrada. Estes trechos devem ser homogéneos relativamente a certas características (critérios ou factores de homogeneidade). Em geral os factores de homogeneidade mais relevantes para delimitar trechos homogéneos são:

- densidade do tráfego;
- tipo de pavimento;
- início e fim de um distrito;
- início e fim dos projectos de construção;
- início e fim de um trecho de observação periódica;
- intersecção com uma estrada importante.

A identificação destes trechos que passam a constituir unidades da rede a observar, permite uma análise mais completa de todos os dados observados. Com esta sub-divisão da rede é mais fácil analisar um determinado estado do pavimento, relativamente a um conjunto de parâmetros observados, assim como é possível apoiar a decisão ao nível de projecto na escolha de uma solução de conservação.

Para a definição de um plano de observação por amostragem é necessário ter um adequado conhecimento do pavimento, delimitando-se "sub-trechos" homogéneos. Esta é uma das fases mais importantes da metodologia de observação; a falta de representatividade dos sub-trechos anula a validade dos resultados observados. Assim, procura definir-se no interior de cada trecho homogéneo, anteriormente delimitado, sub-trechos a observar por amostragem, para serem realizadas as medidas dos parâmetros representativos do seu estado em toda a sua extensão.

Os critérios de homogeneidade a considerar para a selecção e delimitação dos sub-trechos homogéneos são os seguintes:

- início e fim de um trecho;
- constituição da estrutura do pavimento (camadas; espessura, materiais);
- solo de fundação;
- características da drenagem;
- estado de degradação do pavimento.

Relativamente à extensão máxima dos trechos e sub-trechos a observar não há regras absolutas, mas existem certos limites adoptados para os sub-trechos. A extensão dos trechos homogéneos é em grande medida função das características da estrada, de acordo com os critérios de homogeneidade.

A extensão e distribuição ao longo dos sub-trechos homogéneos a observar, tem uma importância fundamental quanto à qualidade de análise dos resultados da observação.

Tratando-se de uma observação por amostragem, o peso e distribuição da "amostra" relativamente à "população" que se pretende representar têm uma grande importância. Assim, o sub-trecho não deverá ser demasiado extenso, de modo a que a dispersão dos resultados obtidos permita obter valores consistentes ou homogéneos. Além disso, não deverá ser muito curto, para que possa ser considerado representativo do trecho. Em geral, recomendam-se sub-trechos de 200 a 500 metros.

No entanto, para ter em devida conta a representatividade do trecho a avaliar com a observação por amostragem, deve indicar-se, além dos limites inferior e superior, uma certa percentagem da extensão do trecho (% de amostragem). Essa percentagem será em

Fernando Branco   Paulo Pereira   Luís Picado Santos

grande medida dependente dos meios materiais, humanos e financeiros disponíveis e atribuídos a esta actividade. Pode considerar-se como adequada uma percentagem de amostragem entre 5% e 25%. A percentagem a adoptar será também função das classes da rede e da sua heterogeneidade relativamente aos critérios de homogeneidade.

Uma vez seleccionados os trechos ou os sub-trechos a observar, é muito importante a respectiva identificação "in situ" e em gabinete, sobretudo tendo em atenção o grande número de sub-trechos que em geral são determinados, assim como a necessidade destes serem devidamente localizados "in situ" para observações futuras.

A identificação dos trechos e sub-trechos pode ser realizada por:
- localização geográfica;
- número de itinerário, estrada e marco quilométrico apoiado num sistema de referenciação;
- número do trecho, ou sub-trecho, colocado no seu interior (marca gráfica e numérica no pavimento);
- através de GPS.

Saliente-se que para uma eficaz gestão rodoviária, é necessário que a localização dos trechos e sub-trechos de observação tenha perfeita correspondência com a localização definida na fase de projecto, construção e de conservação. Trata-se de uma exigência base para a instalação e operação de uma Base de Dados Rodoviários (BDR).

9.9.3. Frequência da Observação

A frequência da observação deve ser adaptada às necessidades reais de dados, aos meios disponíveis, ao tipo de estudo pretendido e ao estado dos pavimentos. Além disso, essa frequência deverá necessariamente ter em conta os conhecimentos relativos à evolução dos diferentes parâmetros de estado.

Em muitos sistemas de gestão a periodicidade geralmente adoptada é de dois anos. No entanto, para os diferentes parâmetros caracterizadores do estado do pavimento, devem ser adoptados diferentes períodos de observação, em função da sua evolução e influência na qualidade estrutural e funcional do pavimento. Para cada parâmetro refere-se a seguir a frequência considerada mais adequada (Pereira & Miranda, 1999).

Deflexão: Em geral a periodicidade adoptada é de 2 a 4 anos. Adoptam-se 2 anos para um período inicial de observação, de modo a confirmar o bom comportamento da estrutura, alargando esse período nos anos seguintes para 4 anos.

No entanto, no final da vida da estrutura do pavimento pode ser conveniente fazer um acompanhamento mais frequente, por exemplo todos os 2 anos ou mesmo anualmente.

Degradações: Em geral a periodicidade adoptada é de 2 anos. No final da vida da estrutura pode ser conveniente fazer um acompanhamento mais frequente, por exemplo todos os anos.

Irregularidade: Este parâmetro não evolui rapidamente com o tempo. Assim, o intervalo de 2 anos nos dois primeiros períodos deverá passar para 4 anos nos períodos seguintes.

Aderência: Este parâmetro apresenta uma evolução sensível nos primeiros anos para depois evoluir lentamente. Por isso será recomendável que a periodicidade no primeiro período seja de 1 ano, durante 2 anos, de modo a detectar eventuais zonas com evolução anormal, passando depois para períodos de 4 anos.

Como indicação geral, pode adoptar-se a sequência de observação apresentada no Quadro 9.1, a qual deverá ser revista em função dos resultados obtidos na fase inicial.

Quadro 9.1 – Frequência da observação (Pereira e Miranda, 1999)

Parâmetro	Frequência de observação				
Deflexão	n	n+2	n+6	n+10	n+12
Degradações	n	n+2	n+4	n+6	n+8
Irregularidade	n	n+2	n+6	n+10	n+14
Atrito	n	n+1	n+5	n+9	n+13

(n) - ano de entrada em serviço

9.9.4. Dados Complementares

Em qualquer estudo de observação dos pavimentos rodoviários há a considerar dois tipos de dados: os dados que caracterizam o estado do pavimento (parâmetros de estado, ou variáveis dependentes) e os dados relativos a esse pavimento, que permitem explicar o seu comportamento (variáveis explicativas ou independentes). Para a análise objectiva dos resultados de observação dos pavimentos há um conjunto de dados complementares que devem incluir:

- as características geométricas (traçado em planta e em perfil);
- o tráfego;
- os acidentes;
- as características de todos os trabalhos realizados;
- as condições climáticas.

Este conjunto de dados, em princípio, deve fazer parte da base de dados, constituindo informação fundamental para a correcta programação de qualquer campanha de observação e análise da evolução dos pavimentos.

9.10. Referências Bibliográficas

AIPCR/PIARC, 2003. *Evaluation of Investigations into the Applications of the IFI.* Routes / Roads, 2003; nº 318 – II. Paris.

AIPCR/PIARC, 2003. *Surface Characteristics*. Paris.

Arnberg, P.W., Burke, M.W., Magnusson, G., Oberholzer, R., Rahs, K, Sjogreen, L., 1991). *The Laser RST: Current Status.* Swedish Road and Transport Research Institute (VTI), 372A:6, p. 161-203, VTI Rapport, Linkoping.

Corté, J.-F., 1999. *Exigences d'uni pour les chaussées: evolutions et conséquences.* Proceedings of the International Symposium on the Environmental Impact of Road Pavement Unevenness, pp 61-76, Porto.

Delanne, Y., 1997. *Uni des chaussées et confort vibratoire des véhicule.* Laboratoire Central des Ponts et Chaussées, Nantes.

FORMAT – Fully Optimised Road Maintenance, 2004. Assessment of High Speed Monitoring Equipment. FORMAT WP6 Report. Brussels.

Freitas, E., 1999. *Estudo da Evolução do Desempenho dos Pavimentos Rodoviários Flexíveis.* Trabalho de Síntese de Provas de Aptidão Pedagógica e de Capacidade Científica, Universidade do Minho, Braga.

Janoff, M., 1990. *The prediction of pavement ride quality from profile measurements of pavement roughness.* Surface Characteristics of Roadways: International Research and Technologies, ASTM STP 1031, W. E. Meyer and J. Reichert, Eds., American Society for Testing and Materials, pp 250-267, Philadelphia,.

Jendrika, W., 1992. *L'uni des chaussées vu avec le nouvel APL.* Session Caractéristiques des Surfaces de l'ENPC, Nantes.

Markov, M. et al., 1988. *Analysing the Interactions Between Dynamic Vehicle Loads and Highway Pavement.* TRB Record 1196.

Molenaar, A., 1994. *State of the Art of pavement Evaluation.* Keynote presented at the fourth international conference "Bearing Capacity of Roads and Airfields, Delft, Netherlands.

Pereira, P.; Delanne, Y., 1999. *Caracterização da Irregularidade Longitudinal dos Pavimentos Rodoviários – Definição de Especificações.* Universidade do Minho, Braga.

Pereira, P.; Miranda, C., 1999. *Gestão da Conservação dos Pavimentos Rodoviários.* Universidade do Minho, Braga.

Road Research Laboratory, 1969. *Rode Note 27 – Instructions for using the portable skid resistance tester.* London.

Roque, R.; Ruth, B.; Sewick, S., 1998. *Limitations of Backclaculation and Improved Methods for Pavement Layer Moduli Predictions.* The 5th International Conference on the Bearing Capacity of Roads and Airfields, Vol. I, pp 409-417, Trondheim.

Fernando Branco   Paulo Pereira   Luís Picado Santos

Sayers, M.; Karamihas, S., 1995. *The little book of profiling - Basic Information about measurement and interpreting road profiles.*

SHRP - Strategic Highway Research Program, 1990. *Distress Identification Manual for the Long-Term Pavement Performance Studies.* SHRP - NRC.

Fernando Branco   Paulo Pereira   Luís Picado Santos

Capítulo 10
TÉCNICAS DE CONSERVAÇÃO E DE REABILITAÇÃO DE PAVIMENTOS RODOVIÁRIOS

10.1. Introdução

10.1.1. A Importância da Conservação de Pavimentos

Os pavimentos rodoviários, uma vez construídos, sob a acção do tráfego e das condições climáticas, vão-se degradando ao longo do tempo. As diversas degradações têm uma relação entre si, influenciando o respectivo modo e velocidade de evolução.

Por sua vez, certas degradações influenciam o modo de aplicação das cargas, provocando o aumento significativo das cargas dinâmicas aplicadas ao pavimento, as quais por sua vez aumentam a velocidade de evolução das degradações.

Outra consequência importante da existência de degradações dos pavimentos é a que resulta para a qualidade de circulação dos veículos, em particular os ligeiros e, por consequência, para os utentes rodoviários.

Assim, da existência das degradações decorrem dois tipos de interferência com a qualidade do pavimento: (i) com a aptidão do pavimento para suportar as cargas dos veículos, sob determinadas condições climatéricas (qualidade estrutural); (ii) com a qualidade de circulação captada pelos utentes rodoviários (qualidade funcional).

Neste contexto, uma vez construído um pavimento, é fundamental estabelecer um Programa de Acompanhamento da sua evolução, para apoiar a decisão de intervir em determinada altura, de modo a repor a sua qualidade. Estas intervenções constituem a actividade de Conservação/Reabilitação de pavimentos rodoviários, a seguir genericamente designada apenas por Conservação.

Assim, a conservação dos pavimentos tem por objectivo manter a sua qualidade funcional e estrutural ao longo do seu período de vida, procurando optimizar uma determinada função, de qualidade máxima, face a determinados recursos financeiros, ou de custo mínimo, considerando determinados padrões de qualidade.

Conclui-se portanto que a actividade de conservação de pavimentos é fundamental para preservar um património valioso e manter um nível de serviço que ofereça ao utente as melhores condições de circulação: segurança, conforto e reduzidos custos de circulação.

Fernando Branco   Paulo Pereira   Luís Picado Santos

Apesar desta importância a atribuir à actividade da conservação, historicamente, em qualquer país, durante muitas décadas, foi a actividade da construção de pavimentos novos que sempre teve o maior protagonismo, quer quanto aos recursos financeiros, quer mesmo quanto à importância política.

Esta situação decorre em grande medida das redes rodoviárias terem tido uma fase de construção desenvolvida durante muitas décadas.

Em Portugal, devido ao crescimento da Rede Rodoviária, os investimentos na construção nova (principalmente IP's e IC's), maioritários até recentes anos, estão a dar lugar a um maior crescimento no domínio da Conservação/Reabilitação. Entretanto, como acontece noutros países mais desenvolvidos, com a aproximação da conclusão do plano rodoviário, a área de conservação passará a receber a maior parcela dos investimentos, sendo que a parte preponderante será para a conservação dos pavimentos.

A actividade da conservação dos pavimentos compreende, além de outras actividades preparatórias e complementares, a execução de uma ou várias camadas sobre o pavimento existente, em geral constituídas por uma mistura de agregados naturais e ligantes betuminosos. A execução de cada uma destas camadas, considerada por si só, pode ser considerada uma "técnica de conservação".

Face ao elevado número de situações de um pavimento candidato à conservação, nomeadamente no respeitante à constituição do pavimento e ao seu estado de degradação, assim como quanto às solicitações, em geral existe também um elevado número de opções de técnicas de conservação.

Assim, de modo a apoiar o desenvolvimento de diferentes estratégias de conservação – combinação de técnicas de conservação – é fundamental obter um conhecimento aprofundado da constituição de cada técnica de conservação e, em particular, do seu comportamento ao longo do tempo. Este conhecimento, além dos estudos teóricos e experimentais a realizar numa primeira fase em laboratório, obtém-se em particular com o acompanhamento da execução de cada uma das técnicas e da observação do seu comportamento ao longo do tempo.

10.1.2. Os Diferentes Tipos e Técnicas de Conservação

Este capítulo trata do tema das Técnicas de Conservação e de Reabilitação dos pavimentos rodoviários, o que já pressupõe uma separação entre o domínio da Conservação e o da Reabilitação.

Entretanto, do ponto de vista do significado literal das duas palavras, Conservação significa manter no estado actual, enquanto que Reabilitação corresponde a recuperar o estado inicial.

Tendo em conta a evolução contínua dos pavimentos e que as "intervenções para melhorar a sua qualidade" são feitas sempre com um certo intervalo entre si, conclui-se que qualquer dessas acções conduzirá a procurar fazer com que o pavimento recupere a sua qualidade inicial, mesmo que por vezes apenas parcialmente.

Neste contexto nunca haveria lugar a manter o estado actual, mas a recuperar o estado inicial, havendo apenas lugar a falar de Reabilitação.

Assim, em princípio considera-se que uma intervenção é de Conservação quando pretende repor a qualidade (estrutural e/ou funcional) que o pavimento tinha na sua abertura ao tráfego. Por sua vez, há lugar a falar de Reabilitação quando se intervém com o objectivo de promover uma melhoria das características, essencialmente estruturais, do pavimento, face a novas solicitações para um novo período de vida, nomeadamente com um tráfego mais elevado que o considerado no período anterior.

Entretanto, frequentemente, num sentido mais lato, apenas se refere o termo Conservação sem este tipo de separação.

Outro tipo de classificação da conservação está relacionado com o domínio da qualidade do pavimento que se pretende melhorar. Assim, neste caso pode considerar-se, por um lado a conservação da qualidade (ou da característica) funcional, por outro a conservação da qualidade (ou da característica) estrutural.

A conservação, ou reabilitação, das características funcionais tem por objectivo repor as características da superfície (por este motivo também se designam por características superficiais), quer quanto à respectiva textura (em relação directa com o atrito e logo com as condições de segurança), quer quanto à regularidade (longitudinal e também transversal). Entretanto, este tipo de intervenção terá também efeitos sobre o comportamento estrutural do pavimento.

A conservação, ou reabilitação das características estruturais procura atender ao objectivo de dotar a estrutura do pavimento de capacidade resistente, considerando um determinado período de vida e condições de solicitação. Esta reabilitação terá em conta o estado actual do pavimento, e em particular o seu previsível estado futuro, após a reabilitação, considerando nomeadamente a nova qualidade das suas camadas, em particular as granulares e o solo de fundação, por exemplo, em função da melhoria das condições de drenagem interna.

É de salientar que uma intervenção estrutural é realizada de tal modo que são corrigidas as deficiências funcionais, nomeadamente as de regularidade, dado que as da sua textura são automaticamente renovadas face à execução de novas camadas, no mínimo de uma camada de desgaste. Deste modo, conclui-se que todas as intervenções para melhorar o estado de um pavimento existente comportam em si uma reabilitação das suas características superficiais.

Relativamente à cadência das intervenções de conservação, em relação com a respectiva estratégia de conservação, considera-se ainda a seguinte classificação: (i) conservação periódica; (ii) conservação corrente.

A conservação periódica compreende a realização programada de intervenções com uma determinada periodicidade, podendo incluir uma estratégia de conservação preventiva ou uma estratégia de conservação com a realização de reforços periódicos.

A conservação preventiva consiste na execução de acções de conservação, constituídas por camadas de reduzida espessura, com o objectivo de atenuar o efeito da progressão de degradações que entretanto estão ainda na sua fase inicial (por exemplo fendilhamento), de modo a manter a qualidade do pavimento ao longo do seu período de vida. Estas acções de conservação incluem trabalhos como a realização de camadas de desgaste de reduzida espessura para reabilitar as características superficiais iniciais, ou seja, a textura (micro e macro), ou camadas mais espessas para recuperar a regularidade transversal e longitudinal. A realização de qualquer destas camadas terá como consequência a impermeabilização do pavimento.

Este tipo de intervenção constituirá, em princípio, a melhor estratégia, quer quanto aos custos para a administração, quer relativamente as custos para o utente, dado que se trata de intervenções de curta duração, logo com reduzida interferência na alteração do tempo de percurso durante a realização dos trabalhos.

Quando se trate de trechos de estrada com tráfego intenso, com elevado número de utentes, esta poderá não ser a melhor estratégia devido ao elevado custo acumulado para os utentes, face às intervenções com reduzidos intervalos entre si.

Neste caso, a alternativa poderá ser constituída pela realização de reforços estruturais, relativamente espessos e programados para serem executados em intervalos regulares (normalmente, de 5 em 5 ou 10 em 10 anos).

A situação mais corrente da reabilitação dos pavimentos da rede rodoviária nacional é constituída por esta última "estratégia", não havendo uma estratégia assumida de carácter preventivo. Estas intervenções são frequentemente realizadas já numa fase em que o valor estrutural do pavimento desceu a níveis muito reduzidos (reduzida "vida residual"). Esta situação acontece porque não houve lugar a um acompanhamento da evolução da qualidade do pavimento, com a programação dos trabalhos de reabilitação, em particular de carácter estrutural.

Por sua vez, a conservação corrente, inclui a realização de trabalhos de manutenção de outras componentes para além do pavimento, como sejam a manutenção do bom estado das bermas (regularidade e impermeabilidade), a manutenção dos sistemas de drenagem e de sinalização.

Além disso, ao nível da superfície do pavimento, a conservação corrente compreende a selagem de fendas ou mesmo a realização de camadas de impermeabilização, estas já de carácter preventivo, a reparação de covas e a realização de saneamentos de zonas particulares do pavimento, quer ao nível da camada de desgaste, quer mesmo abrangendo todas as camadas da sua estrutura.

Quando não há lugar à adopção de uma correcta estratégia de conservação preventiva é ao nível da conservação corrente que se vão procurar executar certos trabalhos de carácter pontual, devido ao aparecimento de patologias prematuras localizadas (conservação curativa).

Estes trabalhos, além da reparação de covas, podem ainda ser constituídos por saneamentos, quer ao nível da camada de desgaste, quer mesmo abrangendo outras ou todas as camadas da estrutura do pavimento. Neste caso já se pode classificar estas intervenções como reparações ou reconstruções do pavimento. Estas reparações devem ser realizadas segundo determinadas condições, sob pena de constituírem zonas de patologias prematuras e logo de evolução acelerada.

Fernando Branco   Paulo Pereira   Luís Picado Santos

Por sua vez, as técnicas de reabilitação das características superficiais, melhoram o modo de actuação das cargas (casos do reperfilamento, para a melhoria da regularidade) e a curto ou médio prazo melhoram também as características estruturais (caso da melhoria do comportamento do solo de fundação e das camadas granulares).

Além destes dois grupos de técnicas de conservação, neste capítulo é ainda dada particular atenção à técnica da reciclagem de pavimentos, a qual constitui um domínio da reabilitação que está a conhecer um desenvolvimento apreciável.

10.2. Técnicas de Reabilitação das Características Superficiais

10.2.1. Considerações Gerais

As técnicas de reabilitação das características superficiais dos pavimentos rodoviários flexíveis aplicam-se ao nível da camada de desgaste, de modo a recuperar as características funcionais iniciais do pavimento. Estas técnicas devem ser aplicadas em pavimentos com boas condições estruturais.

As novas camadas devem reabilitar certas características funcionais que melhorem a segurança (rugosidade), o conforto (regularidade longitudinal e transversal) e a impermeabilidade da camada de desgaste. A redução do ruído é outra característica procurada, especialmente em locais urbanos. Certas técnicas oferecem outras características, como é caso de uma camada drenante, a qual diminui a projecção de água, aumentando a segurança e o conforto.

Como princípio geral, deve estudar-se o estado do pavimento a reabilitar e, em seguida, escolher a técnica que melhor se adapte às condições do pavimento e à estratégia de conservação adoptada.

A seguir referem-se, por um lado as técnicas consistindo na construção de camadas de desgaste, cujo objectivo é melhorar a textura superficial, assim como as condições de impermeabilidade, e por outro as técnicas cujo principal objectivo é o reperfilamento prévio do pavimento existente, sendo dado particular atenção às primeiras.

A maior parte das técnicas utilizadas nas acções de reperfilamento também podem ser utilizadas na reabilitação das características estruturais, quer ao nível da camada de regularização, quer ao nível da camada de base.

Das técnicas de reabilitação das características superficiais (reabilitação da camada de desgaste) nesta secção serão apresentadas as que aplicam os seguintes materiais:

- Revestimentos superficiais;
- Microaglomerado betuminoso a frio;
- Lama asfáltica (Slurry seal);
- Microbetão betuminoso rugoso;
- Argamassa betuminosa.

Além destas técnicas ainda se podem considerar outras dentro do domínio das espessuras reduzidas, da ordem de 1 a 3 cm, como o betão betuminoso muito delgado –

poderão ser consideradas outras técnicas como o uso do betão drenante (esta também como técnica de pavimentos novos) e a termorregeneração (esta da domínio da reciclagem).

Cada uma destas técnicas apresenta determinadas características próprias e domínios de aplicação, requerendo a sua aplicação um cuidado estudo de cada caso nomeadamente quanto ao estado do pavimento e categoria da estrada.

A seguir, para um conjunto representativo destas técnicas, apresentam-se diversos quadros, onde se referem os domínios de aplicação, as vantagens e as desvantagens e as características de cada técnica referida, indicando-se também o custo relativo e a espessura de aplicação.

No Quadro 10.1 apresenta-se inicialmente a espessura geralmente utilizada em cada uma das técnicas, que varia de 1 cm nos revestimentos superficiais até 4 cm na camada drenante. O custo relativo, tomando como base o menor custo que é o dos revestimentos superficiais, tem um valor cerca de 2,5 a 3 vezes superior para a maioria das técnicas, subindo até 4 vezes mais para a técnica da termorregeneração.

Quadro 10.1 – Características e domínios de aplicação técnicas de reabilitação funcional de pavimentos rodoviários flexíveis (Brosseaud, 1994)

Características de aplicação	Técnica utilizada				
	Revestimento superficial	Microbetão a frio	Termorregeneração	Betão betuminoso drenante	Microbetão betuminoso rugoso
Espessura utilizada	<1	<1,5	2 a 4	3 a 4	2 a 3
Custo relativo	1	2,5 a 3	3,5 a 4	3 a 3,5	2,5 a 3
Domínios de aplicação					
Auto-estradas e vias rápidas	0	0	+	++	++
Vias de tráfego elevado	+	+	+	++	++
Vias de tráfego ligeiro	++	+	0	0	+
Vias urbanas	0	++	0	++	++

0: técnica mal adaptada; +: técnica aceitável; ++: técnica bem adaptada

A seguir, no mesmo quadro indicam-se os domínios de aplicação de cada técnica (tipo de estrada e intensidade do tráfego). Conclui-se que o microbetão betuminoso rugoso e a camada drenante têm uma maior aplicabilidade, excepto nas vias de tráfego ligeiro, onde os revestimentos superficiais são a técnica mais aconselhável.

O microbetão a frio é aconselhável para vias urbanas e o microbetão betuminoso rugoso para as auto-estradas, vias rápidas e vias de tráfego elevado.

No Quadro 10.2 são apresentados os principais problemas no fabrico de cada mistura e na execução de cada técnica, sendo indicadas as suas vantagens e desvantagens. Os principais problemas devem-se a más condições climáticas aquando da realização da camada, quer para os revestimentos superficiais quer para a termorregeneração e ao risco de rejeição de agregado e incomodidade para o utente devido à projecção de gravilhas nos revestimentos superficiais.

Quadro 10.2 – Vantagens e desvantagens das técnicas de reabilitação funcional de pavimentos rodoviários flexíveis (Brosseaud, 1994)

Problemas que surgem no fabrico e execução	Técnica utilizada				
	Revestimento superficial	Microbetão a frio	Termorregeneração	Betão betuminoso drenante	Microbetão betuminoso rugoso
Condições climáticas	0	++	0	+	+
Dificuldade de execução	++	++	+	+	+
Incómodo ao utente	0	+	+	++	++
Risco de rejeição dos agregados	0	+	++	++	++

0: ponto fraco; +: médio; ++: ponto forte

No Quadro 10.3 são apresentadas as características superficiais resultantes da aplicação de cada técnica, assim como os pontos fortes e fracos. Pode observar-se, por exemplo, que o microbetão betuminoso rugoso apresenta o melhor comportamento, sem nenhum ponto fraco. Os revestimentos superficiais são a técnica com menores custos, mas também com o maior número de pontos fracos, embora ofereçam uma excelente impermeabilização e aderência.

Além das técnicas agora analisadas, existem outras, também utilizadas na reabilitação das características superficiais, mas que são empregues, quer na construção de camadas de pavimentos novos, quer na reabilitação estrutural, ao nível das camadas de base, regularização ou camada de desgaste.

A seguir, de modo sucinto, referem-se as técnicas que já foram apresentadas no Capítulo 5, mas também com potencial de aplicação como reabilitação das características superficiais.

O betão betuminoso constitui um dos materiais da família das "misturas betuminosas a quente", que é mais utilizado em camada de desgaste.

O uso de betão betuminoso drenante é uma técnica que consiste na execução de uma camada de desgaste normalmente com 4 cm de espessura, tendo uma alta percentagem de vazios (22 a 26 %), de tal forma que permite que a água possa circular entre os vazios comunicantes.

Quadro 10.3 – Características das técnicas de reabilitação funcional de pavimentos rodoviários flexíveis (Brosseaud, 1994)

Características ou comportamento obtido	Técnica utilizada				
	Revestimento superficial	Microbetão a frio	Termorregeneração	Betão betuminoso drenante	Microbetão betuminoso rugoso
Aderência imediata	++	+	+	+	++
Aderência após 3 anos	+	+	+	++	++
Impermeabilização	++	+	+	0	+
Ruído de circulação	0	+	++	++	++
Melhoria da regularidade longitudinal	0	0	+	++	+
Melhoria da regularidade transversal	0	0	++	++	+
Aspecto visual	0	0	++	++	++

0: ponto fraco; +: médio; ++: ponto forte

Esta técnica, além da utilização na construção de novos pavimentos, também pode ser utilizada na reabilitação das características superficiais, em particular para pavimentos submetidos a tráfego intenso.

Além destas técnicas, que consistem na aplicação de novas camadas sobre as existentes, há que referir uma técnica que não implica nova camada e se destina a aumentar a drenabilidade do pavimento, ou seja a velocidade de escoamento da água da chuva, para evitar a acumulação de água que pode dar-se, por defeitos de projecto ou de construção, ou ainda por deformações permanentes do pavimento entretanto ocorridas, e que pode originar aquaplanagem.

Os locais mais propícios a estas ocorrências são as zonas de pequena inclinação longitudinal associada a inclinação transversal muito reduzida ou nula, como acontece nas zonas de osculação de curvas em planta com sinal contrário.

Essa técnica, designada por "ranhuragem", consiste na abertura, por serragem, de sulcos (ranhuras) nos pavimentos, com cerca de 2 cm de largura e profundidade variável de poucos milímetros, no bordo mais alto, até cerca de 3 a 4 cm, no bordo mais baixo. Estes sulcos devem fazer um ângulo de cerca de 60 ° com o eixo da estrada. O espaçamento é de cerca de 3 m, ou menos, e em geral estendem-se por cerca de 30 m para cada lado do ponto de inclinação transversal nula.

Fernando Branco   Paulo Pereira   Luís Picado Santos

10.2.2. Revestimentos Betuminosos Superficiais

Esta técnica é a que oferece, hoje em dia, a melhor relação benefício/custo quando se quer reabilitar as características de impermeabilização e de rugosidade da camada de desgaste. Pode dizer-se que a função de um revestimento é tornar homogénea a superfície e, ao mesmo tempo, reabilitar certas características funcionais do pavimento, ao oferecer melhores características anti-derrapantes, reduzir as projecções de água, e proporcionar uma boa a excelente impermeabilização que vai impedir a entrada de água para o pavimento, melhorando assim, indirectamente, a capacidade de suporte.

Diferentes combinações possíveis das camadas de agregado e de ligante determinam a existência de vários tipos de revestimento, já referidos no Capítulo 5 (em 5.5) e representados na Figura 10.1.

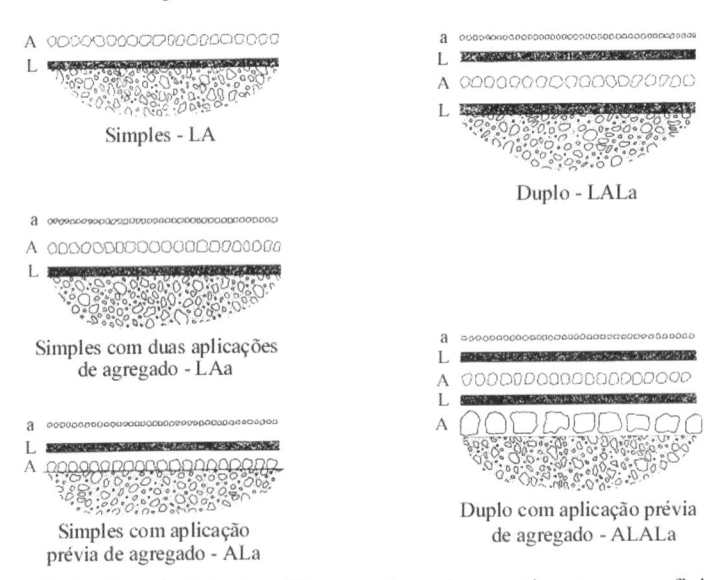

Figura 10.1 – Constituição dos diferentes tipos de revestimentos superficiais
(Brosseaud, 1996)

Como os pavimentos podem ser heterogéneos, há estruturas ou tipos de revestimentos mais apropriados a cada caso (Quadro 10.4).

No entanto, os revestimentos superficiais, como técnica de conservação, apenas são utilizados com sucesso quando o suporte é uma estrutura com boa capacidade de suporte. Assim, o suporte deve estar pouco deformado e pouco fendilhado.

Os revestimentos superficiais são potencialmente indicados para tráfegos baixos e médios, sendo que, devido às novas características dos ligantes modificados, podem também ser usados mesmo para tráfego elevado.

Descreve-se em seguida, dum modo sucinto, quais as condições a que cada tipo de revestimento melhor se adapta (Quadro 10.4).

Fernando Branco   Paulo Pereira   Luís Picado Santos

Quadro 10.4 – Soluções de revestimentos superficiais em função do tipo de suporte e da sua localização (Pinelo, 1997)

Localização	Pavimento	Tráfego			
		TMDA>300	50<TMDA<300	10<TMDA<50	TMDA<10
Interurbana	Liso sem exsudação	LAa 10/14-4/6	LA 6/10 LAa 6/10-2/4 LAa 10/14-4/6	LA 6/10	LA 4/6 LA 6/10
	Rugoso	LAla 10/14-4/6 LA 6/10	LAla 6/10-2/4 LA 6/10	LAla 6/10-2/4 LA 6/10	LAla 6/10-2/4 LA 4/6 6/10)
	Muito rugoso	LA 4/6	LA 4/6	LA 4/6	LA 4/6
	Heterogéneo permeável	não aconselhado	LAla 10/14-4/6	LAla 6/10-2/4	LAla 6/10-2/4
	Heterogéneo c/exsudação	não aconselhado	Ala 10/14-4/6	Ala 6/10-2/4	Ala 6/10-2/4
Urbana	Liso sem exsudação	não aconselhado	LA 6/10 LAa 6/10-2/4	LA 6/10	LA 4/6
	Rugoso	não aconselhado	LAla 6/10-2/4 LA 6/10	LAla 6/10-2/4 LA 2/4	LAla 6/10-2/4 LA 2/4
	Heterogéneo permeável	não aconselhado	LAla 6/10-2/4	LAla 6/10-2/4	LAla 6/10-2/4
	Heterogéneo c/ exsudação	não aconselhado	Ala 6/10-2/4	Ala 6/10-2/4	Ala 6/10-2/4

- **Revestimento simples (LA)** – é a estrutura mais económica, sendo bem adaptada a suportes homogéneos. Suporta tráfegos reduzidos (TMDA até 300), embora não resista a esforços tangenciais elevados.

- **Revestimento simples com dupla aplicação de agregado (LAa)** – adapta-se bem a situações de tráfego elevado e rápido, visto assegurar boa aderência e drenagem superficial elevada.

- **Revestimento simples com aplicação prévia de agregado ou "Sandwich" (ALa)** – é bem adaptado a suportes heterogéneos e com exsudação, proporcionando, no entanto, uma impermeabilização baixa. Por este motivo, tem sido preterida a favor dos revestimentos duplos.

- **Revestimento duplo (LALa)** – bem adaptados a pavimentos heterogéneos com sub-dosagem de ligante e permeáveis (boa impermeabilização).

- **Revestimento duplo com aplicação prévia de agregado (ALALa)** – aplica-se o mesmo que foi referido em relação ao revestimento simples com aplicação prévia de agregado, só que para suportes ainda mais heterogéneos.

- **Revestimento triplo (LALALa)** – é uma estrutura praticamente não aplicada, visto o seu custo não ser compatível com um dos princípios fundamentais da utilização dos revestimentos superficiais, a economia.

Uma vez que as camadas realizadas com esta técnica são bastante delgadas, é necessário escolher criteriosamente os agregados e o ligante, dando-se bastante atenção à adesividade entre os dois constituintes para diminuir a probabilidade da existência de desagregação da camada, por arranque dos agregados (rejeição de agregados).

Quando a adesividade se mostrar deficiente deve procurar-se aumentá-la recorrendo às seguintes técnicas:

- incorporação de aditivos no ligante (dopagem);
- limpeza ou secagem a quente dos agregados;
- aplicação de aditivos entre os agregados e o ligante;
- pré-envolvimento dos agregados com emulsão.

Embora não se tenha ainda referido, a aderência ao suporte não é menos importante que a adesividade entre o ligante e o agregado.

De modo a conseguir a maior eficácia possível desta técnica, deve haver uma formulação correcta da mesma, através da escolha do tipo de revestimento adequado, do tipo e dosagem de ligante e da dimensão e dosagem do agregado.

O betume a quente é inadequado no caso de haver temperaturas baixas ou humidade elevada, sendo, no entanto, preferível no caso de revestimentos simples e quando houver necessidade de abertura rápida ao tráfego (melhor coesão em idade jovem).

Actualmente, as emulsões modificadas conseguem obter uma coesão melhorada e muito mais rápida que as tradicionais, conseguindo adequar-se a todas as situações e tendo maior resistência ao arranque dos agregados, face a tráfego muito agressivo.

Os agregados a escolher vão depender de vários factores, nomeadamente:

- tipo de estrutura do pavimento;
- tráfego;
- características do suporte;
- rugosidade a obter;
- diminuição do ruído;
- melhoria da aderência;
- obtenção de drenagem superficial, além da impermeabilização.

Os revestimentos duplos devem ter de preferência granulometrias descontínuas, para proporcionar melhor encaixe dos inertes, melhor rugosidade e diminuição do ruído. Para tráfego elevado ou suporte heterogéneo, são mais adequados agregados mais grossos, os quais também melhoram a aderência e a drenagem superficial.

A escolha do tipo de revestimento é fundamental para o sucesso da solução de conservação. Como indicação geral, revestimentos multicamadas e com agregados de maiores dimensões são mais duráveis e eficazes, embora com maiores custos.

As grandes vantagens desta técnica são a boa rugosidade geométrica e a impermeabilização, sendo a técnica mais económica para obter estas características. Em contrapartida, devido à rugosidade elevada, o ruído de circulação, o desgaste dos pneumáticos e um maior consumo de combustíveis são pontos fracos desta técnica.

As características dos revestimentos superficiais mantêm-se boas ao longo da vida do pavimento, sendo que no caso em que o anterior pavimento, de suporte, esteja em boas condições e haja uma boa gestão da conservação do novo revestimento, este pode ter um período de vida relativamente elevado (até 7 anos).

As evoluções recentes desta técnica levam à utilização dos revestimentos "Sandwich" (ALa) em suportes heterogéneos e com exsudação. No entanto, em suportes heterogéneos permeáveis, esta técnica é substituída por revestimentos duplos tipo "Sandwich", de modo a não comprometer a impermeabilização do pavimento.

O aparecimento de emulsões modificadas de rotura controlada permite alongar o período de execução e obter rapidamente uma forte coesão que aumenta a resistência ao tráfego. O aparecimento de novos equipamentos de colocação em obra aumenta o rendimento e o grau de adesividade, diminuindo os riscos de desagregação e melhorando a qualidade do revestimento superficial.

A nível nacional, os revestimentos superficiais betuminosos constituem uma das técnicas mais menosprezadas do ponto de vista da sua boa utilização. Para tal, contribuiu uma habituação generalizada a processos inadequados, como é caso do recurso aos betumes puros de elevada penetração, reconhecidamente impróprios, pelo seu baixo ponto de amolecimento (largamente excedido no verão, mesmo ao nível das temperaturas do ar, em grande parte do país).

Dever-se-ia apostar fortemente neste tipo de técnicas que constitui, juntamente com os microaglomerados betuminosos a frio, a aproximação com maiores potencialidades à figura de "camada de desgaste desejável" em reabilitações funcionais.

Nos últimos anos, tem-se procurado encontrar processos construtivos passíveis de, no contexto nacional, garantir a execução de revestimentos superficiais de qualidade. Já foram praticadas com sucesso técnicas como a que se poderia designar por "camada betuminosa ultra-delgada", uma vez que são aplicados os inertes com recurso a pavimentadoras modificadas e a auto-gravilhadoras.

Outra das inovações introduzidas nessas obras foi a aplicação de uma emulsão betuminosa de protecção (fog-seal), a uma moderada taxa de 0,5 kg/m^2 de emulsão de rotura rápida com baixo conteúdo em betume residual (30%), a qual se revela muito eficaz no controlo do fenómeno de rejeição de gravilhas quando da entrada em serviço. Esta aplicação deveria ser recomendada em vias com tráfego importante.

10.2.3. Microaglomerado Betuminoso a Frio

O microaglomerado a frio é constituído, como já se viu, por uma mistura betuminosa a frio com emulsão betuminosa, em geral modificada, realizada "in situ" com equipamento apropriado e posteriormente espalhada sobre o pavimento existente, em estado fluido (sem se ter dado ainda a rotura da emulsão) e numa camada bastante delgada.

O interesse desta técnica reside no grande rendimento de colocação e nas características de impermeabilização, além de conseguir características superficiais satisfatórias a um custo reduzido (Pereira e Miranda, 1999). Tem a vantagem de ser uma técnica a frio, com a respectiva poupança energética. Os custos são satisfatórios, sendo, portanto, uma técnica em concorrência com as técnicas a quente, uma vez que consegue boas características de aderência dos pneus, de rugosidade superficial e, principalmente, de impermeabilização.

Quando aplicada em dupla camada, trata-se de uma técnica adequada a pavimentos com elevada deformabilidade, embora destinada a tráfegos não muito elevados. No entanto, em pavimentos muito deformados é necessário proceder à prévia operação de reperfilamento para se obter um adequado nível de regularidade.

É uma técnica especialmente adaptada a locais urbanos, dado que praticamente não provoca aumento significativo de espessura, e porque origina baixo ruído em circulação.

Pode ser também usada para selagem de juntas longitudinais e reparações localizadas do tipo desagregação da camada de desgaste, devido à sua reduzida espessura.

No que respeita à evolução do comportamento da mistura ao longo do tempo, face à inexistência de estudos específicos, ainda não é possível apresentar conclusões sobre a mesma. Têm sido observados comportamentos muito diversos, os quais podem depender de formulações diferentes, embora a aplicação de emulsões modificadas tenha um efeito benéfico na conservação das suas características.

10.2.4. Lama Asfáltica (Slurry Seal)

O uso de lama asfáltica, ou "Slurry Seal", é uma técnica que foi bastante utilizada em Portugal, mas que tem vindo progressivamente a ser abandonada noutros países. Esta mistura betuminosa é, como já se referiu no Capítulo 5, semelhante ao microaglomerado betuminoso a frio, estando a diferença entre as duas misturas na menor dimensão dos agregados utilizados na lama asfáltica.

De facto, a granulometria 0/4 usada nos "Slurry Seals" corresponde na realidade a uma grande percentagem de agregados com dimensões inferiores a 2 mm. Isto implica que a mistura obtida se assemelhe a um mastique betuminoso ou a uma lama asfáltica. A sua grande vantagem reside na facilidade de espalhamento da mistura e no grande rendimento obtido.

O grande problema desta técnica está na baixa macro e microrugosidade obtida, a qual diminui a aderência dos pneus, principalmente com o pavimento molhado. Por este motivo esta técnica tem vindo a ser abandonada.

Não obstante, ela é ainda utilizada em Portugal em operações de reabilitação para protelar intervenções de fundo, sendo utilizada com mais frequência como tratamento prévio de pavimentos fendilhados, e em regra antecede a realização de uma interface "anti-fendilhamento".

10.2.5. Microbetão Betuminoso Rugoso

Pode considerar-se que todas as técnicas de conservação ou de reabilitação das características superficiais consistem (ou deveriam consistir) no uso de camadas betuminosas delgadas, procurando nomeadamente alterar pouco a cota da camada de desgaste, e ser soluções de execução rápida e económica.

A desvantagem desta técnica deve-se ao facto de não conseguir oferecer razoáveis características de impermeabilização, que são, em parte, compensadas com uma sobredosagem da rega de colagem. Por outro lado, é condição necessária para a aplicação deste tipo de camada a existência de um suporte com boa regularidade.

Relativamente a esta técnica é de referir que, em alguns países europeus, por exemplo a França, se trata de uma das técnicas mais utilizadas para a conservação de pavimentos sujeitos a tráfego elevado e rápido. O interesse da técnica baseia-se na sua economia e nas excelentes características em termos de conforto e segurança (melhoria da regularidade e aderência elevada e durável).

10.2.6. Argamassa Betuminosa

A argamassa betuminosa constitui mais um dos materiais da família das "misturas betuminosas a quente", que pode ser utilizado em reabilitação das características superficiais dos pavimentos existentes. Trata-se de uma mistura considerada adequada para a recuperação, de forma minimalista, de uma camada de desgaste, sob a condição do tráfego não ser muito severo, devido à elevada deformabilidade que apresenta.

Nas situações de fendilhamento generalizado, e perante a necessidade de retardar uma reabilitação estrutural, poderá ser uma alternativa de curto prazo, dado que apresenta uma boa capacidade de se adaptar a uma deformabilidade acentuada .

Quanto à argamassa betuminosa com betume modificado, trata-se de uma mistura concebida essencialmente para executar interfaces retardadoras do processo de propagação de fendas, constituindo uma das técnicas actualmente mais utilizadas no nosso país com essa finalidade.

10.2.7. Reparações Localizadas

As reparações localizadas são consideradas como uma técnica de reabilitação das características superficiais e também estruturais, podendo ser realizadas por diversos técnicas, recorrendo a diversos materiais para execução.

As reparações localizadas são uma técnica usada para resolver problemas pontuais de desagregação da camada de desgaste, originando, em geral, uma diminuição da regularidade, diminuindo a segurança e o conforto de circulação.

Outra utilização das reparações localizadas é na reconstituição do pavimento após abertura de valas para realização de infraestruturas.

Em itinerários de reduzida importância, ou na ausência de recursos financeiros, ou ainda quando não existe uma adequada estratégia de conservação, esta é uma técnica muito utilizada, embora com custos muito elevados, quer para o utente, quer para a administração rodoviária.

A seguir descrevem-se os principais passos a considerar para a correcta execução de uma reparação localizada, a qual terá como vantagens principais uma melhor qualidade e longevidade da reparação.

O primeiro passo é a preparação do suporte para a realização da reparação. Assim, começa-se por realizar o corte vertical da camada na zona a reabilitar, de modo a retirar o material deteriorado e obter um suporte firme, ao qual a reparação possa aderir. A delimitação desta zona deve ser suficientemente afastada do bordo da zona deteriorada de modo a retirar todo material degradado. Segue-se a limpeza da "cova" originada pelo corte, para não haver problemas de aderência. Por último, deve realizar-se a secagem da "cova", visto que a água é um factor negativo para o sucesso da reparação. O segundo passo é a aplicação de uma rega de colagem adequada na superfície de contacto entre o suporte e a nova mistura betuminosa de reparação.

Segue-se o enchimento da "cova" com a mistura betuminosa escolhida, que pode ser um betão betuminoso a quente ou uma mistura betuminosa a frio. Em seguida, realiza-se a compactação, a qual deve ser efectuada com equipamentos de compactação, adequados à dimensão e à importância da reparação.

Finalmente, deve realizar-se a selagem das faces verticais da reparação, de modo a evitar a entrada de água. Os materiais de selagem podem ser vários, entre os quais uma lama asfáltica.

Os principais problemas que surgem devido a uma inadequada reparação são a reduzida aderência entre a reparação e o suporte, assim como a ocorrência de depressões ou elevações relativamente à superfície do pavimento, devido a problemas de compactação e resistência ao corte.

Outros problemas são o arranque de material de reparação, que se deve a problemas de coesão da mistura usada e de compactação, problemas de drenagem superficial, reflexão de fendas e arranque de placas (peladas).

10.3. Técnicas de Reabilitação das Características Estruturais

10.3.1. Considerações Gerais

A reabilitação estrutural dos pavimentos compreende a execução de uma ou mais camadas, acompanhadas ou não de outros trabalhos complementares (melhoria do sistema de drenagem, por exemplo). Essas camadas podem ser a camada de desgaste, a camada de regularização e a camada de base.

Para a primeira camada são utilizadas técnicas comuns à reabilitação das características superficiais. No entanto, os materiais utilizados para as camadas de regularização e de base também são utilizados para o reperfilamento no caso da reabilitação funcional. Por esta razão, a maioria das técnicas que podem ser utilizadas nas camadas de base e de regularização já foram descritas anteriormente no Capítulo 5. No domínio da reabilitação estrutural dos pavimentos, refere-se em geral o termo "reforço do pavimento", significando a acção, ou conjunto de acções capazes de aumentar a capacidade estrutural do pavimento existente (pavimento degradado) para suportar, em conjunto com a fundação mobilizável, as cargas geradas pelos veículos em determinadas condições de aplicação.

Os reforços envolvem, como se disse, a aplicação de camadas betuminosas sobre o pavimento existente, frequentemente após algumas operações prévias de melhoria deste.

No caso dos pavimentos existentes não estarem muito degradados e não haver condicionamentos de cota, haverá que proceder a pequenas reparações deles (selagem de fendas, tapagem de covas, remoção e substituição de zonas localizadas mais deterioradas), realizar, se necessário, uma camada ou enchimentos localizados para reperfilamento da superfície, e aplicar depois a camada ou camadas de reforço.

Os materiais a usar nos reperfilamentos dependem da operação a realizar (macadame betuminoso, betão betuminoso, argamassa betuminosa).

As camadas de reforço propriamente ditas dependem do que o dimensionamento respectivo determinar, e poderão ser apenas uma camada de betão betuminoso, que funcionará como camada de desgaste, ou serem duas ou mais, havendo então, eventualmente, camada de base, de regularização e desgaste, constituídas como se indicou para os pavimentos novos.

No caso de haver condicionamentos de cota, pode recorrer-se, para algumas destas camadas, a misturas betuminosas de alto módulo, que em geral permitem reduzir a espessura, ou então poderá retirar-se, por fresagem, alguma espessura do pavimento existente, substituindo-a por material novo e portanto com maior resistência.

No caso de pavimentos muito degradados, procede-se frequentemente à fresagem das camadas mais degradadas, à reparação da camada remanescente após a fresagem (refechamento de fendas, etc), e à construção das novas camadas de reforço.

Nas operações de reforço deve dar-se atenção à melhoria das condições de drenagem do pavimento, cujas deficiências são muitas vezes causadoras da ruína dos pavimentos, por afectarem a resistência da fundação, das camadas granulares e, por vezes, até das camadas betuminosas. A melhoria atrás referida pode consistir na reparação de valetas e caleiras, no revestimento de valetas não revestidas, na reparação de drenos longitudinais (frequentemente instalados sob as valetas laterais e no separador central) e, no caso de não existirem, na construção destes drenos, designadamente sob a forma de ecrãs drenantes, que são fáceis de instalar.

Além destes trabalhos, desde há vários anos que se distingue um conjunto de procedimentos que visam retardar o processo de propagação (ou reflexão) de fendas das camadas ligadas existentes através das novas camadas da reabilitação. Para atingir esse objectivo tem sido usadas diversas técnicas – técnicas "anti-propagação de fendas" –, determinando níveis de eficácia ainda difíceis de quantificar, sendo objecto de atenção especial na secção seguinte.

Fernando Branco · Paulo Pereira · Luís Picado Santos

Quanto ao tipo de reforço, os materiais a usar dependem, como se disse, do número de camadas a aplicar.

A seguir, de modo sucinto, referem-se as técnicas com potencial de aplicação para a reabilitação das características estruturais.

A mistura de agregado de granulometria extensa tratada com emulsão, assim como o macadame betuminoso, além de poderem ser utilizados em camadas de regularização, são também utilizados em camada de base, neste caso na reabilitação estrutural. Por sua vez, o betão betuminoso de alto módulo também pode ser utilizado, quer como camada de regularização, quer como camada de base, quer até em camada de desgaste.

O uso de agregado de granulometria extensa tratado com emulsão de betume constitui uma técnica não aplicável como camada de desgaste, mas antes como material de reperfilamento de um pavimento deformado. É ainda um material utilizado em camada de base e ou de regularização, neste caso nas reabilitações estruturais. Este material adapta-se bem a variações de espessura e a espessuras reduzidas, o que justifica a sua boa adaptação à utilização em reperfilamento de pavimentos muito deformados, sendo também um material bem adaptado para reforços de pavimentos deformados, sujeitos a tráfego baixo ou médio.

Este tipo de mistura é ainda utilizado em trabalhos de conservação corrente, nomeadamente nos trabalhos de reparação de covas.

O macadame betuminoso constitui mais um dos materiais da família das "misturas betuminosas a quente". Trata-se de uma mistura essencialmente utilizada como camada de base em reabilitações das características estruturais. No entanto, também pode ser utilizado como uma camada de reperfilamento dadas as suas características resistentes.

O uso de betão betuminoso de alto módulo é uma evolução das técnicas de reforço a quente, o qual têm como principal característica o facto de ter excelentes propriedades mecânicas, entre as quais o módulo de rigidez (> 8000 MPa para uma temperatura de 25 °C) superior aos tradicionais betões betuminosos. Deste modo a principal vantagem deste material reside na sua excelente resistência à deformação permanente e razoável comportamento à fadiga, o que permite realizar reforços mais duráveis e com menores espessuras.

A técnica da reciclagem de pavimentos, em geral, promove a melhoria da capacidade estrutural de um pavimento existente degradado, devendo por esta razão, ser considerada uma técnica de reabilitação estrutural. Entretanto, dada a sua especificidade será tratada em secção própria, mas adiante.

A seguir apresentam-se as técnicas que tem por objectivo retardar a evolução das fendas do pavimento existente – técnicas "anti-fendas".

10.3.2. Técnicas "anti-fendas"

Nos pavimentos com elevada densidade e severidade de fendilhamento, a existência de fendas activas (as fendas cujos bordos apresentam movimentos, em particular verticais, sob a acção das cargas dos veículos pesados) no antigo pavimento, suporte do reforço, terá como resultado a sua propagação para as camadas do reforço.

Esta propagação resulta dos movimentos dos bordos das fendas existentes, os quais conduzem ao desenvolvimento de esforços de corte nas novas camadas de reforço.

Ao atingirem-se valores de tensão superiores aos admissíveis na base do reforço, inicia-se a propagação das fendas nesta camada, até aparecer à superfície um padrão de fendilhamento idêntico ao existente nas camadas subjacentes. Pode dizer-se que o fendilhamento na nova camada de desgaste é uma imagem reflectida do fendilhamento anteriormente existente ("reflexão de fendas"), sendo a propagação do fendilhamento responsável pela sua "reflexão".

A propagação das fendas compromete definitivamente a eficácia, e a duração do reforço, conduzindo à perda precoce de capacidade estrutural. Para resolver esta situação podem ser consideradas duas abordagens: (i) métodos destinados a eliminar a origem do desenvolvimento do fenómeno de propagação das fendas; (ii) métodos destinados a potencialmente eliminá-lo ou a reduzir a velocidade do seu desenvolvimento.

Quanto à primeira abordagem, um método consiste na eliminação das fendas através da fresagem da camada de pavimento existente fendilhado. Esta técnica consiste na construção de um pavimento novo ou no reforço posterior à fresagem. Outro método é constituído pela reciclagem ou regeneração da camada fendilhada, pela adição de ligante e de eventual correcção da respectiva composição granulométrica.

Quanto à segunda abordagem, um método consiste na realização de camadas de reduzida espessura com o objectivo de reduzir os esforços de corte que tendem a fendilhar as camadas superiores do novo reforço do pavimento. Atendendo a esta função, estas camadas são conhecidas pela sigla SAMI (Stress Absorving Membrane Interlayer). As SAMI's, constituindo membranas "anti-propagação de fendas", não eliminam a possibilidade de desenvolvimento do processo, mas antes reduzem a velocidade da sua formação.

Outra forma de reduzir a propagação das fendas consiste em actuar ao nível das características das camadas de reforços. Assim, o aumento da espessura destas camadas diminui as tensões na base da camada de reforço e nos bordos da fenda, além de aumentar o percurso da fenda. A utilização de misturas com maior resistência à propagação das fendas dificulta a formação, a propagação e o aparecimento da fenda na superfície do reforço.

Por último, a opção de descolar o reforço relativamente ao pavimento existente fendilhado também retardará a propagação das fendas. No entanto, nesta situação o reforço estará submetido a elevados esforços de tracção, exigindo uma elevada espessura que permita reduzir as tensões na sua parte inferior, ou seja utilizada uma camada de elevada resistência, como é o caso do betão betuminoso de alto módulo.

As técnicas "anti-propagação de fendas", por si só, não têm capacidade para reabilitar estruturalmente um pavimento. Todas elas são aplicadas, porém, em associação com a realização de um reforço, quando este é aplicado sobre pavimentos bastante fendilhados e especialmente com a existência de fendas activas.

As técnicas "anti-propagação de fendas" podem ser materializadas por diferentes tipos de materiais, com diversos princípios de funcionamento, a seguir descritos.

- Nuns casos a interface vai absorver os esforços elevados que se geram nos bordos das fendas, não deixando que estes esforços se transmitam directamente para o reforço, retardando a propagação das fendas. Neste tipo de interfaces enquadram-se as grelhas e as armaduras.
- Noutros casos a interface actua como uma camada flexível (SAMI) com uma rigidez muito baixa. Esta camada vai retardar a propagação da fenda (Figura 10.2) devido aos seguintes mecanismos:
  - o a fenda existente divide-se em múltiplas microfendas com movimentos muito menores, retardando o início e a velocidade de propagação do fendilhamento no reforço;
  - o ao ser uma camada elástica, vai absorver as tensões geradas pelo movimento dos bordos da fenda existente, deformando-se sem fendilhar;
  - o aumenta o percurso da fenda, e o tempo que esta demora a progredir.

Neste tipo de interfaces enquadram-se os geotêxteis impregnados com betume, as argamassas betuminosas com betumes modificados. A interface consegue manter a impermeabilidade do pavimento, mesmo após o aparecimento da fenda na superfície do reforço, impedindo uma posterior rápida degradação estrutural.

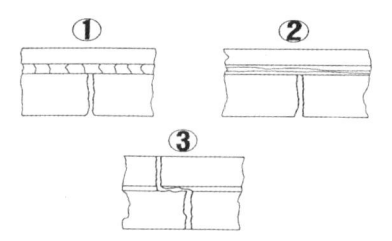

Figura 10.2 – Mecanismos para retardar a propagação de fendas em interfaces realizadas com camadas flexíveis (Paúl, 1997)

Ainda se devem referir as camadas com pequena coesão como técnicas "anti-propagação de fendas". Estão nesta situação a camada granular de interposição entre as camadas betuminosas e a camada de base tratada com cimento no caso do pavimento semi-rígido inverso e camadas granulares com 1 a 2% de betume usadas com o mesmo objectivo ou como camada de interposição no reforço com misturas betuminosas de pavimentos rígidos ou flexíveis muito fendilhados. Este tipo de solução funciona por falta de coesão interna da camada, pelo que praticamente não há transmissão do "jogo" da fenda inferior à camada superior. Tem a desvantagem de poderem deformar-se de forma incompatível com o serviço que o pavimento tem de oferecer. Faz-se em seguida uma breve descrição das diversas técnicas para a realização da interface.

As grelhas são um material em forma de rede quadrada ou rectangular, constituída por polipropileno, polietileno, poliester ou fibra de vidro.

As armaduras, usadas para resolver casos mais severos de fendilhamento, são compostas por uma malha de aço ou ferro galvanizado.

As SAMI's são camadas formadas por uma elevada quantidade de betume modificado, ao qual se adiciona um agregado de pequenas dimensões. Neste grupo enquadram-se as argamassas betuminosas usadas em interface, constituindo uma mistura betuminosa de granulometria 0/4, que usa como ligante um betume modificado com polímeros (geralmente elastómeros), com um teor da ordem de 8%, com penetração entre 80 e 130. A espessura da camada é de apenas 2 cm.

Os geotêxteis (formados geralmente por fios de polipropileno ou poliester), quando impregnados com betume modificado com polímeros, constituem outra alternativa de técnica anti-fendas, dando origem a uma manta de espessura reduzida. A camada deve resultar com uma superfície sem dobras, rugas ou ondulações, o que é extremamente difícil de conseguir em traçados sinuosos e envolve alguns problemas com o tráfego, incluindo o de obra.

A ligação das interfaces atrás descritas aos pavimentos adjacentes (pavimento antigo fendilhado e novo reforço) é fundamental para que haja um funcionamento conjunto. Em geral deve utilizar-se uma emulsão catiónica de rotura rápida, de elevada viscosidade, com betume modificado com elastómeros, com um ligante residual de elevada coesão e grande elasticidade.

Dado que todas as soluções apresentadas têm custos significativos deve realizar-se um adequado estudo técnico-económico, de modo a encontrar a melhor opção, entre a utilização da interface ou um aumento da qualidade e espessura do reforço.

10.4. Técnicas de Reciclagem de Pavimentos

10.4.1. Considerações Gerais

A reciclagem de pavimentos rodoviários flexíveis consiste em obter novas misturas betuminosas com a utilização de material fresado dos pavimentos antigos a reabilitar, adicionando novos materiais (agregados e ligante).

A reciclagem das misturas betuminosas existentes contribui para a redução do impacte ambiental das obras, devido ao facto de não ser necessário colocar as misturas retiradas em vazadouros, reduzindo deste modo o problema da produção de resíduos.

A reciclagem permite ainda reduzir a utilização de novos agregados e ligantes betuminosos. Assim, o conceito de reciclagem constitui um ciclo fechado de vida do material (EAPA, 1998).

A reciclagem de pavimentos é uma técnica que pode ter como objectivo apenas a reabilitação das características superficiais, ou também, como é mais frequente, pode visar a reabilitação das características estruturais. Em qualquer das opções, a reciclagem tem como principal vantagem, em pavimentos muito fendilhados, a de "eliminar" as fendas do pavimento a reabilitar, impedindo, deste modo, a sua propagação.

A solução de reciclagem ideal – do ponto de vista técnico, económico e ambiental – deveria responder aos seguintes objectivos:

- reabilitar as características, estruturais e funcionais, do pavimento degradado;
- minimizar a rejeição de material, conduzido a vazadouro;
- minimizar a utilização de novos ligantes, em particular os betuminosos;
- utilizar resíduos industriais, quer como agregado, quer como ligante.

Através de uma melhoria dos equipamentos e da tecnologia de construção, será possível tornar estas técnicas mais económicas, aumentando o interesse pela sua utilização. Entretanto, com as restrições de âmbito ambiental a que, cada vez mais, estarão sujeitas as várias indústrias, estas técnicas assumirão uma maior importância.

Face à recente evolução deste tipo de técnicas, faz-se a descrição dos diferentes tipos de reciclagem que é possível adoptar através da consideração das principais variáveis em análise, descrevendo-se a seguir com mais pormenor as técnicas actualmente com maior potencial de utilização.

10.4.2. Principais Tipos de Reciclagem

Os processos de reciclagem dos pavimentos flexíveis são muito variados, tendo em atenção o elevado número de variáveis a considerar. Entretanto, face a condicionantes particulares de cada tipo e estado de pavimento, nem todas as alternativas apresentam as mesmas potencialidades.

A seguir apresentam-se as variáveis que em geral devem ser consideradas na reciclagem de pavimentos (adaptado de Martinho, 2005).

Tráfego: T0 a T6.

Deflexão: reduzida; média; elevada.

Materiais a tratar:

    solos e materiais granulares;

    misturas betuminosas a quente ou frio;

    agregado estabilizado com cimento ou emulsão (AGCE; AGEE);

    semipenetração e revestimento superficial betuminoso;

    microaglomerado betuminoso;

    betão de cimento.

Local de reciclagem:

    no próprio local ("in situ");

    em central.

Temperatura: a quente;

    semi-quente;

    a frio.

Ligantes: cimento; cal; cinzas;

betume; betume espuma; emulsão betuminosa;

rejuvenescedor; biocatalizador (aditivos para melhorar as

características do betume envelhecido dos materiais a reciclar).

Materiais correctivos:

materiais granulares;

subprodutos; resíduos industriais;

misturas betuminosas a quente.

A seguir, para cada uma destas variáveis, faz-se uma análise das situações que podem ocorrer nos pavimentos rodoviários, as quais determinarão a opção por diferentes processos de reciclagem.

• **Tráfego**

A intensidade do tráfego, expressa através da respectiva classe (T0 a T6), como em qualquer projecto rodoviário, deverá ser uma das primeiras variáveis a ser analisada, em particular tendo em conta as interferências de cada técnica específica nas condições de circulação, logo nos custos dos utentes.

• **Deflexão**

A capacidade de suporte de cada pavimento, expressa pelo valor da respectiva deflexão, constituirá uma variável a ter em consideração para avaliar a viabilidade de cada técnica. Entretanto, esta variável será particularmente determinante no próprio projecto de dimensionamento da reabilitação, ao determinar as camadas e a profundidade de reciclagem, assim como as camadas suplementares de reforço.

• **Materiais**

Os materiais considerados são os que se encontram nas diferentes camadas do pavimento a reciclar, em geral com uma elevada heterogeneidade das suas características físicas e mecânicas, decorrente do faseamento da sua construção e de eventuais reabilitações ao longo da sua vida.

Os materiais das camadas existentes, passíveis do processo de reciclagem, podem enquadrar-se nos seguintes grupos: (i) materiais de camadas granulares; (ii) materiais apenas de camadas betuminosas; (iii) materiais de camadas betuminosas e de camadas granulares; (iv) materiais de camadas granulares e de camadas estabilizadas com ligantes hidráulicos.

A seguir referem-se algumas particularidades de cada um destes grupos de materiais que justificam um determinado tipo de reciclagem.

A estabilização/reciclagem de camadas granulares com ligante e eventual correcção granulométrica, de acordo com Fernandez del Campo (1998) resulta, em maior ou menor escala dos seguintes factores:

• excesso ou falta de finos;

• elevada plasticidade;

• falta de coesão.

Fernando Branco   Paulo Pereira   Luís Picado Santos

Quando os pavimentos são constituídos por elevadas espessuras betuminosas, o que acontecerá em pavimentos relativamente mais recentes (idade inferior a 20 anos), e apresentando um elevado estado de degradação, poderão ser candidatos a um processo de reciclagem abrangendo apenas a componente de mistura betuminosa, com várias opções de técnicas de reciclagem: a frio; a quente; "in situ"; em central; em geral com ligantes betuminosos.

Entretanto, a grande maioria dos pavimentos é constituída por uma reduzida a média espessura de materiais betuminosos, com significativas espessuras de materiais granulares, em geral agregado de granulometria extensa, embora ainda se encontrem extensões significativas de camadas de macadame hidráulico. Nestes casos a relativamente reduzida espessura das camadas betuminosas conduz a incluir no processo de reciclagem também uma determinada espessura das camadas granulares.

Além da espessura betuminosa ser reduzida, inviabilizando um acréscimo significativo da capacidade estrutural, também se considera essencial tratar a interface entre as camadas betuminosas e as camadas granulares, de modo a eliminar potenciais problemas a este nível (por exemplo descolamentos pontuais da interface). Quando se inclui toda a espessura da base granular, para além da componente betuminosa, o processo de reciclagem, na terminologia inglesa, tem a designação de FDR – *Full Depth Recycling* ou *Reclamation*.

Os pavimentos rígidos e semi-rígidos, que incluem misturas de agregados estabilizados com cimento (betão de cimento, betão pobre ou base tratada (AGEC), poderão apresentar patologias relacionadas com o estado destas camadas. Noutros casos também se poderão verificar deficiências ao nível das camadas granulares ou da fundação.

Para estes pavimentos, o processo de reciclagem será essencialmente "in situ", com a utilização de ligantes hidráulicos ou betuminosos, materiais de camadas betuminosas e de camadas granulares.

No entanto, estes tipos de pavimento têm uma reduzida expressão na rede rodoviária nacional (os semi-rígidos são praticamente inexistentes), e por outro lado os pavimentos rígidos existentes, ou são constituídos por lajes com varões de transferência de carga, ou em betão armado contínuo, disposições que conduzem a dificuldades de execução de qualquer processo de reciclagem.

- **Local de reciclagem**

As alternativas para os locais de reciclagem apenas são duas: ou "in situ", ou em central. Em princípio, haverá maiores vantagens de realizar a reciclagem "in situ", quer do ponto de vista técnico-económico, quer do ponto de vista ambiental.

O aspecto mais significativo está relacionado com o transporte de materiais entre a obra e a central, e os correspondentes impactes, quer para os utentes (perturbação das condições de circulação), quer para os pavimentos existentes (maior agressividade decorrente do tráfego pesado de obra), assim como a nível ambiental (ruído e poluição atmosférica).

Fernando Branco   Paulo Pereira   Luís Picado Santos

No entanto, antes de tomar uma decisão sobre a localização do processo de reciclagem, devem ser analisadas todas as variáveis disponíveis, nomeadamente o tipo e estado do pavimento, e os meios disponíveis para a execução da reciclagem "in situ".

Assim, para a reciclagem "in situ" podem referir-se as seguintes vantagens (Martinho, 2005):

- evita o transporte dos materiais fresados para outro local;
- reduz a degradação dos pavimentos das estradas utilizadas pela obra;
- dispensa os depósitos provisórios;
- em alguns casos terá menores consumos energéticos;
- provocará menor ruído e menor poluição atmosférica em alguns processos;
- o tempo de execução do processo é menor;
- o investimento total em equipamentos é inferior ao processo em central;
- alguns processos serão mais económicos;
- aproveita na íntegra todos os materiais existentes no pavimento.

No entanto, apesar de todas estas vantagens, a reciclagem "in situ" também apresenta algumas desvantagens, embora algumas possam ser atenuadas ou compensadas:

- o rigor no tratamento não pode ser idêntico ao longo de toda a obra;
- a heterogeneidade das camadas existentes prejudica o rigor das fórmulas de trabalho;
- as condições locais de execução podem afectar a qualidade do trabalho;
- este processo está mais dependente das condições meteorológicas;
- alguns equipamentos mais complexos estão sujeitos a avarias no local da obra, sendo o acesso às oficinas mais lento;
- as interferências com o tráfego poderão ser maiores em alguns casos.

Por sua vez, a reciclagem em central dos materiais provenientes do pavimento a reabilitar, se for realizada num local bastante afastado do local da obra, introduz outro tipo de desvantagens, eventualmente compensadas pela maior qualidade e fiabilidade do produto final obtido.

A principal desvantagem associada a este processo deriva do custo adicional de transporte do material a reciclar, do local da obra para a central e desta novamente para o local da obra.

No entanto, a vantagem resultante de melhoria na qualidade da mistura obtida e da maior facilidade na recepção e aprovisionamento dos ligantes e eventuais materiais correctivos num local fixo, poderá atenuar o acréscimo de custo resultante do transporte.

- **Temperatura de reciclagem**

A temperatura a que é realizada a reciclagem (a frio ou a quente) depende do tipo de ligante escolhido para cada processo, resultando em diferentes tipos de técnicas.

As diferentes condições meteorológicas influenciam qualquer dos dois tipos de reciclagem, pelo que as condições predominantes em cada região devem ser avaliadas de modo preciso, para uma adequada escolha da técnica de reciclagem quanto à temperatura e tipo de ligante.

O processo de reciclagem a frio, em princípio, será o mais económico, no respeitante ao consumo energético. Os ligantes utilizados neste tipo de técnica poderão ser: o cimento; a cal; a emulsão betuminosa; o betume espuma; ou ainda qualquer tipo de rejuvenescedor/biocatalizador (estabilização química). Este processo poderá ser desenvolvido, quer em obra, quer em central.

A susceptibilidade destes processos às condições meteorológicas adversas é elevada, pelo que na sua opção deve ser devidamente ponderada a temperatura e o local da realização da reciclagem.

A reciclagem semi-quente apresenta a grande vantagem de permitir reciclar 100 % do material fresado. No entanto, obriga a dispor de uma central de mistura a quente, contínua ou descontínua, na qual a mistura é aquecida à temperatura de 90 °C.

Trata-se de um processo mais recente que tem sido desenvolvido com o objectivo de eliminar algumas das limitações dos processos a frio (por exemplo, quando é utilizada uma emulsão é necessário um determinado período de cura e a execução é bastante dependente das condições meteorológicas) ou a quente (quando se utiliza o betume de correcção apenas se utiliza uma determinada percentagem do material fresado). Neste processo, o ligante utilizado é uma emulsão específica para este fim, com um teor de 2 a 3 %.

A mistura depois de fabricada pode ser "armazenada" até 24 horas desde que a temperatura seja mantida acima dos 60 °C. Este facto traduz-se numa vantagem para este método, podendo ser recomendável para zonas do país, ou estações do ano, em que as condições meteorológicas, previsivelmente sejam mais instáveis.

A temperatura de fabrico conduz a uma economia energética relativamente ao processo a quente. Por outro lado a aplicação da mistura será menos afectada por eventuais avarias dos equipamentos de espalhamento, permitindo concluir o trabalho num prazo superior.

A técnica a quente é a que conduz a maiores consumos de energia, quer na execução "in situ", quer em central.

A técnica a quente "in situ" ainda é mais exigente pelo tipo de equipamento, muito específico e dispendioso. Por sua vez, em central verifica-se sempre uma limitação da percentagem de incorporação de material fresado do pavimento a reabilitar. Apesar de nos últimos anos esta percentagem ter vindo a aumentar, ela é função directa do tipo de central utilizada para realizar a mistura, conseguindo-se apenas valores da ordem de 40%.

• **Ligante**

Os ligantes passíveis de serem utilizados na reciclagem são muito variados, podendo ser enquadrados em três grupos: os ligantes hidráulicos (cimento; cal; cinzas); os ligantes hidrocarbonados (betume; betume espuma; emulsão betuminosa); os aditivos químicos (rejuvenescedor; biocatalizador).

Fernando Branco   Paulo Pereira   Luís Picado Santos

Estes ligantes foram, na maior parte, objecto de apresentação no Capítulo 4. Ao betume–espuma far-se-á referência mais adiante.

- **Materiais correctivos**

Em muitas situações de reciclagem, face às características dos materiais do pavimento existente, verifica-se a necessidade de introduzir materiais para correcção da granulometria que resultou do processo de "trituração" dos materiais existentes.

Estes materiais de correcção serão escolhidos em função dos seguintes factores: (i) tipo de processo de reciclagem; (ii) equipamento de reciclagem; (iii) características do pavimento existente.

A adição de agregado de correcção é uma das mais frequentes, de modo a rectificar descontinuidades ou desvios da curva obtida após desagregação das camadas existentes, relativamente à do estudo de projecto.

Uma alternativa à adição de novos agregados é a utilização de sub-produtos granulares, provenientes de várias actividades industriais. Trata-se de uma alternativa de elevado valor ambiental, e por vezes também económico, face ao eventual custo reduzido desses agregados alternativos.

Entre os vários sub-produtos passíveis de serem incorporados num processo de reciclagem, ou mesmo em novas camadas de pavimento, podem referir-se os seguintes: (i) escórias de aciaria, produzidas pela indústria siderúrgica; (ii) agregados resultantes da indústrias extractiva de mármores e granitos e transformação de rochas ornamentais; (iii) agregados resultantes do processo de incineração de resíduos sólidos urbanos; (iv) materiais granulares resultantes da indústria de construção e das demolições.

A borracha de pneus usados constitui actualmente um resíduo industrial altamente valorizado para a melhoria do desempenho das misturas betuminosas a quente.

Nos processos de reciclagem a quente por vezes torna-se necessário incorporar misturas betuminosas para correcção e melhoria das características inicialmente obtidas.

Considerando as seguintes variáveis: (i) o local de execução; (ii) a temperatura da produção; (iii) os ligantes ou aditivos; podem definir-se os seguintes processos de reciclagem (Martinho, 2005):

- Reciclagem "in situ", a frio, com cimento;
- Reciclagem "in situ", a frio, com emulsão betuminosa;
- Reciclagem "in situ", a frio, com betume espuma;
- Reciclagem "in situ", a quente, com betume/rejuvenescedor;
- Reciclagem em central, a frio, com emulsão betuminosa;
- Reciclagem em central, a frio, com betume espuma;
- Reciclagem em central, semi-quente, com emulsão betuminosa;
- Reciclagem em central, a quente, com betume.

A seguir descrevem-se os processos de reciclagem mais utilizados e com maior potencialidade de utilização.

10.4.3. Reciclagem "in situ", a Frio, com Cimento

Quando se está perante pavimentos de forte espessura de material granular, com camadas betuminosas degradadas, a reciclagem in situ, a frio, com cimento poderá constituir o processo mais económico e um dos mais adequados para grande parte dos pavimentos existentes em Portugal.

Da mistura do material fresado com o ligante resulta um nova camada granular tratada com cimento, do tipo "agregado de granulometria extensa tratado com cimento" (AGEC), a qual apresentará uma resistência bastante mais elevada que qualquer das anteriormente existentes no pavimento antigo.

O pavimento, anteriormente do tipo flexível, passa a ser do tipo semi-rígido, onde a nova camada apresentará a natural propensão ao fenómeno de retracção.

A sequência construtiva adoptada é a geralmente a representada pelo esquema apresentado na Figura 10.3 (Martinho, 2005).

A regularização da camada reciclada, quando necessária devido à necessidade de correcção das inclinações transversais, será realizada com motoniveladora.

A velocidade de deslocamento da recicladora, e a consequente rotação do tambor fresador, tem uma elevada influência na granulometria do material obtido com a fresagem. Esta velocidade deve ser ajustada de modo a produzir um material próximo do definido no estudo, o mais pulverizado possível, sem grumos ou placas das camadas originais.

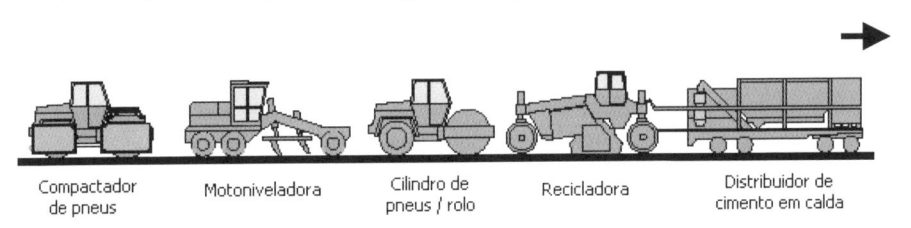

| Compactador de pneus | Motoniveladora | Cilindro de pneus / rolo | Recicladora | Distribuidor de cimento em calda |

Figura 10.3 – Fases da reciclagem "in situ" a frio com cimento em calda
(Martinho, 2005 - traduzido e adaptado de Wirtgen, 2001)

O equipamento deverá possuir um sistema de controlo automático de injecção de água ou calda de cimento, acrescentando à mistura fresada a humidade e o ligante necessários.

O espalhamento do cimento poderá ser efectuado por duas formas: (i) a seco através de cisterna com controlo electrónico da saída do ligante; (ii) por via húmida, onde se utiliza um equipamento destinado à produção da calda de cimento de acordo com as especificações do respectivo estudo.

Esta solução de reciclagem, conduzirá potencialmente a uma elevado aumento da vida residual do pavimento, mas apresenta as seguintes condicionantes:

- a camada de AGEC não constitui uma adequada camada de desgaste, apresentando a natural propensão para a formação de fendas de retracção;

Fernando Branco
Luís Picado Santos

- a camada de desgaste, além de outras possíveis camadas, deverá, além dos objectivos estruturais e funcionais habituais, possuir capacidade de resistir aos esforços resultantes da actividade das fendas de retracção da camada de AGCE.

Assim, torna-se necessário considerar a utilização de camadas de reforço com capacidade para resistir a esforços de corte resultantes do fendilhamento produzido.

Actualmente, entre outras soluções, as camadas de misturas betuminosas a quente com betume modificado com borracha de pneus usados, constituem uma das melhores soluções para camadas de reforço.

O ligante betume modificado com borracha (BMB) já referido no Capítulo 4, resulta da adição de borracha reciclada de pneus ao betume tradicional, mais frequentemente segundo um processo designado por "via húmida" (*wet process*), definido pela norma ASTM D6114.

A borracha introduzida no betume quente (cerca de 20%) absorve e fixa os maltenos, a principal fracção volátil e aromática do betume. Com a fixação deste constituinte do betume verifica-se um aumento significativo da resistência ao envelhecimento das misturas betuminosas (nas misturas betuminosas convencionais os maltenos desaparecem rapidamente por acção dos raios ultravioletas).

Deste modo obtém-se um ligante com grande viscosidade a altas temperaturas e com uma boa flexibilidade a baixas temperaturas, conferindo melhores propriedades mecânicas à mistura betuminosa (resistência à fadiga; resistência às deformações permanentes; resistência à propagação das fendas).

Com a adopção desta alternativa de reciclagem cumpre-se a maioria dos objectivos da reciclagem: (i) reabilitar as características, estruturais e funcionais, do material degradado; (ii) minimizar a rejeição de material, conduzido a vazadouro; (iii) minimizar a utilização de novos ligantes, em particular os betuminosos; (iv) utilizar resíduos industriais, quer como agregado, quer como ligante.

Adicionalmente, as camadas de desgaste com betume borracha oferecem melhores características funcionais que as tradicionais, nomeadamente com a redução significativa do ruído de circulação do tráfego e diminuição da distância de travagem.

10.4.4. Reciclagem "in situ", a Frio, com Emulsão Betuminosa

Este processo é idêntico ao anterior, diferindo apenas quanto ao ligante utilizado, o qual neste caso é uma emulsão betuminosa.

Este tipo de ligante determina algumas alterações, quer quanto aos meios necessários para a sua execução, quer quanto às condições meteorológicas e características do pavimento existente.

Esta técnica de reciclagem apresenta algumas limitações, devido sobretudo aos custos mais elevados (a emulsão é mais cara que o cimento) e a uma maior sensibilidade às condições meteorológicas. O tempo seco deve predominar para permitir a rotura da emulsão, pelo que este processo é de uso limitado em zonas em geral muito húmidas.

O processo construtivo segue a sequência apresentada na Figura 10.4.

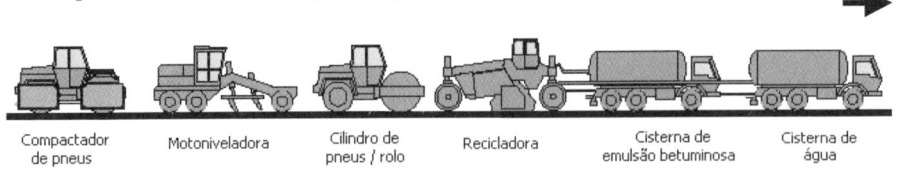

| Compactador de pneus | Motoniveladora | Cilindro de pneus / rolo | Recicladora | Cisterna de emulsão betuminosa | Cisterna de água |

Figura 10.4 – Fases da reciclagem "in situ" a frio com emulsão
(Martinho, 2005 - traduzido e adaptado de Wirtgen, 2001)

A velocidade de deslocamento da recicladora e a consequente rotação do tambor fresador também influenciam a granulometria do material resultante da fresagem. Assim, esta velocidade também deve ser determinada de modo a conseguir um material idêntico ao do estudo de formulação, devendo ser o mais pulverizado possível e sem grumos da camada betuminosa existente.

O equipamento deve estar dotado de controlo automático de injecção de água e emulsão betuminosa, de modo a respeitar as especificações do estudo.

As vantagens desta técnica são várias: (i) economia de materiais e de energia (técnica a frio); (ii) desaparecimento das fendas, impedindo a sua propagação; (iii) manutenção da cota do antigo pavimento.

Na fase de colocação em obra, deve proceder-se como para o caso do material de granulometria extensa tratado com emulsão de betume.

Os resultados obtidos com esta técnica de reabilitação estrutural ainda não são bem conhecidos, face à recente experiência de aplicação. O sucesso da técnica depende de muitos factores e, principalmente, duma correcta formulação da mistura a executar, tendo em devida conta a adequada caracterização dos materiais e composição do pavimento existente.

Quando bem executada, o resultado desta técnica assemelha-se a um material de granulometria extensa tratado com emulsão, o que representa um grande ganho estrutural em relação ao anterior pavimento fendilhado.

Esta técnica pode apresentar algumas variantes, em função da constituição do material fresado, devendo ser realizados estudos experimentais de modo a observar se há necessidade de acrescentar alguma fracção granulométrica em falta e conhecer de modo suficientemente preciso, a percentagem de betume residual a utilizar.

O material granular em falta será espalhado sobre o pavimento antes da passagem do equipamento de reciclagem.

Não são aconselháveis profundidades de reciclagem superiores a 15 cm, quer devido ao aumento dos custos da fresagem quer principalmente, devido a problemas de cura da emulsão betuminosa.

A compactação da camada deve ser realizada logo após a passagem do equipamento de reciclagem, com cilindros de pneus ou rolo vibrante, sendo que deve ser uma compactação pesada.

Nos casos em que se pretende uma rápida abertura ao tráfego, deverá ser executado no próprio dia uma rega de selagem, com uma emulsão betuminosa de rotura rápida com 300 a 500 g/m^3 de betume residual, seguida de espalhamento de um agregado do tipo 2/4, com cerca de 3 a 5 l/m^2.

Quando se pretende manter a cota do pavimento existente, pode ser retirada uma parte do material fresado equivalente à espessura da camada de desgaste. Esta é, aliás, uma das vantagens desta técnica, a de manter a cota do pavimento, sendo por isso usada frequentemente em faixas largas com várias vias, em que apenas a via de circulação de pesados se encontra degradada, e pode ser reparada sem impedir a "normal" circulação de veículos.

Esse tipo de reciclagem visa sobretudo recuperar camadas de desgaste envelhecidas em pavimentos com valor estrutural adequado às condições de tráfego, abrangendo regra geral a espessura da camada de desgaste, acrescida de 3 cm (até ao limite crítico de 12 cm), de forma a englobar a interface com a camada subjacente, que seria muito seriamente afectada pela violenta operação de fresagem.

Quanto ao ligante, deverá ser uma emulsão de rotura lenta, à base de betume praticamente puro (tratando-se de uma camada com baixo índice de vazios, seria muito retardado o desaparecimento de fluidificantes ou fluxantes). Mais correctamente, deveria ser considerada uma "emulsão de rotura controlada", uma vez que não convém que ocorra a coalescência (fase irreversível do processo de rotura) antes da operação de compactação. Caso isso suceda, por exemplo devido a uma subida da temperatura ambiente, deverá o fabricante da emulsão reajustar a respectiva formulação de forma a diminuir a velocidade de rotura entre a 2ª e a 3ª passagens do cilindro vibrador.

10.4.5. Reciclagem "in situ", a Frio, com Betume-Espuma

Este tipo de reciclagem é um processo idêntico aos anteriores, diferindo apenas quanto ao ligante. Neste processo utiliza-se o betume-espuma, cujo processo de obtenção é esquematizado na Figura 10.5. O betume-espuma é obtido por junção de uma pequena quantidade de água fria (geralmente 1 a 2%) ao betume quente (a temperatura entre 160 e 180 °C), aumentando deste modo o seu volume e reduzindo significativamente a sua viscosidade. Constitui assim um sistema coloidal em que a fase dispersa é um gás (vapor de água) e a fase contínua é o betume.

Este ligante apresenta algumas vantagens que o tornam competitivo relativamente aos outros tipos, em muitas situações. Entretanto, trata-se de um ligante sensível às variações da humidade intrínseca dos agregados.

A sequência do processo construtivo desta opção de reciclagem está representada na Figura 10.6. Aqui também a velocidade de avanço da recicladora e consequente rotação do tambor fresador tem influência decisiva sobre a granulometria resultante para a mistura produzida.

A quantidade do ligante depende da tecnologia de injecção de água e de betume. O dispositivo de aquecimento geralmente é comandado por termostato que controla a

Fernando Branco   Paulo Pereira   Luís Picado Santos

temperatura óptima de serviço no sistema, antes e durante a produção da espuma de betume.

A produção da espuma, assim como a dosagem a injectar, são controladas através de microprocessadores, em função da largura e da profundidade do trabalho, da velocidade de avanço e da densidade do material a tratar.

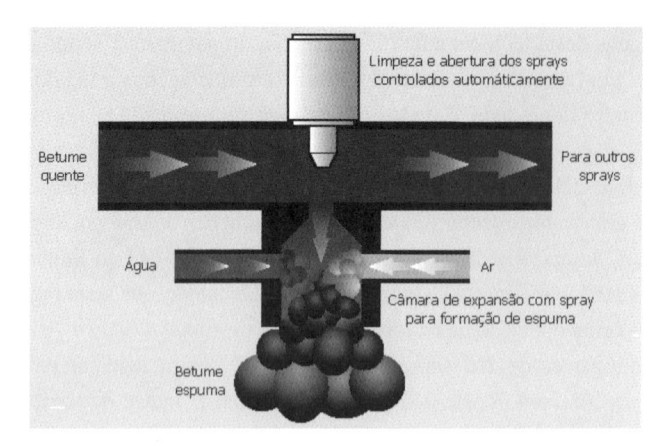

Figura 10.5 – Processo de obtenção do betume espuma (Martinho, 2005 - traduzido e adaptado de Wirtgen, 2001a)

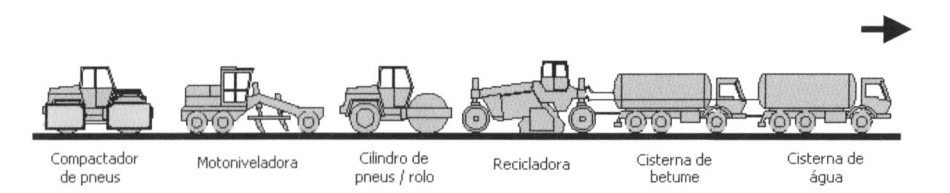

Figura 10.6 – Fases da reciclagem "in situ" a frio com betume espuma (Martinho, 2005 - traduzido e adaptado de Wirtgen, 2001)

Actualmente já existem equipamentos que permitem realizar várias tarefas em simultâneo na reciclagem "in situ", como o representado na Figura 10.7: (i) a fresagem do pavimento existente; (ii) a crivagem e pesagem do material obtido, britando os elementos mais grossos; (iii) injecção e mistura do ligante novo.

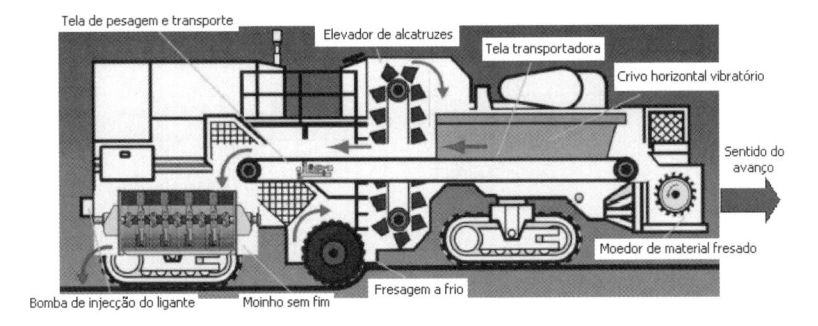

Figura 10.7 – Equipamento que fresa, criva e brita, para reciclagem "in situ"
(Martinho, 2005 - traduzido e adaptado de Wirtgen@, 2004)

10.4.6. Reciclagem "in situ", a Quente, com Betume/Rejuvenescedor

Este processo de reciclagem difere dos anteriores quanto aos seguintes factores:
(i) temperatura de execução; (ii) tipo de ligante; (iii) equipamento principal de
reciclagem.

Quanto ao ligante é utilizado em geral um rejuvenescedor, podendo ser aplicado
com misturas novas, que conterão betume novo.

Para a reciclagem "in situ" a quente, distinguem-se dois processos: (i) a
termorregeneração; (ii) a termo-reperfilagem.

A termorreperfilagem consiste apenas no aquecimento do pavimento seguida da sua
compactação, tendo por objectivo selar as fendas existentes e repor a regularidade do
perfil longitudinal. Neste processo não há lugar à adição de novos materiais ou misturas.

A termorregeneração compreende o aquecimento do pavimento, a sua
escarificação, recomposição, nivelamento e compactação da nova camada.

Relativamente ao equipamento principal de reciclagem, actualmente existem vários
tipos que poderão realizar trabalhos idênticos. A escolha do equipamento a utilizar em
cada caso depende, entre outros factores, das disponibilidades do mercado e da logística
de transporte dos mesmos, dada a sua elevada dimensão e dificuldade de
movimentação.

Na Figura 10.8 representam-se os equipamentos necessários e a sua sequência de
intervenção neste tipo de reciclagem.

Inicialmente actuam os dois "pré-aquecedores", sendo seguidos por um
"aquecedor-fresador", o qual promove a escarificação da camada do pavimento
existente. A seguir o "aquecedor-misturador" procede em contínuo à mistura uniforme
do material. A mistura resultante é espalhada e compactada pelos equipamentos
habituais (pavimentadora e cilindros de pneus e de rolos).

Cilindro de rolos | Compactador de pneus | Pavimentadora | Aquecedor misturador | Mistura nova | Aquecedor / escarificador | Pré-aquecedor nº 2 | Pré-aquecedor nº 1

Figura 10.8 – Fases de intervenção na reciclagem "in situ" a quente com rejuvenescedor (Martinho, 2005 - traduzido e adaptado de Martec@, 2004)

A fase de aquecimento envolve a incidência, na superfície a reciclar, de um elevado número de jactos de ar sobreaquecido (a 600 °C) sob elevada pressão, com actuação simultânea de um sistema de aspiração e a sua concomitante reciclagem. Pode ainda intercalar-se um camião basculante, à cabeça do "aquecedor-misturador", para se juntar materiais de adição.

Após a reciclagem da camada existente é aplicada uma nova mistura betuminosa com características de camada de desgaste.

Caso se queira manter a cota do pavimento, antes do espalhamento da nova camada betuminosa pode promover-se o levantamento de igual quantidade do material do pavimento existente, tendo o cuidado de manter o pavimento existente aquecido.

Esta técnica é especialmente adequada para eliminar os defeitos de superfície e a descolagem da camada de desgaste, só podendo ser usada para reabilitar pavimentos sem problemas estruturais. Pode, deste modo, considerar-se que esta é uma técnica de reabilitação das características funcionais da camada de desgaste.

A termorregeneração pode ser indicada, em particular para a reabilitação de auto-estradas em que se pretenda apenas reabilitar as características da via da direita, que se degrada mais rapidamente sob a acção de tráfego pesado.

As desvantagens desta técnica estão relacionadas com o seu custo elevado, em comparação com outras técnicas concorrentes, além de poluição significativa resultante do processo produtivo. Outras desvantagens relacionam-se com a dificuldade de aplicação da técnica em locais com obstáculos no pavimento e com o elevado consumo de energia para o aquecimento do pavimento.

10.4.7. Reciclagem em Central, a Frio, com Emulsão Betuminosa

Este processo de reciclagem compreende uma fase inicial constituída pela prévia fresagem do pavimento existente. O material recolhido será transportado para a central onde será misturado com emulsão betuminosa, à temperatura ambiente.

A sequência das operações envolvidas com este processo de reciclagem está apresentada na Figura 10.9.

Nesta alternativa de reciclagem há que fresar o pavimento existente, transportar o material produzido para o local onde se encontra a central de mistura com emulsão, e transportar de novo o material produzido para o pavimento em reabilitação. Dado o número e tipo de operações envolvidas é fundamental procurar avaliar todos os custos, de modo a justificar a viabilidade desta opção.

Figura 10.9 – Fases de intervenção na reciclagem a quente, em central, com emulsão (Martinho, 2005 - traduzido e adaptado de Wirtgen@, 2004)

Com a utilização do ligante emulsão é necessário ter em conta as respectivas limitações, nomeadamente quanto à maior sensibilidade às condições meteorológicas, particularmente na fase de rotura da emulsão.

As misturas realizadas a frio em central assemelham-se a um material agregado de granulometria extensa tratado com emulsão.

10.4.8. Reciclagem em Central, a Frio, com Betume-Espuma

Este processo apenas difere do anterior quanto ao tipo de ligante utilizado, que neste caso é o betume-espuma. O material fresado pode resultar com uma granulometria muito variável. Assim, tal como no processo anterior, por vezes é necessário recorrer à sua britagem prévia. As fases de trabalho e equipamento utilizado são muito idênticos aos utilizados no processo anterior.

10.4.9. Reciclagem em Central, Semi-quente, com Emulsão Betuminosa

Este processo também se inicia com a fresagem do material do pavimento existente, o qual é depois transportado para a central, onde será misturado com a emulsão betuminosa numa central de misturas a quente.

As sucessivas fases de aplicação desta técnica estão representadas na Figura 10.10.

Aqui também se aplicam as recomendações já anteriormente salientadas para as outras técnicas de reciclagem em central, nomeadamente quanto ao estudo de viabilidade técnico-económica, tendo em conta os elevados custos de transporte, assim como quanto à necessidade de obter uma adequada granulometria.

Fernando Branco   Paulo Pereira   Luís Picado Santos

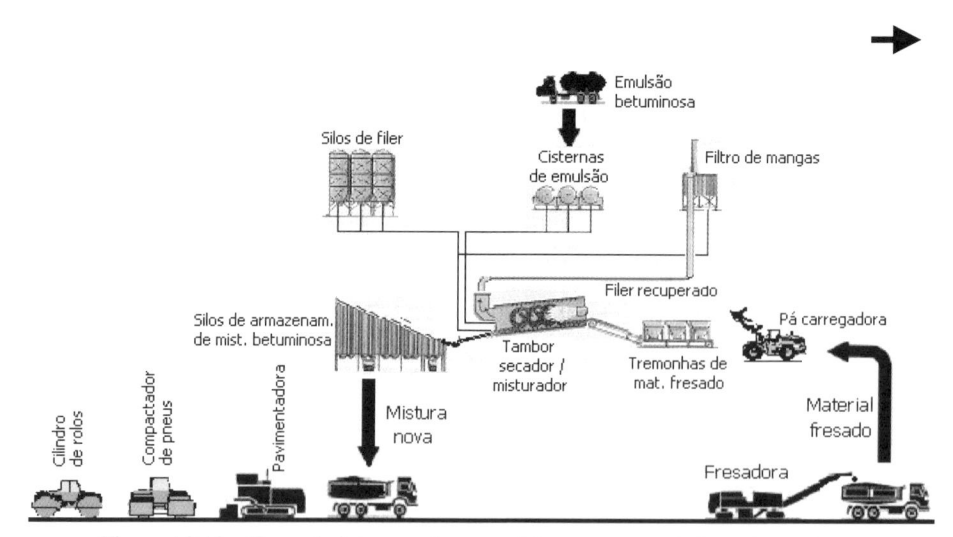

Figura 10.10 – Fases de intervenção na reciclagem em central semi-quente, com emulsão (Martinho, 2005 - adaptado de EAPA, 1998)

10.4.10. Reciclagem em Central, a Quente, com Betume

A técnica de reciclagem em central, a quente, com betume, consiste em fabricar uma mistura betuminosa a quente, utilizando materiais fresados de pavimentos antigos, de modo a conseguir bons resultados técnico-económicos e ambientais. A qualidade das misturas realizadas com os materiais reciclados deve ser comparada à das realizadas com materiais novos.

O conjunto dos equipamentos principais a utilizar nesta técnica é constituído pelas fresadoras e pelas centrais de mistura a quente. A Figura 10.11 ilustra as fases de aplicação desta técnica, quando se adopta uma central contínua.

Nesta alternativa nem todo o material proveniente do pavimento existente é reutilizado. As taxas de reciclagem, sem pré-aquecimento do material fresado, não ultrapassam geralmente os 35%, embora em determinadas condições (central de fabrico perto do local de colocação) se possa chegar aos 40%. Com pré-aquecimento a 90 °C do material fresado, pode chegar-se com relativa facilidade a taxas de reciclagem de 65 a 70% para processos de produção correntes. Uma taxa inferior a 20% é considerada uma reduzida taxa de reciclagem.

Para execução da reciclagem a quente com sucesso, como para qualquer outro tipo, deve ser efectuado um estudo preliminar. Primeiro, é necessário avaliar a natureza e a quantidade de materiais passíveis de reciclagem, dependentes do tipo de demolição do pavimento (em geral por fresagem) e da homogeneidade das misturas.

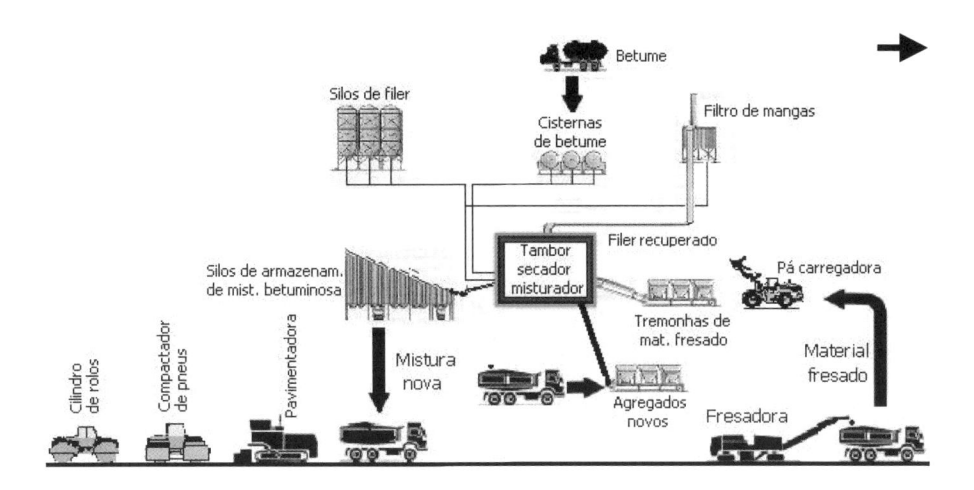

Figura 10.11 – Fases de intervenção na reciclagem em central contínua de mistura a quente com betume (Martinho, 2005 - adaptado de EAPA, 1998)

Em seguida, devem caracterizar-se os materiais a reciclar, através de uma análise granulométrica (com e sem ligante), da identificação da mistura (teor em água e em ligante) e da caracterização do ligante antigo. É necessário especial cuidado com a granulometria e com o envelhecimento do ligante. A fase de fresagem deve ser cuidada, de modo a obter-se um material, o mais regular e homogéneo possível.

Segue-se a escolha do aditivo de regeneração (se usado), de modo a repor no ligante velho as componentes mais leves em falta. A reciclagem deve permitir manter as características do aditivo de regeneração, sendo que a susceptibilidade térmica aumenta com a taxa de material a reciclar utilizada.

Finalmente, faz-se o estudo da formulação e da taxa da reciclagem. A formulação da mistura reciclada é estudada de modo a obter o tipo de mistura betuminosa desejada.

É importante estudar a taxa de reciclagem, pois esta tem limites em função do tipo de central, do seu sistema de despoeiramento e filtragem e da qualidade do material betuminoso a reciclar.

A reciclagem a pequenas taxas consegue ser realizada praticamente em todas as centrais actualmente existentes, bastando pequenas adaptações. As misturas assim obtidas são homogéneas e as características são praticamente iguais às conseguidas com agregados novos. O material a reciclar é adicionado aos agregados quentes antes da entrada para a misturadora ou então colocado directamente na mesma. O tempo de mistura tem de ser aumentado, o que diminui em cerca de 20% o rendimento horário de fabrico das misturas.

No esquema construtivo representado na Figura 10.12 assinalam-se os três modos possíveis de adicionar o material fresado no tambor secador/misturador de uma central de mistura a quente contínua:

(1) a meio do próprio tambor/secador/misturador;

(2) num invólucro exterior ao próprio tambor/secador (duplo tambor);

(3) no tambor com fluxo contracorrente (fluxos opostos).

As taxas de reciclagem obtidas com estas variantes variam desde 35% para as primeiras opções até 50% para a última alternativa de adição do material fresado.

(1) (2) (3)

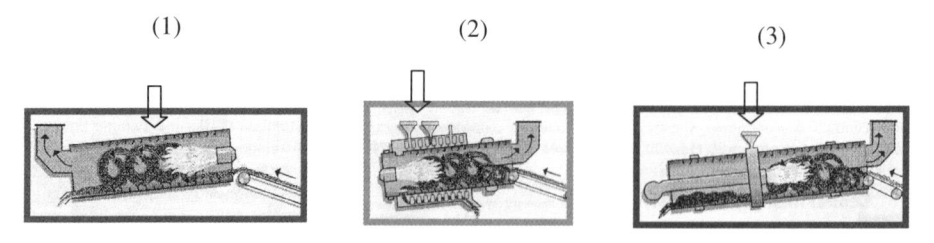

Figura 10.12 – Entradas do material fresado no tambor de uma central contínua (Martinho, 2005 - adaptado de EAPA, 1998)

Caso a central seja descontínua, o modo de adicionar o material fresado pode ser mais variado, com diferentes custos de adaptação das centrais. No esquema apresentado na Figura 10.13 estão assinalados os diferentes modos de adicionar o material fresado:

(1) num tambor/secador próprio (método RAP a quente);

(2) directamente na misturadora (central de torre);

(3) no elevador dos agregados (método RAP a frio);

(4) num anel envolvente ao tambor/secador (método Recyclean).

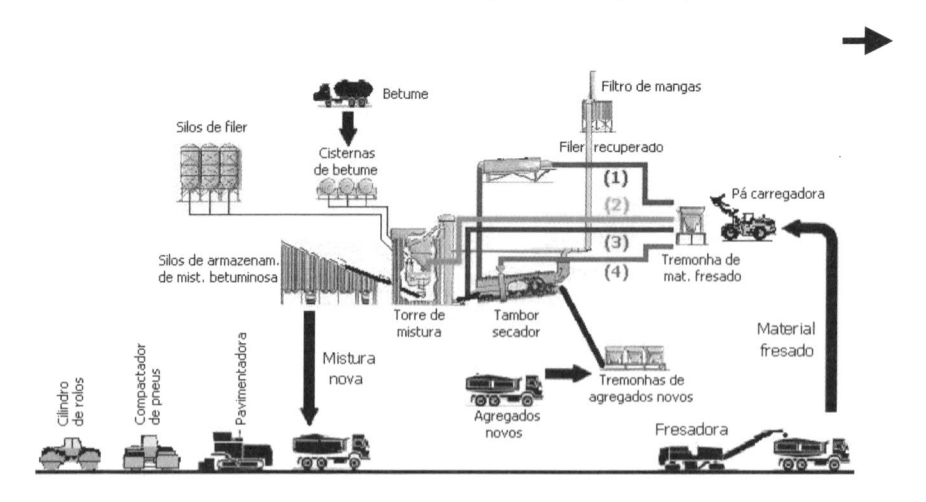

Figura 10.13 – Fases de intervenção na reciclagem em central descontínua de mistura a quente com betume (Martinho, 2005 - adaptado de EAPA, 1998)

10.5. Reabilitação de Pavimentos Rígidos

10.5.1. Considerações Gerais

As deteriorações dos pavimentos rígidos manifestam-se normalmente por deficiências das características superficiais e do comportamento estrutural, tal como nos pavimentos flexíveis, e ainda, no caso dos pavimentos em betão não armado, por degradações das juntas que se repercutem quer nas características da superfície quer até no funcionamento estrutural (Norma 6.3, 2003).

10.5.2. Reabilitação das Características Superficiais

As degradações mais frequentes, com repercussão nas características superficiais, são a redução do coeficiente de atrito, devido a polimento dos agregados ou desgaste das estrias, e as irregularidades da superfície, associadas a escalonamento das lajes, o desnivelamento dos bordos das fendas e o assentamentos das lajes.

O coeficiente de atrito pode ser melhorado por uma microfresagem e/ou ranhuragem da superfície. Pode também ser melhorado com a aplicação de camadas betuminosas rugosas, já referidas a propósito dos pavimentos flexíveis.

Habitualmente, integra-se nas acções de reabilitação das características superficiais o tratamento das fendas que ocorrem nas lajes, pela sua eventual repercussão quer na irregularidade da superfície quer no funcionamento estrutural. O refechamento das fendas, quando não muito abertas, pode ser feito por produtos de selagem, frequentemente betuminosos de composição aditivada, depois de abrir um pouco ("alegrar") as fendas e as limpar convenientemente.

Para resolver problemas de irregularidade geométrica (avaliada, por exemplo pelo IRI) as soluções mais utilizadas envolvem fresagens, para eliminar pontos altos, reperfilamentos com misturas betuminosas, ou os dois processos combinados. Os escalonamentos das lajes e os desníveis entre bordos de fendas, até cerca de 3 mm, podem ser eliminados por fresagem. As misturas betuminosas a usar nos reperfilamentos são as já indicadas para os pavimentos flexíveis.

Se os assentamentos das lajes e os bordos das juntas ou fendas não estiverem estabilizados, isto é, se se movimentarem significativamente à passagem do tráfego, então é provável que se esteja perante uma situação a ser estudada no âmbito de uma reabilitação estrutural.

10.5.3. Tratamento de Juntas

Os elementos que guarnecem as juntas, quer sejam perfis de plástico quer vedantes betuminosos, são frequentemente de duração reduzida e têm, por isso, de ser objecto de conservação periódica, com substituição dos elementos deteriorados.

Fernando Branco   Paulo Pereira   Luís Picado Santos

Se houver fendilhamento e/ou desagregação do betão nos bordos das juntas, as zonas de betão deterioradas, com largura normalmente da ordem de alguns centímetros, devem ser cortadas e substituídas por betão novo, depois de se tomar os cuidados adequados (aplicação de colas ou argamassas de resinas epoxy) para assegurar a ligação entre os dois betões.

10.5.4. Reabilitação Estrutural

A degradação estrutural pode estar associada a fendilhamento das lajes e seu escalonamento, com movimentos relativos dos bordos quando da passagem dos veículos.

As soluções de reabilitação devem ser definidas após um estudo adequado, incidindo sobre as condições de fundação, a resistência das lajes e o funcionamento dos dispositivos de transmissão de cargas.

O reforço da fundação das lajes pode passar por obras de drenagem ou por injecções de calda de cimento para assegurar o apoio das lajes nas zonas em que ele estiver faltando devido a fenómenos de erosão.

Atenuada a movimentação das lajes, a reabilitação pode consistir na realização de um reforço, em camadas betuminosas como é mais frequente, embora no estrangeiro se tenham praticado reforços em betão de cimento, armado com malha de aço ou com fibras.

Quando há lajes com fracturação significativa, a reabilitação pode incluir a demolição e reconstrução dos painéis fracturados. Em casos extremos, pode ocorrer a necessidade de, em certos trechos, fracturar completamente o pavimento existente, o qual, depois de compactação muito intensa, passa a constituir a fundação de um novo pavimento.

10.6. Referências Bibliográficas

Brosseaud, Y., 1994. *Évolution et perspectives d'avenir des enrobés à chaud pour l'entretien des chaussées*. Bulletin de Liaison des Laboratoires des Ponts et Chaussées – Spécial XVII, Gestion de l'entretien de la route, pp 193-206. Ministère de l'Équipement, des Transports et du Tourisme, Paris.

Brosseaud, Y., 1996. *Les solutions d'entretien des couches de surface. Panorama technique et économique*. Revue Générale des Routes et des Aérodromes, pp17-22, Paris.

Campo, J., 1998. *Tratado de estabilización y reciclado de capas de firmes con emulsión asfáltica*. Asociación Española de la Carretera, Madrid.

EAPA (European Asphalt Pavement Association) 1998. *Directivas ambientais sobre as melhores técnicas disponíveis (BAT) para a produção de misturas betuminosas*. EAPA, Breukelen.

Fernando Branco   Paulo Pereira   Luís Picado Santos

EAPA (European Asphalt Pavement Association) 1998. *Directivas ambientais sobre as melhores técnicas disponíveis (BAT) para a produção de misturas betuminosas.* EAPA, Breukelen.

IEP, 1999. *Investimentos na Rede Rodoviária Nacional.*

JAE (actual IEP), 1998. *Caderno de Encargos Tipo para a área da pavimentação.*

Martec@, 2004. *http://www.martec.ca/about_us/the_company.htm.* Canadá.

Martinho, F., 2005. *Reciclagem de Pavimentos – Estado da Arte, Situação Portuguesa e Selecção do Processo Construtivo.* Tese de Mestrado. Faculdade de Ciências e Tecnologia da Universidade de Coimbra.

Norma 6.3.2003. *Norma 6.3 IC: Rehabilitación de Firmes.* Direccion General de Carreteras, Madrid.

Pereira, P.; Miranda, C., 1999. *Gestão da Conservação dos Pavimentos Rodoviários.* Universidade do Minho, Braga.

Pinelo, L., 1997. *Revestimentos Superficiais.* Colóquio sobre Conservação. Junta Autónoma de Estradas.

Paúl, I., 1997. *Beneficiação da EN 14 entre Estremoz e Vila Boim – justificação, concepção e processo construtivo da membrana anti-fissura.* Colóquio sobre Conservação, Junta Autónoma de Estradas.

Wirtgen, 2001. *Wirtgen cold recycling manual – 2nd revised issue.* Wirtgen (ISBN 3-936215-00-6), Windhagen.

Wirtgen, 2001a. *Espuma de Asfalto – o Ligante Inovador Para a Construção de Rodovias.* Ed. de autor, Windhgen – Alemanha.

Wirtgen@, 2004. *http/www.wirtgen.de.* Alemanha.

Fernando Branco   Paulo Pereira   Luís Picado Santos

Capítulo 11
DIMENSIONAMENTO DO REFORÇO DE PAVIMENTOS

11.1. Introdução

Neste capítulo vai descrever-se a abordagem para dimensionamento da espessura de camadas de reforço dum pavimento rodoviário, necessária ao aumento da capacidade resistente deste, de modo a que continue assegurada a qualidade de serviço para que foi concebido.

A decisão de reforçar é tomada como consequência duma gestão cuidada da rede em que o pavimento se insere, ou surge como resultado da verificação da má qualidade de serviço prestada pelo pavimento em causa.

A gestão de uma rede envolve a recolha periódica de informação sobre o seu estado de conservação. Esta informação tem origem em reconhecimentos visuais sistematizados e em ensaios de avaliação da capacidade resistente.

Do tratamento da informação recolhida, resultará a decisão de intervir de um dos seguintes modos: conservando ou reabilitando.

A conservação, acto de manutenção, é efectuada nas situações em que há sintomas de mau comportamento futuro, não existindo porém previsão de começo de ruína a curto prazo, ou resulta de programação prévia (conservação periódica).

Procede-se à reabilitação quando o pavimento deixou de oferecer a qualidade de serviço esperada, e está a iniciar um estado de ruína.

Nas secções seguintes vai sobretudo fazer-se a descrição de dois métodos que permitem dimensionar, no âmbito duma acção de reabilitação, a espessura de camadas betuminosas de reforço dum pavimento flexível. O primeiro, que se vai designar por "procedimento baseado nas deflexões reversíveis", é uma metodologia desenvolvida e aplicada pelo LNEC nos fins dos anos 60 (Pereira, 1971), tendo entretanto conhecido sucessivas transformações, com o desenvolvimento dos meios de cálculo, dos modelos de comportamento e dos métodos de avaliação da capacidade de carga, ou de suporte, dos pavimentos. Trata-se, no entanto, duma metodologia que na sua essência ainda hoje é usada para o estabelecimento da espessura das camadas de reforço. O outro, de estrutura bastante mais simples, foi desenvolvido pelo Asphalt Institute (AI, 1983). Este vai designar-se por "procedimento baseado nas espessuras efectivas".

O reforço de pavimentos semi-rígidos com misturas betuminosas utiliza igualmente as metodologias que se vão descrever. Também o "procedimento baseado nas espessuras efectivas" pode ser aplicado para o dimensionamento da espessura de reforço dum pavimento rígido com misturas betuminosas. No entanto, para este tipo de

Fernando Branco   Paulo Pereira   Luís Picado Santos

pavimento, o Asphalt Institute (AI, 1983) indica uma abordagem mais apropriada, baseada no estudo de deflexões obtidas em locais críticos dos pavimentos rígidos (juntas) e em considerações sobre as temperaturas ambiente do local, a consideração da realização ou não de algumas técnicas de acondicionamento do pavimento a reforçar (por exemplo eliminar com injecção de argamassa o movimento vertical entre a laje e a sub-base) e a consideração ou não de camada anti-transmissão do fendilhamento às camadas de reforço betuminosas. Tratando-se de procedimentos muito específicos para um tipo de pavimento com pouca expressão na Rede Rodoviária Nacional, não se vai descrever esta metodologia.

A descrição dos dois métodos referidos vai ser efectuada de forma sucinta, uma vez que muitas das decisões que se têm de tomar implicam conhecimentos aprofundados do comportamento previsível do pavimento reforçado. Ora, o desenvolvimento destes aspectos não cabe nesta obra, por serem muito específicos. De qualquer modo, sempre que se justifique, dar-se-ão as referências necessárias para que seja possível a procura do detalhe em relação a alguns dos desenvolvimentos que não estão descritos.

11.2. Procedimento Baseado nas Deflexões Reversíveis

Para fazer a análise que permitirá definir a espessura da camada de reforço, é necessário conduzir, primeiramente, uma campanha de ensaios de carga que permita a avaliação da capacidade de carga do pavimento a reforçar, e em seguida efectuar a estimativa do tráfego que solicitará o pavimento até à saída de serviço.

Com aquela finalidade (projecto de um reforço) é habitual ensaiar todo o trecho que se pretende reforçar, definido pela entidade que gere a rede, normalmente com base no reconhecimento visual do estado do pavimento. Na realidade, pode acontecer que não seja ensaiado todo o trecho a reforçar mas só os troços mais significativos do ponto de vista de representatividade quanto ao nível de deterioração usando a informação proveniente desse reconhecimento visual, o qual em muitos casos, permite obter a única informação prévia de que é possível dispor.

O conhecimento da capacidade de carga resulta da realização de ensaios de carga no pavimento. Estes ensaios são efectuados com os equipamentos descritos no Capítulo 9. Tal como é indicado nesse Capítulo, o Deflectómetro de Impacto é o equipamento que mais se utiliza para a observação da capacidade de suporte ao nível de projecto.

Os ensaios de obtenção da capacidade de carga, de que resultam os deflectogramas de resposta já descritos no Capítulo 9, e a caracterização da estrutura ensaiada e das suas condições de funcionamento, passado e futuro, devem, sempre que possível, obedecer às seguintes indicações:

* os locais do pavimento a serem considerados devem situar-se nas rodeiras externas para cada sentido de circulação e ser espaçados no máximo de 100 metros. Em geral, os pontos vizinhos num e noutro sentido, ficam desfasados de 50 metros;

Fernando Branco   Paulo Pereira   Luís Picado Santos

- os ensaios devem ser conduzidos durante a época do ano considerada mais desfavorável no que respeita à capacidade de carga, o que significa geralmente o Verão para pavimentos flexíveis com uma forte espessura (mais de 15 cm) de misturas betuminosas e o Inverno ou a Primavera, logo após a época das chuvas, para pavimentos com pequena espessura de misturas betuminosas, em que a resistência é sobretudo devida às camadas não tratadas;
- deve ser pelo menos registada a temperatura à superfície do pavimento, ou imediatamente abaixo da superfície (1 a 2 centímetros são valores correntes) e ainda a temperatura do ar;
- deve registar-se se o local ensaiado se situa em escavação ou aterro e deve também registar-se a classe de fendilhamento (Capítulo 9);
- deve recolher-se amostras do pavimento de modo a conseguir caracterizar as estruturas que se estão a ensaiar, o que pode ser complementado com informações provenientes do projecto de execução.

Realizados os ensaios de carga e recolhida a informação descrita, é necessário fazer o tratamento estatístico dos dados obtidos, no sentido de estabelecer os trechos do pavimento uniformes do ponto de vista da capacidade de carga e, dentro de cada um, o local ou locais mais representativos.

Os trechos uniformes do ponto de vista da capacidade de carga são geralmente encontrados fazendo uma análise dos valores da deflexão reversível máxima (obtida no ponto de aplicação da carga, ou seja no centro da placa de carga no caso do deflectómetro de impacto) em locais sucessivos, escolhendo para trechos uniformes os que incluem conjuntos de locais contíguos (podem ser algumas dezenas) onde os valores da deflexão se podem considerar mais ou menos uniformes, onde a classe de fendilhamento observada é muito semelhante, e onde a composição do pavimento é análoga, para além de se poder considerar relevante se os locais estão todos em aterro ou todos em escavação, embora isto não deva ser determinante. A AASHTO (AASHTO, 1993) propôs um método para identificação dos diversos trechos uniformes baseado na análise das deflexões máximas em cada local de ensaio.

Escolhidos os trechos uniformes a avaliar, que para um pavimento a reforçar, muitas vezes com uma extensão de alguns quilómetros, podem ser dezenas, é necessário estabelecer qual o local representativo de cada trecho. Para isso é usual tomar o conjunto de deflectogramas obtidos em cada trecho uniforme e, para o conjunto de deflexões medidas por cada acelerómetro (ou seja, a cada distância do centro de carga) calcular o valor correspondente ao quantilho de 85%. Com um "deflectograma" fictício definido por esses valores correspondentes aos quantilhos de 85% de cada deflexão, escolhe-se dentro dos deflectogramas reais obtidos no trecho uniforme o deflectograma que mais se aproxima daquele, ficando assim definido o local mais representativo do trecho uniforme em análise. Em geral, quando há vários deflectogramas reais próximos do "fictício", consideram-se e analisam-se dois ou três, para melhor caracterização do estado do pavimento. Para cada local seleccionado é preciso conhecer a estrutura de pavimento ensaiada. Isso consegue-se por meio de tarolos (carotes) colhidos nas camadas betuminosas, e nas tratadas com cimento se as houver, que dão a conhecer a espessura das camadas, e por poços abertos no bordo do pavimento, que permitem visualisar todas as camadas da estrutura e a fundação, verificar as condições de compactação e teor em água, e colher amostras para ensaios de caracterização dos materiais das diferentes camadas.

Conhecendo-se o tipo e valor da carga que provocou um determinado deflectograma (como é o caso dum deflectómetro de impacto), num pavimento com estrutura conhecida (espessura e composição das camadas), e admitindo certas características mecânicas para as camadas, é possível estabelecer uma deformada do pavimento semelhante ao deflectograma seleccionado , recorrendo a um programa de cálculo do estado de tensão-deformação (como por exemplo o ELSYM5, já referido no Capítulo 7), geralmente considerando comportamentos elástico-lineares. As características mecânicas das camadas de pavimento, podem, numa primeira aproximação, ser estimadas da forma que se indiciou no Capítulo 7 para o dimensionamento de estruturas de pavimento novas ou com base nos resultados dos ensaios dos materiais recolhidos nos poços.

Quando os deflectogramas, medido e calculado são semelhantes, pode admitir-se que as características mecânicas do pavimento que deram origem ao deflectograma calculado são muito próximas das características mecânicas que o pavimento apresentava na altura da realização do ensaio de carga.

Na Figura 11.1 mostram-se três tentativas de aproximação do deflectograma medido, que correspondem a outros três conjuntos de características mecânicas da estrutura do pavimento em análise. Pode dizer-se que a característica mecânica determinante é o módulo de deformabilidade. O módulo das camadas betuminosas influencia fortemente a deflexão máxima e as deflexões até cerca de metade da extensão do deflectograma (no caso da Figura 11.1 até 0,90 m). O módulo de deformabilidade do solo de fundação (e das camadas não tratadas, uma vez que dependem deste, como se descreveu no Capítulo 7) influencia todo o deflectograma embora principalmente nas zonas mais afastadas do centro da carga, podendo no entanto dizer-se que tem um efeito de translação do mesmo (para valores baixos as deflexões são maiores e vice-versa para valores altos).

Tomando como exemplo as tentativas de aproximação ao deflectograma medido, expressas na Figura 11.1, pode dizer-se que a primeira tentativa foi efectuada com um módulo de deformabilidade alto das camadas betuminosas e do solo de fundação, a segunda tentativa com um módulo de deformabilidade mais baixo do que o adequado para as misturas betuminosas e um módulo de deformabilidade baixo do solo de fundação mas próximo do adequado (na zona mais afastada as deflexões nesta tentativa já são adequadas), a terceira tentativa e a mais fiável, evoluiu da segunda fazendo um ajuste para mais alto do módulo de deformabilidade das camadas betuminosas e um ajuste pequeno para mais alto do módulo de deformabilidade do solo de fundação.

Fernando Branco   Paulo Pereira   Luís Picado Santos

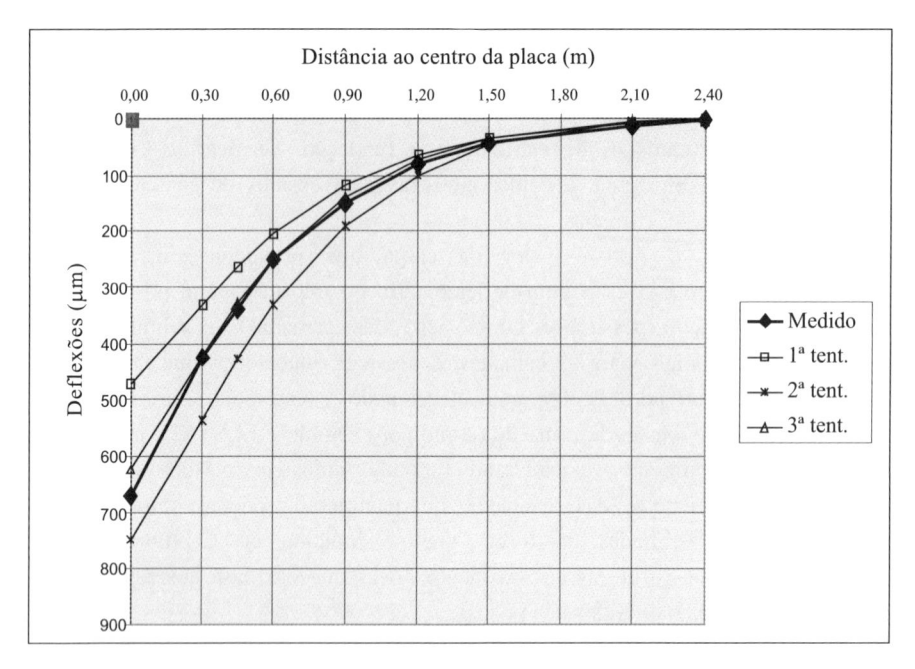

Figura 11.1 – Exemplo de um deflectograma obtido com deflectómetro de impacto (curva "MEDIDO") e três tentativas de o explicar a partir de valores obtidos com simulação em programa de cálculo de deflexões

Os módulos de deformabilidade que se obtêm duma análise do tipo da exposta, são os parâmetros que caracterizam o comportamento estrutural do trecho de pavimento em análise. Então, para estabelecer a espessura duma camada de reforço, conhecendo o comportamento previsível da estrutura existente, pode recorrer-se a um processo semelhante ao do dimensionamento analítico dum pavimento novo, já descrito no Capítulo 7.

Assim, por um lado, terá de atender-se a que a camada de reforço deve possuir uma espessura e características suficientes para suportar a fadiga. Por outro lado, essa espessura deve ser de molde a diminuir a extensão de tracção induzida pelo tráfego na base das camadas betuminosas do pavimento original, controlando desse modo a ruína por fadiga das camadas betuminosas existentes, bem como ser de molde a diminuir a extensão de compressão no topo do solo de fundação, diminuindo a possibilidade de assentamento à superfície, controlando deste modo a ruína por deformação permanente. De facto, de nada serviria uma camada de reforço, se não invertesse o caminho para a ruína do pavimento que reforça. Na Figura 11.2 apresenta-se o organigrama que sistematiza os passos a efectuar para estabelecer a espessura da camada de reforço.

Pretendendo-se determinar a vida útil restante em termos de número de eixos padrão que previsivelmente a estrutura existente ainda suporta, o processo é igual ao anterior, sem a consideração da camada de reforço e só com a determinação do número de eixos admissíveis.

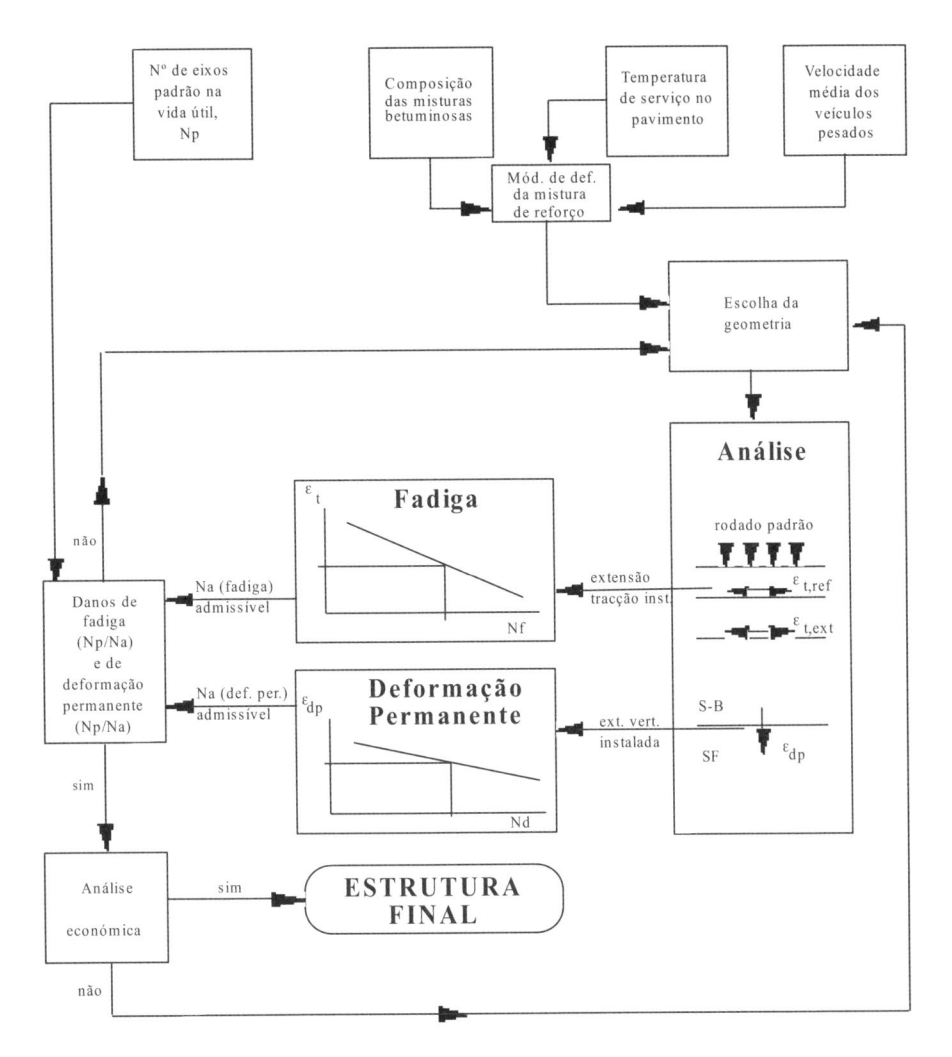

Figura 11.2 – Organigrama do procedimento para dimensionamento empírico-mecanicista da espessura da camada de reforço dum pavimento flexível

A principal dificuldade deste "Procedimento Baseado nas Deflexões Reversíveis" é a representatividade dos deflectogramas dos locais escolhidos para traduzir o comportamento do pavimento. Esta dificuldade está relacionada com as condições termo-higrométricas existentes na altura da obtenção da capacidade de carga, já que a temperatura nas camadas betuminosas condiciona o seu comportamento, tal como o teor em água no caso das camadas granulares e solo de fundação.

Para obter a temperatura representativa nas camadas betuminosas na altura da realização do ensaio, várias aproximações têm sido desenvolvidas, como o designado modelo de Bells3 (FHWA, 2000), o método de Park (Park et al., 2001) ou um

Fernando Branco   Paulo Pereira   Luís Picado Santos

desenvolvido recentemente em Portugal (Freitas, 2004) com base em estudos anteriores (Picado-Santos, 1988).

Os dois primeiros métodos têm estruturas semelhantes pelo que só se descreve o de Bells3. Este método é especialmente útil quando não existem medições de temperatura aquando da realização da campanha de obtenção da capacidade de carga. A temperatura a uma determinada profundidade, z, é dada pela expressão 11.1.

$$T_z = 0,95 + 0,892 * IR + \{\log(z) - 1.25\}.\{-0,448 * IR + 0.621 * (1 - day)$$
$$+ 1,83 * \sin(hr_{18} - 15,5)\} + 0,042 * IR * \sin(hr_{18} - 13,5) \tag{11.1}$$

em que:

T_z = temperatura do pavimento à profundidade z, °C;

IR = temperatura da superfície obtida por leitura de infra-vermelhos, °C;

z = profundidade à qual a temperatura é prevista, mm;

1-day = média da temperatura do ar no dia anterior à campanha

sin = função seno para um relógio de 18 horas (com 2π representando um ciclo de 18 horas);

hr_{18} = hora do dia (para o sistema normal de 24 horas) mas compatibilizada com o sistema que referencia as temperaturas diurnas no pavimento (admitindo 18 hr entre o nascer e pôr-de-sol). É estabelecida como se pode ver em FHWA, 2000.

A melhor forma de estabelecer as temperaturas na altura da realização da campanha de avaliação da capacidade de carga é efectuar medições sucessivas em profundidade nas camadas betuminosas do pavimento ensaiado, em locais e nas horas que sejam compatíveis com o local e com a hora de realização de cada ensaio. Recentemente, Freitas (2004), para que o número dessas medições não seja elevado, desenvolveu uma metodologia que se baseia em três ou quatro medições prévias à realização dos ensaios, em locais representativos, e depois prevê a distribuição das temperaturas para a restante parte do dia só necessitando para isso da medição da temperatura à superfície do pavimento (por exemplo de hora a hora). Esta metodologia é aplicada através de programas de cálculo adaptados de estudos anteriores (Picado-Santos, 1988), estando descrita na referência indicada e os programas estão disponíveis para ser usados.

Sabendo-se a temperatura representativa pode calcular-se um deflectograma representativo dum pavimento com materiais novos. Para tal basta usar a metodologia de estabelecimento das características das camadas indicada no Capítulo 7.

Fica-se assim com a possibilidade de saber quanta capacidade resistente do pavimento foi gasta, comparando os dois deflectogramas, o medido e o calculado com os materiais novos, para a mesma temperatura nas camadas betuminosas.

Uma forma de progredir para o dimensionamento do reforço é usar a percentagem da resistência que foi gasta (obtida pela comparação entre os dois deflectogramas) para diminuir a espessura das misturas betuminosas existentes, traduzindo deste modo esse gasto. Desta forma, e usando os procedimentos indicados nos Capítulos 6 e 7, era possível caracterizar as camadas betuminosas como novas (a espessura reduzida do existente e a espessura de reforço). Caracterizando as camadas granulares e a fundação com as características que tinham sido obtidas no ensaio de capacidade de carga (admitindo que são inferiores às que podem estabelecer-se para materiais novos), fica-se com a possibilidade de proceder com está indiciado na Figura 11.2, estabelecendo a espessura da camada de reforço para a vida útil esperada, traduzida pelo número de eixos padrão que ainda se esperam que venham a solicitar o pavimento durante a vida em serviço.

No entanto, deve dizer-se que há muitos aspectos que não ficariam assegurados mesmo seguindo aquelas indicações, uma vez que o comportamento global do pavimento, que se pode inferir da interpretação dum deflectograma, depende também de aspectos como, por exemplo, se choveu com alguma intensidade nos dias anteriores ao levantamento da capacidade de carga feita no verão para um pavimento de grande espessura de misturas betuminosas e em que estas se encontram com fendilhamento estrutural de fadiga (em toda a espessura). De facto, este aspecto pode diminuir fortemente a capacidade de suporte das camadas não tratadas o que têm uma influência não desprezável no comportamento global, incluindo as camadas betuminosas, as quais podem apresentar pontualmente módulos de deformabilidade baixos mesmo para temperaturas de serviço relativamente baixas.

Para se estabelecer a espessura da camada de reforço utilizando o "Procedimento Baseado nas Deflexões Reversíveis", que é de qualquer modo o mais utilizado em todo o mundo (com algumas diferenças entre a prática de cada país mas tendo uma estrutura semelhante à descrita), deve portanto haver uma interpretação cuidada da caracterização que é possível efectuar, ponderando essa interpretação com a experiência de realização de reabilitação em pavimentos flexíveis.

11.3. Procedimento Baseado nas Espessuras Efectivas

O "Procedimento Baseado nas Espessuras Efectivas" (AI, 1983) é um processo expedito para determinar a espessura da camada de reforço dum pavimento de qualquer tipo. Sendo expedito deverá só aplicar-se a nível de estudo-prévio ou para estradas de tráfego reduzido. Neste processo é assumido que o pavimento que se pretende reforçar, já tendo despendido alguns anos da sua vida útil, "diminuiu" de espessura, ou seja, à altura de ser reforçado considera-se que o pavimento existente tem uma espessura, (espessura efectiva), menor do que na realidade tem, porque já foi sujeito a uma "história de carregamento" e portanto diminuiu a sua capacidade resistente.

Pode dividir-se a procedimento nas seguintes fases:
- determinação das características de resistência do solo de fundação;
- determinação da espessura e composição de cada camada de pavimento;
- cálculo do tráfego solicitante e da espessura efectiva;
- cálculo da espessura da camada de reforço ou da vida útil restante.

A resistência do solo de fundação é expressa pelo módulo de deformabilidade, E_{sf} (Figura 11.3). Este pode ser expresso em função do CBR (que entra em percentagem), por exemplo pela expressão E_{sf} (MPa) = 10 x CBR.

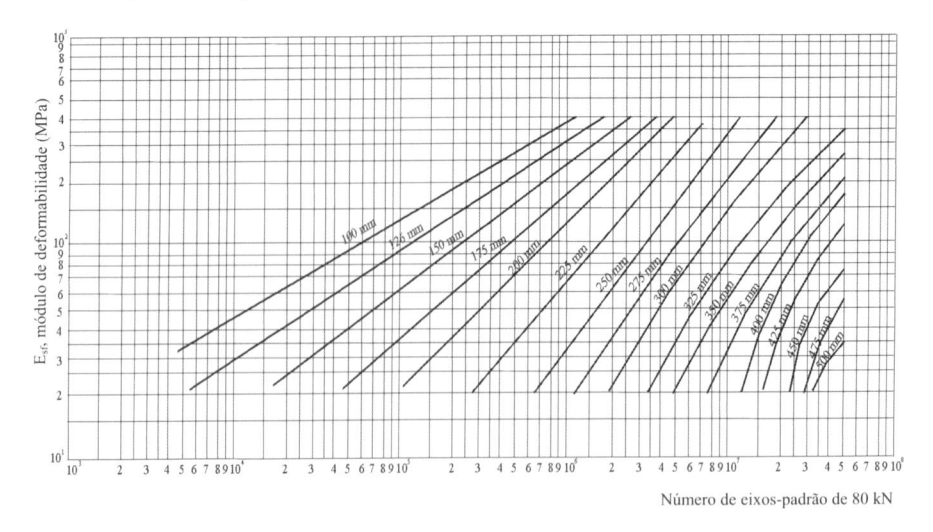

Figura 11.3 – Ábaco do Asphalt Institute (AI, 1983) para o cálculo da espessura de um pavimento só com camadas de betão betuminoso

O Asphalt Institute admite ainda uma classificação simplificada para a obtenção do CBR típico de cada solo, baseada nas indicações fornecidas pela "Classificação para Fins Rodoviários", expressa pela especificação E240 do LNEC (LNEC, 1970). Os solos são agrupados em três classes, definidas em função daquela classificação:

- SOLOS POBRES, que incluem todos os solos contendo uma quantidade apreciável de finos. Podem englobar-se os solos classificados nos grupos A4 e da especificação do LNEC referida. O CBR típico é de 3%;
- SOLOS MÉDIOS, que apresentam uma certa resistência sob condições severas de teor em água. Podem englobar-se todos os solos classificados nos grupos A-2-6 e A-2-7. O CBR típico é de 8%;
- SOLOS BONS, que apresentam bom comportamento sob condições severas de teor em água (excluindo a hipótese de saturação). Os grupos A1, A3, A-2-4 e A-2-5 representam este tipos de solos, em particular os que, pertencendo a estes grupos, são bem graduados. O CBR típico é de 17%.

A espessura e composição de cada camada do pavimento a reforçar devem ser obtidas através de sondagens apropriadas, realizadas como se indicou atrás, nas zonas que representem as condições médias do pavimento a reforçar. Estas zonas deverão ser definidas recorrendo pelo menos a um reconhecimento visual, efectuado, tal como as sondagens, na época do ano mais desfavorável para o pavimento, do ponto de vista da capacidade de carga.

O tráfego que solicitará o pavimento para o período para que se está a dimensionar a camada de reforço, expresso em eixos-padrão de 80 kN, deve ser estimado recorrendo à abordagem expressa no Capítulo 6.

O cálculo da espessura efectiva de cada camada i, Te_i, é realizado fazendo o produto dum factor de conversão, C, pela espessura real da camada. A espessura efectiva total para o pavimento, Te, é obtida pela soma das espessuras efectivas parciais, de cada camada. Esta espessura efectiva total é uma espessura de betão betuminoso, isto é, transforma-se, através de C e para efeitos de análise, o pavimento a reforçar num constituído só por uma camada de betão betuminoso.

O factor de conversão, C, é determinado recorrendo à tabela do Quadro 11.1. Através do conhecimento da composição das camadas do pavimento pode classificar-se cada uma delas e, assim, obter o correspondente factor C.

A espessura da camada de reforço, T0, é obtida pela expressão (11.2).

$$T0 = Tn - Te \qquad (11.2)$$

Nesta expressão, Tn é a espessura requerida para um pavimento, constituído só por betão betuminoso, capaz de suportar o tráfego considerado. Te, é a espessura efectiva.

O cálculo de Tn é efectuado no ábaco que se apresenta na Figura 11.3, em função do tráfego, expresso em eixos-padrão de 80 kN, e do módulo do solo de fundação.

De modo a exemplificar o procedimento baseado nas espessuras efectivas, considere-se o seguinte caso:

- pavimento a reforçar: camada de desgaste com 5 cm em betão betuminoso, com fendilhamento bem desenvolvido e interligado e com dimensão apreciável para o assentamento no rasto dos rodados (rodeira); camada de base com 20 cm em macadame betuminoso exibindo fendilhamento e rodeiras apreciáveis; camada de sub-base de 20 cm em agregado britado de granulometria extensa, de CBR mínimo igual a 25% e de índice de plasticidade não plástico (IP = 0);
- solo de fundação: caracterizado por um CBR mínimo de 10%;
- tráfego na vida útil considerada para o reforço: 3×10^6 eixos de 80 kN.

O processo ilustra-se do seguinte modo:

- segundo o Quadro 11.1, a camada de desgaste, que se designará a seguir por camada 1, pode classificar-se no grupo "V a)" admitindo-se C = 0,5; a de base, no que se segue designada por camada 2, também se classifica no grupo "V- a)", mas vai admitir-se C = 0,6 por se encontrar em melhor estado que a de desgaste; a camada de sub-base, camada 3, classifica-se no grupo II, admitindo-se C = 0,2, porque IP < 6;
- assim, Te1 = 0,5 x 5 = 2,5 cm, Te2 = 0,6 x 20,0 = 12,0 cm, Te3 = 0,2 x 20,0 = 4,0 cm, pelo que Te = Te1 + Te2 + Te3 = 18,5 cm;
- estimando o módulo de deformabilidade do solo de fundação viria Esf = 10 x 10 = 100 MPa e sabendo que são 3×10^6 o número de eixos padrão, do ábaco da Figura 11.3 vem Tn ≈ 24 cm;
- a espessura calculada de reforço, T0, será então: T0 = Tn - Te = 5,5 cm.

Fernando Branco   Paulo Pereira   Luís Picado Santos

Quadro 11.1 – Factor de conversão C (adaptado de AI, 1983)

Tipo	Descrição do material	Factor de conversão C
I	Leito do pavimento qualquer que seja.	0,0
II	Base ou sub-base granulares britadas de granulometria extensa e CBR>20. (C=0,1 se IP>6).	0,1-0,2
III	Base ou sub-base de solos com IP<10 e estabilizados com cal ou cimento.	0,2-0,3
IV	a) Misturas betuminosas a frio em bases, muito fendilhadas e com rodeiras de grande expressão. b) Pavimento rígido (mesmo com camada de desgaste em mistura betuminosa) e que vai ser partido antes de reforço em pedaços com 0,5 metros ou menos. Usar C= 0,3 quando a laje tiver sido directamente aplicada sobre o solo de fundação. c) Base ou sub-base granulares britadas estabilizadas com cimento, que se apresentem com fendilhamento de contracção extensa (usar C=0,3 quando as fissuras tiverem 1 cm de espessura ou mais e o material se apresentar instabilizado.	0,3-0,5
V	a) Misturas betuminosas a quente em camada de desgaste e de base que exibam fendilhamento apreciável e interligado b) Misturas betuminosas a frio em bases, com fendilhamento fino e com rodeiras de pequena expressão. c) Pavimento rígido com fendilhamento apreciável que será partido em bocados de 1 a 4 m^2 antes de reforço.	0,5-0,7
VI	a) Misturas betuminosas a quente em camada de desgaste e de base que exibam fendilhamento fino, com pequena interligação e com rodeiras pequenas. b) Misturas betuminosas a frio em bases, sem fendilhamento e com rodeiras de muito pequena expressão. c) Pavimento rígido com fendilhamento pequeno, em que os pedaços formados não são de dimensão inferior a 1 m^2.	0,7-0,9
VII	a) Misturas betuminosas a quente em camada de desgaste e de base sem fendilhamento e com rodeiras praticamente inexistentes. b) Pavimento rígido com camada de desgaste em mistura betuminosa, completamente estável e exibindo fendilhamento de reflexão desprezável. c) Pavimento rígido praticamente novo.	0,9-1,0

Podia então considerar-se que uma camada de 7 cm, após compactação, reforçaria convenientemente o pavimento. Esta espessura justifica-se porque se deve adicionar 1 cm à espessura de cálculo para prever a necessidade de incorrecções na colocação em obra, tendo-se adicionado mais 0,5 cm para tornar inteira a espessura a executar.

Para calcular a vida útil que resta a um pavimento, em termos de eixos-padrão, basta entrar no ábaco da Figura 11.3 com o módulo de deformabilidade do solo de fundação em ordenadas e com a espessura efectiva, Te, determinando em abcissas o número de eixos padrão. No exemplo apresentado a vida útil restante seria de 8×10^5 eixos-padrão de 80 kN.

Como se pode ver no Quadro 11.1, e admitindo a mesma orgânica que este processo utiliza para pavimentos flexíveis, tudo o que descreveu para um pavimento flexível aplica-se a pavimentos rígidos e semi-rígidos.

11.4. Considerações Finais

Deve reafirmar-se que qualquer que seja a metodologia empregue, o dimensionamento da camada de reforço de pavimentos flexíveis deve sempre incluir uma reflexão conscienciosa sobre as circunstâncias em que se obteve a caracterização do estado do pavimento, ponderá-la com a experiência adquirida, e assumindo um grau de risco adequado à situação que se está a tratar.

Alguns dos desenvolvimentos previstos para os próximos anos, indiciados no Capítulo 7, que dizem respeito a uma melhor modelação do comportamento dos materiais e outros aspectos relevantes, terão reflexo na abordagem empírico-mecanicista indicada para o dimensionamento da espessura da camada de reforço de pavimentos flexíveis, esperando-se que o "Procedimento Baseado nas Deflexões Reversíveis" possa incluir desenvolvimentos que o tornem mais representativo do comportamento real dos pavimentos.

11.5. Referências Bibliográficas

AASHTO,1993. *AASHTO Guide for Design of Pavement Structures: Appendix J – Analysis Unit Delineation by Cumulative Differences*. AASHTO, Washington, 1993.

AI, 1983. *Asphalt Overlays for Highway and Street Rehabilitation*. Asphalt Institute (AI), Manual series n.º 17 (MS-17), Maryland.

FHWA, 2000. *Temperature Predictions and Adjustment Factors for Asphalt Pavement*. Federal Highway Administration, U. S. Department of Transportation, Publication No. FHWA-RD-98-085, McLean.

Freitas, E., 2004. *Contribuição para o Desenvolvimento de Modelos de Comportamento dos Pavimentos Rodoviários Flexíveis – Fendilhamento com Origem na Superfície*. Tese de Doutoramento, Departamento de Engenharia Civil da Universidade do Minho, Guimarães.

LNEC, 1970. *E 240 - Solos: Classificação para fins rodoviários*. LNEC, Lisboa.

Park, D., Buch, N., Chatti, K., 2001. *Effective Layer Temperature Prediction Model and Temperature Correction via FWD Deflections*. Transport Research Board, TR Record Nº 1764, Washington D. C..

Pereira, O., 1971. *Pavimentos Rodoviários*. LNEC, CE 139, vol. III, Lisboa.

Picado-Santos, L., 1988. *Dimensionamento Analítico de Pavimentos Rodoviários Flexíveis*. Dept. Engª Civil da F.C.T. da U. de Coimbra, Aula das Provas de Aptidão Científica e Pedagógica, Coimbra.

Fernando Branco   Paulo Pereira   Luís Picado Santos

Capítulo 12
GESTÃO DA CONSERVAÇÃO DE PAVIMENTOS

12.1. Princípios de Gestão Rodoviária

12.1.1. Definição dos Sistemas de Gestão

Ao longo das últimas décadas desenvolveu-se a noção de "sistema de gestão" no campo das actividades rodoviárias, dando lugar a significativas ferramentas de apoio à gestão, principalmente no domínio da conservação dos pavimentos rodoviários.

A complexidade dos problemas a tratar em todos os domínios, conduz à necessidade de se realizar uma análise global nos seus diversos aspectos. Consequentemente, os sistemas de gestão visam essencialmente distribuir os recursos disponíveis, em geral limitados, de modo a assegurar o melhor serviço prestado (segurança, economia e conforto) ao longo de um determinado período de análise (ARTC, 1987).

Os termos "sistema" e "gestão", fazem parte actualmente do vocabulário corrente da maior parte da administração pública e das empresas públicas e privadas. Apesar desta generalização, considera-se oportuno precisar o respectivo significado (OCDE, 1994).

- Por "sistema" deve entender-se um conjunto de elementos interdependentes, ou seja, ligados entre si por determinadas "leis" ou relações, ocupando uma posição funcional bem definida no interior do sistema.
- Por "gestão", compreende-se basicamente a distribuição dos recursos disponíveis por diversas acções, em função de informação adequada, e de objectivos previamente definidos, com base em determinados critérios, procurando maximizar-se os resultados positivos do investimento realizado.

Um sistema de gestão deve ser considerado, acima de tudo, como um meio de apoio à tomada de decisões por parte de determinada entidade. Assim, a arquitectura geral de um sistema de gestão, o seu conteúdo e modo de funcionamento, devem estar estreitamente relacionados com o contexto político (muitas vezes preponderante), orgânico, técnico e económico, da entidade no qual se integra (Pereira e Miranda, 1999). Com efeito, é de sublinhar que a elaboração de um sistema de gestão compreende uma análise profunda e um bom conhecimento do ambiente envolvente.

Em particular, no domínio rodoviário, um sistema de gestão não pode ser uma construção intelectual, por muito sedutora que ela seja, que se pretenda substituir totalmente à situação existente. De facto, a realização de um sistema de gestão começa

Fernando Branco · Paulo Pereira · Luís Picado Santos

sempre por procurar integrar e racionalizar a situação existente. Trata-se de um processo que deve avançar por etapas, mais precisamente, por módulos (ou sub-conjuntos), obedecendo a uma lógica global. Assim, não deverá ser adoptado "à priori" um modelo "completo" existente, mas antes cada contexto deve desenvolver o seu próprio sistema, tendo-se em devida conta a experiência existente neste domínio.

No entanto, também deverão ser evitados os extremos de pseudo-originalidade. Deve ser mantido o necessário e frutuoso compromisso entre a consideração dos aspectos particulares de cada contexto e os princípios gerais comuns, relativos à metodologia de concepção e exigências de coerência global do sistema.

12.1.2. Características Essenciais dum Sistema de Gestão

Os sistemas de gestão são a expressão formal dos princípios dos modernos métodos de gestão (ARTC, 1987), onde a formulação de uma política compreende as fases a seguir definidas.

- A definição dos objectivos a atingir a curto, médio, ou longo prazo, em função das necessidades reconhecidas e das "situações futuras possíveis", tendo em conta o ambiente envolvente.
- A determinação das realizações, em termos físicos e económicos, através da elaboração e execução de planos, programas e orçamentos.
- Um controlo de aplicação através de indicadores adequados, que permitam avaliar a eficácia das acções propostas e realizadas, medir o desvio "realização/objectivos e previsões", e, por consequência, reorientar para o caso em análise a política adoptada.

Os sistemas de gestão, como são considerados actualmente e aqui apresentados, integram-se conceptualmente na lógica da "planificação estratégica", implementada desde alguns anos em muitas empresas. Esta noção sucedeu a uma concepção mais estática e determinística da gestão: a gestão por objectivo ou por centro de interesse, oferecendo menos "cenários alternativos" possíveis.

A planificação estratégica é concebida para controlar um futuro incerto e fundamenta-se principalmente na manipulação selectiva de um grande volume de informação. Dentro desta problemática, um sistema de gestão deverá ser dotado de três características fundamentais: ele deve ser aberto, iterativo e dinâmico.

Um sistema de gestão deve ser aberto a dois títulos:
- não existe ponto de partida para conceber e aplicar um sistema de gestão;
- pode aplicar-se o sistema através de um dos seus módulos constituintes, sem que ele esteja completo.

No entanto, é fundamental não perder de vista a coerência global do sistema pretendido (mesmo se ele permanece como um ideal a atingir), ao longo dos estudos e das aplicações parcelares.

Além disso, o sistema deverá ter uma concepção suficientemente flexível, para se complementar e evoluir com a experiência adquirida, o progresso dos conhecimentos, a natureza e o volume dos dados disponíveis.

Tendo em conta estas considerações coloca-se a questão: existe um nível crítico, a partir do qual legitimamente pode falar-se da existência de um "sistema de gestão"? Pode ser sugerido (simplificando e um pouco por excesso) que apenas existe um sistema de gestão a partir do momento em que este compreende todos os elementos principais de um esquema decisional.

Um sistema deve ser iterativo tendo em atenção os seguintes aspectos:

- a necessidade de modificar o sistema em função dos resultados obtidos, e da avaliação da sua eficácia (efeito "feedback");
- um sistema de gestão deverá ser também um instrumento de simulação e de análise de sensibilidade, em torno da variação de vários parâmetros de entrada (relativamente aos objectivos, aos meios, ou regras de decisão).

Na prática o sistema deve oferecer um conjunto de cenários coerentes, criados a partir da consideração de diferentes hipóteses, ou seja, deve permitir testar e comparar políticas e estratégias alternativas.

Um sistema deve ser dinâmico, permitindo integrar variáveis dotadas de leis de evolução ao longo do tempo. Para estabelecer estas leis de evolução utilizam-se diversos métodos, uns teóricos, outros experimentais e ainda métodos mistos.

As leis de evolução dos parâmetros de estado adoptados pelo sistema condicionam, em vários casos, as respostas do sistema aos diferentes problemas colocados. Por esse motivo, deve ser dada particular atenção à qualidade de previsão dessas leis, de modo a não comprometer a fiabilidade do sistema no seu conjunto. No entanto, além destes métodos, a experiência e opinião dos engenheiros rodoviários, deve, em todos os casos, ser mobilizada e valorizada.

O sistema de gestão deverá ter por vocação, acima de tudo, facilitar a tomada de decisões. Consequentemente, as relações entre os diferentes parâmetros a adoptar não devem necessariamente resultar de uma análise matemática complexa. Essas relações podem, em parte, ser subjectivas; o essencial é que sejam assumidas pela maioria dos utilizadores do sistema e consideradas como representativas da situação real.

12.1.3. Sistemas de Gestão no Domínio Rodoviário

No domínio rodoviário, as primeiras realizações significativas de sistemas de gestão desenvolveram-se a partir da segunda metade da década de setenta, em particular na América do Norte (Estados Unidos e Canadá) (ARTC, 1987).

A partir dos anos 80 começaram a ser desenvolvidos sistemas idênticos na Europa, tendo por motivação diversos factores, a seguir descritos.

- Envelhecimento da rede de estradas dos países mais desenvolvidos, colocando o problema da necessidade de dar maior atenção à conservação da rede existente.
- As limitações de recursos financeiros face às necessidades em conservação.

- A repercussão do estado dos pavimentos nos custos dos utentes.
- Efeito do estado dos pavimentos sobre o meio ambiente e sobre os custos sociais (ruído, poluição, etc.).
- A crescente escassez dos recursos energéticos e de materiais para a construção de estradas.
- A possibilidade de avaliar o estado dos pavimentos através da utilização de equipamentos de observação de alto rendimento.
- Um maior conhecimento e desenvolvimento da tecnologia de construção e conservação de pavimentos.
- A disponibilidade de computadores, de sistemas informáticos, métodos de informação e gestão.

Actualmente ainda não existe uma definição sobre sistemas de gestão de pavimentos universalmente reconhecida. A OCDE (OCDE, 1994) adopta a definição seguinte: "*o procedimento destinado a coordenar e controlar todas as actividades destinadas a conservar os pavimentos com a máxima qualidade, face aos recursos disponíveis, ou seja, maximizando o benefício para os utentes*".

Em função dos objectivos fixados pelos responsáveis da gestão de uma rede de estradas e tendo em conta as suas diferentes componentes, podem referir-se diferentes tipos de sistema de gestão. O Comité Técnico de Gestão de Estradas da AIPCR (Associação Mundial da Estrada), distingue quatro tipos de sistemas, compreendendo diferentes actividades, a seguir descritas.

Sistemas de Planificação da Rede Rodoviária
- Estabelecimento de normas e objectivos.
- Orçamento global e distribuição por regiões e actividades (construção, conservação, exploração).
- Dados globais e estatísticos sobre as características da rede (tráfego, utilização, estado).
- Avaliação de tendências de evolução.

Sistemas de Gestão de Pavimentos
- Programação dos trabalhos de conservação e reabilitação dos pavimentos da rede.
- Preparação e elaboração dos projectos de conservação e de reforço para cada trecho da rede. Em algumas admistrações rodoviárias esta fase não está sob a responsabilidade de quem aplica o sistema de gestão.

Sistemas de Gestão de Estruturas
- Preparação dos programas anuais e plurianuais para a conservação e reabilitação de muros de suporte, pontes e túneis.

Sistemas de Gestão da Conservação
- Elaboração e acompanhamento dos programas de conservação corrente. Em algumas administrações rodoviárias este sistema está integrado no Sistema de Gestão de Pavimentos.

Fernando Branco   Paulo Pereira   Luís Picado Santos

Quanto à evolução doutrinal dos sistemas de gestão dos pavimentos podem distinguir-se três fases (ARTC, 1987), a seguir descritas.

- A fase inicial, década de 70 a meados da década de 80, foi marcada por tentativas de desenvolvimento de sistemas teóricos sofisticados, incluindo por um lado a evolução do estado dos pavimentos e, por outro, a correspondente evolução dos custos suportados pelos utentes; o modelo OPAC (Ontario Pavement Analysis of Costs) é um exemplo típico desses sistemas.
- A esta fase sucedeu um período mais pragmático, onde se procurou conceber sistemas de gestão menos ambiciosos (em particular não integram os custos dos utentes), mais directamente úteis aos gestores e técnicos rodoviários.
- Actualmente, conforme o estado de desenvolvimento destes sistemas em cada organismo, assiste-se a várias situações. No entanto, existe a tendência para o desenvolvimento de sistemas completos e por vezes sofisticados.

A análise da evolução dos sistemas de gestão no domínio rodoviário nos últimos anos permite concluir que é no domínio da conservação e reabilitação dos pavimentos onde têm sido desenvolvidos sistemas mais complexos e completos.

De facto, à medida que uma rede rodoviária se estabiliza quanto à sua extensão, características funcionais e estruturais, aquele tipo de actividade absorve cada vez mais uma parte crescente dos orçamentos rodoviários.

O domínio da planificação dos investimentos ao nível da rede é aquele onde há mais tempo existe metodologias de gestão, mesmo que não exista ainda um sistema completo. Quanto ao domínio das estruturas (obras de arte), dado o aparente carácter estático da sua evolução, durante muito tempo não foi objecto de preocupação quanto à sistematização da avaliação do seu estado e à programação optimizada das intervenções de conservação e reabilitação.

Relativamente ao domínio da conservação e reabilitação dos pavimentos, a componente da conservação corrente não tem sido, de um modo geral, objecto de estudo ao nível de um sistema de gestão.

Um domínio rodoviário ainda não referido é o dos elementos de sinalização e equipamento de segurança. Trata-se de um domínio com forte intervenção na qualidade funcional oferecida por uma estrada, ao qual começa a ser dada uma atenção particular.

Assim, actualmente existem certas tendências para se desenvolverem "sistemas de gestão global da conservação". Com estes sistemas a entidade administradora de uma rede pretende controlar todas as actividades relacionadas com a qualidade do serviço oferecido aos utentes da estrada (ou seja os seus clientes), a qual compreende: (i) a conservação dos pavimentos (periódica e corrente), (ii) a conservação das estruturas (obras de arte), e, ainda, (iii) a conservação da sinalização e equipamento de segurança.

Os sistemas mais completos pretendem integrar, além da componente básica da avaliação global do estado da rede, a componente da optimização. Esta permitirá simular a aplicação de diferentes estratégias de conservação da rede, de modo a realizar estudos de sensibilidade às diferentes opções disponíveis e aplicáveis.

12.1.4. Objectivos e Benefícios dum Sistema de Gestão de Pavimentos

A implementação de um sistema de gestão de pavimentos pressupõe um grande número de objectivos e de vantagens, de ordem técnica, administrativa e económica. No entanto, não devem ser esquecidas as dificuldades relativas ao seu desenvolvimento, implantação e operação. Apesar disso, a maioria das administrações que os adoptaram continuam a desenvolver a sua evolução, face às vantagens resultantes da sua utilização.

A seguir enunciam-se os objectivos e vantagens mais relevantes (ARTC, 1987).

Do ponto de vista económico, um sistema de gestão de pavimentos pressupõe:

- administrar os recursos necessários, determinando o nível de financiamento mais adequado;
- planificar a beneficiação da rede em função dos recursos disponíveis;
- determinar o efeito do adiamento dos trabalhos de conservação sobre os custos da administração e os custos do utente da estrada;
- determinar o efeito sobre os custos do utente, resultante de um aumento, ou diminuição, das normas de qualidade dos pavimentos;
- assegurar a rentabilidade dos recursos disponíveis, utilizando um sistema de prioridades, baseado na comparação de custos e benefícios emergentes das diferentes alternativas possíveis.

Do ponto de vista técnico, um sistema de gestão de pavimentos tem os seguintes objectivos:

- constituir uma base de dados completa e eficaz;
- avaliar os resultados de experiências realizadas, de modo a melhorar as técnicas de construção e conservação;
- adoptar as técnicas de conservação mais eficientes em função dos cenários possíveis;
- definir os problemas dos pavimentos e propor acções objectivas para os eliminar ou prevenir;
- desenvolver modelos de comportamento de pavimentos, de modo a prever a sua evolução, com vista à avaliação "custo-benefício" das diferentes estratégias de conservação;
- definir os critérios de decisão significativos mais significativos, de acordo com o estado do pavimento.

Do ponto de vista administrativo, um sistema de gestão de pavimentos permitirá:

- definir de modo adequado o estado geral da rede de estradas;
- planificar e programar as actividades de conservação dos pavimentos;
- estabelecer o método de observação mais eficaz;
- determinar as consequências dos diferentes níveis de financiamento sobre o estado do pavimento;
- utilizar uma base objectiva para as decisões políticas.

12.2. Estrutura dum Sistema de Gestão de Pavimentos

12.2.1. Introdução

Apresenta-se neste capítulo a estrutura de um sistema de gestão de pavimentos, analisando-se as componentes de cada um dos módulos do sistema. A maior parte da estrutura destes módulos é aplicável a outros domínios complementares dos pavimentos, como as obras de arte, ou os elementos e equipamentos de sinalização e segurança.

Um sistema de gestão de pavimentos deve ser considerado fundamentalmente como um processo de ajuda à decisão. Ao longo das suas fases deverá ser possível, descrever e prever a evolução do estado dos pavimentos, com a ajuda de dados e de modelos de previsão do comportamento. Além disso, estes sistemas deverão avaliar as consequências das diferentes estratégias de conservação, quer para a administração, quer para os utentes e para a comunidade em geral, propondo um programa optimizado de conservação dos pavimentos da rede rodoviária (Pereira e Miranda, 1999).

Neste sub-capítulo, de modo a apresentar uma visão do conjunto da estrutura de um sistema de gestão, são apresentados os principais módulos e respectivas componentes.

Um sistema de gestão pode ser aplicado ao nível de toda a rede rodoviária ou apenas para a análise do projecto de um determinado trecho dessa rede. Assim, na abordagem dos sistemas de gestão, em geral, é necessário distinguir dois níveis: (i) o *nível de rede* e (ii) o *nível de projecto*, os quais serão analisados neste sub-capítulo.

12.2.2. Principais Módulos dos Sistemas de Gestão de Pavimentos

A configuração geral da estrutura de um sistema de gestão de pavimentos pode ser esquematizada como se indica na Figura 12.1 (ARTC, 1987). Esta estrutura de sistema de gestão facilmente pode ser aplicada a qualquer outra infraestrutura, a qual, face a solicitações ao longo da sua vida, apresente uma evolução em direcção a um estado limite de utilização, antes do qual devem ser aplicadas determinadas medidas para a manter em serviço. A seguir (Pereira e Miranda, 1999), e de acordo com a Figura 12.1, apresentam-se as componentes básicas de um sistema de gestão.

Um sistema de gestão é essencialmente um sistema de informação. Assim, o módulo nuclear destes sistemas é constituído pela *base de dados*. Esta reúne todos os dados que são fornecidos pelo exterior ao sistema, respeitantes às características da infraestrutura e ao seu estado em determinado momento. Além disso, a base de dados, após o tratamento dos seus dados pelos outros módulos do sistema de gestão, armazena a informação por eles produzida.

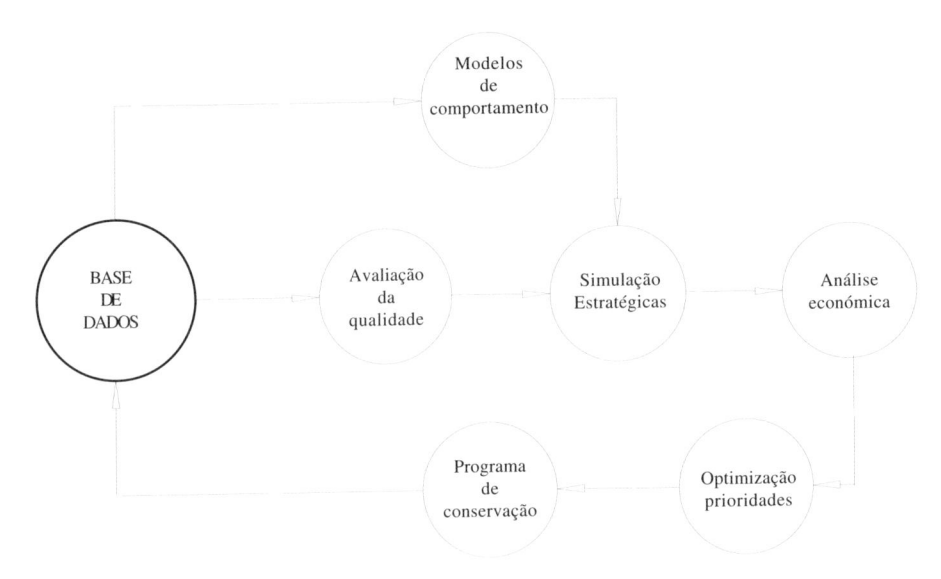

Figura 12.1 – Estrutura de um sistema de gestão de pavimentos (ARTC, 1987)

A partir da análise dos dados de caracterização da infraestrutura num determinado momento, é necessário classificar cada um dos elementos constituintes, de modo a tomar decisões quanto às fases seguintes da sua análise. Este é o papel do *sistema de avaliação da qualidade*.

Os dados relativos à evolução do estado da rede rodoviária e, em particular, relativos aos pavimentos, vão sendo armazenados na base de dados. De forma directa, através de uma análise estatística simples ou em conjunto com outros métodos, estes dados são analisados periodicamente, de modo a apoiar o desenvolvimento de *modelos de previsão do comportamento* dos pavimentos observados. Estes modelos constituem um elemento essencial para permitir elaborar cenários de evolução da rede, face a determinados estados observados e a determinadas estratégias de conservação.

Através dos modelos de comportamento e para cada estado da rede numa determinada data, o módulo de *simulação de estratégias* deverá permitir propor diferentes estratégias de conservação da rede. Para cada uma destas estratégias é realizada a avaliação do seu valor quanto aos respectivos custos para a administração e quanto aos seus benefícios para os utentes, através do módulo de *análise económica*.

Através do estabelecimento de determinados critérios de prioridades, por sua vez relacionados com determinada política de conservação da administração rodoviária, o módulo de *optimização* permite estabelecer finalmente um *programa de conservação* dos pavimentos da rede rodoviária.

12.2.3. Níveis de Gestão da Rede Rodoviária

Ao nível de rede, os sistemas de gestão tem por objectivo definir a política de conservação de maior rendabilidade para a rede em geral, considerando três factores essenciais: (i) o estado da rede; (ii) os padrões de qualidade definidos para a rede; e (iii) as restrições financeiras existentes. Este nível de gestão requer informação sumária e dados estatísticos que permitam visualizar facilmente o estado da rede, antes e depois da aplicação de um determinado programa de conservação.

Os sistemas de gestão ao nível de rede compreendem decisões relativas à política do organismo, apoiando por isso o nível mais elevado da administração, assim como os responsáveis financeiros.

Ao nível de projecto, procura-se a solução mais adequada, do ponto de vista técnico-económico, para cada trecho da rede. A este nível exige-se informação mais detalhada e uma análise mais exaustiva da mesma, de modo a definir com rigor cada projecto em particular. A Figura 12.2 (ARTC, 1987) apresenta os elementos de um sistema de gestão ao nível de rede e a respectiva interacção.

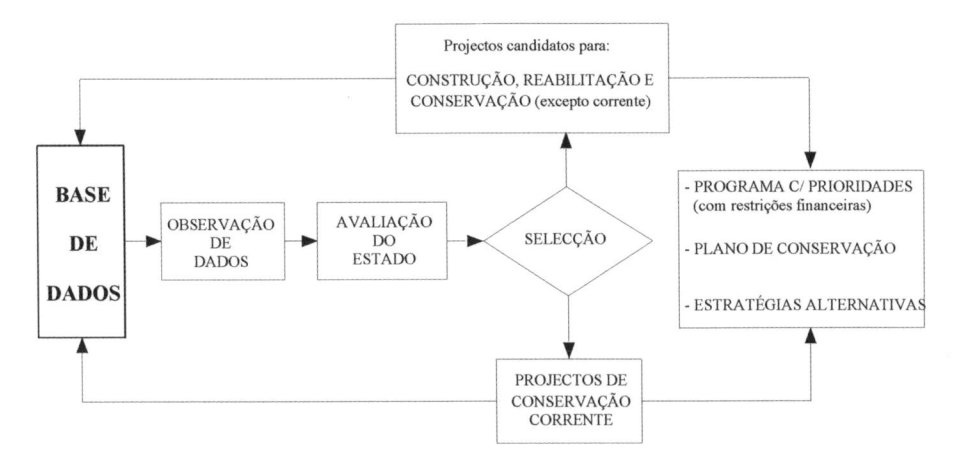

Figura 12.2 – Elementos de um sistema de gestão ao nível de rede (ARTC, 1987)

A análise a este nível compreende os seguintes aspectos:
- avaliação do estado dos pavimentos ao nível da rede;
- identificação dos trechos da rede a serem beneficiados, determinando a respectiva prioridade, considerando factores como o tráfego, custos dos utentes, e outros factores de decisão;
- determinação do orçamento necessário ao nível da rede, a curto e médio prazo;
- previsão futura do estado da rede, em função do nível de investimento considerado e da política de conservação adoptada.

Ao nível de rede, os sistemas de gestão devem dar respostas às seguintes questões:
- Qual será o estado da rede no futuro em função do orçamento disponível?

- Que estratégia de conservação produz para a comunidade as taxas mais elevadas de rendabilidade, de acordo com os recursos disponíveis?

Ao nível de projecto os sistemas de gestão são utilizados principalmente pelo nível técnico da administração. Os seus elementos fundamentais são indicados na Figura 12.3, compreendendo as seguintes fases:

- avaliação das causas de degradação;
- determinação das soluções possíveis;
- avaliação dos custos e benefícios ao longo da vida do pavimento de cada estratégia alternativa;
- selecção de estratégias e projectos de reabilitação.

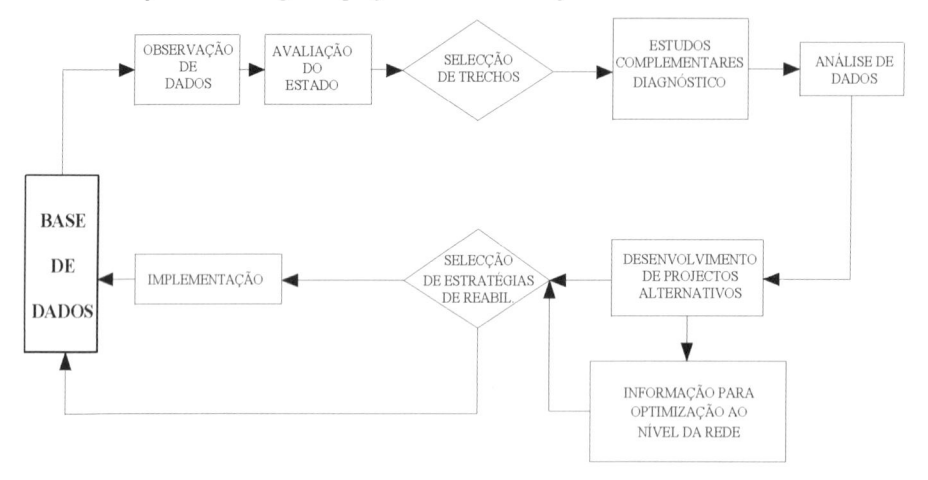

Figura 12.3 – Elementos de um sistema de gestão ao nível de projecto (ARTC, 1987)

A este nível de gestão, aparentemente idêntico ao nível de rede, o objectivo fundamental é a selecção de trechos de pavimentos, para uma análise mais profunda baseada em estudos complementares de diagnóstico do estado existente.

Esta fase permitirá passar à fase essencial deste nível de gestão, constituída pelo desenvolvimento de projectos alternativos para cada trecho, apoiando a selecção de estratégias de reabilitação da rede de análise. Estas últimas componentes constituem informação essencial para melhorar a componente de optimização do nível de rede.

12.3. Base de Dados Rodoviária

12.3.1. Princípio de Funcionamento duma Base de Dados

Uma base de dados constitui o núcleo de qualquer sistema, sendo considerada o seu núcleo central, registando e tratando os dados dos diferentes sectores de actividade rodoviária, recebendo e fornecendo informação dos diversos módulos do sistema.

Os dados compreendem os valores das diversas variáveis, as quais permitem uma caracterização correcta e actualizada da rede, incluindo os factores influentes no comportamento dos pavimentos (tráfego, condições climáticas).

A base de dados conterá ainda os dados relativos à exploração da rede, compreendendo os custos das diferentes actividades de conservação dos pavimentos, custos de operação dos veículos, custos de acidentes, custos sociais.

A base de dados de um sistema de gestão poderá constituir o sistema de informação base durante muito tempo, até que o sistema evolua com o desenvolvimento de outros módulos. Este facto acontece na maioria dos casos, não por incapacidade do organismo em desenvolver os módulos restantes, mas antes por opção estratégica.

Uma base de dados é um sistema de informação que tem como funções armazenar, de forma organizada, um conjunto de dados interrelacionados, proceder ao seu tratamento segundo determinadas especificações dos respectivos utilizadores, fornecendo a informação resultante em suportes adequados à utilização pretendida.

No esquema da Figura 12.4 (ARTC, 1987) indica-se o princípio de funcionamento de uma base de dados, onde se define o campo de actuação do utilizador em geral (fornecedor de dados e utilizador da informação produzida) e o domínio de actuação do sistema informático de manipulação dos dados armazenados e da informação produzida.

Numa primeira fase do seu funcionamento, a base de dados recebe os dados a armazenar que o fornecedor preparou após a respectiva recolha. Estes dados são codificados de acordo com determinados procedimentos informáticos, em geral não visíveis para o utilizador comum, para serem registados, actualizando a informação existente.

A fase de tratamento dos dados armazenados, de um modo geral é realizada automaticamente pelo sistema já na sequência da anterior, embora em certos casos o seu tratamento seja realizado na sequência de um pedido de informação pelo utilizador.

Na fase de utilização da base de dados o utilizador realiza o pedido de informação, geralmente facilitado pela existência de "menus" de procura da informação. Estes pedidos são codificados pelo sistema, o qual utiliza a seguir programas de extracção de informação a fornecer sobre determinado suporte (tabelar, gráfico, cartográfico).

Os dados são armazenados sobre suporte informático cumprindo um conjunto de requisitos:
- referência a uma base comum de identificação (sistema de referenciação);
- organização segundo diferentes níveis;
- utilização por diferentes aplicações, eventualmente independentes;
- não existência de duplicação;
- actualização e ampliação.

Deste modo, uma base de dados permitirá uma interligação de todos os sectores relacionados com um determinado domínio, melhorando a qualidade geral das decisões administrativas e técnicas dentro do organismo.

Fernando Branco   Paulo Pereira   Luís Picado Santos

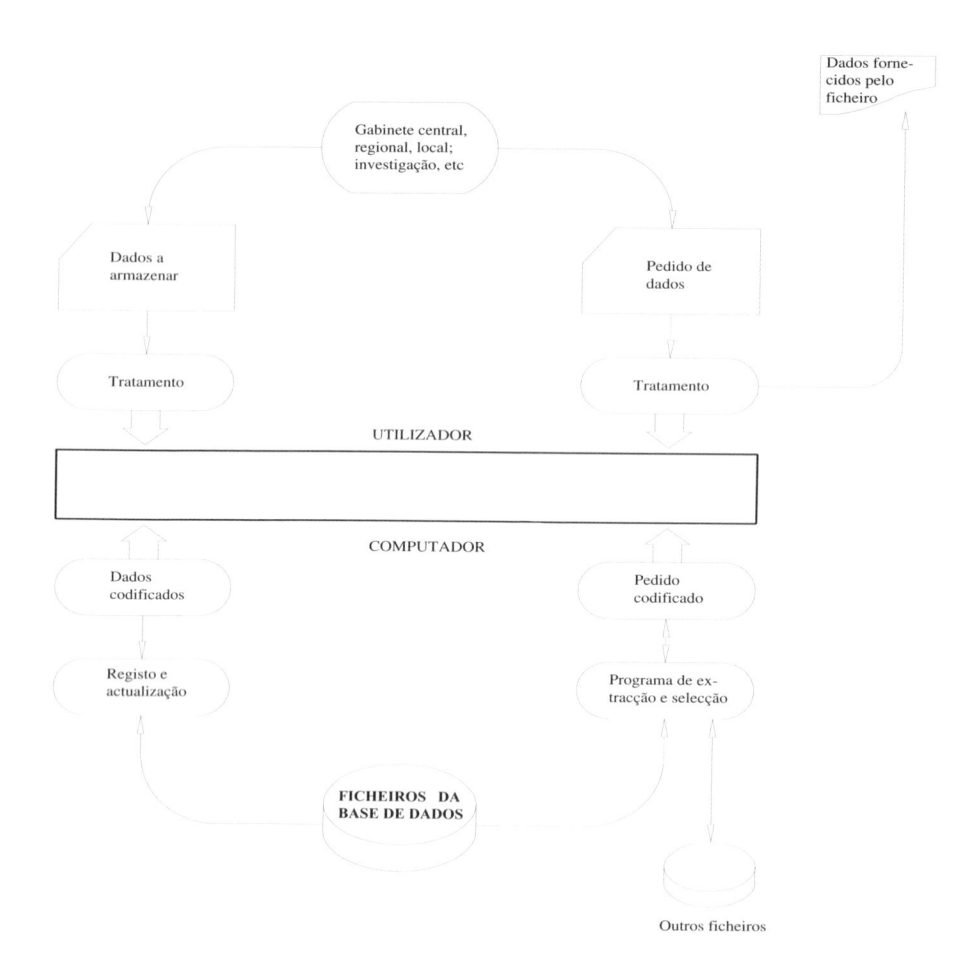

Figura 12.4 – Princípio do funcionamento duma base de dados rodoviária
(ARTC, 1987)

Em terminologia informática, considera-se que uma base de dados refere-se a um conjunto homogéneo de dados, o qual pode estar relacionado com outra base de dados relativa ao mesmo problema real. Os programas informáticos ("software") que suportam cada conjunto são designados por Sistema de Gestão de Base de Dados, dos quais existem várias opções comerciais, desde versões para micro-computadores até versões destinadas a sistemas informáticos de grande porte.

O tipo de base de dados a adoptar para desenvolver o sistema deve ser do tipo "relacional", na qual se estabelecem relações entre os seus ficheiros, ou de outras bases de dados, através de dados comuns, permitindo um acesso rápido e unívoco. Entretanto, é de referir que mesmo antes de existirem os computadores, já existiam sistemas de gestão apoiados em ficheiros manuais de dados, constituindo autênticas bases de dados, embora sem as potencialidades das bases de dados apoiadas em suporte informático.

O desenvolvimento e implantação de uma base de dados, compreende um período inicial de análise, durante o qual devem ser avaliados vários factores, intervenientes num compromisso entre benefícios da base de dados e respectivos custos.

Entre esses factores identificam-se, além dos objectivos básicos, as categorias de utilizadores e fornecedores de dados.

Quanto aos utilizadores, existem duas grandes categorias: as instituições, públicas e privadas, e o próprio organismo responsável pelo desenvolvimento da base de dados.

A primeira categoria, aparentemente menos importante, é constituída por todos os sectores que de algum modo tenham relações funcionais com o organismo, em relação aos quais este tem interesse, no mínimo, em divulgar os resultados da sua actividade.

No entanto, é de facto dentro do organismo que se situam os principais utilizadores da base de dados, estes ainda subdivididos em dois grupos principais: o sector político-administrativo, e o sector técnico.

Cada um destes grupos de utilizadores terá necessidades diferentes quanto ao volume e pormenor da informação, sendo fundamental a sua intervenção na definição da estrutura da base de dados e na especificação dos respectivos dados a recolher, assim como quanto às diferentes saídas de informação a produzir.

12.3.2. Principais Funções duma Base de Dados

Ao nível das principais funções de uma base de dados, relacionadas com os diferentes sectores de actividade dentro de um organismo, quanto ao domínio rodoviário podem distinguir-se as seguintes:

- planificação e programação: a base de dados fornece informações sobre cada itinerário da rede rodoviária, de modo a apoiar a tomada de decisão relativa às necessidades e às prioridades quanto à melhoria dos pavimentos, atribuição de créditos e elaboração de programas de execução;
- projecto: a base de dados transmite informação relativa ao comportamento dos trechos de pavimentos em serviço, a partir da avaliação da respectiva qualidade, dados de construção (materiais e técnicas de construção), com vista a melhorar as técnicas e a qualidade de construção, assim como a fiabilidade dos modelos de comportamento;
- construção:, a base de dados fornece informação sobre custos, métodos de execução e especificações relativas à qualidade a exigir dos trabalhos;
- observação (auscultação): este sector, ao contrário dos restantes, é o principal fornecedor de dados, em particular quanto aos dados técnicos relativos ao estado dos pavimentos, observado ao longo do tempo;
- conservação de pavimentos: após processar toda a informação armazenada, a base de dados, utilizando os módulos do sistema relativos à programação das acções de conservação, fornece a listagem dos trabalhos a executar;

- investigação: todos os dados armazenados na base de dados, assim como a informação produzida por esta após tratamento, constituem elementos fundamentais para o estudo do comportamento dos pavimentos. Esta informação é essencial para o desenvolvimento de modelos que permitirão a projecção no tempo da evolução do estado dos pavimentos.

A quantidade de informação necessária à satisfação de todas estas necessidades pode atingir volumes incomportáveis pelo organismo. Na prática será o estudo de viabilidade técnico-económica que deverá definir o tamanho da base de dados.

Quanto aos fornecedores da base de dados, estes serão função, por um lado da metodologia de desenvolvimento adoptada e, por outro, do tipo e volume de dados a recolher. Trata-se de um domínio de fundamental importância, dado que uma rotura no fornecimento de dados compromete o funcionamento do sistema, anulando o investimento realizado no seu desenvolvimento e implantação.

12.4. Avaliação da Qualidade dos Pavimentos

12.4.1. Introdução

Os pavimentos constituem estruturas onde é possível verificar uma evolução significativa ao longo do tempo. Deste modo, uma das tarefas fundamentais de um sistema de gestão é a observação da evolução do estado do pavimento ao longo do tempo, adoptando a periodicidade adequada a cada parâmetro a observar.

A partir das observações *in situ* são analisados os dados caracterizadores do estado do pavimento, de modo a determinar índices relacionados com a qualidade estrutural do pavimento (capacidade de suporte, estado de degradação da estrutura do pavimento) e com a qualidade funcional (conforto e segurança de circulação).

A informação obtida da avaliação da qualidade dos pavimentos é fundamental para a caracterização do pavimento num determinado instante. No entanto, esta informação é também fundamental para o desenvolvimento dos modelos de comportamento de cada tipo de estrutura de pavimento, quanto à sua componente estrutural e funcional.

A avaliação da qualidade dos pavimentos pode ser realizada segundo três metodologias diferentes:
- avaliação global;
- avaliação paramétrica;
- avaliação mista.

A seguir analisa-se a estrutura de cada uma destas metodologias, abordam-se as respectivas vantagens e desvantagens, apresentando-se alguns exemplos elucidativos.

12.4.2. Avaliação Global

A avaliação global procura fornecer uma informação do estado do pavimento através de um só índice (índice global) resultante da agregação dos diferentes "parâmetros de estado", utilizando um determinado algoritmo de cálculo, onde cada parâmetro de estado terá um determinado peso. O peso atribuído a cada parâmetro para o cálculo do índice global, depende de diversos factores, nomeadamente: (i) a política de conservação e (ii) o estado de desenvolvimento da rede rodoviária, em particular quanto aos pavimentos rodoviários. Esta metodologia de avaliação apresenta, como as outras, vantagens e desvantagens.

Relativamente às vantagens da avaliação global estas podem ser as seguintes:

- facilidade de classificar o estado dos pavimentos através de uma única nota, atribuída a cada trecho de pavimento;
- representação cartográfica clara e eficiente do estado dos pavimentos da rede rodoviária, em particular para apoio aos decisores na área da conservação.

Quanto às desvantagens desta metodologia, podem referir-se as seguintes:

- possibilidade da mesma nota representar diferentes estados de pavimento, devido ao facto dos níveis de cada parâmetro poderem compensar-se entre si;
- dificuldade na definição dos coeficientes de ponderação a atribuir a cada parâmetro considerado no algoritmo de cálculo da nota global.

Quanto aos índices desenvolvidos dentro desta metodologia, entre outros, podem referir-se os seguintes (Paterson, 1987): (i) o PSI ("Present Serviceability Index") resultante dos estudos do ensaio AASHO; (ii) a nota global R, utilizada pelo sistema de gestão do estado de Washington nos Estados Unidos; e (iii) o índice PCI ("Pavement Condition Index") desenvolvido pelo sistema de gestão do estado do Ontário, OPAC.

O índice PSI resultou da aplicação da técnica de regressão múltipla linear aos resultados do ensaio rodoviário AASHO, tendo sido desenvolvidos dois modelos, um para os pavimentos flexíveis e outro para os pavimentos rígidos, a seguir apresentados.

Pavimentos flexíveis:

$$\text{PSI} = 5.03 - 1.91 \log (1 + \overline{\text{SV}}) - 1.38 \overline{\text{RD}}^2 - 0.01\sqrt{\text{C} + \text{P}} \tag{12.1}$$

em que:

$\overline{\text{SV}}$ - média da variância da inclinação do perfil longitudinal, medido com o perfilómetro CHLOE;

$\overline{\text{RD}}$ - profundidade média (polegadas) das rodeiras;

P - superfície com reparações localizadas, expressa em 1/1000;

C - é a superfície com pele de crocodilo ou com desagregação, expressa em 1/1000.

Pavimentos rígidos:

$$PSI = 5.41 - 1.78 \log (1 + \overline{SV}) - 1.38 \overline{RD}^2 - 0.09\sqrt{C + P} \tag{12.2}$$

O parâmetro SV, representando a irregularidade longitudinal, tem a maior contribuição (cerca de 95%) para o cálculo do índice PSI.

A avaliação da qualidade dos pavimentos, de acordo com a Quadro 12.1 é efectuada pela comparação do valor do PSI numa escala de 0 a 5, com cinco notas, desde mau (0-1) até muito bom (4-5). O índice PSI indica essencialmente as condições

Fernando Branco · Paulo Pereira · Luís Picado Santos

de circulação dos pavimentos da rede rodoviária, interessando desse modo essencialmente à avaliação da sua qualidade funcional. Na Figura 12.5 mostra-se a aplicação dos princípios enunciados a parte da rede de Lisboa (Picado-Santos et al, 2004).

Quadro 12.1 – Avaliação da qualidade dos pavimentos através do índice PSI
(Paterson, 1987)

PSI	Classificação
0-1	Muito mau
1-2	Mau
2-3	Regular
3-4	Bom
4-5	Muito bom

Figura 12.5 – Índice PSI para parte da rede de Lisboa no ano de 2003 (traço mais espesso e carregado indica melhor PSI, enquanto que o traço mais esbatido e tracejado indica pior) (Picado-Santos et al., 2004)

O sistema de gestão do estado de Washington determina o cálculo de uma nota global, R, resultante do produto de um índice estrutural por um índice funcional, de acordo com a equação (12.3).

$$R = (100-D) [1 - 0.3(CPM/5000)^2] \tag{12.3}$$

em que:

R - nota global;

D - soma ponderada dos diferentes tipos de degradações, considerando coeficientes de ponderação em função da gravidade e da extensão de cada tipo de degradação;

Fernando Branco   Paulo Pereira   Luís Picado Santos

CPM - é a medição da irregularidade longitudinal por cada milha através do equipamento PCA.

A primeira parcela desta equação representa o índice da qualidade estrutural, enquanto que a segunda é respeitante ao índice funcional. O índice R poderá ter valores que variam de 0 a 100, por ordem crescente de qualidade. Neste sistema de avaliação da qualidade, ao contrário do que se verifica com o índice PSI do ensaio AASHO, a irregularidade longitudinal tem uma contribuição reduzida para o cálculo da nota global R. Além disso, verifica-se que para a componente estrutural não foi considerada a contribuição da deflexão.

O sistema OPAC do estado do Ontário define um índice global, o PCI (Pavement Condition Index) a partir da consideração de dois índices: o RCR (Riding Condition Ratio) e o DMI (Distress Manifestation Index).

O primeiro índice representa a qualidade funcional dos pavimentos e depende apenas da irregularidade longitudinal. O seu valor é calculado através da seguinte equação:

$$RCR = 14.85 - 6.18 \times \log(\text{PURD}) \qquad (12.4)$$

em que:

PURD - desvio padrão da aceleração vertical obtida com o equipamento;

PURD - (Portatle Universal Roughness Device), representando a irregularidade longitudinal.

O índice DMI representa a qualidade estrutural dos pavimentos e resulta da avaliação da densidade e da gravidade das degradações. Cada degradação é ponderada por um coeficiente definido pelos técnicos rodoviários, cujo valor depende da importância da degradação para a avaliação da qualidade estrutural.

O índice de qualidade global, PCI, considerando uma escala de 0 a 100, é calculado através da equação (12.5).

$$PCI = 100 \times (0.1 \times RCR)^{1/2} \times (205\text{-DMI})/205)) \qquad (12.5)$$

Neste sistema é de salientar a elevada importância atribuída à qualidade funcional, através da consideração do parâmetro irregularidade longitudinal.

A análise de outros sistemas permite salientar que, de um modo geral, são consideradas as degradações observadas à superfície do pavimento, com a atribuição de coeficientes de ponderação relativos à densidade de ocorrência e à gravidade respectiva.

12.4.3. Avaliação Paramétrica

A metodologia de avaliação paramétrica considera a definição de classes para cada um dos parâmetros considerados relevantes para a caracterização do estado do pavimento.

Em princípio, estas classes são definidas em função das consequências que o estado do pavimento correspondente a cada uma delas terá, quer para a qualidade estrutural, quer para a qualidade funcional do pavimento, ou seja, neste caso, para o utente (Pereira e Miranda, 1999). Este tipo de metodologia necessita de uma análise muito exaustiva, ao ter que considerar vários parâmetros em separado. No entanto, permite uma definição mais precisa do estado do pavimento, assim como uma mais correcta definição do tipo de intervenção de conservação que deverá ser adoptado em cada fase da vida de um pavimento.

A seguir referem-se sucintamente duas metodologias de avaliação paramétrica: o sistema Finlandês e o sistema Francês (OCDE, 1994).

O sistema Finlandês considera os seguintes parâmetros de estado:

- capacidade de suporte (5 módulos de deformabilidade);
- fendilhamento e reparações (3 classes);
- rodeiras (3 classes);
- irregularidade longitudinal – parâmetro IRI (3 classes).

Os valores de cada classe destes parâmetros de estado são definidos em função do conhecimento da rede e da relação do correspondente estado do pavimento para cada componente de qualidade (estrutural e funcional).

Outro objectivo da definição dos valores definidores dos intervalos de cada classe é maximizar as diferenças entre as classes para os custos de administração e para os custos dos utentes.

A avaliação da rede é realizada através do cálculo da percentagem de cada classe dos diferentes parâmetros. O estado considerado óptimo da rede define determinadas percentagens para cada classe desses parâmetros.

Comparando os valores das percentagens existentes numa determinada data com os valores óptimos faz-se a definição dos trabalhos de conservação que deverão ser realizados na rede rodoviária ao nível dos pavimentos.

Nesta metodologia a capacidade de suporte, depois das degradações superficiais, é o parâmetro que tem o maior peso na avaliação da qualidade e, consequentemente, na definição dos trabalhos de conservação.

O sistema Francês de avaliação da qualidade, para a rede rodoviária nacional, considera uma avaliação paramétrica relacionada com três objectivos de conservação dos pavimentos da rede rodoviária: (i) a manutenção da estrutura, (ii) a integridade da camada superficial e (iii) a segurança e o conforto. Para cada um destes objectivos são considerados os parâmetros mais influentes de acordo com o Quadro 12.2.

Outros índices tem vindo a ser desenvolvidos em França para a avaliação do estado da rede rodoviária nacional, com o objectivo de conhecer adequadamente a qualidade do património rodoviário e acompanhar a evolução do seu estado ao longo do tempo.

Um desses parâmetros é o IQRN (Image Qualité du Réseau Routier National). Este índice consiste na atribuição de uma nota compreendida entre 0 e 20, em função do custo dos trabalhos de conservação que é necessário executar, em função do estado da rede numa determinada data, de modo a manter determinados padrões de qualidade dos pavimentos. Nesta avaliação o tráfego também é considerado, de modo a realizar uma análise financeira.

Quadro 12.2 – Sistema Francês de avaliação: objectivos e parâmetros de avaliação

Objectivo	Parâmetros de avaliação
Manutenção da estrutura	Deflexão Degradações
Integridade da camada superficial	Degradações
Segurança e conforto	Irregularidade longitudinal Atrito transversal Degradações

12.4.4. Avaliação Mista

Com a avaliação mista combinam-se as diferentes classes dos diferentes parâmetros de estado, de modo a definir classes de estado de conservação de cada trecho de pavimento observado, utilizando grelhas de dupla ou tripla entrada. Com esta metodologia pretende-se, na medida do possível, eliminar os inconvenientes da análise global e manter as vantagens da análise paramétrica.

A seguir referem-se, de forma resumida, as metodologias utilizadas pelo sistema de gestão do estado da Califórnia e a metodologia desenvolvida para o sistema de gestão da ex-Junta Autónoma de Estradas – JAE (Pereira e Miranda, 1999).

O sistema do estado da Califórnia (Paterson, 1987) considera os seguintes parâmetros: (i) a irregularidade longitudinal medida com o "Mays Meter" e (ii) as degradações observadas à superfície dos pavimentos. As degradações são quantificadas quanto ao tipo, extensão (ou densidade de ocorrência) e quanto à respectiva gravidade, por trechos de 60 metros de extensão, sendo consideradas as seguintes famílias:

- fendilhamento longitudinal;
- fendilhamento transversal;
- pele de crocodilo;
- rodeiras;
- desagregação do material, reparações parciais;
- estado das bermas.

O fendilhamento e as reparações parciais são quantificados em percentagem de superfície de pavimento degradada relativamente à área em análise. Para determinar o tipo de acção de conservação, este sistema utiliza uma árvore de decisão, representada na Figura 12.6, onde são combinados os diferentes parâmetros considerados.

O sistema de avaliação utilizado pelo Sistema de Gestão de Pavimentos da JAE (SGC) considera uma grelha de tripla entrada, onde são considerados três parâmetros:

- a capacidade de suporte (deflexão);
- o estado superficial dos pavimentos;
- a irregularidade longitudinal.

Fernando Branco Paulo Pereira Luís Picado Santos

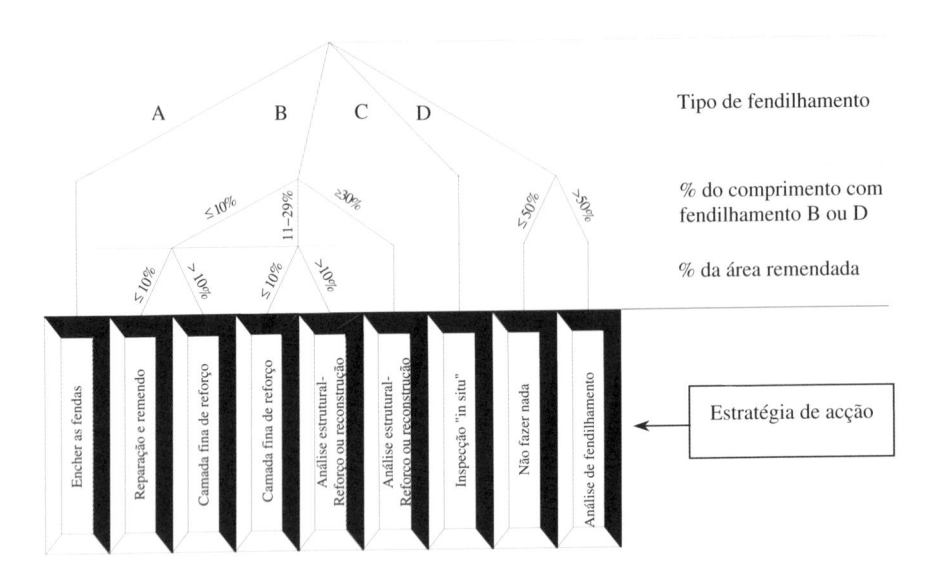

Figura 12.6 – Árvore de decisão do sistema de gestão do Estado da Califórnia

A capacidade de suporte é classificada segundo três classes, em função dos valores observados da deflexão e da classe do tráfego pesado TMDA$_p$), o estado superficial, em função da densidade das degradações e da respectiva gravidade é classificado segundo 10 classes, enquanto que a irregularidade longitudinal é classificada em 3 classes, em função dos respectivos valores observados (NBO) e da classe do tráfego (TMDA).

Com a consideração destes 3 parâmetros e suas classes, através de uma grelha de tripla entrada, definem-se 90 estados possíveis para cada trecho do pavimento (3 classes de deflexão × 10 classes de estado superficial × 3 classes de irregularidade longitudinal).

12.5. Ferramentas de Apoio à Decisão

12.5.1. Introdução

Um sistema de gestão deverá em princípio possuir a capacidade de prever a evolução dos pavimentos ao longo do tempo, considerando o seu estado, as solicitações e as acções de conservação realizadas em cada fase da sua vida. Deste modo será possível simular diferentes estratégias de conservação, analisando a sua componente técnico-económica, com vista à definição da estratégia óptima de conservação.

Assim, são necessários modelos capazes de prever, ao longo do tempo, o tipo de degradação, em função da acção contínua e acumulada da passagem do tráfego e das condições climáticas (temperatura e água).

No entanto, o desenvolvimento de modelos de comportamento a integrar num sistema de gestão da conservação constitui a parte mais complexa e difícil na fase de implantação de um sistema de gestão, sendo ainda hoje considerada a sua componente menos fiável. Este facto tem efeitos muito significativos para as componentes do sistema a jusante, como a definição de estratégias de conservação e o desenvolvimento de planos plurianuais de conservação.

O desenvolvimento de um programa de conservação deverá compreender a análise técnico-económica das possíveis estratégias de conservação de modo a optimizar os recursos financeiros disponibilizados para este domínio.

Assim, ainda nesta secção, apresentam-se os conceitos básicos de avaliação económica, referindo-se os custos associados à gestão de pavimentos, sendo feita uma breve referência aos métodos de avaliação económica. Por fim, analisa-se a sensibilidade da avaliação económica aos diferentes factores de custo envolvidos com a conservação de pavimentos, analisando-se ainda os riscos e incertezas envolvidos na avaliação económica de pavimentos.

12.5.2. Modelos de Previsão da Evolução do Comportamento

A seguir apresenta-se a classificação dos modelos de previsão da evolução do comportamento (abreviadamente designados por modelos de comportamento) quanto ao nível de aplicação, ao tipo de variáveis dependentes e independentes, ao formato conceptual e ao tipo de formulação, fazendo-se ainda uma descrição sucinta das principais técnicas de modelação.

- **Classificação dos Modelos de Comportamento**

Os modelos de comportamento dos pavimentos podem classificar-se de acordo com as seguintes critérios (Freitas, 2004): (i) nível de aplicação; (ii) tipo de variáveis dependentes; (iii) tipo de variáveis independentes; (iv) formato conceptual; (v) tipo de formulação (Quadro 12.3).

Quadro 12.3 – Classificação dos modelos de comportamento

Nível de aplicação	Tipo de variáveis dependentes	Tipo de variáveis independentes	Formato conceptual	Tipo de formulação
Projecto Rede	Globais Paramétricos	Absolutos Relativos	Empírico Mecanicista Empírico-Mecanicista	Determinístico Probabilístico

Fernando Branco · Paulo Pereira · Luís Picado Santos

Quanto à aplicação dos modelos, estes podem classificar-se em modelos ao nível de rede e modelos ao nível de projecto (PIARC, 1995).

Ao nível de rede, estes modelos são utilizados para prever o estado futuro dos pavimentos, de modo a apoiar a definição das necessidades de intervenção ao longo de vários anos. Ao nível de projecto, os modelos de comportamento apoiarão a tomada de decisão de carácter técnico, quanto a acções alternativas de conservação para trechos específicos da rede.

Para apoiar as actividades de conservação ou de reabilitação de uma rede é necessário distinguir-se os modelos que descrevem a deterioração de pavimentos novos dos modelos de previsão da deterioração de pavimentos submetidos a conservação periódica ou reabilitados. Estes últimos podem ainda dividir-se em duas partes: (i) modelos para estimar a melhoria imediata após a conservação/reabilitação; (ii) modelos de previsão da deterioração resultantes das cargas aplicadas e dos factores ambientais.

Em função do tipo de variáveis dependentes requeridas, pode adoptar-se uma outra classificação: (i) modelos globais; (ii) modelos paramétricos (PIARC, 1995). Os primeiros expressam o estado do pavimento em termos globais, através de índices de degradação e de índices de condição ou de serviço, enquanto que os segundos representam o estado do pavimento através de índices que representam os diferentes parâmetros de estado do pavimento.

Quanto às variáveis independentes envolvidas, os modelos podem classificar-se em duas categorias (COST 324, 1997): (i) modelos relativos; (ii) modelos absolutos.

Os modelos relativos permitem prever o estado futuro dos pavimentos considerando os diferentes parâmetros de estado (degradações, deflexão, irregularidade longitudinal, aderência), medidos ao longo dos anos de serviço, considerando apenas uma variável independente, a qual pode ser o tempo (anos de serviço) ou o tráfego suportado (número acumulado equivalente de eixos padrão).

Os modelos absolutos consideram várias variáveis independentes para explicar a evolução do pavimento (espessura das camadas, módulos de deformabilidade, características das misturas, clima e tráfego). Trata-se de modelos mais completos e complexos, de difícil desenvolvimento, particularmente para pavimentos em serviço, devido à dificuldade em conhecer os valores das variáveis consideradas.

Os modelos de comportamento podem ainda classificar-se de acordo com a respectiva metodologia de concepção ou formato conceptual, tipo de formulação e tipo de validação (PIARC, 1995).

Assim, o desenvolvimento de modelos de comportamento pode ser feito a partir de métodos teóricos (mecanicistas), de métodos experimentais (empíricos), ou de métodos teóricos combinados com avaliações experimentais (empírico-mecanicistas).

Quanto à sua formulação, genericamente, os modelos de comportamento podem ser classificados em *modelos determinísticos (modelos "reactivos")* e em *modelos probabilísticos (modelos "proactivos")*. Esta classificação é baseada na explicação da degradação dos pavimentos como sendo de carácter determinístico ou probabilístico. A modelação da evolução da degradação segundo cada um destes princípios influenciará a estrutura do modelo (Wang, 1994).

Os modelos determinísticos indicam um valor para o parâmetro de comportamento correspondente a cada grupo de variáveis independentes do modelo. O modelo probabilístico, não só indica um valor esperado, que pode ser comparado com o valor previsto calculado a partir de um modelo determinístico, como também indica as probabilidades de cada estado do pavimento, definido após um ou mais anos de deterioração (Li et al., 1997).

Relativamente à validação dos modelos de comportamento, geralmente recorre-se a ensaios laboratoriais de caracterização dos materiais, a ensaios realizados *in situ* (RLT) e a ensaios acelerados (ALT). Nos ensaios realizados *in situ* a deterioração do comportamento é observada em *trechos de estudo* de pavimentos em serviço, sob a influência do clima e do carregamento normal do tráfego. Estes ensaios são realizados normalmente como se tratasse da observação do comportamento de pavimentos a longo-prazo (LTPP).

No caso de ensaios acelerados em verdadeira grandeza (ALT), submetem-se trechos de pavimento especialmente construídos ao carregamento acelerado do tráfego. Este tipo de ensaios tem como vantagens a obtenção de resultados num curto período de tempo e o controlo de determinadas condições, como o clima e a configuração de carregamento (OCDE, 1991; PIARC, 1995). Porém, os ensaios acelerados em verdadeira grandeza apresentam algumas desvantagens, como a dificuldade de simulação do envelhecimento dos materiais e das características do carregamento. Além disso, os trechos de estudo apresentam normalmente extensões reduzidas. Estas desvantagens não se verificam no caso da observação do comportamento de pavimentos a longo-prazo.

- ▪ **Modalidades de Desenvolvimento dos Modelos de Comportamento**

As técnicas de modelação dos modelos de comportamento actuais podem ser divididas em duas categorias principais: (i) uma categoria utiliza algoritmos numéricos baseados em grandes bases de dados; (ii) a outra recorre aos princípios da inteligência artificial, baseando-se normalmente em bases de dados de menor dimensão e, eventualmente, na experiência acumulada dos investigadores.

A primeira categoria abrange as seguintes técnicas:
- técnicas empíricas – extrapolação linear, regressão múltipla linear e não linear;
- técnicas empírico-mecanicistas – combinação da modelação estatística com a resposta elástica e visco-elástica do pavimento, regressão polinomial; metodologia bayesiana;
- técnicas probabilísticas – curvas de sobrevivência associadas a uma determinada função de distribuição, aproximações markovianas, metodologia bayesiana.

Se o modelo for determinístico, podem ser utilizadas as técnicas empíricas e empírico-mecanicistas para estimar o tempo de início de uma determinada degradação e

Fernando Branco   Paulo Pereira   Luís Picado Santos

delinear as curvas do comportamento esperado do pavimento.

Se o modelo for probabilístico, pode usar-se as técnicas probabilísticas para o estabelecimento do fuso de comportamento esperado (Figura 12.7) (Brillet, 1995) e para a estimação das probabilidades de transição da qualidade do pavimento, de acordo com as diferentes possibilidades de reabilitação (Li et al., 1996).

A regressão é uma técnica estatística usada para relacionar as variáveis intervenientes na evolução do comportamento dos pavimentos. Através desta técnica, obtém-se a equação da curva que minimiza a soma do quadrado dos desvios entre os valores observados e os valores previstos, no domínio de uma dada amostra.

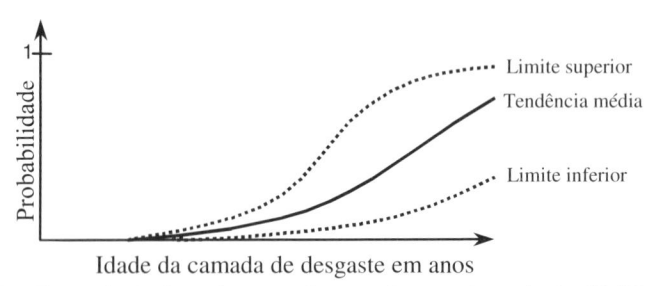

Figura 12.7 – Exemplo de fuso de aparecimento de uma degradação (Brillet, 1995)

A metodologia Bayesiana permite combinar, por análise estatística, dados objectivos (dados observados nos pavimentos) e informação subjectiva (opinião de especialistas) para o desenvolvimento de modelos de evolução do comportamento dos pavimentos.

As curvas de sobrevivência são modelos matemáticos que permitem prever o estado provável da superfície do pavimento numa determinada data, em função dum número limitado de variáveis (Brillet, 1995). As curvas de sobrevivência, quando associadas a uma função de distribuição de probabilidades, permitem descrever a variabilidade do processo de degradação, através dum fuso de degradação, em vez de um único valor (Romanoschi and Metcalf, 2000).

O processo Markov é uma descrição estocástica da ocorrência de um evento que se assume ser independente do tempo, sendo o processo de degradação dos pavimentos definido por uma matriz de probabilidades de transição (Li et al., 1996).

Quando os dados históricos são insuficientes para se desenvolver algoritmos numéricos pode utilizar-se métodos não formulados, como os Sistemas Inteligentes (SI) (Expert Systems, na terminologia anglo-saxónica), e as Redes Neurais (RN) (Artificial Neural Networks, na terminologia anglo-saxónica), constituindo a segunda categoria de técnicas de modelação.

Os Sistemas Inteligentes são programas de computador interactivos que emulam os conhecimentos de um grupo de especialistas num determinado domínio, sendo direccionados à resolução de problemas "mal estruturados" (Ritchie, 1996). Como exemplos da sua aplicação tem-se o programa de cálculo denominado ROSE desenvolvido para o Ministério de Transportes e Comunicações de Ontário, Canadá,

(Hajek et al., 1996) e o programa OVERDRIVE, especificamente concebido para a análise e dimensionamento de estratégias de reabilitação de pavimentos (Ritchie, 1996).

A técnica RN consiste num conjunto de processadores simples (geralmente denominados de neurónios ou de unidades) que estão interligados para formar uma representação matemática de uma relação que pode estar inerente a um conjunto de dados (Figura 12.8).

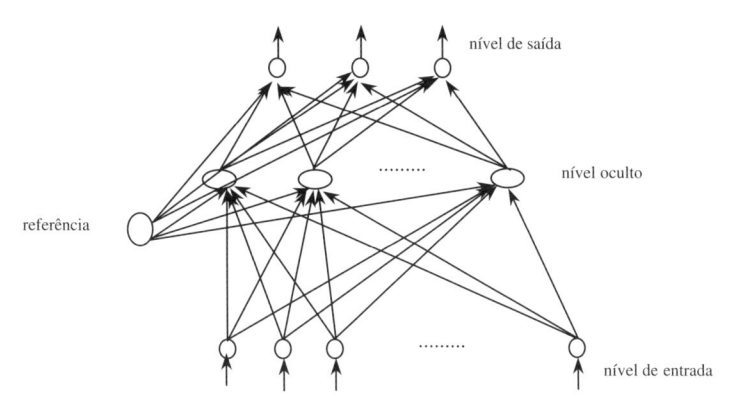

Figura 12.8 – Arquitectura de uma rede neural (Huang and Moore, 1997)

Esta técnica tem a possibilidade de "aprender" com os dados e, quando devidamente treinada, pode estimar os resultados a partir dos dados de entrada sem compreender as razões internas entre os dados, não necessitando de algoritmos ou especialistas (Huang and Moore, 1997).

A técnica RN é utilizada no sistema de gestão do departamento de transportes do Arizona para a amostragem e selecção de secções candidatas ao programa de conservação (Flintsch and Zaniewski, 1997) e no departamento de transportes do Kansas para prever o nível de irregularidade dos pavimentos (Huang and Moore, 1997).

12.5.3. Análise Económica de Estratégias de Conservação

▪ Conceitos Básicos de Avaliação Económica

O objectivo da avaliação económica de pavimentos é o de apoiar a decisão quanto à escolha das alternativas de construção, ou conservação, mais rentáveis, quanto ao custo e benefício, face a determinadas condições técnicas e económicas.

A introdução da engenharia económica no domínio rodoviário não é recente. Em 1847 Gillespie desenvolveu a obra "Manual of the Principles and Practice of Road Making" (TRB, 1987). No entanto, esta área de estudo apenas conheceu um real desenvolvimento a partir da era automóvel, cerca de 1920.

Num período inicial os métodos de avaliação económica de pavimentos apenas consideravam os custos iniciais de construção do pavimento.

Dado que os investimentos nos pavimentos são realizados para um longo prazo, a avaliação económica deve considerar todo o ciclo da vida do pavimento e respectivos custos e benefícios.

Assim, é necessário integrar na análise todos os factores influentes na evolução do pavimento, determinando, para uma dada qualidade exigida, o menor custo total.

Deste modo, é necessário avaliar a história económica previsível para um dado pavimento, a qual compreende uma sucessão de custos e benefícios, determinados, ou previstos, para cada período de tempo considerado (1 ano ou superior).

Para o ano $a_i (i = 1,..., n)$, determinam-se: custos C_i e benefícios B_i, onde n é a vida útil ou período de análise do pavimento.

De um modo geral, um estudo de análise económica consiste nas seguintes fases:

- identificação e definição das diferentes alternativas capazes de responder ao problema diagnosticado, incluindo também alternativas intermédias e a alternativa nula (não fazer nada), avaliando as respectivas consequências;
- identificação e definição dos vários factores que podem contribuir para a diferenciação do custo e benefício das diversas alternativas e factores de custo;
- conversão de todas as alternativas à mesma base de comparação, por exemplo o "custo actual", de modo a seleccionar a mais rendável.

Assim, é necessário definir índices de conversão de custo e benefícios. Estes índices obtêm-se a partir da aplicação de diferentes métodos de avaliação económica, a seguir indicados:

- Método do valor actual;
- Método do custo equivalente anual uniforme;
- Método da taxa de rendabilidade;
- Método da razão benefício-custo.

Destes métodos os mais utilizados em engenharia são o método do valor actual e o método do custo anual uniforme equivalente.

A selecção do método mais apropriado para a avaliação económica de estratégias alternativas de pavimentos deve ser precedida pela discussão das seguintes considerações com ela relacionadas:

- a importância do capital inicialmente investido relativamente aos custos futuros previstos;
- o método de mais fácil compreensão para o responsável pela tomada de decisão;
- a inclusão ou não dos benefícios na análise.

O processo de comparar custos de diferentes períodos aos custos equivalentes num período de referência (por exemplo, o início do projecto de construção) necessita da definição do "custo de oportunidade do capital". Trata-se de conhecer a rendabilidade dos recursos financeiros durante certos períodos.

Este custo de capital é dependente de vários factores económicos:

- a procura do capital;
- a disponibilidade do dinheiro (liquidez);

- a credibilidade do projecto (aspecto técnico);
- a confiança no futuro (estabilidade política e económica);
- a inflação (valor actual e tendências de evolução).

O custo de oportunidade do capital pode ser traduzido pela "taxa de actualização" do dinheiro, t, a qual engloba, além do custo líquido do dinheiro (taxa de rendibilidade), a taxa de inflação. Alternativamente, pode ser utilizada a taxa do custo real do dinheiro, representada pela taxa de rendabilidade. Deste modo evita-se especular sobre a evolução das taxas de inflação. No entanto, em geral, nos métodos de avaliação económica é utilizada uma taxa de actualização, englobando o valor da inflação.

Considerando uma taxa anual de actualização t, $(1+t)€$ ao fim de um ano equivalem a 1€ no início do ano, assim como, considerando t constante durante o período n, $(1+t)^n€$ no fim do período de análise, equivalem a 1€ no início.

Os princípios básicos de engenharia económica e métodos de avaliação económica são aplicáveis à análise dos pavimentos, podendo ser resumidos do seguinte modo:

- o nível de gestão ao qual a avaliação é realizada deve ser claramente identificado; este pode variar desde o nível de planeamento ou programação (nível de rede), até ao nível do projecto, onde um elemento, como um tipo de revestimento, é considerado dentro de cada projecto;
- a análise económica fornece a base da decisão, mas não inclui a decisão; os critérios para tomar decisões (critérios de escolha) devem ser formulados separadamente e antes de aplicar os resultados da avaliação económica;
- uma análise económica deve considerar várias alternativas possíveis, dentro das restrições de recursos de tempo e de dinheiro;
- as alternativas devem ser comparadas através do mesmo período de tempo, de modo que a maioria dos factores envolvidos na comparação possam ser definidos com a mesma fiabilidade;
- a avaliação económica de pavimentos deve incluir custos da administração, custos dos utentes e benefícios se possível.

Este último princípio é normalmente adoptado no sector dos projectos de transportes. No domínio dos pavimentos, muitas vezes consideram-se apenas os custos de construção e de conservação, assumindo que os custos do utentes não variam ao longo do tempo. No entanto, estes custos variam em função da qualidade funcional dos pavimentos, sendo os benefícios considerados como redução desses custos.

Custos Associados à Gestão de Pavimentos

Na avaliação económica, é essencial incluir todos os custos ocorridos durante a vida de um determinado projecto. Por esse motivo, no domínio dos pavimentos, a partir de 1970 começou a ser utilizada a noção de "custo do ciclo de vida" (*life-cycle costs*).

Actualmente esta abordagem é considerada já a nível de conferências específicas, dedicadas a diversos tipos de infraestruturas, com o objectivo de analisar o custo de todo o ciclo de vida (*Life-cycle Costs Analysis* – LCA).

Fernando Branco   Luís Picado Santos

Os custos do ciclo de vida referem-se a todos os custos (incluindo os benefícios), envolvidos na construção, manutenção e reabilitação de um pavimento durante o seu ciclo de vida completo. De modo a comparar os custos e o valor de dois automóveis, considera-se: (i) o custo de aquisição, (ii) o combustível e outros custos de operação, como pneus, (iii) as reparações (conservação), (iv) o valor da retoma (valor residual). O mesmo tipo de comparação deve ser adoptada para os pavimentos.

Também é necessário considerar a vida útil do automóvel. Um automóvel barato pode durar 5 anos, enquanto que um automóvel caro, cuidadosamente escolhido pode durar 15 anos. Deste modo, todos os custos a considerar nos dois casos não ocorrem ao mesmo tempo. Por isso, é útil determinar a soma global de dinheiro que deve ser investida em certa data (normalmente no princípio) e a valorização do mesmo. Assim, considera-se uma determinada taxa de juro de modo a permitir o pagamento desses custos quando os mesmos ocorrerem.

Conclui-se, deste modo, que é importante a consideração nos cálculos de uma taxa de juro ou do valor do dinheiro ao longo do tempo.

Relativamente aos custos associados à gestão de pavimentos, estes podem ser divididos em dois grupos principais: os custos da administração e os custos dos utentes. Cada um destes grupos engloba um determinado conjunto de componentes de custos a seguir definidos.

Custos para a Administração Rodoviária
Para a administração rodoviária devem ser considerados os custos a seguir definidos.
- Custos de projecto.
- Custos de construção (custos iniciais).
- Custos de conservação.
- Valor residual (custo negativo).

• Custos de Projecto
Os custos dos projectos envolvem todos os custos com estes relacionados, incluindo custos de obtenção dados, tais como os referentes à caracterização do tráfego actual e futuro e caracterização do pavimento existente.

Trata-se no entanto de uma componente de peso relativamente pequeno no conjunto dos custos considerados.

• Custos de Construção
Estes custos referem-se ao investimento inicial com a construção do pavimento novo. Na análise de estratégias alternativas de conservação de pavimentos, em princípio, não é necessário considerar esta componente de custos.

• Custos de Conservação
Estes custos referem-se a todas as acções implementadas ao longo da vida do pavimento, com o objectivo de manter o pavimento acima de um determinado nível de

qualidade, ou manter a qualidade do pavimento com uma determinado nível limite de degradação.

Basicamente podem considerar-se dois grupos de acções de conservação: a conservação corrente, e a conservação periódica. A primeira tem por objectivo corrigir certas deficiências do pavimento, à medida que elas vão aparecendo, na maioria dos casos de modo pontual, incluindo correcção pontual do sistema de drenagem.

A conservação periódica compreende um conjunto de acções a executar em certos períodos da vida do pavimento, com o objectivo de recuperar certas características (estruturais ou funcionais), ou apenas para reduzir a taxa de degradação do pavimento.

No primeiro caso trata-se da reabilitação do pavimento, no segundo trata-se de acções de carácter preventivo.

A conservação corrente é de aplicação mais frequente e de planificação difícil, logo com custos mais difíceis de estimar, sendo por vezes avaliados, ou estimados, em termos médios.

A conservação periódica é aplicada ao longo da vida do pavimento com uma frequência reduzida, podendo ser planificada, com custos para a administração de cálculo relativamente fácil.

• Valor Residual

Um pavimento quando chega ao fim do seu período de vida, geralmente ainda apresenta algum valor do ponto de vista estrutural e funcional. Poder-se-á determinar este valor considerando o custo do pavimento inicial e o custo da reabilitação do pavimento existente de modo que apresente características idênticas às iniciais. A diferença entre estes dois valores será o valor residual, apresentado como custo negativo.

Custos para o Utente da Estrada

Em relação com os utentes devem considerar-se diversos custos definidos a seguir.
- Custo de operação dos veículos.
- Custo do tempo de percurso.
- Custo do tempo de percurso devido aos trabalhos de conservação.
- Custo dos acidentes.
- Custo do desconforto.

Este conjunto de custos é de determinação mais difícil que o grupo anterior, estando todos, em graus diferentes, dependentes do estado do pavimento.

• Custo de Operação dos Veículos

Este custo é função dos seguintes factores: tipo e estado de conservação do veículo, tipo de camada de desgaste, velocidade de circulação, irregularidade da camada de desgaste e características geométricas da estrada. A consideração desta componente de custo é necessária, particularmente quando a utilização de uma camada de desgaste granular é considerada nas alternativas. No caso de camadas de desgaste do tipo mistura betuminosa (betão betuminoso), ou mistura hidráulica (betão de cimento), o custo de operação dos diferentes veículos apresenta uma variação muito reduzida, não sendo fundamental a sua consideração na análise económica.

No entanto, uma superfície com uma irregularidade elevada conduzirá a uma redução da velocidade, logo implicando um aumento do tempo de percurso, cujo custo é, parcialmente, compensado com a redução do consumo de combustível.

• **Custo do Tempo de Percurso**

O tempo de percurso é função essencialmente da velocidade, a qual por sua vez é função das características geométricas da estrada, do tipo de veículo e do estado do pavimento.

Trata-se de uma componente dos custos dos utentes que pode assumir um peso muito elevado na comparação de diferentes estratégias, em particular quando se trata de estradas de tráfego intenso. Além disso, esta componente deve incluir uma outra, relacionada com o tempo adicional devido aos trabalhos de conservação. Estes custos podem ser muito elevados, função da estratégia de conservação proposta, podendo, em certos casos, determinar a diferença nos custos globais para o utente.

• **Custo dos Acidentes**

O custo dos acidentes inclui os custos dos acidentes pessoais (mortais ou não mortais) e dos danos materiais. Para que estes custos possam entrar na avaliação económica de alternativas é necessário identificar os parâmetros influentes no nível de acidentes.

• **Custos do Desconforto**

É uma componente de custo de difícil determinação e por tal motivo na maioria dos casos não é considerada. No entanto, é através da avaliação do conforto de circulação que a maioria dos utentes estabelece a sua classificação do estado da estrada.

▪ **Análise da Sensibilidade da Avaliação Económica aos Factores de Custo**

A avaliação económica deve compreender uma análise de sensibilidade da influência dos factores de custo nos respectivos resultados. Com esse tipo de análise pretende-se avaliar os efeitos das variações de determinados factores na selecção de uma alternativa. Procura-se deste modo identificar os factores críticos (muito influentes) e os factores pouco relevantes para os resultados da avaliação.

A análise de sensibilidade deve compreender a abordagem de algumas questões.

• Qual a sensibilidade dos resultados da avaliação económica às variações dos parâmetros incertos (não satisfatoriamente definidos ou caracterizados)?

• Deverão estes parâmetros justificar a selecção de uma alternativa não correntemente utilizada?

• Qual deverá ser a variação de um parâmetro para determinar a decisão da escolha da alternativa A relativamente à B?

Com a análise da sensibilidade pretende-se avaliar os efeitos nos resultados, relativos ao ciclo de vida de um pavimento, das variações de certos parâmetros, avaliando o risco e incerteza associados à alternativa seleccionada. Esta necessidade é particularmente importante no caso de duas alternativas com diferenças muito reduzidas entre si.

De um modo geral os factores a considerar num estudo de sensibilidade são: (i) o tráfego, (ii) o período de análise, (iii) o custo de conservação, (iv) os custos do utente e (v) a taxa de actualização.

Apresentam-se e analisam-se a seguir alguns resultados de estudos de sensibilidade.

Efeito do Valor Residual

O valor residual do investimento (pavimento existente) diminui à medida que o período de análise aumenta. Considere-se, por exemplo, que o valor recuperado (valor residual) é de 30% do custo inicial ao fim de 20 anos.

Com uma taxa de actualização de 10%, o factor de actualização para 20 anos é de 0.1486 e para 40 anos é de 0.0221. Se o período de análise passar a ser de 40 anos, o valor residual passa a ser de 0%. Para períodos de análise curtos o valor residual pode ter um efeito reduzido na decisão final.

Efeito do Tráfego

O volume de tráfego a suportar por uma estrada pode ter um importante efeito sobre a análise dos custos (TRB, 1987). No Quadro 12.4 mostra-se o efeito do tráfego sobre o período óptimo para realizar trabalhos de conservação periódica.

Para uma fundação de reduzida capacidade de suporte (CBR=2%) o intervalo óptimo de intervenção é muito influenciado pelo tráfego, enquanto que para fundação de elevada capacidade de suporte o efeito do aumento de tráfego é menos importante.

Em geral, para tráfego reduzido e pavimento pouco espesso (fundação de elevada capacidade de suporte) o intervalo óptimo de intervenção é quase independente do tráfego (10 a 12 anos). Para fundações de reduzida capacidade de suporte, exigindo pavimentos espessos, o período óptimo de intervenção (ou intervalos de intervenção) aumenta com o aumento do tráfego.

Conclui-se deste modo que para estradas de forte tráfego (NEEP=2 x 10^6) não é económico adoptar a construção por etapas, com intervenções frequentes, dificultando o nível de serviço, aumentando o custo dos utentes. Assim, devem adoptar-se pavimentos muito resistentes, com previsão de reduzida intervenção ao longo do ciclo de vida.

Efeito dos Custos dos Utentes

A consideração, ou não, dos custos dos utentes, através da consideração do custo relacionado com a variação do tempo de percurso, pode influenciar o período óptimo de intervenção, em função ainda de outros factores de custo. O Quadro 12.5 mostra o efeito da consideração dos custos dos utentes nesse período (TRB, 1987).

Quadro 12.4 – Sensibilidade do tráfego (TRB, 1987)

Capacidade de suporte da fundação (CBR)	Nº equivalente de eixos de 80kN	Taxa de crescimento do tráfego (%)	Período óptimo de intervenção (anos)
2	5×10^5	2	10
		6	12
		10	13
	2×10^6	2	19
		6	18
		10	25
11	5×10^5	2	10
		6	10
		10	10
	2×10^6	2	10
		6	11
		10	14

Quadro 12.5 – Efeito dos custos dos utentes (TRB, 1987)

Capacidade de suporte da fundação (CBR)	Nº equivalente de eixos de 80kN	Consideração dos custos dos utentes	Período óptimo de intervenção (anos)
2	5×10^5	Sim	9
		Não	9
	2×10^6	Sim	20
		Não	15
11	5×10^5	Sim	10
		Não	10
	2×10^6	Sim	17
		Não	14

Para estradas de tráfego elevado os custos dos utentes são muito importantes, sendo por vezes o factor determinante na decisão de projecto.

Para estradas de tráfego elevado, e considerando os custos do utente, o encerramento das vias ao aumentar o tempo de percurso, pode assumir custos tão elevados como a própria intervenção de conservação. Nestes casos a conservação inicial deve assumir um investimento elevado, permitindo construir estruturas de pavimentos muito resistentes, resultando em intervenções muito espaçadas no tempo.

Sensibilidade à Taxa de Actualização

Um dos principais factores que afectam a análise económica é a taxa de actualização associada ao investimento a realizar.

Aumentando a taxa de actualização há uma vantagem evidente em reduzir o intervalo de intervenção. Para taxas de 20% e tráfego elevado, demonstra-se que a construção por etapas é a solução mais económica. Nesta situação não é preponderante o peso do tráfego, e logo dos custos dos utentes, face à preponderância da taxa de actualização (Quadro 12.6). Para taxas reduzidas, de 6%, já se verifica o maior peso do tráfego como se demonstra comparando as situações (CBR=11%; N_{80}=5x10^5; t=6%, com n=10 anos) e (CBR=11%; N_{80}=2 x 10^6; t=6%; com n=35 anos).

Quadro 12.6 – Sensibilidade à taxa de actualização (TRB, 1987)

Capacidade de suporte da fundação (CBR)	Nº equivalente de eixos de $80kN$	Taxa de actualização (%)	Período óptimo de intervenção (anos)
2	5x10^5	6	12
		13	4
		20	7
	2x10^6	6	35
		13	20
		20	12
11	5x10^5	6	10
		13	10
		20	10
	2x10^6	6	35
		13	17
		20	12

- **Riscos e Incertezas na Avaliação Económica de Pavimentos**

Em qualquer domínio de actividade há lugar a falar de riscos, a assumir ou não e de incertezas que não podem ser geralmente controladas. Quanto aos riscos, em geral conhece-se a probabilidade da ocorrência da alteração de certos factores face ao inicialmente previsto para cada situação (alternativa de conservação, por exemplo). Por seu lado as incertezas são parcialmente ou totalmente desconhecidas.

Os riscos podem ser considerados numa análise, avaliando-se os respectivos efeitos nos custos e benefícios calculados.

No projecto de pavimentos (construção nova ou reabilitação), face ao nível de conhecimento dos factores de projecto, existe um certo grau de risco, no qual existe uma certa probabilidade dos pavimentos não atingirem a "vida de projecto".

Noutros casos existem incertezas, por exemplo em relação à evolução do tráfego, que não é possível eliminar à partida, assim como em relação ao comportamento de certos materiais menos conhecidos.

A avaliação económica é, por necessidade, baseada em acontecimentos incertos, e em previsões de comportamento, frequentemente não conhecidas com suficiente rigor.

Consequentemente, a avaliação de todos os custos económicos e benefícios inclui análises probabilísticas.

De modo a reduzir as incertezas e os riscos para cada factor é importante considerar o intervalo de variação respectivo.

Por exemplo, os custos de construção representam uma variação mais controlada, enquanto que os custos de futuras acções de conservação são menos fiáveis, face à fiabilidade dos factores económicos envolvidos na sua determinação.

Fernando Branco   Paulo Pereira   Luís Picado Santos

Quanto aos custos de conservação podem identificar-se incertezas nos seguintes factores: (i) evolução do comportamento dos materiais utilizados do pavimento, (ii) evolução do tráfego e (iii) evolução dos factores económicos (estabilidade económica, inflação, taxa de actualização). Este conjunto de incertezas conduz a um certo grau de incerteza, por vezes elevado, quanto ao intervalo de tempo entre duas intervenções.

Vários autores adoptaram a associação de probabilidades à evolução dos diversos factores técnicos e económicos envolvidos na avaliação económica de pavimentos.

Kulkarni (Paterson, 1987) associa diferentes probabilidades para a evolução de diferentes parâmetros como a irregularidade e o fendilhamento por fadiga, como base para a estimação dos custos de conservação com eles relacionados.

No desenvolvimento do sistema de gestão do Estado do Arizona (Paterson, 1987), foi aplicado o processo de decisão de Markov, o qual também estabelece diferentes probabilidades do pavimento se encontrar num determinado estado, após a aplicação de determinadas acções de conservação.

Trata-se de um processo adequado para decisões de gestão de pavimentos, incorporando as variáveis relacionadas com o estado dos pavimentos, considerando um elevado número de acções de conservação alternativas e ainda muitas incertezas, por exemplo resultantes da falta de dados relativos à história dos pavimentos. De facto as acções de conservação devem ser sempre consideradas com alguma incerteza, devendo, por consequência, as decisões ser tomadas numa base probabilística.

Relativamente à avaliação económica de pavimentos, como conclusão, referem-se alguns pontos fundamentais a ter em conta.

- Os custos dos utentes constituem um elemento fundamental na determinação dos custos do ciclo de vida de um pavimento.
- As taxas de actualização de reduzido valor tendem a favorecer ciclos de vida mais longos, com intervenções mais espaçadas, enquanto que taxas elevadas conduzem a acções de conservação mais próximas.
- Ao nível da análise de estratégias de conservação de pavimentos devem ser considerados como elementos fundamentais os seguintes:
  - uma observação do estado do pavimento objectiva e quantificável;
  - o desenvolvimento ou conhecimento de modelos que relacionem as mudanças de estado dos pavimentos com o tempo e com os custos do utente;
  - um modelo que associe a cada estado do pavimento as respectivas acções alternativas de conservação e respectivos custos.

Para a satisfação das exigências colocadas pelos pontos referidos é fundamental investir nos seguintes aspectos:
- dados relativos aos custos das acções de conservação dos pavimentos;
- dados relativos à relação dos custos dos utentes com o estado dos pavimentos;
- dados relativos ao comportamento dos diferentes tipos de pavimentos e estratégias alternativas de conservação.

Fernando Branco   Paulo Pereira   Luís Picado Santos

12.6. Desenvolvimento de um Programa de Conservação dos Pavimentos

12.6.1. Introdução

Este capítulo conclui-se com a abordagem do desenvolvimento de um programa de conservação de pavimentos. Analisam-se as metodologias de definição das prioridades de conservação, relacionadas com o efeito que cada intervenção, ao nível da conservação, poderá ter para o pavimento e utentes (Pereira e Miranda, 1999).

A seguir aborda-se o desenvolvimento das estratégias de conservação, considerando-as como uma sequência de acções de conservação ao longo do ciclo de vida do pavimento, com vista a manter uma determinada qualidade ao longo do tempo.

Por fim, analisa-se a definição do programa de conservação para um determinado ano, considerando-se as acções para os diversos trechos de pavimentos, assim como as acções de conservação a realizar nos anos seguintes.

Além disso, refere-se o programa de observação do desempenho de cada plano de conservação, essencial à obtenção de dados que permitirão produzir informação para o desenvolvimento dos modelos de comportamento e para a avaliação da eficiência de cada técnica de conservação.

12.6.2. Definição das Prioridades de Conservação

A partir do conhecimento do estado dos pavimentos rodoviários é possível realizar estudos de projecto de reabilitação para manter determinados padrões de qualidade para toda a rede rodoviária.

No entanto, o dilema que em geral se coloca aos responsáveis da administração rodoviária resulta da insuficiência de recursos financeiros para esse cenário de qualidade para toda a rede rodoviária, sendo necessário tomar decisões quanto aos trechos a serem beneficiados perante determinado orçamento disponível.

Assim, é necessário escolher quais os trechos que são considerados mais prioritários na melhoria da qualidade do estado dos pavimentos, ou seja, é necessário classificar cada trecho segundo uma determinada ordem de prioridade de intervenção, de modo a investir os recursos disponíveis onde houver perspectivas de obter os maiores benefícios.

Neste ponto é fundamental falar do significado de "benefício" (Pereira e Miranda, 1999). O benefício está relacionado com os objectivos da estrada: permitir uma circulação cómoda e segurança com o menor custo possível para os respectivos utentes.

Para a administração rodoviária o maior benefício resultante de um investimento na conservação de um pavimento estará relacionado com o prolongamento da sua vida em condições aceitáveis, face a determinados padrões de qualidade prédefinidos. Procurar-se-á deste modo que, para um determinado período de tempo, os investimentos necessários sejam os menores, face a uma determinada qualidade predefinida.

Numa perspectiva mais global, considerando os interesses da administração e dos utentes rodoviários, deve realizar-se uma análise comparativa do custo da reabilitação e dos respectivos benefícios para os utentes rodoviários.

Frequentemente na análise comparativa de opções de conservação, procura-se determinar para cada trecho rodoviário o coeficiente entre o benefício resultante para o utente (ou diferença de custos) e o custo que resulta para a administração rodoviária da realização de determinada opção de conservação.

A definição das prioridades de conservação deve ser realizada considerando todos os factores técnicos e económicos, não apenas para o curto prazo, mas também analisando as consequências de todos os custos e benefícios a médio prazo, através da utilização de sistemas de gestão que permitam, através dos respectivos modelos de comportamento, simular os efeitos de diferentes estratégias de conservação.

No entanto, mesmo na ausência destes meios de apoio à simulação de diferentes cenários (os modelos de comportamento), existe a possibilidade de determinar as prioridades de conservação através da consideração de um reduzido conjunto de factores de compreensão bastante racional.

Assim, a definição de prioridades de conservação devem considerar no mínimo os seguintes factores:

- o estado de conservação (estrutural e funcional) dos pavimentos da rede rodoviária;
- a classe funcional da estrada (itinerário principal ou estrada regional, por exemplo);
- a classe de tráfego (TMDA e/ou $TMDA_{VP}$).

Com estes factores, de conhecimento relativamente fácil, será possível estabelecer as prioridades para cada trecho de pavimento da rede rodoviária, determinando os investimentos necessários face a determinados padrões de qualidade ou avaliando qual a qualidade resultante para a rede, face a determinados recursos disponíveis.

12.6.3. Desenvolvimento de Estratégias de Conservação

Os modelos de comportamento dos pavimentos permitem prever a evolução do seu estado (estrutural e funcional) ao longo do tempo, em função dos diferentes factores de evolução ou degradação. Deste modo, face ao conhecimento da evolução daqueles factores é possível, com um certo nível de incerteza, conhecer o estado do pavimento ao longo do seu ciclo de vida.

A partir do conhecimento dos resultados de um ou mais cenários de evolução do pavimento, resultantes do processo de simulação, torna-se necessário avaliar o efeito de um certo número de estratégias de conservação, a serem avaliadas na fase seguinte com vista ao processo de optimização.

A gestão da conservação da rede de estradas pode ser conduzida de diversas formas. Por um lado, existe a possibilidade de utilizar diferentes técnicas e, por outro, estas técnicas podem ser combinadas de diferentes formas. Este procedimento pode ser aplicado a cada trecho da rede, o que permite ter uma ideia da complexidade e dificuldade relativas à selecção da estratégia mais vantajosa para toda a rede rodoviária. Na prática este número aparentemente infinito de possibilidades limita-se a um número reduzido de acções: tratamentos superficiais, fresagem, camadas delgadas, reforços.

Tendo em conta o estado do pavimento em cada fase da sua vida e a evolução futura previsível, define-se um determinado número de tipos de acções de conservação, a aplicar em determinada sequência e fases da vida do pavimento, de acordo com a estratégia de conservação adoptada. Cada uma das estratégias alternativas, para um mesmo trecho, é analisada pelo sistema de modo a determinar a estratégia óptima.

Na Figura 12.9 ilustram-se duas possíveis estratégias de conservação. No primeiro caso, adopta-se uma estratégia de conservação preventiva tendo como referência para actuação o nível de alerta, quando se conhecem as primeiras deficiências estruturais e/ou funcionais do pavimento. A segunda estratégia propõe uma acção de conservação apenas quando a degradação já atingiu um nível elevado e a intervenção é obrigatória.

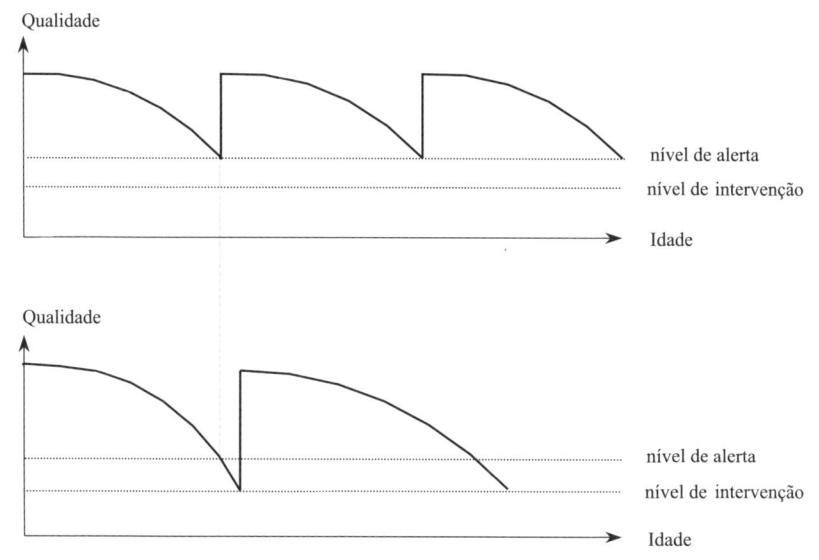

Figura 12.9 – Constituição de duas estratégias de conservação
(Pereira e Miranda, 1999)

O estudo dos custos destas duas estratégias, considerando os custos da administração e dos utentes, certamente indicará que o custo da segunda poderá ser muito superior ao custo da primeira.

Outra estratégia possível seria atrasar a intervenção até que o pavimento atingisse a degradação total, procedendo nessa altura à sua reconstrução. A análise dos custos mostrará que esta terceira estratégia será certamente ainda mais cara.

Para cada uma das estratégias propostas é necessário efectuar a respectiva análise económica, de modo a determinar os respectivos custos e benefícios.

Fernando Branco   Paulo Pereira   Luís Picado Santos

A análise custo-benefício pode ser fixada exclusivamente por critérios de rendabilidade ou podem tomar-se em conta outros factores como, por exemplo, factores técnicos.

Pode ainda fazer-se a selecção de estratégias a partir de uma avaliação qualitativa, logo subjectiva, das vantagens e inconvenientes das diferentes estratégias, realizada por um grupo de utentes e técnicos. Por razões evidentes de precisão e objectividade é preferível adoptar uma avaliação quantitativa.

Para determinar os custos e benefícios relativos a cada estratégia é necessário conhecer e estabelecer correlações entre o estado dos pavimentos e os diferentes custos, em particular os custos de operação e conservação dos veículos.

Além disso, é importante conhecer o efeito do estado do pavimento sobre o número e gravidade dos acidentes e sobre o tempo de percurso nos diferentes trechos.

Em qualquer situação o sistema deverá permitir demonstrar o efeito sobre o estado da rede, da adopção de um critério não técnico-económico, eventualmente sem fundamento racional, assim como o efeito devido a restrições financeiras. Esta informação pode ser utilizada pelas administrações como meio de pressão para aumentar os recursos a atribuir a este domínio rodoviário.

Uma vez adoptado o critério de selecção, o sistema determinará, face aos recursos disponíveis, o conjunto de acções de conservação a ser objecto de estudo mais aprofundado ao nível de projecto. A metodologia para seleccionar uma determinada estratégia alternativa de conservação deverá compreender as fases a seguir descritas (Pereira e Miranda, 1999).

- Avaliação do estado do pavimento, incluindo informação relativa à constituição da estrutura, capacidade de suporte e estado superficial (qualidade estrutural), irregularidade e atrito transversal (qualidade funcional).
- Identificação das estratégias alternativas mais adequadas à satisfação das exigências de qualidade ao longo da vida do pavimento.
- Identificação, para cada estratégia, das acções alternativas possíveis, satisfazendo os padrões de qualidade exigidos para cada caso.
- Identificação dos factores comuns a toda as estratégias, sem capacidade de promover a respectiva comparação relativa.
- Escolha do período de análise mais adequado ao caso em estudo.
- Determinação do valor residual de cada estratégia, tendo em conta os factores técnicos e económicos relativos a cada caso.
- Determinação da taxa de actualização mais adequada, face à análise da evolução económica previsível durante o período de análise.
- Estimação dos diferentes custos de cada estratégia.
- Cálculo do valor actual (por exemplo) dos custos do conjunto de cada estratégia.
- Realização de uma análise de sensibilidade de cada estratégia aos factores sujeitos a variação.

- Selecção da estratégia de conservação mais rendável, face a todos os factores conhecidos (técnicos e económicos).

A análise de estratégias alternativas de conservação constitui o elemento fundamental da avaliação económica de pavimentos. Estas estratégias têm por objectivo permitir que um pavimento ofereça a máxima qualidade ao mais baixo custo.

Uma estratégia de conservação é constituída por um plano de acções, envolvendo a aplicação de um conjunto de técnicas de conservação (eventualmente em número reduzido), projectadas para manter o estado da rede (nível de rede) ou de um trecho de pavimento (nível de projecto), acima de um nível de qualidade pré-definido.

A previsão da evolução do pavimento, em função de estratégia adequada, apoia-se em modelos estatísticos ou modelos probabilísticos. Por vezes, em particular quando os primeiros modelos não apresentam fiabilidade elevada, considera-se uma "árvore de decisão", associando-se probabilidades à evolução do comportamento (Figura 12.10).

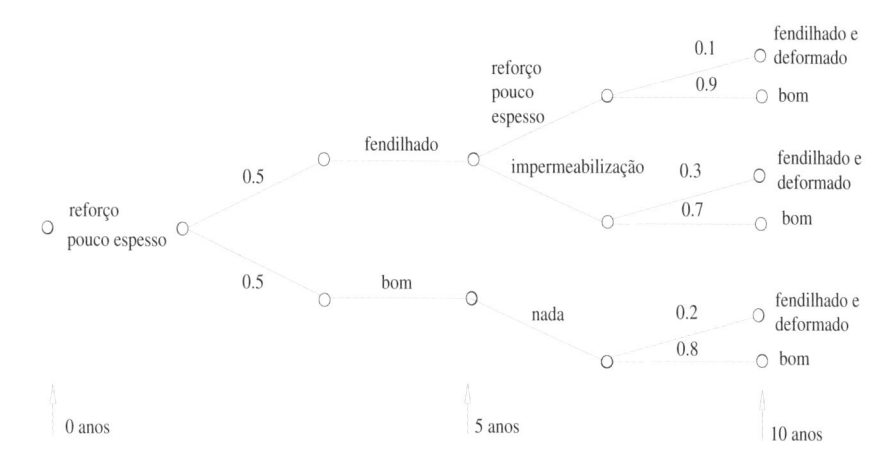

Figura 12.10 – Árvore de decisão com associação de probabilidades (Paterson, 1987)

A escolha da estratégia óptima realiza-se com a ajuda de um algoritmo desenvolvido para permitir a comparação de estratégias alternativas para cada situação. Este algoritmo apoia-se por sua vez num determinado método de avaliação económica, determinando o valor relativo de cada estratégia de acordo com os critérios de decisão. A estratégia óptima é aquela que, entre as consideradas no processo de avaliação económica, maximiza o investimento a realizar, face às restrições existentes. Atendendo aos dois níveis de gestão, definem-se os dois níveis de optimização.

O sistema de optimização ao nível de rede deverá responder às questões seguintes:

- a partir da especificação de um determinado nível de qualidade mínima do pavimento, avaliar os recursos financeiros necessários para manter os pavimentos acima desse nível de qualidade, ao longo do respectivo ciclo de vida;

Fernando Branco · Paulo Pereira · Luís Picado Santos

- face à necessidade de promover um certo aumento da qualidade da rede, avaliar o efeito respectivo, em termos de necessidades financeiras;
- face a uma redução do orçamento disponível, avaliar a qualidade possível da rede e as consequências futuras dessa redução.

O sistema de optimização ao nível de projecto deverá permitir nomeadamente:

- avaliar as alternativas para cada trecho da rede, utilizando informação específica;
- actuar de modo a manter cada trecho da rede acima da qualidade mínima especificada previamente;
- definir estratégias que preferencialmente conduzam à utilização da conservação periódica preventiva, cujos custos serão inferiores aos resultantes da conservação curativa (corrente).

12.6.4. Desenvolvimento dum Programa de Conservação

O programa de conservação dos pavimentos para um determinado período constituirá o documento de partida para uma nova fase de intervenção ao nível de cada trecho da rede, a qual deverá explicitar os pormenores do projecto de execução. A partir desta fase, o sistema completa um ciclo de gestão através da entrada de novos dados na base de dados, constituídos neste caso pela caracterização das acções de conservação de cada estratégia de conservação, adoptada para cada trecho de rede.

Um programa de conservação será constituído pela definição das acções de conservação a realizar para cada trecho de uma estrada, devidamente localizadas no espaço e no tempo (Figura 12.11). Estas acções serão localizadas no espaço da rede rodoviária, dado que serão atribuídas a diversos trechos, em geral de extensão variável. Por sua vez serão referenciadas no tempo, dado que num plano plurianual de conservação haverá lugar a um planeamento das acções ao longo dos períodos considerados na estratégia de conservação determinada para cada itinerário, ou trecho de itinerário.

A correcta referenciação ao longo da rede das acções de conservação realizadas ao longo do tempo é uma componente fundamental para todos os estudos posteriores, em particular para os de avaliação do comportamento de cada acção de conservação.

A fase de implementação de um programa de conservação traduz-se na realização física de cada acção (actividade de conservação), a qual deverá ser cuidadosamente planeada e acompanhada. Nesta fase deve ser recolhida informação sobre as condições de realização dos trabalhos e, em particular, informação sobre as características físicas e mecânicas dos diversos materiais utilizados, além da geometria resultante para a nova camada de desgaste. Estes dados constituem informação essencial à compreensão do comportamento futuro do pavimento, apoiando a melhoria dos modelos de comportamento, de modo a torná-los mais fiáveis para as futuras aplicações.

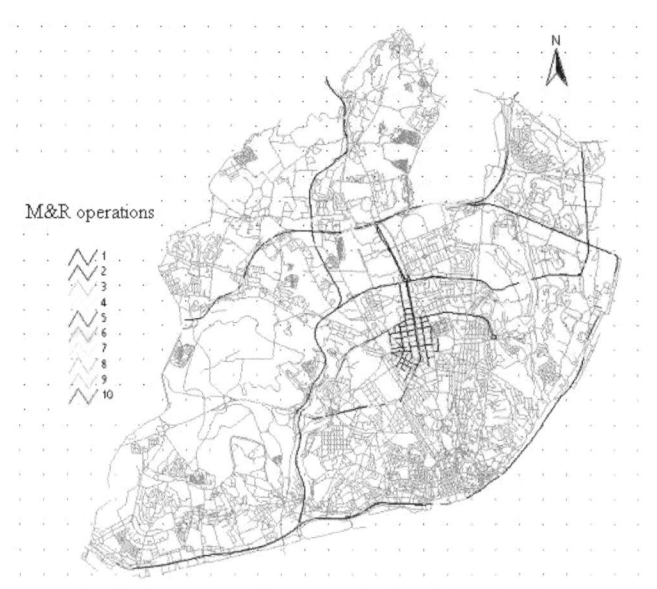

Figura 12.11 – Distribuição geográfica na rede de Lisboa das dez possibilidades de intervenção consideradas para um determinado ano de planeamento (Picado-Santos et al., 2004)

Após a fase de implementação do programa de conservação inicia-se novamente a fase de observação periódica do comportamento dos pavimentos, de acordo com determinada metodologia, a qual deverá ser tributária das informações resultantes da fase de acompanhamento da realização das acções de conservação. Esta fase, além da sua importância para a alimentação da base de dados do sistema de gestão da conservação, terá outra importante função que é a de permitir avaliar a eficácia de cada acção de conservação, definida anteriormente pelo sistema de gestão. Esta avaliação da eficácia de cada acção de conservação permitirá apoiar a evolução quer da formulação de cada técnica de conservação, quer da própria tecnologia de construção.

12.7. Referências Bibliográficas

ARTC - Association des Routes et Transport du Canadá (ARTC), 1987. *Guide de la Géstion Routière*. Montréal.

Brillet F. (1995). *Construction de Lois d'Évolution de l'État des Chaussées par la Méthode des Lois de Survie*. Bulletin de Liaison des Laboratoires des Ponts et Chaussées nº 197. Mai-Juin. pp 43-53.

COST 324 (1997). *Long Term Performance of Road Pavements*. Final Report of the Action. Transportation Research. Luxemburg.

Flintsch G. and Zaniewski J. (1997). *Expert Project Recommendation Procedures for Arizona Department of Transportation's Pavement Management System*. Transportation Research Record 1592. Pavement Management and Performance. pp 26-34. Washington.

Fernando Branco　　　　　　Paulo Pereira　　　　　　Luís Picado Santos

Freitas, E., 1999. *Estudo da Evolução do Desempenho dos Pavimentos Rodoviários Flexíveis*. Trabalho de Síntese de Provas de Aptidão Pedagógica e de Capacidade Científica, Universidade do Minho, Braga.

Hajek J., Chong G., Haas R. and Phang W. (1996). *A Knowledge-based Expert System Technology Can Benefit Pavement Maintenance*. Transportation Research Record 1145. Expert Systems for Transportation Applications. pp 37-47. Washington

Huang Y. and Moore R. (1997). *Roughness Level Probability Prediction Using Artificial Neural Networks*. Transportation Research Record 1592. Pavement Management and Performance. pp 89-97. Washington.

Li N., Xie W. and Haas R. (1996). *Reliability-Based Processing of Markov Chains for Modeling Pavement Network Deterioration*. Transportation Research Record 1524. Transportation Research Board. pp 203-213. Washington.

Li N., Xie W., Haas R., Xie W. (1997). *Investigation of Relationship Between Deterministic and Probabilistic Prediction Models in Pavement Management Systems*. Transportation Research Record 1592. Pavement Management and Performance. Transportation Research Board. pp 70-79. Washington.

OCDE (1991). *Essai OCDE en Vraie Grandeur des Superstructures Routières*. Recherche en matière de routes et de transports routiers. Organisation de Coopération et de Développement Économiques. Paris.

OCDE, 1994. *L'Allocation des Ressources pour les Programmes d'Entretien et de Remise en Etat des Routes – Rapport Final*. Paris.

Paterson, D., 1987. *Pavement Management Practices*. Transportation Research Board. Washington.

Pereira, P.; Miranda, C., 1999. *Gestão da Conservação dos Pavimentos Rodoviários*. Universidade do Minho, Braga.

Picado-Santos, L., Ferreira, A., Antunes, A., Carvalheira, C., Santos, B., Bicho, H., Quadrado, I, Silvestre, S., 2004. *The Pavement Management System for Lisbon*. ICE-Municipal Engineer, Journal of Institution of Civil Engineers, Vol. 157, nº ME3, pp. 157-166.

PIARC (1995). XXth World Road Congress. Technical Committee on Flexible Roads. Report Nº 20.08.B. Permanent International Association of Road Congress. Montréal.

Romanoschi S. and Metcalf J. (2001). *The Effects of Interface Condition and Horizontal Wheel Loads on the Life of Flexible Pavement Structures*. Transportation Research Record 1778. Design and Rehabilitation of Pavements. Transportation Research Board. Washington.

Transport Research Board, 1987. *Pavement Management Practices*. Washington.

Wang, K.; Zaniewski, J.; Way, G., 1994. *Probabilistic Behavior of Pavements*. Journal of Transportation Engineering, Vol. 120 (3), ASCE.

Fernando Branco   Paulo Pereira   Luís Picado Santos